中外学者
论AI

U0269242

数据驱动的进化优化

——进化计算、机器学习和数据科学的集成

[德] 金耀初（Yaochu Jin）

王晗丁（Handing Wang）　　著

孙超利（Chaoli Sun）

王晗丁　孙超利　[德]金耀初　　译

清华大学出版社

北京

北京市版权局著作权合同登记号　图字：01-2022-1568

图书在版编目（CIP）数据

数据驱动的进化优化：进化计算、机器学习和数据科学的集成/（德）金耀初，王晗丁，孙超利著；王晗丁，孙超利，（德）金耀初译.—北京：清华大学出版社，2024.5
（中外学者论 AI）
书名原文：Data-Driven Evolutionary Optimization
ISBN 978-7-302-66366-9

Ⅰ.①数…　Ⅱ.①金…②王…③孙…　Ⅲ.①数据处理　Ⅳ.①TP274

中国国家版本馆 CIP 数据核字（2024）第 107759 号

责任编辑：王　芳　李　晔
封面设计：刘　键
责任校对：韩天竹
责任印制：刘　菲

出版发行：清华大学出版社
　　　　　网　　　址：https://www.tup.com.cn，https://www.wqxuetang.com
　　　　　地　　　址：北京清华大学学研大厦 A 座　　邮　　编：100084
　　　　　社　总　机：010-83470000　　　　　　　邮　　购：010-62786544
　　　　　投稿与读者服务：010-62776969，c-service@tup.tsinghua.edu.cn
　　　　　质量反馈：010-62772015，zhiliang@tup.tsinghua.edu.cn
　　　　　课件下载：https://www.tup.com.cn，010-83470236
印　装　者：涿州汇美亿浓印刷有限公司
经　　　销：全国新华书店
开　　　本：186mm×240mm　　印　张：20.25　　　　字　　数：471 千字
版　　　次：2024 年 6 月第 1 版　　　　　　　　　印　　次：2024 年 6 月第 1 次印刷
印　　　数：1～2500
定　　　价：129.00 元

产品编号：094747-01

序 言
FOREWORD

优化的吸引力之一是它适用于无数人们感兴趣的领域；另外它提供了与相关学科互动并从中受益的机会。

自从 50 多年前被它们的魅力吸引以来，优化方法已经发生了巨大的变化。我特别感兴趣的领域包括在全局优化、多目标优化、鲁棒优化以及黑盒和数据驱动优化方面取得的进步。

这些发展极大地增强了优化令人满意地解决现实世界问题的能力，从而增强了用户的信心。通过全局优化，消除了专注于搜索空间的特定局部区域的危险。多目标优化摆脱了如何平衡多目标竞争的困境；它提供了一系列经过权衡的解，使领域专家能够选择所需的折中解决方案，从而提高了透明度。在实际应用中，几乎不可避免地会出现问题表述或实施环境或两者的不确定性。例如，这可能是由模型的精度、目标的精度或在实践中完美实现所提出解的缺陷造成的。鲁棒优化方法使从业者能够管理这些不确定性。进化计算一直是推动这些发展进步的催化剂。

但是，如果在设计优化中，没有特定目标或多个目标的解析表示式怎么办？相反，一个（或多个）目标可能依赖于计算机模拟的结果，例如动态系统建模、有限元分析或计算流体动力学建模。或者，目标甚至可能取决于从实验中获得的结果。此外，收集的数据可能不完整、含噪或内容不同。那么，了解到进化计算在处理此类数据驱动问题方面也发挥着重要作用并不令人吃惊。

数据驱动的优化构成了本书的中心焦点。作者将基于种群的进化计算元启发式算法与代理模型和机器学习算法相结合，展示了一系列强大的方法来应对一系列数据驱动的优化挑战。

当我开始研究优化时（这是我一生的迷恋），我经常阅读的图书是 Edgar 和 Himmelbla 的《化学过程优化》，这本书阐述清晰、方法实用，作者将他们的知识应用于实际应用，并融合了他们的丰富经验。《数据驱动的进化优化》对我有同样的吸引力，它由经验丰富的研究人员编写，他们清楚地了解基于定制方法论解决实际问题的重要性，并为各种所需的策略及其基础方法论提供了良好的基础。

Peter Fleming

2021 年 3 月于英国谢菲尔德

前 言
PREFACE

  1999 年,我从美国回到德国,在奥芬巴赫的本田欧洲研究所担任研究科学家职位,完成我的第二个博士学位,同时开始研究进化优化中的适应度近似。当时的动机是使用进化算法,特别是进化策略,通过设计定子或转子叶片的几何形状来优化涡轮发动机的空气动力学性能。为了完成这项任务,必须执行耗时的计算流体动力学模拟,这会让人们不用再进行数以万计的适应度评估,尽管这通常在进化优化中完成。为了减少进化空气动力学优化的时间消耗,机器学习模型(也称为元模型或代理模型)中的适应度近似开始发挥作用。我对这个研究课题非常感兴趣,因为它提供了一个很好的平台,将进化计算与神经网络相结合,这是我感兴趣的两个课题。出于这个原因,我努力在进化计算社区中推广这个新领域,并且在我 2010 年加入萨里大学后一有机会就继续研究这个主题。

  在过去的二十年里,进化优化中的适应度近似(也称为代理模型辅助进化优化)已经发展成为一个非常具有吸引力的研究领域,现在被称为数据驱动的进化优化。数据驱动的进化优化侧重于一类现实世界的优化问题,其中无法为目标或约束建立分析数学函数。一般来说,数据驱动的优化可能包括以下几种情况。首先,基于模拟的优化,其中解的质量通过迭代、计算密集型过程进行评估,适用范围从数值求解大量微分方程到在大量数据集上训练深度神经网络。其次,基于物理实验的优化,其中候选解的目标或约束值只能通过执行物理或模拟人体实验来评估。这通常是因为对整个系统进行高质量的计算机模拟是不可能的,要么是因为计算量太大(例如,对整个飞机的空气动力学进行数值模拟),要么是因为对过程尚未完全理解而难以处理(例如,人类决策过程的工作机制)。最后,在纯粹的数据驱动优化中,只有在现实生活中收集的数据可用于优化,并且不允许利用用户设计的计算机模拟或物理实验。例如,优化复杂的工业过程或社会系统。在上述所有情况下,收集的数据量或大或小,数据可能是异构的、含噪的、错误的、不完整的、分布不均或增量的。

  显然,数据驱动的进化优化涉及 3 个不同但互补的科学学科,即进化计算、机器学习和深度学习以及数据科学。为了高效地解决数据驱动的优化问题,必须对数据进行适当的预处理。同时,机器学习技术对于处理大数据、数据匮乏和数据中的各种不确定性变得不可或缺。最后,当优化问题是高维或大规模、多目标和时变时,求解优化问题变得极其困难。

  本书旨在为包括研究生和工业从业者在内的研究人员提供有关为数据驱动的进化优化而开发的最新方法的全面描述。本书共分 12 章。为了本书的自足性,第 1~4 章简要介绍了优化、进化计算和机器学习中精心挑选的重要主题和方法。第 5 章提供了数据驱动优化的基础知识，包括启发式算法和基于获取函数的代理模型管理。第 6～8 章介绍使用多个代理模型进行单目标优化的方法，其中第 7 章和第 8 章描述用于求解多目标和高维多目标优化算法的代表性进化算法以及代理模型辅助数据驱动的进化多目标和高维多目标优化。第 9 章详细阐述了高维数据驱动优化的方法，介绍了在半监督学习的帮助下，将知识从未标记数据转移到标记数据、从廉价目标迁移到昂贵目标、从廉价问题迁移到昂贵问题的大量技术，迁移学习和迁移优化在第 10 章中进行了描述。由于数据驱动优化是一个强应用驱动的研究领域，因此第 11 章讨论了离线数据驱动的进化优化，并给出了实际优化问题，如原油蒸馏优化和急救系统优化的例子。最后，第 12 章强调了深度神经架构搜索作为数据驱动的昂贵优化问题。

本书的 3.5 节和 3.6 节、4.2 节、5.2 节、6.4 节和 6.5 节、7.2 节和 7.3 节、9.6 节和 9.7 节、11.1 节和 11.3 节和第 12 章由王晗丁撰写，3.7 节和 3.8 节、5.4.1 节、5.5 节、6.2 节和 6.3 节、9.2 节和 9.3 节和第 10 章由孙超利撰写。王晗丁在 2015—2018 年担任博士后研究员；孙超利最初在 2012—2013 年作为学术访问者，在 2015—2017 年在我的萨里小组担任博士后研究员。

为了让读者更容易理解和使用本书中介绍的算法，提供了第 5～12 章中介绍的大多数数据驱动进化算法的源代码，可扫描下页二维码下载，本书中介绍的所有基线多目标进化算法都是在 PlatEMO 中实现的。PlatEMO 是一种用于进化多目标优化的开源软件工具。

如果没有我以前的许多同事、合作者和博士生的支持，这本书是不可能完成的。首先，要感谢 Bernhard Sendhoff 教授和 Markus Olhofer 教授，我在 1999—2010 年与他们一起在本田欧洲研究所工作。在 2010 年加入萨里大学后，我和 Markus 仍然在一些关于进化优化的研究项目上保持着密切的合作。我还要感谢来自芬兰于韦斯屈莱（Jyväskylä）大学的 Kaisa Miettinen 教授，在 2015—2017 年，我作为特聘教授与他密切合作，研究进化多目标优化。感谢来自中国东北大学的柴天佑教授和丁进良教授，我也作为长江特聘教授与他们合作进行进化优化的研究。以下合作者以及我以前或现在的博士生对本书中的部分工作做出了贡献：Yew-Soon Ong 教授、Jürgen Branke 教授、张青富教授、张兴义教授、周爱民教授、程然教授、孙晓燕教授。Ingo Paenke、Tinkle Chugh 博士、John Doherty、郭单博士、杨翠娥博士、田野博士、何成博士、Dudy Lim 博士、Mingh Nhgia Le 博士、田杰博士、于海波博士、喻果博士、Michael Hüsken 博士、李慧婷、王曦璐、秦淑芬、王浩、付国霞、廖鹏、Sebastian Schmitt、高开来、Jussi Hakanen 博士、Tatsuya Okabe 博士、孙亚楠博士、Jan O. Jansen 博士、Martin Heiderich、黄元君博士、Tobias Rodemann 博士。我还要借此机会感谢姚新教授、Gary Yen 教授、Kay Chen Tan 教授、张孟杰教授、Richard Everson 教授、Jonathon Fieldsend 教授、Stefan Kurz 教授、Edgar Körner 教授和 Andreas Richter 在过去二十年的鼎力支持。最后,感谢 EPSRC(英国)、TEKES(芬兰)、中国国家自然科学基金、本田欧洲研究院、本田欧洲研发中心和德国博世公司的资金支持。

金耀初

2021 年 2 月于英国吉尔福德

全书代码

译者序

FOREWORD

非常高兴《数据驱动的演化优化》一书的中文版和大家见面了。这本书总结了过去二十多年我们在进化算法用于求解数据驱动优化问题方面的探索和代表性的研究成果,旨在为中文读者系统介绍进化算法与演化优化、机器学习及数据科学在复杂优化应用中的相互融合,以及它们在解决实际工程与科学问题中的重要作用。作为人工智能的重要领域之一,进化计算在解决大规模、多目标、动态及不确定复杂优化问题上进行了广泛和成功的应用。随着数字化和人工智能时代的到来,进化优化与机器学习和数据科学的结合日益紧密,必将成为推动工业人工智能发展的核心技术。

本书首先简要但系统介绍优化问题重要概念、基于梯度法及模型的传统优化算法以及具有代表性的进化算法与群智能优化算法。在此基础上,引入包括信赖域算法及贝叶斯优化在内的代理模型辅助的演化优化的基本方法和框架,并重点介绍基于多代理模型辅助的单目标优化。此后,给出了代理模型辅助的多目标、高维多目标及高维问题进化优化算法。为解决小数据问题,探讨了多个基于半监督学习、迁移学习及多任务学习等知识迁移的方案,提升了稀疏数据情况下数据驱动进化优化的性能。另外,介绍了离线数据驱动优化问题,给出了无法在在线采集新数据情况下的基于大数据和小数据的数据驱动优化方案。最后,介绍了一个离线数据驱动演化优化提升深度神经网络架构搜索的实例。

本书适用于从事优化、机器学习和数据科学研究的学者、工程师及高年级学生,也适用于从事需要解决复杂优化问题,如飞机、车辆空气动力学优化、新药物设计等行业的从业者。我们希望本书能够帮助读者深入理解进化算法、机器学习和数据科学的融合,为解决实际问题提供新的思路和方法。

最后,我要特别感谢我的学生们多年来的努力和奉献。本书中文版主要由王晗丁、孙超利负责翻译和校对,因此本书的出版离不开她们的努力和付出。最后我也要感谢出版社的支持和合作,使这本书能够面世。

金耀初

2023 年 4 月于德国比勒菲尔德

缩　略　语

ACO	Ant Colony Optimization	蚁群算法
AdaBoost	Adaptive Boosting	自适应的 Boosting
AIC	Akaike's Information Criterion	Akaike 信息标准
APD	Angle Penalized Distance	角度惩罚距离
AUE2	Accuracy Updated Ensemble algorithm	精度更新集成算法
Bagging	Bootstrap aggregating	Bootstrap 聚合
BEO	Bayesian Evolutionary Optimization	贝叶斯进化优化
BO	Bayesian Optimization	贝叶斯优化
BOA	Bayesian Optimization Algorithm	贝叶斯优化算法
CAL-ASPSO	Committee-based surrogate-Assisted Particle Swarm Optimization	基于委员会的代理辅助粒子群优化
CART	Classification And Regression Tree	分类和回归树
CFD	Computational Fluid Dynamic	计算流体动力学
CGA	Compact Genetic Algorithm	紧凑遗传算法
CMA-ES	Covariance Matrix Adaptation Evolutionary Strategies	协方差矩阵适应进化策略
C-MOGA	Cellular Multi-Objective Genetic Algorithm	细胞多目标遗传算法
CNN	Convolutional Neural Network	卷积神经网络
CPF	Coverage over the Pareto Front	Pareto 前沿覆盖
COBRA	Constrained Optimization By RAdial basis function interpolation	基于径向基函数插值的约束优化
CSEA	Classification based Surrogate-assisted Evolutionary Algorithm	基于分类的代理模型辅助进化算法
CSO	Competitive Swarm Optimizer	竞争群优化算法
CSSL	Co-training Semi-Supervised Learning	协同训练半监督学习
DAG	Directed Acyclic Graph	有向无环图
DE	Differential Evolution	差分进化
DSE	Data Stream Ensemble	数据流集成
EA	Evolutionary Algorithm	进化算法
EBO	Evolutionary Bayesian Optimization	进化贝叶斯优化
ECT	Electricity Consumption for a Ton of magnesia	一吨氧化镁耗电量
EDA	Estimation of Distribution Algorithm	分布式估计算法
EGO	Efficient Global Optimization	高效全局优化
EI	Expected Improvement	预期改善
ES	Evolution Strategies	进化策略

ESD	Estimated Standard Deviation	估计标准差
FCM	Fuzzy Clustering Method	模糊聚类方法
FDA	Factorized Distribution Algorithm	分解分布算法
FLOP	FLoating point OPeration	浮点运算
IBEA	Indicator-Based Evolutionary Algorithm	基于指标的进化算法
IGA	Interactive Genetic Algorithm	交互式遗传算法
IGD	Inverted Generational Distance	反向世代距离
GA	Genetic Algorithm	遗传算法
GAN	Generative Adversarial Network	生成对抗网络
GD	Generational Distance	世代距离
G-MFEA	Generalized Multifactorial Evolutionary Algorithm	广义进化多任务优化算法
GP	Genetic Programming	遗传编程
GP-MOEA	Gaussian Process assisted Multi-Objective Evolutionary Algorithm	高斯过程辅助多目标进化算法
GS-SOMA	Generalized Surrogate assisted Single-Objective Memetic Algorithm	广义代理辅助单目标模因算法
GS-MOMA	Generalized Surrogate assisted Multi-Objective Memetic Algorithm	广义代理辅助多目标模因算法
HeE-MOEA	Heterogeneous Ensemble for assisting Multi-Objective Evolutionary Algorithm	异构集成模型辅助多目标优化算法
HSA-MSES	Hierarchical Surrogate-Assisted Multi-Scenario Evolution Strategy	分层代理辅助多场景优化策略
HV	HyperVolume	超体积
KMOA	Knee Optimization Algorithm	拐点驱动多目标优化算法
KNN	K-Nearest Neighbors	K近邻
LCB	Lower Confidence Bound	置信下限
LHS	Latin Hypercube Sampling	拉丁超立方采样
LSTM	Long Short-Term Memory	长短期记忆
MBN	Multi-dimensional Bayesian Network	多维贝叶斯网络
MLP	Multi-Layer Perceptron	多层感知器
MaOP	Many-objective Optimization Problem	高维多目标优化问题
MFEA	Multi-Factorial Evolutionary Algorithm	多因子进化算法
MIC	Multiobjective Infill Criterion	多目标填充准则
MOEA	Multi-Objective Evolutionary Algorithm	多目标进化算法
MOEA/D	Multi-Objective Evolutionary Algorithm based on Decomposition	基于分解的多目标进化算法
MOP	Multi-objective Optimization Problem	多目标优化问题
MSE	Mean Square Error	均方误差
MTO	Multi-Tasking Optimization	多任务优化
NAS	Neural Architecture Search	神经架构搜索

PBI	Penalty Boundary Intersection	惩罚边界交叉点
PBIL	Population-Based Incremental Learning	基于种群的增量学习
PCA	Principal Component Analysis	主成分分析
PD	Pure Diversity	纯多样性
PoI	Probability of Improvement	改善概率
PR	Polynominal Regression	多项式回归
PSO	Particle Swarm Optimization	粒子群优化
QBC	Query By Committee	委员会的查询
RL	Reinforcement Learning	强化学习
RBF	Radial-Basis-Function	径向基函数
RBFN	Radial-Basis-Function Network	径向基函数网络
RF	Random Forest	随机森林
RM-MEA	Regularity Modeling Multi-objective Evolutionary Algorithm	基于规律模型的多目标进化算法
RMSE	Root Mean Square Error	均方根误差
ROOT	Robust Optimization Over Time	时域动态鲁棒优化
SA-COSO	Surrogate-Assisted COoperative Swarm Optimization algorithm	代理模型辅助协同群优化算法
SBX	Simulated Binary CRossover	模拟二进制交叉
SGD	Stochastic Gradient Descent	随机梯度下降
SL-PSO	Social Learning Particle Swarm Optimizer	社会学习粒子群优化器
SOM	Self-Organizing Map	自组织映射
SOP	Single-objective Optimization Problem	单目标优化问题
SP	SPacing	间距
SQP	Sequential Quadratic Programming	顺序二次规划
SVDD	Support Vector Domain Description	支持向量域描述
SVM	Support Vector Machine	支持向量机
TLSAPSO	Two-Layer Surrogates-Assisted Particle Swarm Optimization	两层代理模型辅助粒子群优化
TSP	Traveling Salesman Problem	旅行商问题
UCB	Upper Confidence Bound	置信上限
UMDA	Univariate Marginal Distribution Algorithm	单变量边际分布算法

符　　号

R	实数空间
N	整数空间
Ω	可行域
$\mathcal{D}$	数据集
x	决策变量或输入变量(特征)
$\boldsymbol{x}$	决策变量或输入向量(解)
y	标签或输出变量
$\boldsymbol{y}$	标签或输出向量
n	决策变量个数或输入维度
d	数据个数
m	目标函数个数
$f(x)$	目标函数
$g(x)$	不等式约束函数
$h(x)$	等式约束函数
$\hat{f}(x)$	近似函数
$F(x)$	函数向量
φ	近似目标函数精度
s	场景
$\boldsymbol{z}^{\text{ideal}}$ 或者 $\boldsymbol{z}^{*}$	多目标优化问题理想点
$\boldsymbol{z}^{\text{nadir}}$	多目标优化问题最底点
$\boldsymbol{z}^{\text{utopian}}$	多目标优化问题乌托邦点
P	父代种群
O	子代种群
N	种群大小
N_{FE}	适应度函数评价次数
α	学习率

目 录
CONTENTS

第 1 章

最优化导论

摘要 本章介绍了优化的基本原理,包括优化问题的数学模型、优化问题的凸性和类型、单目标优化和多目标优化,以及其他如鲁棒优化、动态优化等重要概念。同时,针对处理不确定性的时域鲁棒优化展开了讨论,列举了评价候选解质量以及优化算法的性能指标。本章通过一些说明性的实际优化问题作为示例来解释相关的概念和定义。

1.1 优化的定义

优化问题在工程、经济、商业和日常生活中随处可见。例如,涡轮发动机的设计旨在减少压力损失,而翼型或赛车的设计通常旨在减少阻力。在流程工业中,要求产品质量和数量最大化,在自动化交易或商业投资中,人们通常对利润最大化感兴趣。即使在日常生活中,许多决策过程如购买个人计算机或手机都需要使成本最低。一般来说,优化是指最好地利用给定的情况或资源。

1.1.1 数学模型

优化也称为数学规划,在形式上是一门数学学科,目的是在一定的约束条件下寻找目标函数最小值和最大值[1]。一个优化问题通常由 3 个主要部分组成[2]。

(1) 目标函数:对决策变量性能度量的一种数学表示。例如,一个线性目标函数:

$$\min f(x_1, x_2) = 4x_1 - x_2 \tag{1.1}$$

(2) 决策变量:每个决策变量代表一个需要优化的变量。通过决策变量的变化,目标函数值也随之改变。在式(1.1)中,x_1 和 x_2 是决策变量,目标函数的值 $f(x_1, x_2)$ 将随着 x_1 和 x_2 的改变而改变。

(3) 约束:约束是通过数学等式或不等式来表示决策变量的值需要满足的限制或条件。例如,在上面的例子中,最优解需要满足以下条件:

$$x_1 + x_2 = 10.0 \tag{1.2}$$

$$x_1 - x_2 < 5.0 \tag{1.3}$$

$$x_1, x_2 < 10.0 \tag{1.4}$$

其中,式(1.2)为等式约束,式(1.3)为不等式约束,式(1.4)是用来限定决策变量上下界的边界约束。对于优化问题,决策变量的组合是问题的一个解。例如,对于式(1.1)中给定的问题,$(x_1=5.0, x_2=5.0)$是问题的一个解。由于这个解满足两个约束条件,因此它被称为一个可行解。另外,由于解$(x_1=1.0, x_2=8.0)$不满足等式约束条件,因此,该解称为不可行解。上述优化问题的任务是寻找使式(1.1)中目标函数最小的一个可行解。

一般来说,最小化问题可以表示为

$$\min \quad f(\boldsymbol{x}) \tag{1.5}$$

$$\text{s.t.} \quad g_j(\boldsymbol{x}) < 0, \quad j=1,2,\cdots,J \tag{1.6}$$

$$h_k(\boldsymbol{x})=0, \quad k=1,2,\cdots,K \tag{1.7}$$

$$\boldsymbol{x}^{\mathrm{L}} \leqslant \boldsymbol{x} \leqslant \boldsymbol{x}^{\mathrm{U}} \tag{1.8}$$

其中,$f(\boldsymbol{x})$是目标函数,$\boldsymbol{x} \in \mathbf{R}^n$是决策向量,$\boldsymbol{x}^{\mathrm{L}}$和$\boldsymbol{x}^{\mathrm{U}}$是决策向量的下界和上界,$n$是决策变量的数量,$g_j(\boldsymbol{x})$是不等式约束,$h_k(\boldsymbol{x})$是等式约束,$J$和$K$分别是不等式约束和等式约束的数量。如果一个解$\boldsymbol{x}$满足所有约束条件,则称之为一个可行解。若其目标函数值最小,则称为最优解或最小解。对于目标函数可微的问题,若目标函数在某个解上的所有偏导值均为零,则称该解为驻点,该点可以是局部最小点,局部最大点或者鞍点,如图1.1所示。

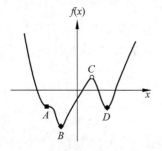

图1.1 一维函数的驻点说明,其中解 A 是鞍点,B 和 D 为局部最小解,C 为局部最大解

实际优化问题的数学模型建立是非常重要且具有挑战性的,主要原因包括:

(1) 复杂系统优化问题具有大量决策变量、目标函数以及约束函数,因此一次性优化整个系统是不太现实的。例如,设计一辆汽车可分为概念设计、组成设计以及部件设计等阶段。需要注意的是,不同设计阶段所需的优化时间和耗费是不一样的。

(2) 即使对于一个子系统,用户也很难确定一个特定要求是应该作为一个目标函数还是作为约束函数。此外,有些目标函数或约束函数只能在一些初步优化运行后才能确定。例如,在设计涡轮发动机时压力损失最小化是需要关注的最主要问题。然而,在初步设计优化后发现沿着排放管的流量方差太大,导致不利于优化。因此,在对问题的数学建模中需要将最小化方差作为第二个优化目标或者增加一个额外函数实现对方差的约束。

1.1.2 凸优化

定义 1.1 对于所有 $x_1, x_2 \in \mathbf{R}^n$,在 $\alpha + \beta = 1, \alpha \geqslant 0, \beta \geqslant 0$ 的条件下,若满足:

$$f(\alpha \boldsymbol{x}_1 + \beta \boldsymbol{x}_2) \leqslant \alpha f(\boldsymbol{x}_1) + \beta f(\boldsymbol{x}_2) \tag{1.9}$$

则式(1.5)定义的优化问题为凸问题。若式(1.5)的优化问题是凸的,则其目标函数称为凸函数,可行解集称为凸集。若 $f(\boldsymbol{x})$ 是凸函数,则 $-f(\boldsymbol{x})$ 是凹函数。

图 1.2(a)为一个凸函数的例子。直观地,当连接任意两点(这里 $\boldsymbol{x}_1$ 和 $\boldsymbol{x}_2$)线上的所有点都在该函数之上,则表示该函数为凸函数。

凸优化问题可能无解、有唯一最优解或多个最优解。然而,若一个优化问题是严格凸函数,则该问题最多有一个最优解。需要注意的是,一个复杂优化问题可以在多项式时间内获得解,而非凸优化问题通常是 NP 难的。

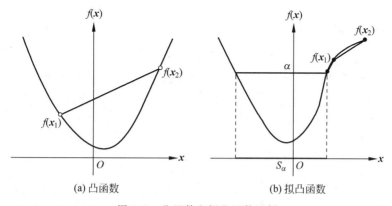

(a) 凸函数   (b) 拟凸函数

图 1.2 凸函数和拟凸函数示例

1.1.3 拟凸函数

定义 1.2 当 $\mathcal{S}$ 是 $\mathbf{R}$ 上的凸子集时,函数 $f(\boldsymbol{x})$ 称为在 $\mathcal{S}$ 上是拟凸函数。即对所有 $\boldsymbol{x}_1$, $\boldsymbol{x}_2 \in \mathcal{S}$ 以及所有 $\lambda = [0,1]$,都满足:

$$f(\lambda \boldsymbol{x}_1 + (1-\lambda)\boldsymbol{x}_2) \leqslant \max\{f(\boldsymbol{x}_1), f(\boldsymbol{x}_2)\} \tag{1.10}$$

另外,若一个水平子集 $\mathcal{S}_\alpha = \{\boldsymbol{x} \mid f(\boldsymbol{x}) \leqslant \alpha\}$ 是凸的,则称函数 $f(\boldsymbol{x})$ 在该水平子集上是拟凸的。

图 1.2(b)给出了一个拟凸函数的例子,其中 $f(\boldsymbol{x})$ 在 $\mathcal{S}_\alpha$ 上是凸的。然而,如 $f(\boldsymbol{x}_1)$ 和 $f(\boldsymbol{x}_2)$ 连接线所示,$f(\boldsymbol{x})$ 在 $\mathcal{S}_\alpha$ 右上部分是凹的,因为 $f(\boldsymbol{x}_1)$ 和 $f(\boldsymbol{x}_2)$ 连接线上所有点均在 $f(\boldsymbol{x})$ 下面。

值得注意的是,一个严格拟凸函数也称为单模函数。一个单模函数具有一个局部最优解,也是函数的全局最优解。反过来,若函数具有多个局部最优解,则称之为多模函数。

1.1.4 全局和局部最优

考虑如下最小化问题:

$$\min \quad f(\boldsymbol{x}) \tag{1.11}$$

$$\text{s.t.} \quad x \in \mathcal{F} \tag{1.12}$$

其中，$f: \mathbf{R}^n \to \mathbf{R}$，$n$ 是决策变量数，$\mathcal{F} \subset \mathbf{R}^n$ 是可行域，有以下定义。

定义 1.3 若 $x^* \in \mathcal{F}$ 满足如下条件，对于 $\forall x \in \mathcal{F}$，

$$f(x^*) \leqslant f(x) \tag{1.13}$$

则称 x^* 为式(1.11)所定义问题的全局最优解。

定义 1.4 若存在 $\rho > 0$，当 $\forall x \in \mathcal{F}$ 且 $\| x - x^* \| < \rho$ 时，有

$$f(x^*) \leqslant f(x) \tag{1.14}$$

则称 $x^* \in \mathcal{F}$ 为式(1.11)中优化问题的局部最优解。

1.2 优化问题的类型

根据决策变量的性质、待优化的目标函数数量、是否需要考虑约束冲突或者优化问题中是否存在不确定性等，优化问题可以分为不同的类型。此外，还存在一些优化问题，其目标函数是未知或无法用解析数学方程描述的。

1.2.1 连续与离散优化

大量实际优化问题都是连续的，即决策变量是实数，并且其在可行域是可以连续变化的。例如，涡轮发动机的几何设计是连续优化问题，其中描述涡轮机形状的决策变量类型是实型。

与连续优化问题相比，离散优化问题的全部或部分决策变量值只能从离散值集中获得，且通常为整数。例如，人数、城市或地点的数量，以及制造过程的组织顺序。离散问题可以进一步分为混合整数问题、整数问题以及组合问题。混合整数问题是指其中部分决策变量是整数。组合优化可以看作是一类特殊的整数优化，其任务是在有限对象集中寻找其最优组合。有代表性的组合问题包括旅行商问题(Travelling Salesman Problem, TSP)、背包问题以及最小生成树问题。

以一个简化的涡轮发动机优化问题为例，其任务是设计涡轮叶片的几何形状以提高能效。问题表述如下。

(1) 决策变量。定义涡轮叶片几何形状的参数。需要注意的是，许多不同方法都可以用来表示几何形状，例如，如图 1.3 所示的基于参数化或 B 样条表示方法。这里决策变量与叶片的几何形状有关，因此是连续的。所以这是一个连续的优化问题。在表示一个设计问题时通常要考虑完整性和紧凑型之间的平衡。一个完整的表示能够表示所有不同的结果，但通常会导致产生大量的决策变量。反过来，一个紧凑型表示具有少量决策变量，但其可能无法很好地表示复杂结构。其他约束可能还包括因果关系以及区域特性[3]。

(2) 约束条件：这里的约束是表示除了其他约束，还包括机械约束。

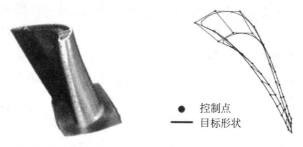

● 控制点
—— 目标形状

(a) 喷气发动机涡轮叶片的图示　　(b) 叶片二维截面的三维B样条表示

图1.3　一个连续优化问题的例子

（3）目标函数：通常，压力损失的最小化是涡轮叶片设计中的主要目标，其与能效密切相关。然而，在优化中其也可能包含像偏离期望流入角度值或者流出速率的方差等目标。需要注意的是，压力损失无法用解析的数学函数来计算，只能用数值模拟或风洞实验来评估。

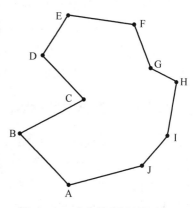

图1.4　一个旅行商问题的例子

TSP是一个经典的组合优化问题，旨在找出旅行商在其销售路线上访问城市的最短路径。每个城市只能访问一次。TSP可以表述如下。

（1）决策变量：这里城市访问的连接顺序是问题的决策变量。例如，在图1.4中给出了访问10个城市的例子，其解就是

$$A \to B \to C \to D \to E \to F \to G \to H \to I \to J \to A$$

（2）约束条件：该问题的约束条件是每个城市只能访问一次，并且销售人员必须回到他出发的起点城市A。

（3）目标函数：该问题的优化目标是使总旅行路径的长度最小。

1.2.2　无约束优化与约束优化

在无约束优化问题中，不需要考虑等式或不等式约束。相反，约束优化必须满足等式和/或不等式约束，使得问题的求解变得比较困难。约束问题的一个特例是框式约束问题，即其只有对约束决策变量范围是有约束的。当约束变量的边界无限时，框式约束优化问题即为无约束优化问题。

1.2.3　单目标优化与多目标优化

式（1.5）中的问题只有一个优化目标，这类问题被称为单目标优化问题（Single-objective Optimization Problem，SOP）。然而，在现实世界中，大多数问题都有一个以上的

目标需要优化,而且这些优化目标之间往往是相互冲突的。这些问题称为多目标优化问题(Multi-objective Optimization Problem,MOP)。在进化计算领域,具有 3 个以上优化目标的问题称为高维多目标优化问题(Many-objective Optimization Problem,MaOP)。由于优化目标数量的增多,导致现有求解 2 个或 3 个目标优化问题的算法在求解高维多目标优化问题具有更大的挑战性。

在另一些情况下,优化任务需要在高度约束下寻找优化问题的可行解,我们称之为约束满足。

1.2.4 确定性优化与随机性优化

给定优化问题通常假设是时间不变的,而且目标函数或约束函数以及决策变量上都不存在不确定性因素。这类优化问题称为确定性优化问题。与确定性问题相反,随机问题表示在目标和/或约束函数以及决策变量中存在不确定因素。不确定性的来源有很多,如传感器中的噪声,数值模拟中的随机性以及操作环境的变化。在这些情况下,人们希望找到一个对不确定性不敏感的解,这也是 1.4 节介绍鲁棒优化和动态优化时着重阐述的部分。

需要注意的是,随机优化是指决策变量是随机变量或者允许搜索随机变化的求解方法。因此一个随机问题是指受不同类型不确定性约束的优化问题。

1.2.5 黑盒优化和数据驱动的优化

至此,前面所有讨论的优化问题其目标函数都假设是可以用数学表达式来描述的。然而,实际中还有一些优化问题其目标函数是未知的或不能用解析形式表达的,我们称这些优化问题为黑盒优化问题。

通常,黑盒优化问题的目标值是通过计算机仿真来评估的。还有一些问题虽然整个优化系统不一定是黑盒问题,但是它的目标函数是通过物理或化学实验获得的。例如,尽管涡轮发动机引擎或车辆设计的动力学性能只能通过求解大量微分方程来获得,但是其在从科学的角度上是很好理解的。此外,在数据科学和大数据时代,数据优化问题依赖所收集的数据来进行求解,而这些数据可能是不完整的、含噪的以及异构的。因此,这些问题被称为数据驱动的优化问题[4],其优化过程通常依赖于从计算机仿真、物理或化学实验以及日常生活所收集的数据。

1.3 多目标优化

1.3.1 数学模型

在实际生活中,几乎所有优化问题都有多个需要最大化或最小化的优化目标。例如,当人们想要购买手机时,通常需要考虑能承受的价格以及所期望的手机性能。从性能上来说还需要考虑多个因素,如摄像头规格、操作便利性等。但实际上很难同时优化所有目标,因为不同目标之间通常需要进行平衡。例如,手机购买方案是一个双目标优化问题,需要考虑手机性能最大化和价格最小化,优化后得到的是一个平衡解集而不是单一理想解。如图 1.5 所示,最终在最小化价格和最大化性能之间有个折中,也称为平衡。换句话说,性能越好,价格越贵。相比于单目标中只有一个最优解,多目标优化通常有一组平衡解。最后,用户可以根据自己的偏好选择一种方案。例如,若用户想要购买一部性能好的手机,则会选择 C 方案;若用户考虑手机的性价比,则会选择 B 方案;若用户觉得最小化成本最重要,则会选择 A 方案。

多目标优化问题的数学模型可以表示为[5]:

$$\min f_i(\boldsymbol{x}), \quad i = 1, 2, \cdots, m \tag{1.15}$$

$$\text{s.t.} \quad g_j(\boldsymbol{x}) < 0, \quad j = 1, 2, \cdots, J \tag{1.16}$$

$$h_k(\boldsymbol{x}) = 0, \quad k = 1, 2, \cdots, K \tag{1.17}$$

$$x_l^{\mathrm{L}} \leqslant x_l \leqslant x_l^{\mathrm{U}}, \quad l = 1, 2, \cdots, n \tag{1.18}$$

其中,$m > 1$ 表示优化目标的数量。若 $m = 1$,则式(1.15)即为单目标优化问题。

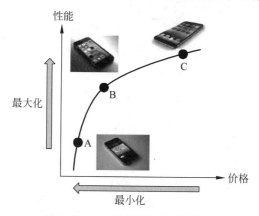

图 1.5 一个双目标优化问题例子

1.3.2 Pareto 最优性

不同于单目标优化,多目标优化中解和解之间的比较需要考虑多个目标。为此,引入多目标优化中非常重要的一个概念——Pareto 支配。

定义 1.5 对于式(1.15)中的最小化问题,若满足以下条件:

$$\forall i \in \{1, 2, \cdots, m\}, \quad f_i(\boldsymbol{x}_1) \leqslant f_i(\boldsymbol{x}_2) \tag{1.19}$$

$$\exists k \in \{1, 2, \cdots, m\}, \quad f_k(\boldsymbol{x}_1) < f_k(\boldsymbol{x}_2) \tag{1.20}$$

则称解 $\boldsymbol{x}_1$ Pareto 支配解 $\boldsymbol{x}_2$,用 $\boldsymbol{x}_1 \prec \boldsymbol{x}_2$ 表示。

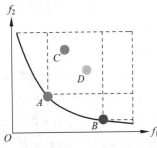

图 1.6　多目标优化解的对比

例如在图 1.6 中,解 A 支配解 C 和 D,但是解 B 不受解 A 支配。另外,解 B 也不支配 A。因此,解 A 和 B 是互不支配的。同样,解 B、C、D 也互不支配。若解 A 和 B 不受任何可行解支配,则它们称为 Pareto 最优解。

定义 1.6　若不存在任何可行解 $x \in \mathbf{R}^n$ 使得 $x \prec x^*$,则解 x^* 称为 Pareto 最优。

目标空间中所有的 Pareto 最优解组成 Pareto 前沿面,对应决策空间中的解集称为 Pareto 最优解集,由连接的分段线性曲线组成,如图 1.7(a)所示。其中,一些特殊点如理想点、最低点以及拐点经常被用于优化中。

定义 1.7　理想点 z^{ideal} 是由 Pareto 最优解集中每个目标上最好值所构成的点。

定义 1.8　最低点 z^{nadir} 是由 Pareto 最优解集中每个目标上最差值所构成的点。

在实践中,一个乌托邦点通常定义为

$$z_i^{\text{utopian}} = z_i^{\text{ideal}} - \varepsilon, \quad i = 1, 2, \cdots, m \tag{1.21}$$

其中,ε 是一个很小的正数。

定义 1.9　拐点是指最小凸包上到由极值点所构造的超平面具有最大距离的点。

在如图 1.7(b)所示的 Pareto 前沿面中,解 A 和 B 是 Pareto 前沿面的边界点,连接这两个解的线称为超平面,超平面与轴的交点称为极值解(图中的 D 点和 E 点)。解 C 与超平面的距离最大,因此解 C 是拐点。Pareto 前沿面上的拐点通常是通过在至少一个目标上的退步来获得其他目标的改善,因此它对于多目标优化是有意义的。

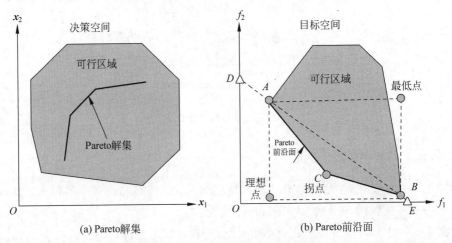

图 1.7　Pareto 解集及 Pareto 前沿面

需要注意的是,还有其他对拐点的定义[6]。除了上述基于距离的定义之外,还有基于角度的方法,通过角度衡量解和其相邻两个邻居之间的距离。尽管基于角度的方法很直接,但它仅适用于双目标问题的优化。相比之下,基于距离的方法可以处理具有两个及两个以上目标的优化问题。然而,由于在高维目标空间中 Pareto 前沿面上可能存在大量的拐点,因此确定拐点是非常困难的。

除了标准的 Pareto 支配关系外,也有很多通过修改 Pareto 支配定义而提出的其他支配关系。接下来介绍在进化多目标优化中常用的 ε-支配(记为 $\prec_\varepsilon$)[7] 和 α-支配(记为 $\prec_\alpha$)[8]。

定义 1.10 对于 $\varepsilon > 0$,如果满足

$$\forall i \in \{1, 2, \cdots, m\}, (1 - \varepsilon) f(\boldsymbol{x}_1) \leqslant f(\boldsymbol{x}_2) \tag{1.22}$$

则称 $\boldsymbol{x}_1 \prec_\varepsilon \boldsymbol{x}_2$。

定义 1.11 给定两个解 $\boldsymbol{x}_1, \boldsymbol{x}_2 \in \mathbf{R}^n$, $\boldsymbol{x}_1 \neq \boldsymbol{x}_2$,若满足

$$\forall i \in \{1, 2, \cdots, m\}, \quad g_i(\boldsymbol{x}_1, \boldsymbol{x}_2) \leqslant 0 \tag{1.23}$$

并且

$$\exists j \in \{1, 2, \cdots, m\}, \quad g_j(\boldsymbol{x}_1, \boldsymbol{x}_2) < 0 \tag{1.24}$$

其中,

$$g_i(\boldsymbol{x}_1, \boldsymbol{x}_2) = f_i(\boldsymbol{x}_1) - f_i(\boldsymbol{x}_2) + \sum_{j \neq i}^{m} \alpha_{ij}(f_j(\boldsymbol{x}_1) - f_j(\boldsymbol{x}_2)), \tag{1.25}$$

则称 $\boldsymbol{x}_1 \prec_\alpha \boldsymbol{x}_2$,其中参数 α_{ij} 表示第 i 个目标和第 j 个目标折中率。

从以上定义可以看出,ε-支配和 α-支配加强了 Pareto 支配关系,使一个解能够支配更多解。

图 1.8 给出了 Pareto 支配、ε-支配和 α-支配的关系说明。在图 1.8(a)中解 A 所 Pareto 支配的区域用阴影表示,因此 B 没有被 A 所支配。图 1.8(b)是解 A 的 ε-支配的区域,其比 A 所 Pareto 支配区域大。然而,A 仍然不能支配 B。解 A 的 α-支配的区域如图 1.8(c)所示,可以看到现在 B 被 A 所支配了。从这些例子中可以看到 ε-支配关系和 α-支配关系能够比标准 Pareto 支配关系支配更多的解。因此,当使用支配关系来对比候选解时,ε-支配关系和 α-支配关系可以加速优化算法的收敛速度。

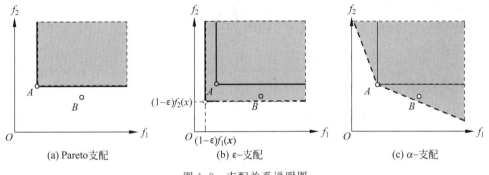

图 1.8 支配关系说明图

多目标优化问题的 Pareto 前沿面通常具有不同的特征,这些不同特征会影响其求解难

度。图 1.9 给出了一些比较典型的 Pareto 前沿面。需要注意的是，Pareto 前沿面的凸定义和前面函数的定义一样。例如，在图 1.9(a)中，Pareto 前沿面上任意两点连线上的点都被这两个点之间的 Pareto 前沿面上的点所支配，则称该 Pareto 前沿面是凸的。反过来，连接 Pareto 前沿凹面上两点的所有解都为不可行解。图 1.9(e)中的 Pareto 前沿面称为退化面，如对于三目标优化问题来说，其 Pareto 前沿面的维度通常是一个二维面。这里退化为一维曲线。

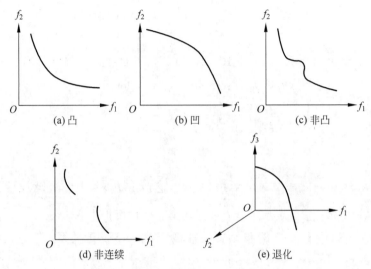

图 1.9　不同类型的 Pareto 最优前沿面

1.3.3　偏好建模

多目标优化问题的解是一个 Pareto 最优解集，其可以由无限个解所组成。然而，在实践中，只有一小部分 Pareto 最优解会被用户根据其偏好所采用。因此，在选择解时要特别注意两点，即如何恰当地表示用户的偏好以及在优化算法中何时嵌入偏好用于估计偏好解[9]。

一般而言，用户偏好可以通过以下方法来表示。

1. 目标

表达用户偏好的最直接方法是提供目标信息[10]，通常通过参考解或参考点来表示。换句话说，用户可以通过提供一个或多个设计解来描述他们的偏好。例如，在优化柴油发动机时，用户可以指定其所期望的燃料消耗和排放，该目标可能会比基础设计要好一定的百分比。

2. 权重

对于一个全新问题，用户很难为不同的目标提供想要的解(目标)。但是，用户可以评估不同目标的重要性。由于不同目标之间总是平衡的，因此用户可以很容易地使用权重向量

$w = \{w_1, w_2, \cdots, w_m\}$ 为不同目标赋予不同级别的重要程度,其中 m 是目标的数量。在给定权重下,一个多目标优化问题可以转换成一个单目标优化问题。最常用的转换是线性转换,也称为加权聚合方法[5]:

$$g(\boldsymbol{x}) = \sum_{i=1}^{m} w_i f_i(\boldsymbol{x}) \tag{1.26}$$

其中,$w_i > 0, i = 1, 2, \cdots, m$。单目标优化问题的最优解是式(1.15)中多目标优化问题的最优解。

相对来说,线性加权转换方法是比较容易实现的,但其仍然存在几个问题。其中最大的问题是,无论权重如何调整都无法通过求解式(1.26)中的单目标问题来获得 Pareto 前沿面上凹处的 Pareto 最优解。

另一种广泛使用的转换方法称为切比雪夫转换函数,表示如下[5]:

$$g(\boldsymbol{x}) = \max_{1 \leqslant i \leqslant m} \{w_i f_i(\boldsymbol{x})\}, \tag{1.27}$$

其中,$f_i(\boldsymbol{x})$ 是第 i 个目标,w_i 是第 i 个权重。

然而,与目标类似,用户在没有很好地理解问题的情况下很难设定准确的权重。特别是当 Pareto 前沿面不凸或不均匀、离散或退化时,权重更难设定。

3. 参考向量

参考向量[9]和目标以及权重很相似,它们都是提供对目标的期望。与目标(参考点)不同的是,参考向量提供目标空间方向的信息。与权重相似,参考向量也可以将多目标优化问题转化为单目标优化问题。

4. 偏好关系

另一种描述不同目标之间偏好的方式是利用人类语言来描述目标对之间的相对重要性。例如,人们可以指出目标 1 比目标 2 更重要,或者目标 1 和目标 2 同等重要。

在优化过程中,目标的偏好顺序可以转换成权重或权重间隔。然而,其主要的缺点是偏好关系不能处理非传递性关系。

5. 效用函数

效用函数可以用来表示用户,其中偏好信息隐含在目标函数中,用于对解进行排序。但是与偏好关系不同,效用函数是对解进行排序而不是对目标函数进行排序。例如,给定 N 个解 $\boldsymbol{x}_1, \boldsymbol{x}_2, \cdots, \boldsymbol{x}_N$ 用户通过给这些解排序来给出其偏好。随后,利用未精确说明的多属性值的理论公式推导出目标的相对重要性。然而,效用函数通常有一个很强的假设,即偏好的所有属性都是独立的,因此也很难处理非传递性关系。

6. 优先级

无论是基于目标重要性的偏好关系还是基于解的效用函数都不能处理非传递性关系。允许非传递性的一种替代方法叫优先级。为了确定优先级,基于对比的两个解,使用偏好排序组织方法给出每个目标的偏好和无差异阈值。因此,一旦确定了偏好顺序,就可以搜索偏好解了。然而,基于优先级的方法通常需要大量的参数设置,这对于用户求解很多目标的问题是不现实的[11]。

7. 隐性偏好

当用户对于求解问题不了解时很难表达出其偏好。在这种情况下,拐点解总是会引起用户的兴趣。在拐点周围任何一个目标函数的小小提高都会引起其他目标的大退化。除了拐点,极值点或最低点也可以作为偏好的特殊形式。借助极值点或最低点,用户可以获得Pareto前沿面的范围知识,从而可以更准确地描述自己的偏好。

1.3.4 偏好表示

一旦确定了用户偏好模型,它们就必须包含在优化过程中以获得偏好解。下面将阐述在多目标优化中广泛使用的不同偏好表示方法。

1. 无偏好

最简单的状况是在优化中无特定偏好,所有目标都同等重要。例如,可以使用如下转换函数:

$$\text{minimize} \parallel f(\boldsymbol{x}) - \boldsymbol{z}^{\text{ideal}} \parallel \tag{1.28}$$

$$\text{s.t.} \quad \boldsymbol{x} \in \mathbf{R}^n \tag{1.29}$$

其中,$\parallel \cdot \parallel$ 通常是 L_1、L_2 或 L_∞ 范式。通常,目标函数需要归一化为相同尺度,这样在优化中就不会出现很大的偏差。

2. 先验法

多目标优化的先验法是在优化开始之前将偏好嵌入目标函数中,从而获得少量 Pareto 最优偏好解。许多偏好模型如目标(参考点)、权重和参考向量,都可以用于引导搜索。除了上述提到的使用线性和切比雪夫转换方法中使用权重来建立偏好模型,还有增广的权重切比雪夫标量化方法:

$$\min \max_{i=1,2,\cdots,m} w_i \big[\mid f_i(\boldsymbol{x}) - z_i^{\text{utopian}} \mid\big] + \rho \sum_{i=1}^m \mid f_i(\boldsymbol{x}) - z_i^{\text{utopian}} \mid \tag{1.30}$$

$$\text{s.t.} \quad \boldsymbol{x} \in \mathbf{R}^n \tag{1.31}$$

其中,$\rho > 0$ 是一个小常数。

还有,若用户可以提供参考点 $\bar{z}$,则可以使用成就标量化函数:

$$\min \max_{i=1,2,\cdots,m} \left[\frac{f_i(\boldsymbol{x}) - \bar{z}_i}{z_i^{\text{nadir}} - z_i^{\text{utopian}}}\right] + \rho \sum_{i=1}^m \frac{f_i(\boldsymbol{x})}{z_i^{\text{nadir}} - z_i^{\text{utopian}}} \tag{1.32}$$

$$\text{s.t.} \quad \boldsymbol{x} \in \mathbf{R}^n \tag{1.33}$$

原则上,许多使用标量化函数将多目标优化问题转换为单目标优化问题的经典优化方法都属于先验法。先验法有两个主要弱点：一方面，用户很难为优化提供具有有用信息和合理的偏好；另一方面，即使能够对用户的偏好正确建模，一个优化算法也可能发现不了偏好解。

3．后验法

在后验法中，用户是允许在获得非支配解集后明确其偏好的。为此，算法应该能够估计整个 Pareto 最优前沿面的代表性子集，使得用户能够从所获得的解中选择偏好解。由于数学规划方法一次运行只能获得一个 Pareto 最优解，所以它们需要运行很多次来获得一个解集。不同于数学规划方法，进化算法（Evolutionary Algorithm，EA）和其他基于种群的元启发式算法能够在一次运行后获得一组 Pareto 最优解或非支配解。然而，由于理论上的 Pareto 前沿面事先是未知的，这些算法旨在提高所获得解的多样性，从而获得 Pareto 最优解的代表性子集。需要指出的是，基于种群的优化算法能够获得 Pareto 最优解的代表性子集是一个假设。而这个假设在实践中可能因为有限的计算资源而变得不能成立，特别是当 Pareto 前沿面是离散的、退化的或者当目标数量很大时。

4．交互法

考虑到在先验法中很难对用户偏好进行准确建模，以及很难获得具有代表性的 Pareto 最优解子集，交互法（也称为渐进方法）旨在在优化过程中逐步嵌入用户的偏好，以便用户能够根据所获得的解对偏好进行改善甚至改变。

交互法的一个主要难点是人类用户需要直接参与优化过程，但由于人类容易疲劳，因此导致优化过程不可行。解决这个问题的一个可能方案是使用机器学习技术使得偏好改善或修改过程实现部分自动化。

1.4　优化中不确定性的处理

许多实际优化问题都受到不同程度的确定的和概率性的不确定性影响[12-13]。最常见的不确定性一般来源于目标函数，由如测量噪声或数值误差等引起。在实际问题中，优化通常更多地受系统不确定性的影响。例如，在设计涡轮发动机时需要考虑在不同操作环境下（如不同的飞行速度、飞机重量以及飞行高度）的性能。这些时变因素并非决策变量，但它们会对目标函数产生影响。另外，在制造涡轮叶片时可能会有很小的误差，或者在生命周期中叶片会逐渐受到磨损。理想情况下，涡轮叶片的性能对操作环境（以下称为环境参数）或决策变量的这类变化是不敏感的。不失一般性，当一个无约束单目标优化问题的目标函数存在不确定性时，其优化目标可以表示为：

$$\min f(\boldsymbol{x} + \Delta\boldsymbol{x}, \boldsymbol{a} + \Delta\boldsymbol{a}) + z \tag{1.34}$$

其中，$\Delta\boldsymbol{x}$ 和 $\Delta\boldsymbol{a}$ 分别表示决策变量和环境参数的扰动，$z \sim \mathcal{N}(0, \sigma^2)$ 是附加噪声，σ^2 是噪声方差。

针对优化中的不确定性,人们提出了不同的处理方法。对于带有附加噪声的适应度评估,典型的解决方法是对适应函数进行多次评价以减少噪声的影响[14]。为了解决决策变量和环境参数中的非附加扰动,有一类方法是寻找对环境参数或决策变量的变化具有鲁棒性的解,通常称为鲁棒优化。然而,若操作环境发生显著变化,则一个更现实有效的方法是进行多场景优化。若变化不能通过概率分布获得,例如,在环境或决策变量中存在连续或周期性的变化,则使用动态优化可能会更有效。最后,基于时域的鲁棒优化旨在在性能、鲁棒性以及解切换时所产生的花费之间获得一个最优的折中解。

1.4.1 评价中的噪声

抵消适应度评估中的噪声最直接的方法是基于时间或空间对适应度进行平均,意思是对于相同解进行多次采样或者对解周围采样多个解,然后使用采样目标值的平均作为最终目标值[15]。

由于进化算法是基于种群的搜索方法,因此也提出了其他降噪方法,包括使用大种群规模以及比例选择、引入重组和在选择中引入阈值。由于适应度评估的计算成本可能较高,因此基于采样的降噪方法或者使用大种群都是不切实际的。因此,在优化过程中有效重采样是非常重要的。例如,自适应采样大小是一种有效方法。典型的方法是在搜索早期阶段采用较小的采样大小,而在搜索后期阶段使用较大的采样大小;或者大的采样大小用于搜索性能更好的解,而小的采样大小用于搜索性能不好的解。除了自适应采样,利用局部回归模型估计真实的适应度也是可行的。

1.4.2 鲁棒优化

对抗决策变量和环境参数扰动的鲁棒解是实践中的基本要求。图 1.10 举例说明了鲁棒性的两种情况。在图 1.10(a)中,A 和 B 是目标函数的两个局部最优解。不考虑解的鲁棒性时,针对最小化问题解 A 相比于解 B 具有更好的性能。然而,当决策变量存在扰动 Δx 时,$f(x_A)$ 会比 $f(x_B)$ 差很多。因此,可以认为解 B 相比于解 A 具有更好的鲁棒性能。反过来,在图 1.10(b)中,在正常操作环境下,当 $a = a^*$ 时,解 A 具有最好的优化性能。然而,当 a 变得更大或更小时,优化性能快速退化。相比于解 A,在正常操作环境下解 B 比解 A 的性能差。因此,除了 $a \in R_1$,当 $a \in R_2$ 时解 B 比解 A 具有更好的性能。因此,当环境参数 a 变化时,解 B 比解 A 具有更好的鲁棒性。

在讨论鲁棒优化方法之前,首先介绍在最优化环境下常用的鲁棒性相关定义[16,12]。

(1) 鲁棒对等方法:对于决策变量存在不确定性的优化问题,鲁棒对等函数 $F(x, \varepsilon)$ 定义为

$$F(x, \varepsilon) = \sup_{\xi \in R(x, \varepsilon)} f(\xi) \tag{1.35}$$

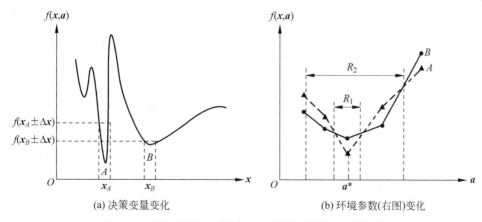

(a) 决策变量变化　　　　　　(b) 环境参数(右图)变化

图 1.10　决策变量和环境参数变化下的鲁棒解举例说明

其中，$R(\boldsymbol{x},\varepsilon)$ 是 $\boldsymbol{x}$ 的邻域，邻域大小为 ε。通常，$\boldsymbol{x}$ 的邻域定义为 $\boldsymbol{x}\pm\varepsilon$。因此，这是最坏情况的定义，也称为最小最大优化问题。若考虑环境参数的扰动，则鲁棒对等函数定义为

$$F_{\mathrm{W}}(\boldsymbol{x},\varepsilon)=\sup_{\boldsymbol{a}\in A(\varepsilon)}f(\boldsymbol{x},\boldsymbol{a}) \tag{1.36}$$

其中，$A(\varepsilon)$ 是 $\boldsymbol{a}$ 的邻域，大小为 ε。

（2）期望目标函数：期望目标函数同时考虑决策变量和环境参数的扰动，有

$$F(\boldsymbol{x})=\int f(\boldsymbol{x}+\delta,\boldsymbol{a})p(\delta,\boldsymbol{a})\mathrm{d}\delta\mathrm{d}\boldsymbol{a} \tag{1.37}$$

若只考虑决策变量中的扰动，则期望目标函数为

$$F_{\mathrm{E}}(\boldsymbol{x})=\int f(\boldsymbol{x}+\delta,\boldsymbol{a})p(\delta)\mathrm{d}\delta \tag{1.38}$$

（3）基于离散度的鲁棒性度量：在具有不确定性环境下鲁棒性也可以使用目标函数的离散度来定义，例如，

$$F_{\mathrm{D}}(\boldsymbol{x})=\int (f(\boldsymbol{x}+\delta)-f(\boldsymbol{x}))^2 p(\delta)\mathrm{d}\delta \tag{1.39}$$

鲁棒最优解的搜索方法是基于上述鲁棒性的定义及其变种。也就是说，如果想要找到鲁棒最优解，那么可以使用上述鲁棒性度量方法之一来替代原来的目标函数。无论使用上述哪一种定义，鲁棒性估计都需要对一个解进行多次目标值评价，因此，出现了很多利用基于种群搜索算法用于减少计算花费的思想。例如，对于期望目标函数，显式平均法可以通过计算平均目标值来估计期望目标：

$$\bar{f}(\boldsymbol{x})=\frac{1}{N}\sum_{i=1}^{N}f(\boldsymbol{x}+\delta) \tag{1.40}$$

其中，$\delta\sim\mathcal{N}(0,\sigma^2)$ 是高斯噪声；N 是样本大小。因此，评价每个解时都需要额外的 $N-1$ 次函数评价。为了降低计算成本，提出了一种隐式平均方法。在该方法中，当前种群的每个解通过以下公式只评价一次：

$$\bar{f}(\boldsymbol{x}) = f(\boldsymbol{x} + \delta) \tag{1.41}$$

其中,$\delta \sim \mathcal{N}(0, \sigma^2)$是高斯噪声。实际上,隐式方法是样本大小等于 1 的特殊显式平均方法。当一个基于种群搜索算法的种群规模较大时,隐式方法的效果会更好。

在期望目标方法中,一般假设不确定性是高斯噪声,通常需要说明噪声(方差)的级别。但这并不容易实现,而且用于计算鲁棒性的一个错误噪声级别很可能找到一个过于保守的解,或者找到的解不够鲁棒。因此,最坏的情况是消除高斯噪声的假设,但仍然需要定义邻域大小以及大量额外的函数评估来找出邻域中最差的解。学者们提出了一种最差环境鲁棒性的变种,称为逆鲁棒性,用于避免邻域大小的说明。在逆鲁棒优化中,用户可以基于决策变量所允许的最大变化来指定最大容忍性能退化。在实践中,明确定义最大容忍性能退化比定义噪声级别要更现实。

从图 1.10 可以看出,在正常目标值和鲁棒性程度之间通常存在一个折中解[17]。因此,鲁棒性优化通常使用多目标优化方法来求解。例如,可以最小化期望目标函数以及最小化方差:

$$F_{\mathrm{E}}(\boldsymbol{x}) = \frac{1}{N} \sum_{i=1}^{N} f(\boldsymbol{x}_i) \tag{1.42}$$

$$F_{\mathrm{D}}(\boldsymbol{x}) = \frac{1}{N} \sum_{i=1}^{N} \left[f(\boldsymbol{x}_i) - F_{\mathrm{E}}(\boldsymbol{x}) \right]^2 \tag{1.43}$$

其中,N 是样本大小。

其他组合也可以作为两个优化目标,比如正常目标函数和期望目标函数,或正常目标函数和方差。

一旦获得一组非支配鲁棒解,用户就需要根据噪声或可容忍性能退化情况选择一个解。

1.4.3　多场景优化

在实践中,多操作环境下一个设计的性能是必须考虑的。例如,对于飞机或涡轮设计,必须考虑至少 3 种场景:起飞、巡航和降落。在设计车辆时,必须考虑车辆在多个驾驶场景下的动力学,如在城市中驾驶、在高速公路上驾驶、在弯道上驾驶或通过桥梁。一个更极端的例子是,如在设计一个高升力的翼型系统中需要考虑无数场景,在给定飞行速度下实现升力最大化和阻力最小化。这也称为全场景优化[18]。图 1.11 给出了 RAE5255 机翼优化设计中给定速度 0.5～0.75Ma(Ma 为马赫数,表示速度与音速的比值)范围内 3 个阻力系统分布。从图 1.11 中,我们可以看到不同的设计理念可能会导致非常不一样的性能。

许多方法可以用来处理多场景优化。最简单的方法是聚合所有场景下的目标函数。或者将每个场景中的目标作为单独目标函数,因此,当考虑多个场景时,目标函数的数量会变得非常大。此外,若对于场景没有任何偏好也很难进行最终的决策。

当多场景平均性能需要优化时,鲁棒优化还可以用于求解多场景优化问题。然而,若场景数量很大时将无法获得好的优化性能。

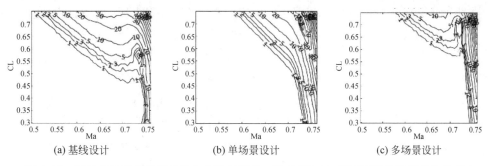

(a) 基线设计　　　　　　　　(b) 单场景设计　　　　　　　　(c) 多场景设计

图 1.11　通过单场景和多场景优化方法获得的 3 种 RAE5225 翼型设计的波阻系数分布

1.4.4　动态优化

如果不确定性程度有限并且能够通过高斯或均匀噪声来表示,那么通过寻找对不确定性相对不敏感的最优解来处理不确定性是有效的。然而,如果不确定性程度是确定的、有限的并且是大的,那么这个方法就会失效。在这种情况下,优化目标就变成动态跟踪最优解或 Pareto 最优解,称为动态优化。

通常,动态优化问题可以描述为

$$\min f(\boldsymbol{x}, \boldsymbol{a}(t)) \tag{1.44}$$

其中,$\boldsymbol{a}(t)$ 是一组时变环境参数。换句话说,动态优化主要关注环境参数的不确定性。尽管 $\boldsymbol{a}(t)$ 可能会随着时间的推移而不断变化,动态优化的一个基本假设是优化问题可以看作是一系列静态问题[19,12]:

$$< f(\boldsymbol{x}, \boldsymbol{a}_1), f(\boldsymbol{x}, \boldsymbol{a}_2), \cdots, f(\boldsymbol{x}, \boldsymbol{a}_L) > \tag{1.45}$$

其中,$f(\boldsymbol{x}, \boldsymbol{a}_i), i=1,2,\cdots,L$ 是第 i 个环境下的时不变(静态)函数,L 是环境总数。假设 L 个环境总时间间隔为 $[0,T]$。在环境变化频率为 τ 的时候,每个环境的时间间隔为 $\lceil L=T/\tau \rceil$。

求解上述动态优化问题最直接的策略是:一旦检测到环境变化就重新启动优化。然而,重新启动策略既无趣又低效。因此,动态优化的另一个基本假设是第 i 环境的优化问题 $f(\boldsymbol{x}, \boldsymbol{a}_i)$ 或多或少会与第 $i-1$ 个环境甚至更靠前的环境相关。因此,先前环境的知识有助于更有效地求解当前环境下的优化问题。

学者们已经提出了很多进化动态优化算法,将先前环境中的知识迁移到当前环境中。这些算法可以分为以下几类[19-20]。

(1) 保持或引入种群多样性:在解决静态单目标优化问题时,当发现一个最优解时,优化器(例如演化算法)通常会收敛到一个点。如果最优解位置发生变化,多样性的丧失将会降低优化器的搜索能力。因此,一个直接策略是保持一定程度的种群多样性,一旦环境发生变化,种群就可以做出快速反应从而找到新的最优值。还有一种方法是一旦检测到环境变化,马上在种群中引入多样性。

在获得快速收敛的同时保持基因型的多样性是一个有意思的现象,在生物学中也可以见到。这种能力在生物系统中已经表明是部分归因于生命中表现型的可塑性。

(2)使用隐式记忆:一个想法是在求解动态优化问题时使用多个子种群,每个子种群可分别跟踪一个最优解,从而在环境发生变化时直接产生一个新的子种群。

还有受生物多样性维持机制启发的其他想法。自然进化需要应对频繁的环境变化。因此,生物系统中演化出许多遗传机制用于处理环境中的不确定性。有一种机制称为多倍体,其使用染色体的多个副本来编码相同的表现型。因此,不同染色体复本将记住不同环境下最好的表现型,一旦环境发生变化,相应的染色体就会被激活并表达,从而快速应对新的环境。

(3)使用显式记忆:假设之前和当前环境下最优解之间存在一定程度的相关性,因此以解(整个基因组)或基因组片段的形式存储这些信息是有用的。所以之前所有的较好解或部分解可以加到新环境下的新种群中。另外,可以构建一个概率模型或关联模型用来显式存储先前环境获得的好解以引导当前环境中的搜索。

(4)预测新的最优解[21]:动态优化最流行的一种方法是使用不同模型预测最优解的新位置。单目标优化预测的是一个最优解,而多目标优化则是基于个体解、整个种群或一个描述 Pareto 前沿面的模型预测新环境下的 Pareto 前沿面。图 1.12(a)和图 1.12(b)举例说明了预测移动 Pareto 前沿面中心的思想,图 1.12(c)和图 1.12(d)给出了使用多项式模型预测移动 Pareto 前沿面的一个例子。

(5)在不同环境之间使用多任务优化或知识转移[22-23]:由于不同环境下的问题密切相关,采用一些技术(如受多任务机器学习启发)能同时优化多个相关优化问题的多任务优化

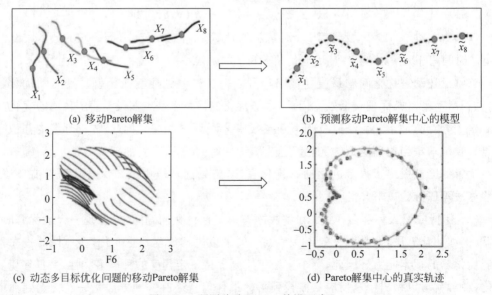

(a) 移动Pareto解集

(b) 预测移动Pareto解集中心的模型

(c) 动态多目标优化问题的移动Pareto解集

(d) Pareto解集中心的真实轨迹

图 1.12　预测移动 Pareto 前沿面中心

方法非常适合动态优化。此外,迁移机器学习技术可以用于求解数据驱动的动态优化问题。

动态优化算法的性能可以通过迭代过程中最好的或平均性能来评估,或者通过各环境下最好性能的平均值来评估。其他相关度量包括性能下降和收敛速度,即算法应对环境变化的速度。关于进化动态优化的最新综述见参考文献[24]和[25]。

1.4.5　时域鲁棒优化

鲁棒优化和动态优化是优化中两种处理不确定性的不同理念。鲁棒优化假设一个鲁棒最优解可以满足设计周期中的所有不确定性,而动态优化假设算法可以及时快速跟踪到移动的最优解,并且解的变化不会产生任何额外花费。显然鲁棒优化和动态优化是两种极端情况,在许多实际问题中这些基本假设都是能满足的。

为了缩小鲁棒优化和动态优化之间的差距,学者们提出了时域鲁棒优化(Robust Optimization Over Time,ROOT)[26-27]。ROOT 的主要假设可归纳如下:

(1) 只要最优解性能不差于用户所能容忍的最差性能,即使检测到环境发生了变化,该解也不能切换成一个新解。

(2) 切换解需要额外的成本。

(3) 一旦最优解性能不差于用户所能容忍的最差性能,那么就需要去寻求新的最优解。然而,算法将不再搜索当前环境下具有最好性能的解;相反,其搜索的是大部分环境都可接受的最优解,从而减少解的更改次数。

基于上述假设,ROOT 可以看作是鲁棒优化和动态优化之间的折中。与式(1.37)中的鲁棒性定义相反,时域鲁棒性的一般定义如下:

$$F_T(\boldsymbol{x}) = \int_{t=t_0}^{t=t_0+T} \int_{-\infty}^{+\infty} f(\boldsymbol{x}, \boldsymbol{a}) p(\boldsymbol{a}(t)) \mathrm{d}\boldsymbol{a}(t) \mathrm{d}t \tag{1.46}$$

其中,$p(\boldsymbol{a}(t))$ 是 $\boldsymbol{a}(t)$ 在时刻 t 的概率密度函数,T 是时间间隔的长度,t_0 是给定的开始时间,从上述定义可以看出,ROOT 不仅考虑了决策空间和参数空间的不确定性,还考虑了这些不确定性在时域中的影响。

式(1.46)中给出的是 ROOT 通用定义,即在时间间隔 T 内的平均性能。然而,若想要获得在尽可能多的环境下都能使用的 ROOT 解,则需要对其重新表示。如式(1.45)给定 L 个问题的顺序,则可以定义如下优化问题用于发现时域鲁棒解:

$$\max \quad R = l \tag{1.47}$$

$$\text{s.t.} \quad f(\boldsymbol{x}, \boldsymbol{a}(t)) \leqslant \delta, \quad t \in [t_c, t_c + l] \tag{1.48}$$

其中,δ 是用户可以接受的最差性能,t_c 是开始时间(即解开始采用的时刻),l 表示使用该解的环境数量。换句话说,鲁棒性被简单地定义为解可以被使用的最大环境数量。

需要注意的是,和传统鲁棒优化相同,在式(1.47)中定义的鲁棒性与整个时间段 $[0, T]$

内的平均适应度之间,或者在鲁棒性和切换成本之间会有一个折中解。因此,ROOT 也可以表示为双目标优化问题[28]:

$$\max \quad R = l \tag{1.49}$$

$$\min \quad C = \| x - x^* \| \tag{1.50}$$

$$\text{s.t.} \quad f(x, a(t)) \leqslant \delta, \quad t \in [t_c, t_c + l] \tag{1.51}$$

其中,C 表示先前最优解 x^* 切换到新的最优解 x 的成本,其定义为两个解之间的欧几里得距离。当然,也可以用其他方式定义切换成本。

因此,对每个环境都会搜索到一组 Pareto 最优解。在实践中,会选择其中之一来应用,例如,选择鲁棒性和切换成本比率最大的解[29]。

需要指出的是,找到 ROOT 解并非易事,因为其要求基于历史数据来预测未来解的性能。另一种方法是使用多种群策略找出当前环境中的所有最优解,然后根据这些最优解在环境变化前后的特征来选择 ROOT 解。

1.5 优化算法的对比

优化算法的对比不仅在提出新优化算法的专业研究上而且在求解实际问题时优化算法的选择上都具有重要意义,通常包含优化算法的效率对比与所获得解的质量对比。通常很难对优化算法进行公平无偏的比较并非易事,因为它需要仔细考虑很多因素,包括参数设置、算法和解的对比度量、所需计算资源以及用来对比的基准问题。

在对比单目标优化算法和多目标优化算法时也存在一定的差异。表 1.1 列出了进行单目标优化算法和多目标优化算法对比时需要考虑的主要因素。从表中可以看出,在评价解的质量和问题求解难度时单目标优化和多目标优化具有明显区别。我们将在下一小节中讨论这些要点。

表 1.1　单目标和多目标算法的对比

	单目标优化	多目标优化
目标	全局最优解	Pareto 最优解集的代表性子集
性能估计	准确性,效率	准确性,多样性,效率
问题难度	适应度轮廓:多模态,欺骗性,崎岖度,决策变量之间的相关性	适应度轮廓:多模态,欺骗性,崎岖度,相关性 Pareto 前沿面的形状:凸性,退化,多模态,规律性

1.5.1 算法效率

优化算法的效率通常是指获得满足用户期望的一个解或一组解所需的计算量。需要注意的是,在实际中一个复杂问题几乎是不可能获得全局最优解或者全局 Pareto 最优解集的。更具体地说,所指的计算工作量是指理论上算法的计算复杂度、浮点运算(floating point operation,一般简称为 FLOP)的数量或实际运行时间。

(1) 计算复杂度:理论计算复杂度使用符号 O 标记。例如,给定输入数据大小 N,具有 $O(N)$ 时间复杂度的算法是一个线性时间算法,具有 $O(\log(N))$ 时间复杂度的算法以及具有 $O(N^2)$ 时间复杂度的算法和输入数据集大小的平方成正比。一般来说,对于一个常数 $k>1$,若计算复杂度为 $O(N^k)$,则算法是一个多项式时间算法。

(2) 浮点操作:算法的复杂度也可以用获得一个最优解所需要的浮点运算来表示,其中浮点运算是计算的一个基本单位,如两个浮点数作加法、减法、乘法或除法操作。然而,实际上通常使用运行时间性能来表示计算有效性,一般由 CPU 时间或墙钟时间来衡量,并且在很大程度上依赖于算法的实现以及算法运行的计算机环境。

(3) 内存耗费:在算法运行时,内存资源(如寄存器、缓存、RAM 和虚拟内存)的耗费也同样用于一个算法性能的度量,其通常称为算法的空间复杂度。内存耗费包括保存算法代码、输入和输出数据所需的内存量,以及优化过程中作为工作空间所需的内存。内存耗费在算法效率的度量中变得越来越重要,特别是当算法需要处理大量数据的时候。在这种情况下,CPU 时间作为运行时间性能的度量就变得不那么精确了,这是因为对内存的访问也会花费大量时间。

(4) 必要评价数:最后,优化效率还可以通过必要评价数来进行评价,包括目标函数评价数量、约束函数评价数量或者优化所需的其他信息,如梯度评价和 Hessian 评价。对于许多实际优化问题,所需评价数是很重要的,特别是对于那些评价昂贵或者只能通过物理或化学实验来评价的昂贵问题。

1.5.2　性能指标

对于单目标优化,评价优化算法获得的解的质量相对来说是容易的。对于一个优化问题,值越小解越好。如果期望解已知或由用户给定,那么期望解和优化解之间的差别可以用于评价解的质量。对于约束优化,若没有获得可行解,则约束冲突程度或者违反约束函数的数量可以用于估计解的质量。如表 1.1 所示,评价多目标优化解集的质量要困难得多,通常需要评价解的准确性和多样性,以便它们能够代表整个 Pareto 前沿面。多目标优化的准确性也被称为算法的收敛性,而多样性包括解集的分布(也称为均匀性)和分散性。例如,图 1.13 表示了常用的性能指标用于度量不同算法所获得的解集质量[30],图 1.13(a)中黑点所代表的解集准确度高、分布均匀且分散性好,菱形所代表的解集准确度差、分布均匀且分散性好。图 1.13(b)中黑点所代表的解集准确度高、分布均匀性不好但分散性好,菱形所代表的解集准确度差、分布均匀但分散性差;图 1.13(c)中黑点所代表的解集准确度高、分布均匀但分散性差,菱形所代表的解集准确度差、分布均匀性不好但分散性好。

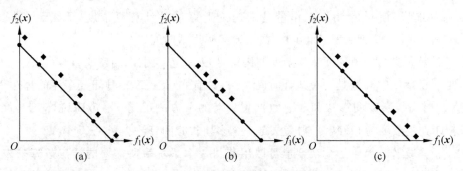

图 1.13　不同解集的准确度和多样性说明

1. 基于距离的指标

在能从理论 Pareto 前沿面均匀采样一组参考点的前提下，目前已提出了很多基于距离的性能指标用于评价解集的准确性和多样性。给定一个由 $|A|$ 个非支配解组成的解集 $A = \{a_1, a_2, \cdots, a_{|A|}\}$，以及一个由 $|R|$ 个解组成的参考集 $R = \{r_1, r_2, \cdots, r_{|R|}\}$，世代距离（用 GD 表示）的计算公式如下[31]：

$$\mathrm{GD}(A) = \frac{1}{|A|} \Big(\sum_{i=1}^{|A|} d_i^p \Big)^{1/p}, \quad i = 1, 2, \cdots, |A| \tag{1.52}$$

其中，$d_i = \sum_{k=1}^{m} \sqrt{(a_{i,k} - r_{j,k})^2}$，$k = 1, 2, \cdots, m$，$r_j, j \in \{1, 2, \cdots, |R|\}$ 表示 R 中最接近 a_i 的解，m 是目标的数量，p 是一个整数参数。需要注意的是，对于 GD 及后面会介绍的 GD 的变种，值越小，所获得解集的质量越好。

一种更广泛用于度量非支配解集质量的基于距离的性能指标称为反向世代距离，简称 IGD，其定义如下：

$$\mathrm{IGD}(A) = \frac{1}{|R|} \Big(\sum_{j=1}^{|R|} d_j^p \Big)^{1/p}, \quad j = 1, 2, \cdots, |R| \tag{1.53}$$

其中，$d_j = \sum_{k=1}^{m} \sqrt{(r_{j,k} - a_{i,k})^2}$，$k = 1, 2, \cdots, m$，$i \in \{1, 2, \cdots, |A|\}$ 表示 A 中距离 r_j 最近的解。

然而，GD 和 IGD 都不符合 Pareto 支配关系。换句话说，给定两个解 x_1 和 x_2，$\mathrm{GD}(x_1) < \mathrm{GD}(x_2)$ 不能保证 x_1 支配 x_2。为了解决这个问题，提出了符合 Pareto 支配关系的 GD 和 IGD 的变种，分别称为 GD^+ 和 IGD^+[32]。

$$\mathrm{GD}^+(A) = \frac{1}{|A|} \Big(\sum_{i=1}^{|A|} (d_i^+)^p \Big)^{1/p} \tag{1.54}$$

$$d_i^+ = \sqrt{\Big(\sum_{k=1}^{m} \max\{a_{i,k} - r_{j,k}, 0\} \Big)^2} \tag{1.55}$$

其中 $r_j, j \in \{1, 2, \cdots, |R|\}$ 表示 R 中距离 a_i 最近的解。

相同地，IGD$^+$可以写成

$$\text{IGD}^+(A) = \frac{1}{|R|}\Big(\sum_{j=1}^{|R|}(d_j^+)^p\Big)^{1/p} \tag{1.56}$$

$$d_j^+ = \sqrt{\Big(\sum_{k=1}^{m}\max\{r_{j,k}-a_{i,k},0\}\Big)^2} \tag{1.57}$$

其中 $a_i, i\in\{1,2,\cdots,|A|\}$ 表示 A 中最靠近 r_j 的解。

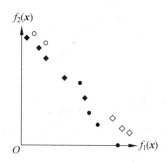

需要注意的是，GD、IGD 及其变种的计算都需要参考集，一般从理论 Pareto 前沿面均匀采样获得。然而，在实际中理论 Pareto 前沿面是未知的。尽管如此，这类性能指标仍然可以用于不同算法所获得解集的质量对比。如图 1.14 所示，圆圈代表的解集是通过 GD 获得，而菱形所代表的解集是通过 IGD 获得。为了对比这两个解集的相对质量，也可以将它们结合起来找出非支配解（用实心圆或实心菱形所表示）作为参考集。

图 1.14　当理论 Pareto 前沿面未知时，获得用于计算 GD、IGD 及其变体的参考集示意图

2. 基于体积的准确性指标

超体积是一种流行的用于度量一个解集准确性和多样性的性能指标，特别是在理论 Pareto 前沿面未知的情况下。顾名思义，超体积用于计算与参考点相关的一组解所覆盖的面积（在两目标情况下）、体积（在三目标情况下）或超体积（参考点和解所覆盖的阴影区域面积），如图 1.15 所示。尽管还有其他指定参考点的方法，但是人们一般使用最低点作为参考点。超体积值越大，表示解集越好。

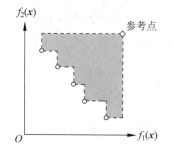

图 1.15　计算解集超体积的示意图

超体积是用于度量一个解集准确性和多样性的非常有用的性能指标。然而，当目标数量变大时，它的计算成本将难以承受。因此，提出了很多简化超体积计算的方法，比如通过蒙特卡罗采样或使用部分解来计算。

3. 多样性指标

多样性在多目标优化中起着重要的作用，因为获得一组具有代表性的解是进化多目标优化的关键需求。多样性评价包括解的分布性（或均匀性）和分散性，这个一般很难获得。下面首先介绍几个考虑分布性（均匀性）或分散性的性能指标，然后介绍一个受生物多样性启发的多样性指标。最后，给出一个可以同时考虑分布性和分散性的矩阵。

间距（SP）是一种基于距离的分布性指标，用于度量解分布的均匀性。对于包含 $|A|$ 解的非支配解集 A，

$$SP(A) = \sqrt{\frac{1}{|A|-1}\sum_{i=1}^{|A|}(d_i - \bar{d})^2} \tag{1.58}$$

其中，d_i 是第 i 个解和 A 中其他解的最小距离，$\bar{d}$ 表示 $d_i(i=1,2,\cdots,|A|)$ 的均值。显然，SP 度量的是每个解与其他解之间最小距离的标准差。因此，SP 是在不考虑分散性的情况下计算解集的均匀性。

基于距离分布的一个变种称为 Δ'。首先，计算 A 中两个相邻解的欧几里得距离 (d_i)。然后，通过如下公式计算 Δ'：

$$\Delta'(A) = \sum_{i=1}^{|A|-1}\frac{|d_i - \bar{d}|}{|A|-1} \tag{1.59}$$

其中，$\bar{d}$ 是 d_i 的均值。

由于在高维空间中解是非常稀疏的，因此在高维空间进行多样性评价将会变得更难。为了解决这个困难，学者们提出使用生物多样性矩阵作为多样性性能指标。生物多样性矩阵称为纯多样性(Pure Diversity, PD)，主要用于度量生物物种的多样性[33]：

$$PD(A) = \max_{p \in A} PD(A\backslash\{p\}) + \min_{q \in A\backslash\{p\}}\|f(p) - f(q)\|_p \tag{1.60}$$

其中，$\|f(p) - f(q)\|_p$ 是目标空间中两个解 p 和 q 之间的 L_p 范数距离，p 和 q 是解集 A 中的两个解。

然而，上述分布性和多样性度量可能不能很好地表征解的多样性程度，特别是当优化目标函数数量大于两个的时候。图 1.16 给出了两个解集的分布图，图中三角形表示理论 Pareto 前沿面，圆圈表示获得的解，可以看出在整体上图 1.16(a) 比图 1.16(b) 具有更好的多样性。然而，根据上述 SP 和 PD 两个多样性指标所得的结果是后者比前者具有更好的多样性。为了更准确地评价整体多样性，提出了一个名为 Pareto 前沿面覆盖范围(CPF)的矩阵[34]。该矩阵将 m 个目标问题的解投影到 $(m-1)$ 维单位单纯形和一个 $(m-1)$ 维单位超立方体上。假设理论 Pareto 前沿面已知，从中采样一个参考集 R。对于给定解集 A，计算 $CPF(A)$ 的主要步骤如下：

(1) 对每个 A 中的解，选用 R 中离其最近的参考点对其进行替换，获得解集 A'；

(2) 使用如下公式对 A' 和 R 中的点进行归一化

$$a_i = \frac{a_i - \min_{r \in R} r_i}{\max_{r \in R} r_i - \min_{r \in R} r_i} \tag{1.61}$$

其中，a_i、$r_i(i=1,2,\cdots,m)$ 分别是 A' 和 R 中每个点的第 i 个目标。

(3) 将 A 和 R 中的点投影到单位单纯形上；

(4) 将 A 和 R 中的点投影到单位超立方体上；

(5) 计算每个被覆盖超立方体 R 的边长：

$$l_r = \min_{s \in R \backslash r} \max_{i=1,2,\cdots,m-1} |r_i - s_i| \tag{1.62}$$

（6）缩小 R 中每个被覆盖超立方体的边长：

$$l_r = \min(1, r_i + l_r/2) - \max(0, r_i - l_r/2) \tag{1.63}$$

其中，l_r 表示第 i 维目标上 r 的边长。

（7）计算 R 的"体积"：

$$V(R) = \sum_{r \in R} l_r^{m-1} \tag{1.64}$$

（8）计算 A' 中每个被覆盖超立方体的边长：

$$l_a = \min_{b \in A' \backslash a} \max_{i=1,2,\cdots,m-1} |a_i - b_i| \tag{1.65}$$

（9）限制 A' 中每个被覆盖超立方体的边长：

$$l_a = \min \left\{ l_a, \left(\frac{V(R)}{|A'|} \right)^{\frac{1}{m-1}} \right\} \tag{1.66}$$

（10）计算 A' 的"体积"：

$$V(A') = \sum_{a \in A'} l_a^{m-1} \tag{1.67}$$

（11）计算 $\text{CPF} = \dfrac{V(A')}{V(R)}$。

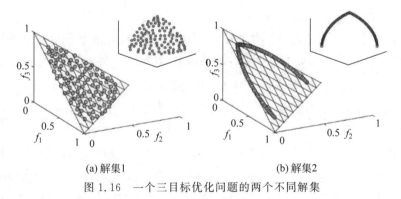

(a) 解集1   (b) 解集2

图 1.16　一个三目标优化问题的两个不同解集

　　需要指出的是，尽管到目前为止已提出了很多性能指标，但它们对参考集或参考点的选择以及 Pareto 前沿面的形状都很敏感。一些性能指标甚至可能会产生误导，特别是当 Pareto 前沿面不规则时。因此，将所获得的解可视化将有助于对这些解的分析。

1.5.3　可靠性评价

　　优化算法的可靠性通常涉及不同方面。对于确定性优化算法，可靠性或鲁棒性意味着算法在大量优化问题上的性能，而非确定性算法通常意味着算法在多次独立运行上以及多个不同类型问题上求解性能的鲁棒性。基于优化问题，可靠性可以通过性能、成功率或找到全局最优解的百分比来定量表示。在测试算法性能时，可以使用不同的固定初始点或随机选择初始点。但需要注意的是,为了公平起见,所有对比算法在每次测试时都需要使用相同的初始点。因此,应在优化运行开始之前先生成并存储起始点。

当在相同问题上执行多次运行时,可靠性评价可以基于最好、平均或最差性能。当使用平均性能来评价时,还需要同时考虑标准差。盒图也称为箱线图,是一种无参数方法,通过可视化方法展示多次运行结果的最小值、最大值以及四分位数,包括中位数(第 50 百分位数)、第 25 百分位数以及第 75 百分位数。盒图的另一个优点是它可以给出数据的异常值。盒图可以在不需要给出任何基础的统计分布假设下给出数据的描述性统计。

1.5.4 统计测试

为了严格对比不同非确定性优化算法所获得解集的质量,通常需要使用统计分析方法。这些统计分析方法可分为参数和非参数两大类。参数分析假设需要分析的数据分布满足一定的特性,包括独立性、正态性和同方差(或同质性),而非参数方法则不需要这些假设。此外,参数分析通常用于分类或标定数据,而非参数分析方法则适用于序数或秩顺序数据。

根据不同数据的对比方式,统计检验还可以分为成对检验和多对检验[35]。当对比两个解集的质量时,通常选用成对检验方法,否则就用多对检验方法。下面介绍一些广泛使用的统计检验方法。

1. t 检验、Z 检验和 Wilcoxon 符号秩和检验

这是 3 种最广泛使用的成对参数统计检验方法,用于检验两个数据集是否具有统计意义上的差别。t 检验用于数据满足正态分布的情况,其种群差异的标准差未知,而 Z 检验则用于标准差已知时。最后,如果差异不服从正态分布,则应采用 Wilcoxon 符号秩和检验。在实际应用中,通过非确定性优化算法获得的解集的质量差异是不可能用正态分布来描述的。

2. 方差分析

方差分析(Analysis Of Variance,ANOVA)是一种多参数检验,用于确定使用 F 分布的 3 个或多个独立数据集是否有任何统计显著性差异。这里空假设表示均值相同。因此,一个显著性结果表示两个均值是不相同的。如果对一个变量(因素)进行分析,则称为单向方差分析,而双向方差分析则能够对两个独立变量进行分析。

3. 弗里德曼检验

ANOVA 的非参数形式就是弗里德曼检验。当因变量以序数(秩顺序)进行测量时,弗里德曼检验用于检验多个数据集之间的差异。弗里德曼检验法可用于检测多个算法在多个优化问题上获得的解集质量之间的显著性差异。弗里德曼检验的空假设表示所有算法的性能都相同。当在 N 个问题上对比 K 个算法时,需要将原始结果按照从好到差的顺序进行排名。也就是说,最好的算法排第一,最差的排第 K。假设求解问题 j 上算法 i 的排序是 r_i^j,则第 i 算法在所有问题上的平均排序是:

$$\bar{r}_i = \frac{1}{N} \sum_{j=1}^{N} r_i^j \tag{1.68}$$

然后可以计算出弗里德曼统计结果以判断是否拒绝空假设：

$$Q_F = \frac{12N}{K(K+1)} \left[\sum_{i=1}^{K} \bar{r}_i - \frac{K(K+1)^2}{4} \right] \tag{1.69}$$

然而，需要注意的是，以上统计都假设 K 和 N 足够大。依据经验 K 应该大于 5，N 应该大于 10。当对比算法较少时，可以采用一种弗里德曼检验变种，其称为弗里德曼调整秩和检验。在该方法中，算法性能按其相互之间的关系从 1 到 $K \times N$ 对算法进行排序。对调整好的观测值分配等级，称为调整等级。弗里德曼调整秩和统计的计算方法如下：

$$Q_{AF} = \frac{(K-1) \left[\sum_{i=1}^{K} R_{\cdot i}^2 - (KN^2/4)(KN+1)^2 \right]}{KN(KN+1)(2KN+1)/6 - (1/K) \sum_{j=1}^{N} R_{j\cdot}^2} \tag{1.70}$$

其中，$R_{\cdot i}$ 表示第 i 算法的秩总和，$R_{j\cdot}$ 表示和第 j 个问题具有相同秩总和，$i = 1, 2, \cdots, K$，$j = 1, 2, \cdots, N$。

非参数统计测试可以用于对比确定性算法和非确定性算法。需要注意的是，成对检验方法仅用于对比两种算法，当对比多个算法时必须使用多对检验方法。此外，如果使用弗里德曼检验或弗里德曼调整秩和检验，则问题的数量应大于算法的数量。最后，弗里德曼检验假设所有要对比的问题都是同等重要的。如果问题的重要性不同，那么可以使用 Quade 检验。

1.5.5 基准问题

基准问题在优化领域中特别重要，其原因有多个，例如为了进行已有算法与新算法的性能验证，用于确定优化算法中参数的设置，以及帮助选择适合求解实际应用问题的最佳算法。

构造有用的、具有挑战性的测试问题并不简单，而且需要遵循一些基本原则。例如，测试问题应该可以扩展任意数量的目标函数以及任意数量的决策变量。此外，设计特征应该是已知的，比如最优点的位置和数量、Pareto 前沿面的形状以及决策变量之间的相关性。理想情况下，测试问题的设计难度应该是可调的。最后，设计的测试问题应该能够反映实际问题的难度。

目前已经提出了大量的测试套件，其可以分为以下几类。

（1）单目标优化测试问题[36]：这些基准问题主要用于测试算法在求解多模态、决策变量具有相关性（可分性）、盆谷地的深度和宽度以及欺骗性等问题的性能。

（2）约束单目标优化测试问题[37]：待测试的约束优化问题难度包括约束的个数、约束的线性程度、可行域的连通性以及可行域与整个搜索空间的比例。

（3）多目标和高维多目标优化测试问题：大多数多目标和高维多目标优化的测试套

件[38-39]是为了设计不同形状的 Pareto 前沿面,如凸性、连通性、多模态和退化性以及 Pareto 前沿面的复杂性。此外,在设计测试问题时,还可以考虑决策空间中 Pareto 最优解的可分性、分布的复杂性和唯一性,以及决策空间到目标空间映射的均匀性[40-41]。测试问题同样用于测试算法识别 Pareto 前沿面上拐点的能力,以及测试致力于求解具有不规则 Pareto 前沿面[42]问题的算法性能。

(4)动态优化测试问题:动态测试问题旨在检查算法在处理决策和目标空间最优解的数量和位置各种变化时的性能[43-44,22]。这些测试问题集中于变化的性质(例如,连续的、线性的、周期性的、随机变化等)、变化的剧烈程度以及变化的速度。在一些测试问题中,目标函数和约束函数都可能随着时间而改变。

(5)大规模优化测试问题:这类测试问题包括大规模单目标问题[45-46]以及大规模多目标和高维多目标测试问题[47-48]。对于单目标大规模测试问题,重点主要集中在子问题的不可分离性、不均匀性、子问题的重叠程度和重要性、病态度、对称性破坏程度以及不规则度。

(6)多保真优化测试问题:一些实际问题可以使用多级保真度来近似原问题。例如,在涡轮发动机的设计中,可以使用二维欧拉求解器、二维 Navier-Stokes 求解器或三维求解器。在这些不同的求解器之间,保真度和计算复杂度之间通常会有一个平衡。因此,在设计多保真度测试问题[49]时,主要考虑解的误差(即不同级别估值的不一致性)。这个误差可以是确定的,也可以是数值仿真随机性所带来的随机误差,以及数值仿真差异性所带来的不稳定性误差,这些都有可能会发生。此外,估值的不同级别之间计算复杂度的比率同样也是很关键的方面。

(7)数据驱动的优化测试问题:虽然几乎所有的测试问题都是白盒问题,对于数据驱动优化也提出了一些测试函数,这些测试函数要么来自于白盒基准问题,要么来自于实际问题。与白盒测试问题相比,这些测试问题是以数据形式呈现的,因此问题的解是基于数据获得的[50]。

其他测试问题可能包括上面列出的多个方面,如动态多目标问题、约束多目标优化问题以及鲁棒优化测试问题等。

在设计测试问题时一个有争议的问题是测试问题中考虑的难度是否能反映求解现实世界实际问题的困难。尽管设计一系列基准问题来测试优化算法的不同方面是很有价值的,但引入适当抽象级别的实际问题可能会变得越来越重要。

1.6 总结

本章简要而全面地介绍了与优化相关的许多重要方面,包括优化问题的定义和分类、主要理论和实践中具有挑战性的优化、近似解质量的评价以及优化算法的性能评价。这将为理解本书中详细介绍的优化相关主题提供足够的背景知识。

第 2 章

经典优化算法

摘要 本章简要介绍了最广泛使用的传统优化算法,包括梯度法及其变种、约束优化的基本方法、不可微或黑盒优化问题的模式搜索以及确定性全局优化方法。

2.1 无约束优化

所谓无约束优化,通常是指连续优化问题的求解中对决策变量的取值没有限制。考虑以下无约束问题[2]:

$$\min f(\boldsymbol{x}) \tag{2.1}$$

其中,$\boldsymbol{x} \in \mathbf{R}^n$ 是一个 n 维决策向量。为了求解这类优化问题,通常可以从一个初始猜测点 $\boldsymbol{x}_0$ 开始,根据如下公式重复多次搜索迭代[51]:

$$\boldsymbol{x}_{k+1} = \boldsymbol{x}_k + \alpha_k \boldsymbol{d}_k \tag{2.2}$$

其中,$k = 0, 1, \cdots$;$\alpha_k > 0$ 表示步长;$\boldsymbol{d}_k$ 为第 k 次迭代的搜索方向。当满足收敛标准或达到所允许的最大迭代次数时,停止迭代搜索。

假设解序列 $\{\boldsymbol{x}_k\}$ 有界,那么称 $\boldsymbol{x}_k$ 有一个聚点。存在唯一聚点的充分条件是:

$$\lim_{k \to \infty} \| \boldsymbol{x}_{k+1} - \boldsymbol{x}_k \| = 0 \tag{2.3}$$

不同优化算法有不同的搜索方向 $\boldsymbol{d}_k$ 和步长 α_k。下面将介绍连续优化中最常用的搜索方法、梯度法及其变体。

2.1.1 梯度法

在迭代搜索方法中,确定正确的搜索方向是最重要的。若目标函数 $f(\boldsymbol{x})$ 是可微的,则梯度法是最广泛使用的优化算法。为了说明梯度法的基本思想,图 2.1 给出了一维函数的例子,该函数在 $x = 1$ 处具有局部最小值,在 $x = -1$ 处具有局部最大值。从图 2.1 中可以看到,若在 $-1 \leqslant x \leqslant 3$ 范围内选择一个初始点,则搜索方向应该是朝着梯度的负方向来趋紧局部最小值。相反,若想要找到局部最大值,则应该从 $-3 \leqslant x \leqslant 1$ 选择一个初始点,并且其搜索应该朝着正梯度方向进行。

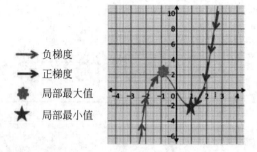

图 2.1　梯度法举例

基于以上观察,梯度法可以描述为

$$x_{k+1} = x_k - \alpha_k d \nabla f(x_k) \tag{2.4}$$

其中,$\alpha_k > 0$,$\nabla f(x_k)$ 是 $f(x)$ 在 x_k 处的梯度。

梯度法的主要优点是在目标函数可微且步长设置合适的情况下,它可以快速收敛到局部最优解。然而,从图 2.2 可以看出,由于梯度消失导致收敛超慢或者由于梯度爆炸导致梯度消失或发散等原因,梯度法很容易陷入局部最优。

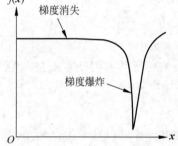

图 2.2　梯度消失和爆炸示意图

为了防止梯度停滞或者梯度发散,步长的调整是非常重要的,然而,这并不是一件容易的事。调整步长的一种方法称为回溯直线搜索,其运行方式如下:

(1) 给定 $\alpha^{(0)} = 1, 0 < \beta < 1, 0 < \rho < 1, l = 1$。

(2) 当

$$f(x_k) - \alpha^{(l)} \nabla f(x_k) > f(x_k) - \rho \alpha^{(l)} (\nabla f(x_k))^{\mathrm{T}} \nabla f(x_k)$$

时,$\alpha^{(l+1)} = \beta \alpha^{(l)}$,并设 $l = l + 1$。

(3) 返回 $\alpha_k = \alpha^{(l+1)}$。

还有一种基于经验的调整步长方法:

$$\text{若 } f(x_{k+1}) < f(x_k), \text{则 } \alpha_{k+1} = 1.2 \alpha_k \tag{2.5}$$

$$\text{若 } f(x_{k+1}) > f(x_k), \text{则 } \alpha_{k+1} = 0.5 \alpha_k \tag{2.6}$$

2.1.2　牛顿法

如果问题是凸的并且二次可微,则牛顿法的基本思想是最小化目标函数 $f(x)$ 的二次近似。根据泰勒展式,$f(x)$ 在 $x = x_k$ 二次近似为

$$f(x_k + \Delta x) = f(x_k) + \nabla f(x_k)^{\mathrm{T}} \Delta x + \frac{1}{2} \Delta x^{\mathrm{T}} \nabla^2 f(x_k) \Delta x \tag{2.7}$$

因此，$f(\boldsymbol{x})$ 的最小的二阶近似可以通过设置 $f(\boldsymbol{x}_k + s)$ 的梯度为零来获得：

$$\nabla f(\boldsymbol{x}_k) + \nabla^2 f(\boldsymbol{x}_k) \Delta \boldsymbol{x} = 0 \tag{2.8}$$

得到

$$\Delta \boldsymbol{x} = -\frac{\nabla f(\boldsymbol{x}_k)}{\nabla^2 f(\boldsymbol{x}_k)} \tag{2.9}$$

因此牛顿法公式为

$$\boldsymbol{x}_{k+1} = \boldsymbol{x}_k - \frac{\nabla f(\boldsymbol{x}_k)}{\nabla^2 f(\boldsymbol{x}_k)} \tag{2.10}$$

其中，$\nabla^2 f(\boldsymbol{x}_k)$ 也被称为 $f(\boldsymbol{x})$ 在 $\boldsymbol{x}_k$ 点处的海森矩阵

$$\begin{bmatrix} \dfrac{\partial^2 f}{\partial \boldsymbol{x}_1 \partial \boldsymbol{x}_1} & \cdots & \dfrac{\partial^2 f}{\partial \boldsymbol{x}_1 \partial \boldsymbol{x}_n} \\ \vdots & \ddots & \vdots \\ \dfrac{\partial^2 f}{\partial \boldsymbol{x}_1 \partial \boldsymbol{x}_n} & \cdots & \dfrac{\partial^2 f}{\partial \boldsymbol{x}_n \partial \boldsymbol{x}_n} \end{bmatrix} \tag{2.11}$$

2.1.3 拟牛顿法

相比于梯度法，牛顿法通常收敛速度更快。然而，牛顿法要求目标函数二次可微，而这往往是不成立的。此外，牛顿法要求计算海森矩阵的逆矩阵，而这往往会在计算上耗费较多时间。为了解决这些问题，特别是当决策变量数较少或中等量时，可使用拟牛顿法。拟牛顿法的基本思想是近似海森矩阵：

$$\boldsymbol{x}_{k+1} = \boldsymbol{x}_k - \alpha_k \boldsymbol{B}_k^{-1} \nabla f(\boldsymbol{x}_k) \tag{2.12}$$

其中，$\boldsymbol{B}_k$ 表示 $\boldsymbol{H}_k$ 的近似矩阵，即 $\boldsymbol{B}_k \approx \boldsymbol{H}_k$。拟牛顿法由以下步骤组成。

(1) 给定初始点 $\boldsymbol{x}_0$，以及 $\boldsymbol{B}_0 > 0$，通常 $\boldsymbol{B}_0$ 为单位矩阵；

(2) 计算搜索方向 $\Delta \boldsymbol{x}_k = -\boldsymbol{B}_k^{-1} \nabla f(\boldsymbol{x})$；

(3) 确定步长 α_k，例如通过回溯直线搜索；

(4) 更新 $\boldsymbol{x}_{k+1} = \boldsymbol{x}_k + \alpha_k \Delta \boldsymbol{x}_k$；

(5) 更新 $\boldsymbol{B}_{k+1}$。

更新 $\boldsymbol{B}_k$ 有不同的方法，一种最流行的方法被称为 Broyden-Fletcher-Goldfarb-Shanno (BFGS) 算法，其计算公式如下：

$$\boldsymbol{B}_{k+1} = \boldsymbol{B}_k + \frac{\boldsymbol{y}_k \boldsymbol{y}_k^{\mathrm{T}}}{\boldsymbol{y}_k^{\mathrm{T}} \boldsymbol{s}_k} + \frac{\boldsymbol{B}_k \boldsymbol{s}_k \boldsymbol{s}_k^{\mathrm{T}} B_k^{\mathrm{T}}}{\boldsymbol{s}_k^{\mathrm{T}} B_k \boldsymbol{s}_k} \tag{2.13}$$

其中，

$$\boldsymbol{s}_k = \boldsymbol{x}_{k+1} - \boldsymbol{x}_k$$

$$y_k = \nabla f(x_{k+1}) - \nabla f(x_k)$$

2.2　约束优化

约束最小化问题的数学模型如下：

$$\min f(x) \tag{2.14}$$

$$\text{s. t.} \quad g_i(x) \leqslant 0 \tag{2.15}$$

$$h_j(x) = 0 \tag{2.16}$$

其中，$g_i(x), i = 1, 2, \cdots, m$，为不等式约束；$h_j(x), j = 1, 2, \cdots, l$ 为等式约束。对于上述约束优化问题，满足 $g_i(x) \leqslant 0$ 和 $h_j(x) = 0$ 的解 x 称为可行解，所有可行解的集合称为可行解集。此外，$f(x)$ 的一个可行局部最优解或一个可行鞍点称为临界点。

2.2.1　惩罚函数法和障碍函数法

对于具有不等式约束的优化问题，最直接的方法是将约束优化问题转换为无约束问题，其可以通过对所有违反约束施加惩罚来实现（称为外部惩罚方法）：

$$\min F(x) = f(x) + \mu \sum_{i=1}^{m} \phi_i(x) \tag{2.17}$$

其中，$\phi_i(x)(i = 1, 2, \cdots, m)$ 为惩罚函数，$\mu > 0$ 是一个超参数，例如，一种线性外部惩罚函数可以定义如下：

$$\phi_i(x) = \max\{0, g_i(x)\} \tag{2.18}$$

在上述线性惩罚函数中，当 $g_i(x) > 0$ 时将实行惩罚措施。同样，也可以采用二次外部惩罚函数：

$$\phi_i(x) = [\max\{0, g_i(x)\}]^2 \tag{2.19}$$

当冲突程度越来越严重时，惩罚值就会相应增加，当任意一个约束函数都冲突时，障碍法就是一个无限惩罚函数法。通常，对数函数可以作为障碍函数：

$$\min F(x) = f(x) - \mu \sum_{i=1}^{m} \log(-g_i(x)) \tag{2.20}$$

惩罚函数法和障碍函数法在实践中面临以下挑战：

（1）线性惩罚函数会引入非线性特性，这可能会导致梯度法出现问题。

（2）二次惩罚函数通常会导致略微不可行的解。

（3）障碍函数不能够产生精确的解，并且不同超参数经常会产生不同的用于平衡最小化目标函数和消除约束函数之间的解。

2.2.2　拉格朗日乘子法

一种非常流行用于求解约束优化问题的方法称为拉格朗日乘子法，它将具有不等式约束的原始约束优化问题重新构造为以下拉格朗日函数：

$$\mathcal{L}(\boldsymbol{x},\boldsymbol{\lambda}) = f(\boldsymbol{x}) + \sum_{i=1}^{m} \lambda_i g_i(\boldsymbol{x}) \tag{2.21}$$

在这种情况下，通过同时求解原始决策变量(称为原始变量)和优化的拉格朗日乘子(称为对偶变量)来推导约束问题的解。

一个拉格朗日函数驻点的必要条件是

$$\nabla f(\boldsymbol{x}) + \sum_{i=0}^{m} \lambda_i \nabla g_i(\boldsymbol{x}) = 0 (稳定性) \tag{2.22}$$

$$\forall i, \quad g_i(\boldsymbol{x}) \leqslant 0 (初步可行性) \tag{2.23}$$

$$\forall i, \quad \lambda_i g_i(\boldsymbol{x}) = 0 (互补性) \tag{2.24}$$

$$\forall i, \quad \lambda_i \geqslant 0 (对偶可行性) \tag{2.25}$$

上述条件也被称为 Karush-Kuhn-Tucker(KKT)条件，用于求解具有不等式约束条件的约束优化问题。

同样，对于具有等式和不等式约束的约束问题，拉格朗日函数定义为

$$\mathcal{L}(\boldsymbol{x},\boldsymbol{\mu},\boldsymbol{\lambda}) = f(\boldsymbol{x}) + \sum_{j=1}^{l} \mu_j h_j(\boldsymbol{x}) + \sum_{i=1}^{m} \lambda_i g_i(\boldsymbol{x}) \tag{2.26}$$

那么，一个驻点的必要条件为

$$\nabla f(\boldsymbol{x}) + \sum_{j=0}^{l} \mu_i \nabla h_i(\boldsymbol{x}) + \sum_{i=0}^{m} \lambda_i \nabla g_i(\boldsymbol{x}) = 0 （稳定性） \tag{2.27}$$

$$\forall i, \quad g_i(\boldsymbol{x}) \leqslant 0 (原始的可行性) \tag{2.28}$$

$$\forall j, \quad h_j(\boldsymbol{x}) = 0 (原始的可行性) \tag{2.29}$$

$$\forall i, \quad \lambda_i g_i(\boldsymbol{x}) = 0 (互补性) \tag{2.30}$$

$$\forall i, \quad \lambda_i \geqslant 0 (对偶可行性) \tag{2.31}$$

2.3 无梯度搜索方法

当目标函数的一阶导数不可求，或者目标函数梯度的近似非常昂贵，或者目标函数受噪声影响时，就需要无梯度搜索方法。经典的无梯度搜索方法大致上可以分为直接搜索方法和基于模型的搜索方法。然而，需要注意的是，许多其他方法(如进化算法)也可以归为无模型无梯度搜索方法，而信任域方法[52]和贝叶斯优化方法[53]则可以看作是基于模型的无梯度搜索方法。

2.3.1 线搜索和模式搜索

对于一个无约束最小化问题 $\min f(\boldsymbol{x})$，一般的无梯度线搜索方法可描述如下：

(1) 选择 x_0，设置 $k=0$；

(2) While 终止条件不满足，重复以下步骤；

(3) 为 x_k 选择一个搜索方向 s_k；

(4) 计算步长 α_k 和方向 s_k，满足 $f(x_k+\alpha_k s_k) < f(x_k)$；

(5) 若满足以上条件的步长 α_k 存在，则设置 $x_{k+1}=x_k+\alpha_k s_k$；

(6) 否则设置 $x_{k+1}=x_k$ 和 $k=k+1$；

(7) 结束 While 循环。

实现线搜索可以有多种方法，在多种不同的方法中，Hooke-Jeeves 方法是一种启发式技术，它利用探索性移动首先发现一个好的搜索方向，然后在该方向上进行模式移动。在搜索开始之前，给出最优初始点 x_0 和搜索步长 Δ。在探索性搜索阶段，第 i 个决策变量（$i=1,2,\cdots,n$，n 是决策变量数）通过 $x_0^i=x_0^i\pm\Delta$ 进行变化，同时保持其他所有决策变量值不变。若目标函数值变好了，即当 $f(x') < f(x)$，$x'=\{x_0^1,x_0^2,\cdots,x_0^i\pm\Delta,\cdots,x_0^n\}$ 时，则接受该变量上的变化。一旦在所有决策变量上完成了探索性搜索，如果至少有一个探索性搜索是成功的，那么模式移动阶段就通过更新初始点 $x_0=x'$ 开始。如果没有一个探索性搜索能够找到更好的目标值，那么通过设置 $\Delta=\Delta/10$ 来减小步长。

2.3.2　Nelder-Mead 单纯形法

Nelder-Mead 技术是 John Nelder 和 Roger Mead 提出的一种启发式搜索方法，其可以收敛到非驻点[54]。Nelder-Mead 方法与单纯形方法无关，但是它在每次迭代中都会保留单纯形点，并利用单纯形顶点处的函数值来引导搜索。这里对于一个 n 维问题，单纯形是一种特殊的有 $n+1$ 个顶点的多项式类型，可以是一条线上的线段，一个平面上的三角形以及三维空间中的四面体。

给定反射系数 $\alpha\geqslant 1$，扩展系数 $\beta > \alpha$，紧缩系数 $\gamma\in(0,1)$，以及收缩系数 $\rho\in(0,1)$。在 $\mathbf{R}^n$ 中给定初始单纯形 $X=\{x^1,x^2,\cdots,x^{n+1}\}$，其函数值为 $\{f(x^1),f(x^2),\cdots,f(x^{n+1})\}$，设置 $k=1$，在停止条件不满足的情况下重复以下步骤。

(1) 按降序排列顶点：$f(x^1)\leqslant f(x^2)\leqslant\cdots\leqslant f(x^{n+1})$。

(2) 除 x^{n+1} 之外，计算 n 个点的质心 $\bar{x}=\sum_{i=1}^{n}x^i$。

(3) 反射：计算 $x^r=\bar{x}+\alpha(\bar{x}-x^{n+1})$，若 $f(x^1)\leqslant f(x^r) < f(x^{n+1})$，则用 x^r 替换最差点 x^{n+1} 形成一个新的单纯形。$k=k+1$，并转至步骤(1)。

(4) 扩展：若 x^r 是迄今为止最好解，即 $f(x^r) < f(x^1)$，那么计算扩展点 $x^e=\bar{x}+\beta(x^r-\bar{x})$；如果扩展点 x^e 比反射点 x^r 好，即：$f(x^e) < f(x^r)$，则用 x^e 替换 x^{n+1} 形成一个新的单纯形，否则用 x^r 替换 x^{n+1}，设置 $k=k+1$，并转至步骤(1)。

（5）紧缩：如果 $f(\boldsymbol{x}^n)\leqslant f(\boldsymbol{x}^r)<f(\boldsymbol{x}^{n+1})$，那么计算外部紧缩 $\boldsymbol{x}^c=\bar{\boldsymbol{x}}+\gamma(\bar{\boldsymbol{x}}-\boldsymbol{x}^{n+1})$。若 $f(\boldsymbol{x}^c)<f(\boldsymbol{x}^r)$，则使用 $\boldsymbol{x}^c$ 替换最差点 $\boldsymbol{x}^{n+1}$ 来获得新的单纯形。设置 $k=k+1$，并转至步骤（1），否则转至步骤（6）；如果 $f(\boldsymbol{x}^r)\geqslant f(\boldsymbol{x}^n)$ 计算内部紧缩 $\boldsymbol{x}^c=\bar{\boldsymbol{x}}+\gamma(\boldsymbol{x}^{n+1}-\bar{\boldsymbol{x}})$，若 $f(\boldsymbol{x}^c)<f(\boldsymbol{x}^{n+1})$，则使用 $\boldsymbol{x}^c$ 替换最差点 $\boldsymbol{x}^{n+1}$ 获得一个新的单纯形。设置 $k=k+1$ 并转至步骤（1），否则转至步骤（6）。

（6）收缩：除找到的最好点之外替换所有点，即：对于每个 $i=1,2,\cdots,n$，设 $\boldsymbol{y}^i=\boldsymbol{x}^1+\rho(\boldsymbol{x}^i-\boldsymbol{x}^1)$。则一个新的单纯形为 $X=\{\boldsymbol{x}^1,\boldsymbol{y}^1,\cdots,\boldsymbol{y}^n\}$。

一般来说，$\alpha=1,\beta=2,\gamma=0.5,\rho=0.5$。一般的停止标准是当单纯形顶点处的函数值彼此接近，或者单纯形变得非常小时。

2.3.3 基于模型的无梯度搜索方法

基于模型的无梯度搜索方法的基本思想是建立一个线性模型、二次模型甚至概率模型来估计原始的不可微或黑盒目标函数。

给定一个初始解 $\boldsymbol{x}^0$，数据点集

$$Y=\{\boldsymbol{y}^1,\boldsymbol{y}^2,\cdots,\boldsymbol{y}^q\},\quad f(\boldsymbol{x}^0)\leqslant f(\boldsymbol{x}^i),\quad i=1,2,\cdots,q,\boldsymbol{\xi}\in(0,1)$$

以及一个大小为 $\Delta_0>0$ 的区域。需要注意的是，对于一个 n 维函数，线性插值需要 $q=n+1$ 个点，二次插值需要 $q=(n+1)(n+2)/2$ 个点。一般基于插值模型的无梯度搜索方法描述如下：

（1）形成一个线性或二次模型 $m_k(\boldsymbol{s})$ 满足 $m_k(\boldsymbol{s})(\boldsymbol{y}^i-\boldsymbol{x}^k)=f(\boldsymbol{y}^i),i=1,2,\cdots,q$。

（2）在区域 Δ_k 内找到 $m_k(\boldsymbol{s})$ 值最小的位置 $\boldsymbol{s}_k^*$，即在 $\|\boldsymbol{s}\|<\Delta_k$ 内找到 $\boldsymbol{s}_k^*\leftarrow\min_{\boldsymbol{s}} m_k(\boldsymbol{s})$。

（3）计算 $\rho_k=\dfrac{f(\boldsymbol{x}_k)-f(\boldsymbol{x}_k+\boldsymbol{s}_k^*)}{f(\boldsymbol{x}_k)-m_k(\boldsymbol{s}_k^*)}$。

（4）如果 $\rho_k\geqslant\xi$，则 $\boldsymbol{x}^{k+1}=\boldsymbol{x}_k+\boldsymbol{s}_k^*$，$\Delta_{k+1}=\alpha\Delta_k,\alpha>1$，则用 $\boldsymbol{x}^{k+1}$ 替换 $\boldsymbol{y}^i\in Y$，更新模型 $m_k,k=k+1$。否则若 $\rho_k<\xi$，则 $\boldsymbol{x}^{k+1}=\boldsymbol{x}_k$ 以及 $\Delta_{k+1}=\beta\Delta_k,0<\beta<1$，采样一个新点 $\boldsymbol{x}'$，更新模型 $m_k,k=k+1$。

在基于模型的无梯度搜索方法中，要构建什么模型以及如何更新模型是其关键问题。例如，在信任域中通常会通过插值构建二次模型。然而，在有噪声的情况下使用回归要优于插值，这是因为回归能够平滑噪声。

尽管实验方法的设计如拉丁超立方体采样（Latin Hypercube Sampling，LHS）[55]通常会得到更多的青睐，但构建模型的初始数据也是可以通过随机采样获得的。当局部模型的优化程度不能再提高时，需要采样新的解，如有效全局优化或贝叶斯优化中经常使用的基于重要性的采样方法。第5章将详细讨论信任域方法和贝叶斯优化。

2.4 确定性全局优化

2.4.1 基于 Lipschitz 的方法

基于 Lipschitz 的方法是一种确定性全局优化算法,用于求解在具有未知 Lipschitz 常数超区间上满足 Lipschitz 条件的优化问题。这些算法构造和优化一个估计原问题的分段函数,这有助于获得原问题的全局最优解。目前已提出了很多求解这类问题的算法,这些算法可以通过获得的 Lipschitz 常数信息以及探索搜索空间的策略来进行区分。假设 $L > 0$ 表示目标函数 $f(x)$ 的 Lipschitz 常数,则对于所有 $x_1, x_2 \in \mathbf{R}^n$,有 $|f(x_1) - f(x_2)| \leqslant L \| x_1 - x_2 \|$。DIRECT 算法和分支界定法是两种广泛使用的基于 Lipschitz 的方法。

2.4.2 DIRECT 算法

DIRECT 算法由 Jones 等[56]提出,为 DIviding RECTangles 的缩写。正如算法名称所指,它属于一类直接搜索算法。该算法通过递归划分搜索空间并形成超矩形树,超矩形树的叶子形成一组无重叠的框,每个框的特征包括基点的函数值和框的大小。人们通常希望在框内发现改进解的机会与基点适应度(开采)和盒子大小(探索、全局搜索)成正比。DIRECT 算法的目标是从当前的超矩形中选择一个点,这个点在相同大小的框中具有最好的目标值,并且目标函数值最有可能减小。当前目标值的潜在减少量由一个参数指定,该参数可以平衡局部搜索和全局搜索,其中较大的值将更多地偏向于全局搜索。因此,潜在最优框的识别基本上是一个多目标问题。如果算法允许大量迭代并且分裂过程不受最大深度的约束,那么可以保证最终能采样到接近全局最优解的任意点。

DIRECT 算法包括以下主要步骤。

(1) 将搜索空间标准化为一个单元框,评估其基准点。

(2) 不满足 while 停止条件时,重复步骤(3)~步骤(4)。

(3) 识别潜在最优框集,记为 B。

(4) 对于每个潜在最优框 $b \in B$,其点集记为 c,执行以下步骤:

① 确定框 b 的最大边长 d;

② 确定维度的集合 I,其中 b 的边长是 d;

③ 对所有的 $i \in I$,采样 $c \pm \frac{1}{3} d u_i$ 个点,其中 u_i 是单位向量;

④ 在 I 中将包含 c 的盒子沿着维度分成 3 份:从 $w_i = \min\left\{ c + \frac{1}{3} d u_i, c - \frac{1}{3} d u_i \right\}$ 值最小的维度开始,直到具有最大 w_i 值的维度。

(5) 返回 x^* 和 $f(x^*)$。

　　DIRECT 算法已经表明可以有效地求解无法提供梯度信息的无约束连续优化问题。此外，DIRECT 算法可以并行化，使其对于求解计算昂贵的黑盒问题具有更大的吸引力。

2.5　总结

　　本章介绍了一些求解无约束和有约束连续优化问题的几种基本数学规划方法。这些方法基于目标函数的零阶(无导数)、一阶或二阶导数信息进行确定性搜索。确定性搜索方法有时被称为启发式，它依赖于要求解的问题。它们可以大致分为结构启发式和下降启发式，结构启发式通过迭代方式形成解，下降启发式从一个给定解开始寻找一个局部最优解。两种广泛使用但没有介绍的确定性搜索方法为单纯形算法和分支定界法，单纯形法是 Danzig[57] 提出的一种求解线性规划问题的算法，而分支定界法[58] 采用树搜索策略来隐式列举问题的所有可能解，并结合剪枝规则来消除搜索空间的不可信区域。

　　与确定性搜索方法相反，还有许多半确定性或非确定性搜索方法，通常称为元启发式方法。元启发式方法旨在随机扫描搜索区域，同时探索好的区域，以期减少陷入局部最优解的可能性。典型的元启发式算法包括模拟退火[59]、禁忌搜索[60] 以及进化算法，这些算法将在第 3 章中详细讨论。

第3章

进化和群智能优化

摘要 本章介绍了基础的进化算法,包括经典的遗传算法(Genetic Algorithm,GA)、实数编码遗传算法、进化策略(Evolution Strategies,ES)、遗传规划(Genetic Programming,GP)、蚁群优化(Ant Colony Optimization,ACO)算法、差分进化算法和粒子群优化(Particle Swarm Optimization,PSO)算法。此外,还描述了结合进化搜索和局部搜索的模因算法,以及使用概率模型生成后代解的分布估计算法(Estimation of Distribution Algorithm,EDA)。最后,介绍了求解多目标和高维多目标优化问题的基本方法。

3.1 引言

元启发式算法一般可以分为两大类:一类是在抽象层面模拟自然进化过程的进化算法,另一类是模拟群居动物(如鸟群和蚁群)群体行为的群智能优化算法。这两类元启发式算法都是基于种群的随机搜索方法,原则上他们都能用于求解各种类型的白盒和黑盒优化问题。但需要注意的是,进化算法和群智能优化算法也可以作为设计全局自适应系统的通用工具,或用于模拟和理解人工生命等自然智能。

作为人工智能的一个研究领域,进化算法可以追溯到 20 世纪 60 年代,当时美国的 Lawrence J. Fogel 提出了进化编程[61],德国 Ingo Rechenberg 和 Hans-Paul Schwefeln 提出了进化策略[62],美国 John Hollandn 提出了遗传算法并随着 David Goldberg 出版的一本书[63]而为人们熟识起来。最新的两类进化算法分别是由 John Koza 在 20 世纪 80 年代末提出的遗传规划[64],以及由 Storn 和 Price 在 20 世纪 90 年代末提出的差分进化算法[65]。多年来,不同种类的进化算法已经融合在一起[66]。

遗传算法、进化策略和遗传规划的一般框架非常相似,图 3.1 给出了进化算法的一般框架。给定求解问题的表示方法(编码机制),所有进化算法都从初始化父代种群开始。从优化的角度来看,用于搜索的初始种群由一组随机初始化的起点组成。随后,对父代种群进行交叉和变异产生新的候选解,称为子代种群。配偶选择是指用于完成交叉的父代选择。所有子代个体在执行环境选择之前进行适应度评估。需要注意的是,环境选择可能只基于子代种群(非精英)或者基于父代和子代种群(精英)。所选择的解将成为下一代父代种群。此过程重复执行,直到满足终止条件。

群体优化算法是另一类元启发式搜索方法,其灵感主要来自于群居动物的集体行为,如鸟群和蚁群。最流行的群体优化算法是 PSO 算法和蚁群优化算法。与进化算法不同,群体优化算法通常没有交叉或选择操作。然而,值得注意的是,PSO 算法和蚁群优化算法的工作机制是非常不同的。蚁群的集体行为是蚂蚁之间基于信息素的局部通信实现的,而在 PSO 算法中,粒子会向性能更好的粒子学习,从而使种群的收敛性能达到一个平衡状态。

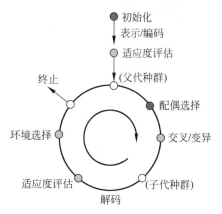

图 3.1 进化算法的一般框架

3.2 遗传算法

3.2.1 定义

GA 旨在模拟自然进化的过程,对每个生物组织的基因型-表现型映射关系进行建模、通过个体之间的有性繁殖实现染色体的交叉、在个体层面进行遗传突变以及在群体层面进行自然选择。

遗传算法中的大多数术语都来源于生物学。在遗传算法中,种群由一组个体构成,种群中个体的数量称为种群大小。一个个体由一条或多条染色体组成,每条染色体由基因组成并具有一个特定的等位基因。个体的一个特征由一个或多个基因编码,例如鸟的羽毛颜色;然而,也有可能多个基因编码一个特征(称为多基因性),或者一个基因影响多个特征(多效性)。

每个个体都有一个适应度,在生物系统中,适应度对应个体的生存和繁殖能力。在优化中,适应度代表解的质量,用于确定适应度的数学描述称为适应度函数。

染色体的完整集合称为个体的基因型,而特征的完整集合称为表现型。图 3.2(a)举例说明了一个由 8 个基因和 4 个特征组成的基因型-表现型映射关系,图 3.2(b)和图 3.2(c)分别是多基因性和多效性的例子。

3.2.2 表示

传统的遗传算法中一般采用二进制表示来模拟生物系统中的 DNA 序列。例如,若使用一个 4 位二进制字符串来编码一个整数决策变量,那么一个 12 位的字符串'1 0 1 1 0 1 1 0 1 1 1 0'表示的是 3 个整数,从左到右,'1 0 1 1'表示整数 11,'0 1 1 0'表示整数 6,'1 1 1 0'表

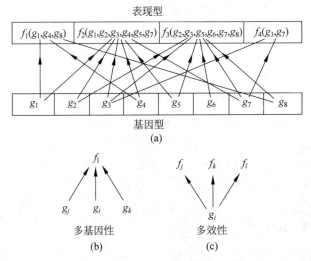

图 3.2　基因型-表现型的映射关系

示整数 14。

图 3.3 所示的二进制串表示 n 个决策变量，每个变量由 l 位二进制编码。因此，若编码的决策变量是整数，则二进制字符串可以通过以下形式来进行解码：

$$x_i = \sum_{j=0}^{l-1} s_j 2^j, \quad s_j = \{0,1\} \tag{3.1}$$

图 3.3　对 n 个决策变量进行编码的二进制字符串

通常，二进制编码的遗传算法可用于整数优化问题和组合优化问题。在以往，它们也被广泛用于连续优化问题，其中实值决策变量使用二进制字符串进行编码。在这种情况下，若给定解码的实值决策变量范围：

$$x_i = a_i + (b_i - a_i) \frac{1}{2^l - 1} \sum_{j=0}^{l-1} s_j 2^j, \quad s_j = \{0,1\} \tag{3.2}$$

则一个 l 位二进制串可以解码为一个实数。其中，$x_i \in [a_i, b_i]$，a_i 和 b_i 分别是决策变量 x_i 的上界和下界。

需要注意的是，若实数 $a_i \leqslant x_i \leqslant b_i$ 被编码为 l 位，那么编码范围需要离散化为 $2^l - 1$ 等份并引入量化误差。也就是编码的决策变量可能无法达到目标函数的最优值。打个比方，如果在 $[-1,1]$ 区间的一个决策变量使用 3 位字符串进行编码，编码后的 8 个数字为 $\{-1, -5/7, -3/7, -1/7, 1/7, 3/7, 5/7, 1\}$。如果目标函数的最优值在 $x=0$ 位置，那么它永远无法通过使用 3 位二进制字符串找到最优值。很明显，l 越大，量化误差越小。但是，如果决策变量的数量很大，那么使用较大的 l 会导致巨大的搜索空间。因此，一般来说，二进制编码的遗传算法并不适合连续问题的优化。解决搜索准确度和效率平衡问题的一种方法是使用可变长编码方法，其中编码长度可以变化，通常随着进化过程而增加。

二进制遗传算法的另一个问题是所谓的海明悬崖。通过海明悬崖,编码十进制数字每增加1,二进制数字就会发生最大的变化。例如,一个4位二进制字符串'0 1 1 1'表示7,而'1 0 0 0'表示8。因此,要从7更改到8,所有4位都必须要更改(最大更改)。为了解决这一问题,可采用格雷编码来代替二进制编码。

3.2.3 交叉和变异

变化的主要驱动力来自于交叉操作算子。交叉操作模拟生物体的有性繁殖,其中选用两个父代个体(称为配偶选择)来产生新的候选解,称为子代个体。在交叉过程中,随机选择一个或多个交叉点,然后交换交叉点(二进制字符串片段)之间双亲的遗传物质。图3.4列举了3种不同的交叉情况,即单点交叉、两点交叉和均匀交叉。从理论上讲,对于一个l位长度的字符串,可以有一个点、两个点……$(l-1)$个点交叉,并且交叉点是随机选择的。一种更一般的交叉方法称为均匀交叉,其中和染色体长度相同的二进制掩码是随机产生的。如果掩码字符位上是'1',则进行位的交换,否则如果掩码字符位上为'0',则不进行交换。

考虑到交叉是传统遗传算法中的主要遗传算子,因此交叉概率通常设置较高。此外,还可以基于多个父代个体进行交叉。

随后对交叉所产生的子代个体进行变异。对于使用二进制编码或格雷编码的遗传算法,变异只是简单地将'1'改为'0',或将'0'改为'1',这也称为翻转。对点的变异概率通常设置得较低,一般可以通过$1/l$计算得到,其中l是染色体的总长度。

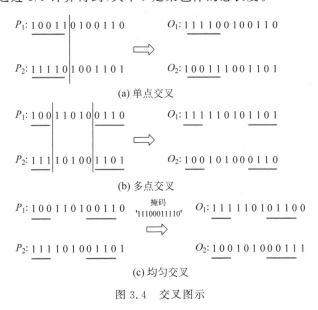

图3.4 交叉图示

3.2.4　环境选择

遗传算法中的环境选择模仿自然进化中达尔文的"适者生存"理论。通过环境选择,从子代种群中选择下一代父代种群。目前已提出了很多环境选择方法,在遗传算法中大多通过概率来选择。广泛使用的环境选择策略包括适应度比例选择(也称为轮盘赌选择)、等级比例选择和锦标赛选择。

在适应度比例选择中,按照以下概率来选择子代个体作为下一代的父代个体:

$$p(i) = \frac{f_i}{\sum_{i=1}^{N} f_i} \tag{3.3}$$

其中,f_i 为父代种群中第 i 个个体的适应度,N 为种群大小。需要注意的是,对于最大化问题,$f(i)$ 可以表示第 i 个个体的目标值。然而,对于最小化问题,需要将目标值转换成一个适应度,这样目标值越小,个体的适应度也就越小。这个目标值的转换可以通过以下方法来实现:

$$f'(i) = \frac{1}{f(i) + \varepsilon} \tag{3.4}$$

其中,$\varepsilon > 0$ 表示一个很小的常数,用于避免除数为零。

在适应度比例选择中,如果个体之间的适应度相差很大,那么弱势个体将很难被选择到,从而导致选择压力过大。为了解决这个问题,可以使用排序比例选择方法。在这个方法中,子代种群中的个体从差到好进行排序,也就是说,最差的个体排序为 1,最好的个体排序为 N。然后使用以下选择比例实现父代个体的选择:

$$p(i) = \frac{r_i}{\sum_{i=1}^{N} r_i} \tag{3.5}$$

其中,$1 \leqslant r(i) \leqslant N$ 表示个体 i 的排序。因此,适应度远小于其他个体的个体将有更大的机会被选中。需要指出的是,排序选择并不总是会降低选择压力。例如,如果种群中个体的适应度非常相似,那么将会导致排序比例选择产生很大的选择压力。

锦标赛选择是从子代个体中随机挑选 $2 \leqslant k < N$ 个个体,然后从 k 个个体中选择最好的个体作为下一代父代个体,其中 k 称为锦标赛规模,重复以上操作直至选择够 N 个父代个体。当 $k = 2$ 时,锦标赛选择称为二进制锦标赛。通常情况下,k 比种群规模 N 小得多。

然而,即使最优个体比子代种群中的所有个体都优秀,也没有上述哪一种选择策略能够将其保留在父代种群中,这些选择策略统称为非精英策略。因此,可以引进一种精英策略用于将最优个体的选择和概率选择方法相结合。

同样需要注意的是,在标准的遗传算法中,每一代中所有父代个体都会被子代个体替换掉,这被称为一般的进化算法。相反,当只允许产生的子代个体来替换最差的父代个体时,称为稳态进化算法。

3.3　实数编码的遗传算法

尽管传统的二进制遗传算法可以用于整数优化、组合优化及连续优化,但当决策变量数量很多并且每个决策变量用一个很长的二进制字符串表示时,它的优化效率就会很低。若一个优化问题有 100 个决策变量,每个决策变量用 20 位二进制串表示,那么染色体的长度就是 2000,这就会形成一个很大的搜索空间,导致搜索效率很低。

3.3.1　实值表示

相比于二进制编码,实数编码更加直接。对于一个 n 维问题,染色体长度就是 n,而且不需要上下界的编码,如图 3.5 所示。

| x_1 | x_2 | $\cdots$ | x_n |

图 3.5　决策变量的实数编码

因此,二进制编码遗传法的 n 点交叉或均匀交叉不能直接用于实数编码遗传法,必须设计新的不同操作。目前,已经提出了很多的交叉算子,大致可以分为以种群为中心(均值中心)或者以父代为中心,以种群为中心表示交叉后产生的子代均值分布在父代种群的中心周围,而以父代为中心主要表示所产生的子代集中在父代个体周围。在实数编码遗传法的各种交叉算子中,混合交叉(BLX-α)和模拟二进制交叉(Simulated Binary Crossover,SBX)的应用最为广泛。

3.3.2　混合交叉

以下为混合交叉(BLX-α)的描述。

首先从 t 代父代种群中选择两个父代个体: $\boldsymbol{x}_1(t)$ 和 $\boldsymbol{x}_2(t)$,其中

$$\boldsymbol{x}_1(t) = \{x_{11}(t), x_{21}(t), \cdots, x_{i1}(t), \cdots, x_{n1}(t)\}, \quad i = 1, 2, \cdots, n$$

n 是决策变量的数量。

然后根据如下操作生成两个子代个体 $\boldsymbol{x}_1(t+1)$ 和 $\boldsymbol{x}_2(t+1)$。

对于 for $i=1$ to n,执行

(1) $d_i = |x_{i1}(t) - x_{i2}(t)|$;

(2) 从下列区间中随机选择一个均匀分布的实数 u_1

$$[\min\{x_{i1}(t), x_{i2}(t)\} - \alpha d_i, \max\{x_{i1}(t), x_{i2}(t)\} + \alpha d_i]$$

(3) $x_{i1}(t+1) = u_1$(第一个子代个体);

(4) 从下列区间中随机选择一个均匀分布的实数 u_2

$$[\min\{x_{i1}(t), x_{i2}(t)\} - \alpha d_i, \max\{x_{i1}(t), x_{i2}(t)\} + \alpha d_i]$$

(5) $x_{i2}(t+1)=u_2$(第二个子代个体)。

从上面的过程中可以看到,混合交叉是两个父代个体之间的随机内插或者外插操作。

3.3.3 模拟二进制交叉和多项式变异

SBX 是实数编码遗传算法中另一种更流行的交叉算子。SBX 思想来源于二进制交叉过程中,即两个父代个体的平均值和两个子代个体的平均值是相同的。例如,给定两个二进制编码的父代个体,P_1:1001,P_2:1110,解码后的数分别是 9 和 11,其平均值为 10.5。如果在第二位(从左开始)和第三位之间进行单点交叉,那么子代个体就分别为 O_1:1000、O_2:1101,解码后其值分别为 8 和 13,可得其平均数也为 10.5。

因此,对于实数编码的遗传算法,SBX 的目标是二进制交叉的动态行为,使得子代的均值和父代的均值相同。为了实现这个想法,定义一个传播因子

$$\beta=\frac{|O_1-O_2|}{|P_1-P_2|} \tag{3.6}$$

其中,P_1、P_2、O_1、O_2 分别是两个父代个体和两个子代。可以看出,当父代个体之间的差异和子代个体之间的差异相同时,传播因子为 1。当 $\beta<1$ 时,子代个体之间的差异小于父代个体之间的差异,从而导致了收缩效应。反过来,当 $\beta>1$ 时,意味着两个子代个体之间的差异大于两个父代个体之间的差异,从而引发扩张效应。通常,产生的子代个体会比较接近于父代个体。给定两个父代个体,SBX 通过以下步骤产生两个子代。

(1) 在产生一个 0~1 的随机数 u。

(2) 通过以下公式计算传播因子

$$\beta(u)=\begin{cases} (2u)^{\frac{1}{\eta_c+1}}, & u\leqslant 0.5 \\ \dfrac{1}{2(1-u)^{\frac{1}{\eta_c+1}}}, & u>0 \end{cases} \tag{3.7}$$

其中,$\eta_c>1$ 称为分布因子,由用户自定义所得。

(3) 给定两个父代个体 $x_{i1}(t)$ 和 $x_{i2}(t)$,$i=1,2,\cdots,n$ 表示第 t 代 n 维决策变量的第 i 个元素,通过以下公式生成子代个体:

$$x_{i1}(t+1)=0.5[(1-\beta(u))x_{i1}(t)+(1+\beta(u))x_{i2}(t)] \tag{3.8}$$

$$x_{i2}(t+1)=0.5[(1+\beta(u))x_{i1}(t)+(1-\beta(u))x_{i2}(t)] \tag{3.9}$$

图 3.6 给出了在给定父代和分布因子的情况下子代个体分布的概率密度函数。可以看出,密度函数依赖于父代个体的位置以及分布因子(η_c)。分布因子越大,搜索的开采能力越强。

与 SBX 相似,实数编码的遗传算法同样也需要变异算子,称为多项式变异。假设 $x_i\in$

$[x_i^L, x_i^U]$是实数编码遗传算法的一个决策变量,其经过变异后生成 x_i':

$$x_i' = \begin{cases} x_i + \delta_L(x_i - x_i^L), & u \leqslant 0.5 \\ x_i + \delta_R(x_i^U - x_i), & u > 0.5 \end{cases} \quad (3.10)$$

其中,u 是$[0,1]$区间的随机数,δ_L 和 δ_R 表示两个参数,其定义为:

$$\delta_L = (2u)^{\frac{1}{1+\eta_m}} - 1, \quad u \leqslant 0.5 \quad (3.11)$$

$$\delta_R = 1 - (2(1-u))^{\frac{1}{1+\eta_m}} - 1, \quad u > 0.5 \quad (3.12)$$

其中,η_m 表示变异操作的分布因子。

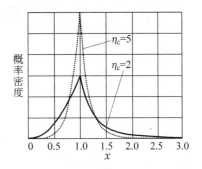

图 3.6 给定父代个体 $x=1$ 以及 $\eta_c=2$ 和 $\eta_c=5$ 时后代个体的分布密度函数

SBX 和多项式变异应该是实数编码遗传算法中应用最广泛的交叉和变异算子。

3.4 进化策略

ES 最初是针对连续优化问题而提出来的一类进化算法,它最早的版本是在 20 世纪 60 年代提出的 1+1-ES 算法。该算法与随机搜索非常相似,不同的是在该算法中提出了一种变异强度自适应的规则,称为"1/5 成功规则"。显然,通过使用参数和决策变量共同演化的参数自适应方法是进化策略和遗传算法的主要不同点。其他主要的不同点包括进化策略的子代种群规模通常要大于父代种群的规模,而且高斯变异是进化策略的主要驱动力,而不是遗传算法中的交叉操作。

3.4.1 （1+1）-ES

如其所命名,（1+1）-ES 中一个父代个体产生一个子代个体,因此其并不是真正的基于种群的搜索算法,但其包含了最重要的参数自适应思想。对于最小化实数函数 $f(\boldsymbol{x})$ 的优化问题,$\boldsymbol{x} \in \mathbf{R}^n$,（1+1）-ES 算法的主要步骤描述如下。

(1) 设置初始代数 $t=0$,初始化步长为 $\sigma(t)$,随机产生一个初始解

$$\boldsymbol{x}(t) = (x_1(t), x_2(t), \cdots, x_n(t))$$

(2) 对于每个 $i=1,2,\cdots,n$,从正态分布(高斯分布)中产生 z_i

$$x_i(t+1) = x_i(t) + z_i, \quad z_i \sim N(0, \sigma(t+1)) \quad \text{// 变异} \quad (3.13)$$

(3) 若 $f(\boldsymbol{x}(t)) < f(\boldsymbol{x}(t+1))$,则 $\boldsymbol{x}(t+1) = \boldsymbol{x}(t)$ //变异不成功

(4) $t \leftarrow t+1$。

(5) 根据 1/5 成功规则自适应步长 $\sigma(t)$。

(6) 若不满足终止条件,那么返回步骤(2)。

1/5 成功规则在每 k 代后调整步长 $\sigma(t)$ $(k \geqslant 5$ 由用户自行定义)。

$$\sigma(t+1) = \begin{cases} \sigma(t)/c, & p_s > 1/5 \quad //\sigma \text{ 增大;} \\ \sigma(t) \cdot c, & p_s < 1/5 \quad //\sigma \text{ 减小;} \\ \sigma(t), & p_s = 1/5 \end{cases} \quad (3.14)$$

其中,p_s 是过去 k 代中成功变异的比例,$0.8 \leqslant c \leqslant 1$。也就是说,若在过去 k 代中成功变异的比例大于 $1/5$,则增大步长,否则减小步长。

3.4.2 基于全局步长的进化策略

基于种群的进化策略同样也有许多变种,其主要区别在于步长大小的数量、步长自适应的方式及其选择策略。具有全局步长的进化策略包含两个染色体:一个包含 n 个实值决策变量,另一个是步长大小 σ。换句话说,n 个决策变量使用相同的步长进行变异。全局步长和决策变量通过下列形式进行变异:

$$\sigma(t+1) = \sigma(t) \exp(\tau N(0,1)) \quad (3.15)$$

$$x_i(t+1) = x_i(t) + \sigma(t+1) N(0,1), \quad i = 1, 2, \cdots, n \quad (3.16)$$

其中,$N(0,1)$ 表示满足正态分布的随机数,$\tau \sim 1/\sqrt{2n}$ 是常数,n 表示决策变量的数量。

从上述公式中可以观察到,像决策变量一样,全局步长 σ 也会进化。需要注意的是,变异顺序是很重要的,即步长大小必须在决策变量变异之前进行变异。

3.4.3 基于个体步长大小的进化策略

显然,对所有决策变量使用一个全局步长并不是一个很好的主意,尤其是当不同决策变量的范围有很大差异或者决策变量相关的时候。因此,对每个决策变量使用一个步长大小会更合理。在这种情况下,将会有 n 种步长大小。

类似地,如下给出了基于个体步长大小的进化策略对步长大小和决策变量的变异公式:

$$\sigma_i(t+1) = \sigma_i(t) \exp(\tau' N(0,1) + \tau N_i(0,1)), \quad i = 1, 2, \cdots, n \quad (3.17)$$

$$x_i(t+1) = x_i(t) + \sigma(t+1) N_i(0,1), \quad i = 1, 2, \cdots, n \quad (3.18)$$

其中,$\tau' \sim 1/\sqrt{2n}$ 和 $\tau \sim 1/\sqrt{2\sqrt{n}}$ 是两个参数。$N(0,1)$ 表示从正态分布采样的一个随机数,并用于所有的决策变量变异;而 $N_i(0,1)$ 表示对每个决策变量重新采样的随机数。同样,步长大小的变异必须在决策变量变异之前。

3.4.4 繁殖与环境选择

进化策略中的环境选择与遗传算法中的环境选择有很大的不同,其不同主要在于前者采用的是一种确定性的选择策略。它通过产生多于父代个体数的子代种群来实现。也就是说,给定 μ 个父代个体,将通过上述描述的变异策略产生 $\lambda > \mu$ 个子代个体。比如,(15,

100)-ES 中，$\mu = 15$ 表示父代种群规模，$\lambda = 100$ 是产生的子代种群大小。在繁殖过程中，随机选择一个父代个体，分别通过对其步长大小和决策变量的变异来产生一个子代个体。这个过程重复 100 次后产生 100 个子代个体。

在进化策略中有两种环境选择策略的变种：一种称为非精英策略，即(μ, λ)-ES；另一种称为精英策略，即($\mu + \lambda$)-ES。在非精英选择策略中从 λ 个子代个体中选择最优的 μ 个个体作为下一代父代个体；而在精英选择策略中，从 $\mu + \lambda$ 个个体中选择最优的 μ 个个体作为下一代的父代个体。

进化策略的总体框架可以总结如下。

(1) 随机初始化 μ 个父代个体，其中决策变量在给定搜索空间中随机产生，初始步长大小在 0 和最大初始步长之间随机产生，一般设定为搜索范围的三分之一。

(2) 基于式(3.15)和式(3.16)或者式(3.17)和式(3.18)变异产生 λ 个个体。

(3) 从 λ 个子代个体中选择 μ 个最好的个体(非精英策略)；或者从 $\mu + \lambda$ 个个体中选择 μ 个最好的个体(精英策略)，作为下一代的父代个体。

(4) 如果不满足停止条件，则转到步骤(2)。

一开始进化策略并没有交叉或重组操作。然而，当最优解在给定搜索空间的中间时，加入交叉或重组操作能有效加快搜索速度。由于进化策略使用实值编码，以下 4 种重组方法，包括局部离散重组、局部中间重组、全局离散重组及全局中间重组，都可以在实行变异操作之前应用于决策变量和步长大小。

进化策略中的局部重组操作对所有变量使用相同的两个父代个体。在重组之前，从父代种群中随机选择两个父代个体 x_{P1} 和 x_{P2}，然后对每个决策变量执行以下操作。

(1) 随机选择两个父代个体 x_{P1} 和 x_{P2}。

(2) 对于每个个体 $i = 1, 2, \cdots, n$

$$x'_i = x_{P1,i} \text{ 或 } x_{P2,i} \text{(离散重组)} \tag{3.19}$$

$$x'_i = x_{P1,i} + \xi(x_{P2,i} - x_{P1,i}) \text{(中间重组)} \tag{3.20}$$

其中，$\xi \in (0, 1)$ 是用户自定义参数。

相反，全局重组操作可以对不同决策变量使用不同的父代个体。也就是说，对每个决策变量 x_i 随机选择两个父代个体，然后执行式(3.19)或式(3.20)中给出的重组操作。

3.4.5　协方差矩阵自适应进化策略

个体步长大小的进化策略提供了沿不同决策变量独自适应搜索过程的灵活性。然而，当不同决策变量之间存在相关性时，这种方法还是不够的。由于决策变量之间的成对依赖关系可以通过协方差矩阵来获得，因此协方差矩阵自适应进化策略(Covariance Matrix Adaptation Evolution Strategy，CMA-ES)旨在调整协方差矩阵从而高效地找到最优解。式(3.21)中概率密度函数的全协方差矩阵 C 适用于决策变量的变异，其中 n 是决策变量的

维度

$$f(z) = \frac{\sqrt{\det(C^{-1})}}{(2\pi)^{n/2}} \exp\left(-\frac{1}{2}(z^T C^{-1} z)\right) \tag{3.21}$$

去随机化的 CMA-ES[67] 可以通过以下方式表示：

$$x(t+1) = x(t) + \delta(t)B(t)z, \quad z_i \sim N(0,1) \tag{3.22}$$

其中，$\delta(t)$ 是第 t 代的整个步长大小，$z_i \sim N(0,1)$，$C = BB^T$，即 $Bz \sim N(0,C)$。

协方差矩阵的自适应使用累积步长大小方法，通过两步来实现。其中 $c_{cov} \in (0,1)$ 和 $c \in (0,1)$ 表示在累积自适应过程中过去对当前的影响。

$$s(t+1) = (1-c)s(t) + c_u B(t)z \tag{3.23}$$

$$C(t+1) = (1-c_{cov})C(t) + c_{cov} s(t+1)s^T(t+1) \tag{3.24}$$

由于 $C = BB^T$ 并不足以推导出 B，因此从 C 中计算矩阵 B 并不是一件小事。为此，我们可以使用 C 的特征向量作为 B 的列向量。这是因为整个步长大小 δ 必须要和上一步适应。为了实现这一点，我们需要知道累积向量 s_δ 的期望长度。因此，依赖于 B 的变异（突变）向量应该服从分布 $N(0,1)$。若 B 的列向量是 C 的特征向量，则其可以通过使用相应特征值方差根来归一化 B 的列向量，从而生成矩阵 B_δ。最后，s_δ 和 δ 可以通过下式进行自适应：

$$s_\delta(t+1) = (1-c)s_\delta(t) + c_u B_\delta(t)z \tag{3.25}$$

$$\delta(t+1) = \delta(t)\exp(\beta(\| s_\delta(t+1) \| - \hat{\chi}_n)) \tag{3.26}$$

其中，B_δ 等于列向量归一化后的 B，因此 $B_\delta(t)z$ 遵循 $N(0,1)$ 分布。$\hat{\chi}_n$ 表示 χ_n 分布的期望，这是一个长度分布，其是满足 $N(0,1)$ 分布的一个随机向量。

CMA-ES 包含几个需要指定的超参数，关于这些参数的更多细节可以查阅文献[67]。

具有全局步长的 ES、具有个体步长的 ES 以及 CMA-ES 的主要区别通过图 3.7 进行说明。在图 3.7(a)中，所有决策变量的步长大小相同，即产生变异样本的分布对所有决策变量(圆圈)具有相同的方差。相反，由于不同决策变量允许使用不同的步长大小，因此不同变

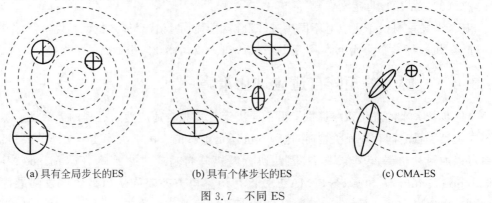

(a) 具有全局步长的ES   (b) 具有个体步长的ES   (c) CMA-ES

图 3.7　不同 ES

量的分布具有不同的方差(椭圆),如图3.7(b)所示。另外,由于CMA-ES能够适应协方差矩阵,因此分布可以看作是一个可旋转的椭圆,从而获得最有效的搜索性能,如图3.7(c)所示。大量研究表明,CMA-ES可以很好地解决连续优化问题。

3.5 遗传规划

遗传规划[68]是一类特殊的进化算法,其能够自动求解具有特殊的高级形式、模式或结构的优化问题。尽管遗传规划可以看成是一种采用不同表示形式的遗传算法,典型地通常使用决策树结构,由于其很适合求解回归和特征选择问题,因此其也可以认为是一种机器学习方法。

遗传规划已经在符号回归[69]、分类[70]和特征选择[71]中获得了应用,这些工作可以用于工程设计中,如天线[72]、拓扑结构[73]、电子电路[74]以及软件代码[75]。

Canonical-PSO 代码

CSO 代码

LP-PSO 代码

3.5.1 基于树结构的遗传规划

遗传规划可以使用不同的表示方式,包括基于树结构的遗传规划、基于堆栈结构的遗传规划、线性遗传规划、基于图结构的遗传规划以及强类型的遗传规划。其中,树结构是遗传规划最早且最广泛使用的一种表示方式[76]。因此,本章采用基于树结构的遗传规划作为例子来讲解遗传规划的流程。

如图3.8所示,遗传规划包含进化算法的主要步骤:初始化、遗传变异、适应度评估以及环境选择。但是遗传规划和其他进化算法技术的不同点在于其编码(或表示)方式,因此其具有不同的初始化和变异操作。

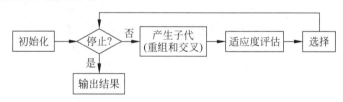

图 3.8　遗传规划的一般流程

在基于树结构的遗传规划中,程序或者数学表达式通过语法树而不是二进制数或实数来表示[77]。图3.9给出了数学表达式$3a(3+(y+10))$的决策树表示形式。在这棵决策树中,变量或常量(3、a、y和10)称为叶节点(或终端节点),运算符或函数($+$)称为内部节点。

在树结构中,所有可能的变量、常量、运算符和函数被称作基元,它们决定了遗传规划的搜索空间。基元集合包括存储叶节点

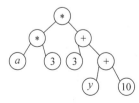

图 3.9　$3a(3+(y+10))$的树结构表示

的终端节点集合以及存储内部节点的函数集合[78]。根据不同的问题,终端节点集合可以是外部输入,如决策变量或特征、常量;函数集合可以是算法、布尔、数学或者编程函数。表 3.1 是常见的基元。

表 3.1　遗传规划中的常见基元

终端节点集合	
类别	例子
变量	x、y、a
常量	3、y

函数集合	
类别	例子
算法	$+$、$*$、$-$、$/$
布尔	AND、OR、NOT
数学	$\sin$、$\tan$、$\cos$、$\exp$
程序	WHILE、FOR、IF、ELSE、END

基元集合的选择对于遗传规划算法的有效性是非常重要的。一般来说,需要谨慎考虑以下两点:封闭性和充分性[64]。封闭性包含类型一致性和评价安全性,用于避免节点的随意性并确保变异中产生的表达式是可行的。充分性是指基元集合应该包含足够的表达式变种使其能够表示求解问题的最优解。

3.5.2　初始化

由于解的不同表示,遗传规划中其初始化方法是不同于其他进化算法的。两种基本的初始化方法(完全法和生长法)如图 3.10 所示。这两种方法均从基元集合中随机选取节点。完全法用于构建深度预定义的完全二叉树,而生长法使用深度优先搜索方法逐渐生成树,直到这棵树满足预设的深度。图 3.10 说明了这两种方法的不同之处。

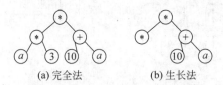

(a) 完全法　　　　(b) 生长法

图 3.10　遗传规划中两种基本的初始化方法

尽管上述两种方法容易实现,但其树的形状多样性不够。因此,这两种方法的结合(称为半完全半生长法)[64]得到广泛采用,即初始种群中一半个体采用完全法产生,而另一半采用生长法产生。

3.5.3　交叉与变异

继承于进化算法,基于树结构的遗传规划在产生新的候选解时使用遗传算法相同的交叉和变异操作,称为重组与变异。图 3.11 和图 3.12 给出了子树层的两种操作。重组操作从每个父代个体上选择一棵子树,组合成一棵新树作为子代个体。变异操作选择一个节点进行变异后来使用一个随机生成的子树来替代。

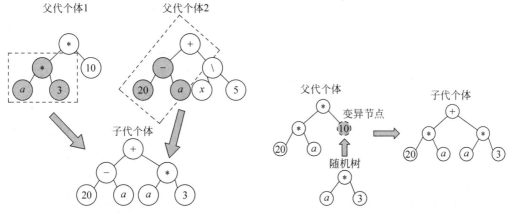

图 3.11　遗传规划中的重组操作示例　　　　图 3.12　遗传规划中的变异操作示例

　　为了评价候选解的质量,遗传规划中的适应度函数可以根据问题定义成多种形式,可以是近似误差、分类准确率、系统到达预定状态所消耗的资源或时间,或者含有用户定义标准的结构。同样,一旦完成适应度评估,遗传算法中的选择机制[79]就可应用于遗传规划中,比如锦标赛选择机制以及基于适应度比例的轮盘赌选择机制。

3.6　蚁群优化算法

　　受自然界蚂蚁通过信息素交流的启发[80-81],ACO 算法最初提出时用于求解旅行商问题[82]。ACO 算法采用 N 个人工蚂蚁(或称为智能体)来模拟蚁群寻找食物的过程,从而完成优化任务。由于 ACO 算法结合了随机和贪婪机制,它可以较好地求解 NP 难的组合优化问题[83]。

　　图 3.13 是 ACO 算法主要思想的一个简单示例,该问题的目标是寻找从起点 A 到终点 E 的最短路径。ACO 算法采用近乎相同数量的蚂蚁来初始化每一条路径,随后,每迭代一次,蚂蚁通过共享它们的信息素 τ 以显示它们到终点 E 的距离信息,并根据 τ 的分布调整它们的行动策略。显然,短的距离会产生高的信息素 τ,进而吸引更多的蚂蚁探索较短路径。当 ACO 算法结束时,蚂蚁就找到了到达终点 E 的最短路径。

3.6.1　整体框架

　　ACO 算法的一般过程见算法 3.1,其主要包括 4 个主要操作(初始化、解的构建、局部

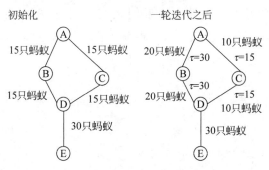

图 3.13　蚁群优化算法示例

搜索和信息素更新)。

算法 3.1　ACO 算法伪代码

1: 初始化
2: while 终止条件未达到 do
3:　　构建 N 个蚂蚁个体
4:　　进行局部搜索
5:　　更新信息素
6: end while
输出: 最优解

ACO 算法在每次开始时, N 个蚂蚁个体的信息素均设为 τ_0。每个蚂蚁个体 x 基于启发式因子和信息素构建的。假设 x 的第 i 维有若干个可行值,那么分配为第 j 个可行值的概率为

$$p(x_i^j) = \frac{\tau_{ij}^\alpha (\eta(x_i^j))^\beta}{\sum \tau_{il}^\alpha (\eta(x_i^l))^\beta} \tag{3.27}$$

其中, τ_{ij} 和 $\eta(x_i^j)$ 分别是 x_i 的第 j 个可行值的信息素和启发式因子; α 和 β 是两个预定义参数,用于平衡启发式信息和信息素,作为可选项,当构建完 x 后可以应用局部搜索来提高解的质量。为了引导对最优解的搜索,每一代信息素通过两种机制来进行更新。首先,将优质解存放入集合 S_{upd} 中,如果 x_i^j 在集合 S_{upd} 中,则提高 τ_{ij}。随后,信息素随着迭代而逐渐衰减。因此,可用如下公式更新信息素:

$$\tau_{ij} = (1-\rho)\tau_{ij} + \sum_{x \in S_{\text{upd}} | x_i^j \in x} g(x) \tag{3.28}$$

其中, ρ 为遗忘率; $g(x)$ 是为优质解的 x_i^j 部分分配信息素增益的函数,该函数依赖于适应度函数 $f(x)$。当满足终止条件时,ACO 算法输出其所获得的最优解。

3.6.2　扩展应用

ACO 算法已经被成功应用于求解很多组合优化问题,包括路径规划[84]、分配问题[85]、

车间调度问题[86]、子集选取问题[87]、分类问题[88]和生物信息学中的单倍型推断问题[89]。需要注意的是,ACO 算法也已经被应用于连续优化问题[90]。

3.7　差分进化算法

差分进化[65]算法是 1996 年由 Price 和 Storm 提出的一类基于种群的进化算法,其概念简单,能有效求解连续优化问题。给定一个初始种群,差分进化通过执行 3 种操作寻找 n 维问题的全局最优解。这 3 种操作包括变异、交叉和环境选择。当算法满足停止准则时,如达到迭代的最大次数或者达到最大的适应度评估次数,则输出最优解。与其他进化算法不同的是,对于当前种群中的任意解,差分进化算法选择当前种群中不同于该解的任意两个解的差向量对其进行扰动。

图 3.14 给出了差分进化算法的流程图。下面将详细介绍差分进化算法的主要组成部分。

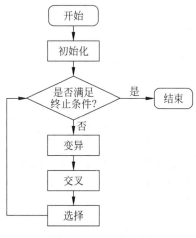

图 3.14　DE 流程图

3.7.1　初始化

在优化问题的决策空间 $\mathbf{R}^n$ 中随机产生 N 个个体组成种群 P,其中,n 表示决策变量的个数。任意个体 $\boldsymbol{x}_i$ 在第 j 个维度上的位置由下式产生:

$$x_{ij}(t) = x_{j,\min} + r^*(x_{j,\max} - x_{j,\min}) \tag{3.29}$$

其中,种群初始化时设置 $t=0$,r 是 $[0,1]$ 范围内的一个随机数。$\boldsymbol{x}_{\min} = (x_{1,\min}, x_{2,\min}, \cdots, x_{n,\min})$ 和 $\boldsymbol{x}_{\max} = (x_{1,\max}, x_{2,\max}, \cdots, x_{n,\max})$ 分别是下界和上界。

3.7.2　差分变异

在进化算法中,差分变异可以视作是对决策变量的一个扰动。差分进化算法为种群 P 中的每个个体 i 通过对基向量添加一个或多个差向量来产生一个变体,该变体称为贡献向量 $\boldsymbol{u}$。下面给出了一些常用的变异策略:

(1) DE/rand/1

$$\boldsymbol{u}_i(t+1) = \boldsymbol{x}_{r1}(t) + F(\boldsymbol{x}_{r2}(t) - \boldsymbol{x}_{r3}(t)) \tag{3.30}$$

(2) DE/best/1

$$\boldsymbol{u}_i(t+1) = \boldsymbol{x}_{\text{best}} + F(\boldsymbol{x}_{r1}(t) - \boldsymbol{x}_{r2}(t)) \tag{3.31}$$

(3) DE/rand/2

$$u_i(t+1) = x_{r1}(t) + F(x_{r2}(t) - x_{r3}(t)) + F(x_{r4}(t) - x_{r5}(t)) \tag{3.32}$$

(4) DE/best/2

$$u_i(t+1) = x_{\text{best}} + F(x_{r1}(t) - x_{r2}(t)) + F(x_{r3}(t) - x_{r4}(t)) \tag{3.33}$$

(5) DE/current-to-best/1

$$u_i(t+1) = x_i(t) + F(x_{\text{best}} - x_i(t)) + F(x_{r1}(t) - x_{r2}(t)) \tag{3.34}$$

(6) DE/rand-to-best/1

$$u_i(t+1) = x_{r1}(t) + F(x_{\text{best}} - x_{r1}(t)) + F(x_{r2}(t) - x_{r3}(t)) \tag{3.35}$$

在式(3.30)~式(3.35)中,$u_i(t+1)$表示个体i在第$t+1$代时通过变异操作产生的向量,等式右边的第一项称为基向量。$x_i(t)$和x_{best}分别表示个体i在第t代时的决策向量和迄今为止所找到的最优解。$r1$、$r2$、$r3$、$r4$和$r5(r1 \neq r2 \neq r3 \neq r4 \neq r5 \neq i)$表示随机数,$F$为缩放因子。

3.7.3　差分交叉

差分进化算法中交叉操作用于提升变异后种群的多样性。常见用于产生试验向量v的两种交叉方法为二项式交叉和指数交叉。在二项式交叉中,试验向量v_i的第j个决策变量的值根据设定的交叉率(Cr)从其父代向量x_i或贡献向量u_i中选取。交叉率(Cr)通常是$[0,1]$范围内的一个常数。式(3.36)给出了二项式交叉方式:

$$v_{ij}(t+1) = \begin{cases} u_{ij}(t+1), & (\text{rand}() \leqslant \text{Cr} \text{ 或 } j = j_{\text{rand}}) \\ x_{ij}(t), & \text{其他} \end{cases} \tag{3.36}$$

其中,rand()表示一个函数,用于生成$[0,1]$范围内的一个随机数,$j_{\text{rand}} \in \{1,2,\cdots,n\}$是随机选择的一个索引,用于确保至少有一个决策变量的值是选自贡献向量中的。

在指数交叉中,从$[1,n]$范围中随机选择一个整数,将其作为从父代向量中选择的起始点,然后从环形方式阵列的贡献向量u中选择连续的$L(L<n)$个变量值。即在满足 rand()>Cr 之前或从贡献向量中获得变量总数达到L之前,试验向量的决策变量值将从贡献向量中获取,其所有其他决策变量值都来源于父代向量。算法3.2给出了指数交叉的伪代码。

算法 3.2　指数交叉

输入:x_i　u_i
输出:v_i
1:　　$v_i = x_i$
2:　　在集合$\{1,2,\cdots,n\}$中随机选取一个整数 k;
3:　　$l = 1$;
4:　　$j = k + 1$;
5: 重复
6: $v_{ij} = u_{ij}$;
7: $l = l + 1$;
8: $j = k + 1$;
9: 直至满足(rand()>Cr 或者 $l > L$)

3.7.4 环境选择

最后,通过父代向量和试验向量的适应度来确定哪个解会保留到下一代。选择适应度不差于当前父代向量的向量替换当前父代向量:

$$\boldsymbol{x}_i(t+1) = \begin{cases} \boldsymbol{v}_i(t+1), & f(\boldsymbol{v}_i(t+1)) \leqslant f(\boldsymbol{x}_i(t)) \\ \boldsymbol{x}_i(t), & \text{其他} \end{cases} \tag{3.37}$$

3.8 粒子群优化算法

3.8.1 传统的粒子群优化算法

PSO 算法是 Kennedy 和 Eberhart 在 1995 年提出的模拟鸟群或鱼群觅食行为的优化算法[91]。它是一种基于种群的搜索方法,在这种方法中,一系列个体(或称为粒子)相互协作以找到问题的最优解。不同于遗传算法或差分进化算法,PSO 算法中的每个个体在每一代 t 不仅具有位置 $\boldsymbol{x}_i$,还有速度 $\boldsymbol{v}_i$。每个个体通过向自身经验和群体经验学习来更新自己的速度,可以用如式(3.38)所示的数学公式表示:

$$v_{ij}(t+1) = \omega v_{ij}(t) + c_1 r_1 (p_{ij}(t) - x_{ij}(t)) + c_2 r_2 (g_j - x_{ij}(t)) \tag{3.38}$$

相应地,第 i 个粒子的位置可以通过式(3.39)进行更新:

$$x_{ij}(t+1) = x_{ij}(t) + v_{ij}(t+1) \tag{3.39}$$

其中,$\boldsymbol{v}_i(t) = (v_{i1}(t), v_{i2}(t), \cdots, v_{in}(t))$ 和 $\boldsymbol{x}_i(t) = (x_{i1}(t), x_{i2}(t), \cdots, x_{in}(t))$ 分别表示个体 i 在第 t 代时的速度和位置;$\boldsymbol{p}_i(t) = (p_{i1}, p_{i2}, \cdots, p_{in})$ 和 $\boldsymbol{g}(t) = (g_1, g_2, \cdots, g_n)$ 表示迄今为止个体 i 找到的最好位置以及种群所找到的最好位置:

$$\boldsymbol{p}_i(t) = \underset{k=0,1,2,\cdots,t}{\arg\min} f(\boldsymbol{x}_i(k)) \tag{3.40}$$

$$\boldsymbol{g}(t) = \underset{k=0,1,2,\cdots,t}{\arg\min} \{f(\boldsymbol{x}_1(k)), f(\boldsymbol{x}_2(k)), \cdots, \boldsymbol{x}_N(k))\} \tag{3.41}$$

其中,w 称为惯性权重;c_1 和 c_2 为加速度系数,均为正常数,其中 c_1 称为认知参数,c_2 称为社会参数;r_1 和 r_2 是在[0,1]范围内均匀产生的随机数。

从式(3.38)可以看出,个体的速度更新包含 3 部分。第一部分称为惯性向量,反映个体的原搜索方向。第二部分称为认知学习,这部分鼓励个体向自身找到的最优位置学习。第三部分是社会学习,这部分鼓励个体向迄今为止种群发现的最优位置学习。因此,种群的最优位置代表寻找全局最优解中协作行为的结果。

图 3.15 给出了一个简单的例子,用于说明一个个体在二维决策空间中如何获得下一个位置。在图 3.15 中,三条带箭头的虚线分别表示式(3.38)中的 3 部分。如图 3.15 所示,参数 w 用于控制动量,φ_1 和 φ_2 分别控制向个体最优位置和向至今找到的最优解的学习程

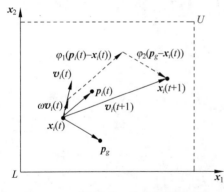

图 3.15 更新个体 i 位置的简单例子

度,有

$$\varphi_1 = c_1 r_1, \quad \varphi_2 = c_2 r_2$$

算法 3.3 给出了 PSO 算法的伪代码。首先在上下界范围内随机产生 N 个个体组成初始种群,每个个体均具有速度和位置。每个个体 i 的个体最优位置 p_i 即为每个个体的当前位置,记录所有个体至今找到的最优位置 $g(t)$。初始化后,每个个体根据式(3.38)和式(3.39)更新自己的速度和位置,并评估其适应度。对每个个体 i,若其当前位置的适应度优于个体最优位置,则更新其个体最优位置。所有个体的最优位置用于更新迄今为止所找到的全局最优位置。当满足停止条件时,输出到目前为止找到的最优位置及其适应度。

PSO 算法由于其实现简单、收敛速度快而受到广泛欢迎。然而,粒子群算法很容易陷入局部最优,特别是在高维空间中,加剧了这种情况。因此,提出了许多新的学习策略[92-94],其目的是提高种群的多样性,从而避免算法陷入局部最优。接下来,我们将介绍两种用于求解高维或大规模优化问题的变种 PSO 算法。

算法 3.3: PSO 算法

输入: N: 种群规模;
输出: gbest: 迄今为止找到的最优解.
1: 初始化种群 P;
2: 评估种群中每个个体 i 的适应度;
3: $t = 0$;
4: 将每个个体 i 的当前位置 $\boldsymbol{x}_i(t), i = 1,2,\cdots,N$ 设置为个体最优位置,即 $\boldsymbol{p}_i(t) = \boldsymbol{x}_i(t)$;
5: 在所有个体最优解中找出最好的位置作为到目前为止找到的最优位置 $g(t)$;
6: while 不满足终止条件 do:
7:     for 每个个体 i
8:         使用式(3.38)和式(3.39)分别更新个体 i 的速度和位置;
9:         评价个体 i 的适应度;
10:         if $f(\boldsymbol{x}_i(t+1)) \leqslant f(\boldsymbol{p}_i(t))$
11:           $\boldsymbol{p}_i(t+1) = \boldsymbol{x}_i(t+1)$;
12:         else
13:           $\boldsymbol{p}_i(t+1) = \boldsymbol{p}_i(t)$;
14:         end if
15:         if $f(\boldsymbol{p}_i(t+1)) \leqslant f(\boldsymbol{g}(t))$
16:           $\boldsymbol{g}(t+1) = \boldsymbol{p}_i(t+1)$;
17:         else
18:           $\boldsymbol{g}(t+1) = \boldsymbol{g}(t)$;
19:         end if
20:     end for
21: end while
22: 输出 $\boldsymbol{g}(t+1)$ 和 $f(\boldsymbol{g}(t+1))$.

3.8.2 竞争粒子群优化器

收敛速度和全局搜索能力是基于种群优化算法的两个重要特性。为了减少早熟收敛，在同一个种群个体之间引入竞争机制，从而形成 PSO 算法的一种变种算法，称为竞争粒子群优化器(Competitive Swarm Optimizer,CSO)[93]。图 3.16 给出了竞争粒子群优化器的一般思路。在 CSO 中，假设种群规模 N 为偶数，将当前种群 $P(t)$ 随机平分为 $N/2$ 对。比如，在图 3.16 中，当前种群 $P(t)$ 包含的 6 个个体被随机平分为 3 组，然后每组中的两个个体根据适应度进行竞争。假设 $x_i(t)$ 和 $x_j(t)$ 是一对，它们将根据各自的适应度相互竞争，适应度好的个体定义为胜利者，另一个个体则被定义为失败者。胜利者会直接保留到下一代，而失败者则会通过向胜利者学习来更新自己的速度和位置。假设在给定的例子中，$x_i(t)$ 比 $x_j(t)$ 具有更好的适应度，那么如图 3.16 所示，$x_i(t)$ 将直接传递到下一代，即 $x_i(t+1)=x_i(t)$，而 $x_j(t)$ 则通过向胜利者 $x_i(t)$ 学习来更新位置(和速度)，从而得到 $x_j(t+1)$。所以从图 3.16 中可以看到，在每一代只有种群中的 $N/2$ 个个体需要更新。

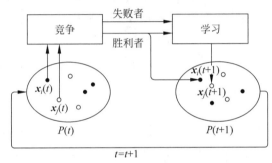

图 3.16 竞争群体优化器的一般思路

假设 $x_{w,k}(t)$、$x_{l,k}(t)$、$v_{w,k}(t)$ 和 $v_{l,k}(t)$ 分别表示在第 t 代、第 k 轮竞争中胜利者和失败者的位置和速度，其中，$1 \leqslant k \leqslant N/2$。相应地，失败者的速度将通过以下学习策略进行更新：

$$v_{l,k}(t+1) = R_1(k,t)v_{l,k}(t) + R_2(k,t)(x_{w,k}(t) - x_{l,k}(t)) +$$
$$\varphi R_3(k,t)(\bar{x}_k(t) - x_{l,k}(t)) \tag{3.42}$$

相应地，失败者的位置将通过以下进行更新：

$$x_{l,k}(t+1) = x_{l,k}(t) + v_{l,k}(t+1) \tag{3.43}$$

在式(3.42)和式(3.43)中，$R_1(k,t),R_2(k,t),R_3(k,t) \in [0,1]^n$ 是第 t 代、第 k 轮竞争中随机产生的 3 个向量，$\bar{x}_k(t)$ 是相关粒子的平均位置，φ 是控制平均位置 $\bar{x}_k(t)$ 产生影响的参数。可以使用两种方法来计算平均位置：一种是全局版本的平均位置，标记为 $\bar{x}_k^g(t)$，其是当前种群 $P(t)$ 中所有粒子的平均位置；另一种是局部版本的平均位置，记为 $\bar{x}_{l,k}^l(t)$，其是第 t 代、第 k 轮竞争中失败者邻域个体的平均位置。式(3.42)中的第一部分用于确保搜索过程的稳定性，这与传统 PSO 算法中保持之前方向的动量一样。式(3.42)的第二部分 $R_2(k,t)(x_{w,k}(t) - x_{l,k}(t))$ 也被称为认知部分，然而，与传统的 PSO 算法不同的是，失败个体是向同一对的胜利个体学习，而不是向其个体至今所发现的最优位置学习。从生物学的角度来说，这种方式能更好地体现动物的群体行为，因为很难要求所有的个体都能记住它们在过去所经历过的最优位置。式(3.42)的第三部分 $\varphi \boldsymbol{R}_3(k,t)(\bar{\boldsymbol{x}}_k(t)-\boldsymbol{x}_{l,k}(t))$，和传统 PSO 算法中一样，也被称为社会组成部分。然而，CSO 中没有使用到目前为止种群所找到的最优位置，而是使用了种群的平均位置，且也不需要记录到目前为止找到的最优位置。

　　算法 3.4 给出了竞争粒子群优化器的伪代码。在决策空间中随机生成一个初始种群 P 并且使用适应度函数对其进行评价。将当前种群中具有最小适应度的解设置为到目前为止所找到的最好解，记为 gbest。重复下列过程直到满足停止条件为止。将当前种群随机分为规模大小为 $N/2$ 的两个子种群，分别保存在集合 S_1 和 S_2 中。正如 5-16 行所示，对集合 S_1 和 S_2 中的每一对个体，比较它们的适应度大小，并将适应度好的个体作为 $\boldsymbol{x}_{w,k}(t)$，把剩下另一个作为 $\boldsymbol{x}_{l,k}(t)$。胜利个体将会直接保存到集合 U 中，而失败个体则使用式(3.42)和式(3.43)更新后保存到集合 U 中。集合 U 中的所有解即为下一代的父代粒子。当集合 U 中的所有解都经过适应度函数评价后，更新迄今为止所发现的最优解 gbest。

算法 3.4：竞争群体优化器的伪代码

输入：N：种群规模；
输出：gbest：迄今为止找到的最优解.
 1：初始化种群 P；
 2：评价种群中每个个体 i 的适应度；
 3：$t = 0$；
 4：找出种群 P 所包含解的最优位置，并将其设置为迄今为止找到的最优位置 gbest；
 5：while 终止条件不满足，则执行以下操作：
 6：　　　$S_1 = \varnothing$；
 7：　　　$S_2 = \varnothing$；
 8：　　　从种群 P 中随机分配 $N/2$ 个解分配给 S_1，剩下的解分配给 S_2；
 9：　　　$U = \varnothing$；
10：　　　for $k = 1$ to $N/2$ do
11：　　　　　if $f(S_1(i)) \leqslant f(S_2(i))$，则
12：　　　　　　　$\boldsymbol{x}_{w,k}(t) = S_1(i)$；
13：　　　　　　　$\boldsymbol{x}_{l,k}(t) = S_2(i)$
14：　　　　　else
15：　　　　　　　$\boldsymbol{x}_{w,k}(t) = S_2(i)$；
16：　　　　　　　$\boldsymbol{x}_{l,k}(t) = S_1(i)$
17：　　　　　end if
18：　　　　　$U = U \bigcup \boldsymbol{x}_{w,k}(t)$；
19：　　　　　使用式(3.42)和式(3.43)更新 $\boldsymbol{x}_{l,k}(t)$；
20：　　　　　将更新后的解保存到 U；
21：　　　end for
22：　　　$P = U$；
23：　　　$t = t + 1$；
24：　　　评估种群 P 中所有解的适应度，并更新迄今为止找到的最优解 gbest；
25：end while
26：输出迄今为止找到的最优解 gbest.

3.8.3 社会学习粒子群优化器

学习和模仿种群中较优个体的行为在社会性动物中随处可见,称为社会学习。与个体学习不同,社会学习的优势在于个体可以不需要通过试凑就可以从其他个体中学习行为。因此,很自然地可以将社会学习机制应用于基于种群的随机优化中。社会学习粒子群优化器(Social Learning Particle Swarm Optimizer,SL-PSO)是 PSO 算法的变种[94],每个个体向当前种群中比其更好的任意粒子(也称为演示者)学习,而不是向历史最优位置学习。图 3.17 给出了 SL-PSO 的一般思路。对于最小化问题,当前种群 $P(t)$ 中的所有个体根据其适应度按降序排序(对于最大化问题,则按升序排序)。随后,当前种群中比 $x_i(t)$ 适应度好的解将会成为 $x_i(t)$ 的演示者,如图中浅蓝色网格部分。然后,$x_i(t)$ 通过向它的演示者学习来更新它的速度和位置。需要注意的是,在 SL-PSO 中,除了最差的个体,每个解 $x_i(t)$ 都可以作为不同模仿者(即比 $x_i(t)$ 具有更差的适应度)的演示者。同样,除了最好的个体,每个解 $x_i(t)$ 都可以向不同的演示者学习,且当前种群中的最优粒子不用更新。

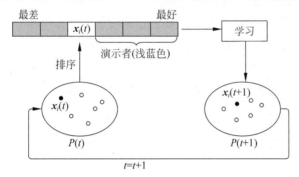

图 3.17 SL-PSO 的一般思想

在社会学习机制的启发下,模仿者会以以下的方式学习不同演示者的行为:

$$x_{ij}(t+1) = \begin{cases} x_{ij}(t) + \Delta x_{ij}(t+1), & p_i(t) \leqslant P_i^L \\ x_{ij}(t), & \text{其他} \end{cases} \tag{3.44}$$

其中,$x_{ij}(t)(i=1,2,\cdots,N; j=1,2,\cdots,n)$是第 t 代行为向量的第 j 个维度的行为,$\Delta x_{ij}(t+1)$是第 i 个粒子第 j 个维度上的修正行为。需要注意的是,在社会学习中,向更好个体学习的动机可能因人而异,因此为每个个体定义了学习概率 P_i^L。最终,只有当随机产生的概率 p_i 满足不等式条件 $0 \leqslant p_i(t) \leqslant P_i^L \leqslant 1$ 时,个体 i 才使用式(3.45)向它的演示者学习:

$$\Delta x_{ij}(t+1) = r_1(t)\Delta x_{ij}(t) + r_2(t)(x_{kj}(t) - x_{ij}(t)) + r_3(t) \in (\bar{x}_j(t) - x_{ij}(t)) \tag{3.45}$$

在式(3.45)中,$r_1(t)$、$r_2(t)$、$r_3(t)$分别表示在 t 代所产生的[0,1]范围内的 3 个随机数。$x_{kj}(t)$是第 t 代粒子 k 行为向量在第 j 维上的行为,$\bar{x}_j(t) = \dfrac{\sum\limits_{i=1}^{N} x_{ij}(t)}{N}$ 是第 t 代当前种群所

有粒子在第 j 维度上的平均行为。参数 ε 称为社会影响因子,用于控制社会对这个粒子在这个维度上的影响程度。与传统 PSO 算法的速度更新类似,SL-PSO 算法中的速度更新也由 3 个部分组成。第一部分旨在保持先前方向上的动量,并确保搜索过程的稳定性。在式(3.45)的第二部分,个体 i 向它的演示者学习,这和传统粒子群算法中向个体历史最优位置学习是不同的。注意 $i < k \leqslant N$,个体 i 学习的演示者在不同维度上可能是不同的。在式(3.45)的第三部分也不同于传统的粒子群算法。在 SL-PSO 中,个体 i 是向整个种群学习,即向当前种群中所有粒子的平均行为学习,而不是传统 PSO 中向迄今为止种群所发现的最优位置学习。

算法 3.5 给出了 SL-PSO 的伪代码。生成一个初始种群并使用适应度函数对其个体进行评价。找出种群中所有个体的最优位置,并将其设为迄今为止所找到的最优位置,标记为 gbest。重复执行以下过程,直到满足停止条件为止。根据当前种群中所有个体的适应度按降序对其进行排序。除了最优个体,排序后的每个个体都通过向其演示者学习来更新其速度,当前种群中的个体位置也随之更新。对于分类种群中的每个个体,除了最优个体,都会通过向演示者学习来更新其速度。此后当前种群 P 的粒子位置将被更新。一旦个体 i 的每个维度都确定了其演示者,每个位置向量的组成将通过向不同的演示者和当前种群所有个体的平均位置学习而获得更新(第 7~14 行)。所有个体位置更新后对其进行评价,并相应地更新迄今为止所找到的最优位置 gbest。

算法 3.5: SL-PSO 的伪代码

输入: N: 种群规模;
输出: gbest: 迄今为止找到的最优解.
1: 初始化种群 P;
2: 评价种群中每个个体 i 的适应度;
3: $t = 0$;
4: 找出种群 P 中所有解的最优位置,并将其设置为迄今为止所找到的最优位置 gbest;
5: while 终止条件不满足,执行以下操作:
6:    根据适应度对当前种群 P 按降序排序,相应地,更新种群中个体的索引;
7:    for $i = 1$ to $N-1$ do
8:        for $j = 1$ to n do
9:            在 $[i+1, N]$ 范围内产生随机整数 k;
10:          在 $[0,1]$ 范围内随机产生 3 个数 $r_1(t), r_2(t)$ 和 $r_3(t)$;
11:          计算当前种群所有个体在第 j 维上的平均位置;
12:          使用式(3.44)更新粒子 i 在第 j 维上的位置;
13:        end for
14:        评价更新后粒子 i 的适应度;
15:    end for
16:    使用当前种群所有个体中迄今为止找到的最优位置 gbest;
17:    $t = t + 1$;
18: end while
19: 输出迄今为止找到的最优解 gbest.

3.9 模因算法

3.9.1 基本概念

模因算法是将局部搜索(也称为终身学习)嵌入进化算法的混合搜索方法。因此,模因算法既可以从全局的、随机的一般搜索中获益,也可以从局部的、特别是贪婪的局部搜索中获益。图 3.18 给出了模因算法的一般描述,可以看出,模因算法不同于进化算法的主要地方在于其在子代个体评价之前需要进行局部搜索。

在进行局部搜索之前,有几个问题需要回答。例如,可以使用哪个局部搜索算法?局部搜索需要执行多少次迭代? 所有的个体是否都需要进行局部搜索? 不同的设置可能导致不同的搜索性能,这也

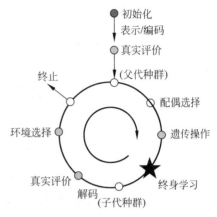

图 3.18 模因算法的一般框架

跟优化问题息息相关。尽管局部搜索在原则上可以和二进制编码以及实值编码进化算法进行混合,但更普遍的做法是将局部搜索和二进制或灰度遗传算法相结合,因为这样能更好地发挥全局搜索和局部搜索相结合所获得的协同效用。

3.9.2 拉马克方法和鲍德温方法

模因算法有两种稍有差异的变种,分别为拉马克进化和鲍德温进化。需要注意的是,局部搜索是在表现型空间进行的,而遗传算法是在基因型空间进行的。因此,两种方法的主要区别在于局部搜索中决策变量的变化(表现型变化)是否会直接影响基因型,并使变化具有可遗传性。图 3.19 说明了模因算法中拉马克方法和鲍德温方法之间的区别。在图的左侧,对解 x_1 的表现型进行局部搜索后得 x_1',同时,改变的表现型直接编码到个体的基因型,从而个体的基因型经过局部搜索后从 g_1 到了 g_1',这种情况就是拉马克进化。反过来,在图的右侧,在解 x_2 上进行局部搜索后得 x_2'。然而,解的基因型没有改变,这种情况下就是鲍德温进化。需要注意的是,在环境选择中,x_1 的适应度为 $f(x_1')$,x_2 的适应度为 $f(x_2')$。因此,无论是拉马克进化还是鲍德温进化,局部搜索的结果都会影响环境选择。它们唯一的区别是,在拉马克进化中 x_1 的基因型会随着局部搜索而变化,而在鲍德温进化中仅有 x_2 的适应度发生了变化。

3.9.3 多目标模因算法

在单目标优化中,局部搜索中使用的目标函数通常与一般搜索相同。然而,由于很多如

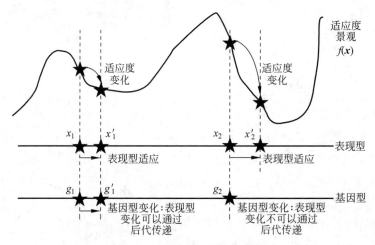

图 3.19 拉马克和鲍德温进化

基于梯度的方法的局部搜索算法在进行局部搜索之前都需要先将多目标优化问题转换成单目标优化问题,因此其不适合于进行多目标优化,多目标优化问题需要首先转换为单目标问题,才能进行局部搜索。为此,可以为种群中的每个个体分配一个随机生成的权重向量,从而可在多个方向上执行局部搜索。例如,对于求解具有 m 个目标的优化问题,可使用以下单目标问题进行局部搜索:

$$f(\boldsymbol{x}) = \sum_{i=1}^{m} w_i f_i(\boldsymbol{x}) \tag{3.46}$$

其中,$w_i > 0, \sum_{i=1}^{m} w_i = 1$。

此外,也可以为当前种群中的每个个体定义一组伪权重。假设第 i 个目标函数的最小值和最大值分别是 $f_i^{\min}$ 和 $f_i^{\max}$,那么对于第 i 个目标值为 $f_i(x)$ 的个体伪权重可以通过以下方式计算:

$$w_i = \frac{f_i^{\max} - f_i(\boldsymbol{x})}{f_i^{\max} - f_i^{\min}} \Bigg/ \sum_{j=1}^{m} \frac{f_i^{\max} - f_i(\boldsymbol{x})}{f_i^{\max} - f_i^{\min}} \tag{3.47}$$

在某些情况下,也可以仅对决策变量的子集进行局部搜索。例如,在神经网络多目标优化中,权重和结构需要同时优化,我们可以只对权重使用梯度下降[95]进行局部搜索。

3.9.4 鲍德温效应与隐藏效应

局部搜索与进化搜索的结合旨在加速搜索过程,这被称为鲍德温效应。然而,这并不总是正确的,因为局部搜索也可能会减缓进化,这被称为隐藏效应。通常,如果局部搜索增大了当前种群中个体之间固有的适应度差异,则会出现鲍德温效应;而如果局部搜索减小了当前种群中个体之间固有的适应度差异,则会出现隐藏效应,如图 3.20 所示。在图 3.20(a)

中,3 个个体的固有适应度变大,因此,较弱的个体在终身学习后留下来的概率更小,从而形成较高的选择压力,导致出现鲍德温效应。相比之下,在图 3.20(b)中,3 个个体之间的固有适应度在终身学习后变小,导致形成较小的选择压力,从而产生了隐藏效应。需要注意的是,上述讨论中假设采用了适应度比例选择的策略。

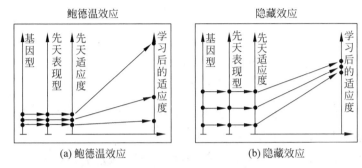

图 3.20 局部搜索与进化搜索的关系

接下来,给出一个简单的数学证明,用于说明鲍德温或隐藏效应发生的条件[96]。假设一个最大化优化问题的固有适应度地形(没有学习)是单调递增并且是连续的,即 $f(\boldsymbol{x}) > 0$,它的一阶导数函数 $f'(\boldsymbol{x}) > 0$,并且它的一阶至四阶导数函数 $f^{(i)}(\boldsymbol{x})$,$i = 1, 2, 3, 4$ 是连续的。终身学习后其适应度地形标记为 $f_l(\boldsymbol{x})$,并且也是正向和单调递增的。对于一个规模大小为 N 的种群,其平均基因型计算如下:

$$\bar{\boldsymbol{x}} = \frac{1}{N} \sum_{i=1}^{N} \boldsymbol{x}_i \tag{3.48}$$

如果对种群使用适应度比例选择策略,则选择后其平均基因型变为

$$\bar{\boldsymbol{x}}^* = \frac{\sum_{i=1}^{N} \boldsymbol{x}_i f(\boldsymbol{x}_i)}{\sum_{i=1}^{N} f(\boldsymbol{x}_i)} \tag{3.49}$$

因此,选择后基因型的期望变化为

$$\Delta \bar{\boldsymbol{x}} = \frac{\sum_{i=1}^{N} \boldsymbol{x}_i f(\boldsymbol{x}_i)}{\sum_{i=1}^{N} f(\boldsymbol{x}_i)} - \frac{1}{N} \sum_{i=1}^{N} \boldsymbol{x}_i \tag{3.50}$$

所以以下表达式若为正的(负的),则通过学习后进化就会加速(减速):

$$\operatorname{sign}(\Delta \bar{\boldsymbol{x}}_l - \Delta \bar{\boldsymbol{x}}) = \operatorname{sign}\left(\frac{\sum_{i=1}^{N} \boldsymbol{x}_i f_l(\boldsymbol{x}_i)}{\sum_{i=1}^{N} f_l(\boldsymbol{x}_i)} - \frac{\sum_{i=1}^{N} \boldsymbol{x}_i f(\boldsymbol{x}_i)}{\sum_{i=1}^{N} f(\boldsymbol{x}_i)} \right) \tag{3.51}$$

对于一个给定的固有适应度函数 $f(\boldsymbol{x})$ 和一个学习后得到的适应度函数 $f_l(\boldsymbol{x})$，我们可以定义以下的增益函数来判断学习是否能够加速进化：

$$g(\boldsymbol{x}) = \frac{f_l(\boldsymbol{x})}{f(\boldsymbol{x})} \tag{3.52}$$

可以证明：

$$g'(\boldsymbol{x}) = \begin{cases} > 0 \Leftrightarrow \Delta \bar{\boldsymbol{x}}_l - \Delta \bar{\boldsymbol{x}} > 0 & \text{（加速）} \\ < 0 \Leftrightarrow \Delta \bar{\boldsymbol{x}}_l - \Delta \bar{\boldsymbol{x}} < 0 & \text{（减速）} \\ = 0 \Leftrightarrow \Delta \bar{\boldsymbol{x}}_l - \Delta \bar{\boldsymbol{x}} = 0 & \text{（无影响）} \end{cases} \tag{3.53}$$

需要注意的是，上述讨论的适应度函数是非常特殊的，而对于在求解复杂优化问题时局部搜索是否能够加速进化优化的判断是很困难的。

另外需要注意的是，在自然界中，选择压力的主要来源是生存和繁殖，而不是一种快速的进化。一个很自然的问题是在基因型和表现型级别上的自适应机制能带来什么样的好处。文献[97]中给出的一些见解表明通过利用隐藏效应，种群能够保持足够程度的基因型多样性，这对种群快速适应动态环境尤为重要。这也意味着在频繁变化的环境中鲍德温和隐藏效应可能有助于种群的进化。

3.10　分布估计算法

进化算法依赖于交叉和突变等遗传变异操作来搜索新的优秀解。然而，这些操作执行的是随机搜索，不能显式地学习到问题的结构，也不能在搜索中利用这些知识。

EDA 是一类基于种群的搜索算法，它通过对优秀候选解建立和采样显式概率模型来引导对最优解的搜索。图 3.21 给出了一般的分布估计算法示意图。可以看到，除了遗传操作被建立概率模型、从模型中采样子代个体所代替之外，EDA 的主要构成和进化算法非常类似。

因此，有效构建概率模型成为了设计 EDA 需要关注的焦点问题。接下来介绍一些广泛应用于 EDA 中的概率模型。

3.10.1　一个简单的 EDA

EDA 的基本思想可以使用所谓的 onemax 问题来解释，其中每个决策变量都是一个二进制位，目标函数为

$$\text{onemax}(x_1, x_2, \cdots, x_n) = \sum_{i=1}^{n} x_i \tag{3.54}$$

其中，n 表示决策变量的数目。该问题具有一个全局最优解，其所有决策变量值都为 1。

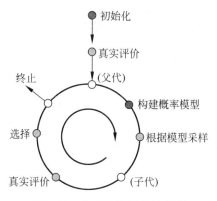

图 3.21 分布估计算法示意图

假设 onemax 有 4 个变量,在第 t 代父代种群中包含 3 个个体 $\boldsymbol{x}^1(t)=\{1,0,1,1\}$、$\boldsymbol{x}^2(t)=\{0,1,1,0\}$ 和 $\boldsymbol{x}^3(t)=\{0,1,1,0\}$。因此,可以基于 3 个个体计算 $x_i=1(i=1,2,3,4)$ 的概率,从而建立一个概率模型:

$$p_1(x_1=1)=1/3$$
$$p_2(x_2=1)=2/3$$
$$p_3(x_3=1)=1$$
$$p_4(x_4=1)=1/3 \tag{3.55}$$

然后,可以使用上述概率对每个决策变量 $p_i(i=1,2,3,4)$ 采样产生 3 个子代个体,记为 $\boldsymbol{x}'^1(t)=\{0,1,1,1\}$,$\boldsymbol{x}'^2(t)=\{1,0,1,0\}$ 和 $\boldsymbol{x}'^3(t)=\{1,1,1,0\}$。随后,使用这一种选择方法来选择第 $t+1$ 代的父代个体,即 $\boldsymbol{x}^1(t+1)=\{0,1,1,1\}$、$\boldsymbol{x}^2(t+1)=\{0,1,1,1\}$ 和 $\boldsymbol{x}^3(t+1)=\{1,1,1,0\}$。随后,概率模型将更新如下:

$$p_1(x_1=1)=1/3$$
$$p_2(x_2=1)=1$$
$$p_3(x_3=1)=1$$
$$p_4(x_4=1)=2/3 \tag{3.56}$$

持续执行上述过程,直到种群收敛到最优解 $(1,1,1,1)$。由于不需要考虑变量之间的交互性,因此该算法也被称为单变量边缘分布算法(Univariate Marginal Distribution Algorithm, UMDA)。

3.10.2 求解离散优化问题的 EDA

3.10.1 节中描述的 UMDA 可以扩展用于求解一般的离散优化问题[98]。一种想法是逐步更新概率模型,称为基于种群的增量学习(Population-Based Incremental Learning, PBIL)[99]:

$$p_i = (1-\alpha)p_i + \alpha \frac{1}{N} \sum_{k=1}^{N} x_i^k, \quad i=1,2,\cdots,n \tag{3.57}$$

其中，α 是用户定义的学习率，$\boldsymbol{x}^k = \{x_1^k, x_2^k, \cdots, x_n^k\}$，$N$ 是从 $M \geqslant N$ 个子代个体中选择的下一父代个体数。

PBIL 的一种变种称为紧凑遗传算法（Compact Genetic Algorithm，CGA）[100]。以概率 $p_i = 0.5 (i=1,2,\cdots,n)$ 初始化概率模型。然后根据概率模型采样两个个体，朝着最优个体更新概率模型。持续执行该过程，直到概率模型收敛为止。

虽然 UMDA、PBIL 和 CGA 没有考虑决策变量之间的交互作用，但更复杂的 EDA 可以使用双变量或多元概率模型用于捕获两个或多个变量之间的交互作用。例如，扩展的紧凑遗传算法将决策变量分成若干类，然后每个类用一种概率[101]进行建模。因式分解分布算法（Factorized Distribution Algorithm，FDA）[102]采用固定的因子分解，将分布分解为条件分布和边缘分布用于求解可分离散问题。贝叶斯优化算法（Bayesian Optimization Algorithm，BOA）[103]使用贝叶斯网络对多个决策变量之间的交互建模，这些决策变量之间的交互通过节点之间的连接边表示。需要注意的是，BOA 完全不同于 5.4 节中的贝叶斯优化。

3.10.3 求解连续优化问题的 EDA

也有很多分布估计算法是针对求解连续优化问题而提出的。同样，这些模型可以分为单变量概率模型和多变量概率模型。对于规模大小为 N 的父代种群，一个单变量分解高斯模型可以描述为

$$\mu_i = \frac{1}{N} \sum_{i=1}^{N} x_i \tag{3.58}$$

$$\delta_i = \sqrt{\frac{1}{N} \sum_{i=1}^{N} (x_i - \mu_i)^2} \tag{3.59}$$

其中，N 表示选择的个体数量（父代），随后，对每个决策变量构建一个高斯模型：

$$p_i(x_i) = \frac{1}{\delta_i \sqrt{2\pi}} \exp\left\{-\frac{(x_i - \mu_i)^2}{2(\delta_i)^2}\right\} \tag{3.60}$$

其中，μ_i 和 δ_i 表示为变量 $i=1,2,\cdots,n$ 训练的高斯模型的平均值和标准差。

一旦高斯模型 $p_i(x_i)$ 构建后，子代个体（通常超过 N 个）就可以从高斯分布中生成。经过选择后，更新概率模型，然后再重新采样新解。

然而，这样的单变量模型并不能捕获决策变量之间的相关性。为了解决这个问题，可以采用联合高斯分布模型。然而，在高维空间中建立一个完整的联合分布模型将面临维数灾难，因此在实际中是不可行的。为了缓解这一问题，可以将种群聚成几类，然后为每一类建立联合分布模型。对于第 k 个聚类，$1 \leqslant k \leqslant K$，构建以下联合分布模型：

$$p^k(\boldsymbol{x}) = \frac{1}{(2\pi)^{n/2} \mid \boldsymbol{\Sigma}^k \mid^{n/2}} \exp\left\{ -\frac{1}{2} (\boldsymbol{x} - \boldsymbol{\Lambda}^k)^{\mathrm{T}} (\boldsymbol{\Sigma}^k)^{-1} (\boldsymbol{x} - \boldsymbol{\Lambda}^k) \right\} \tag{3.61}$$

其中,$\boldsymbol{x}$ 是 n 维设计向量,$\boldsymbol{\Lambda}^k$ 是均值的 n 维向量,$\boldsymbol{\Sigma}^k$ 由第 k 个类中的个体估计得到的 $n \times n$ 协方差矩阵。

与单变量分解模型不同,第 k 个类的概率模型如下所示:

$$p(k) = \frac{N^k}{\sum_{k=1}^{K} N^k} \tag{3.62}$$

其中,N^k 表示第 k 个类中的个体的数量。

3.10.4 多目标 EDA

原则上,所有为单目标优化而提出的 EDA 都可以通过替代选择机制扩展到多目标优化上。然而,很多多目标 EDA 的提出是用于对 Pareto 前沿面特征的建模。

一类多目标 EDA 在 $m-1$ 维流形上建立概率模型,称为规律建模多目标进化算法(Regularity Modeling Multi-objective Evolutionary Algorithm,RM-MOEA)。在适当条件下,m 目标优化问题的 Pareto 前沿面是一个 $m-1$ 维的流形[104]。为此,RM-MOEA 的概率模型由一条局部主曲线和一些高斯分布模型组成。

假设一个种群分为 K 类。在第 k 个类(标记为 C^k)中的解可以用一个 $m-1$ 维流形 M^k 的均匀分布来描述:

$$P^k(\boldsymbol{S}) = \begin{cases} \dfrac{1}{V^k}, & \boldsymbol{S} \in M^k \\ 0, & \text{其他} \end{cases} \tag{3.63}$$

其中,$\boldsymbol{S}$ 是潜在空间中的一个 $m-1$ 维随机向量,V^k 是 M^k 的体积,其边界为

$$a_i^k \leqslant s_i \leqslant b_i^k, \quad i = 1, 2, \cdots, (m-1) \tag{3.64}$$

其中,

$$a_i^k = \min_{\boldsymbol{x} \in C^k} (\boldsymbol{x} - \bar{\boldsymbol{x}}^k)^{\mathrm{T}} U_i^k \tag{3.65}$$

$$b_i^k = \max_{\boldsymbol{x} \in C^k} (\boldsymbol{x} - \bar{\boldsymbol{x}}^k)^{\mathrm{T}} U_i^k \tag{3.66}$$

$\bar{\boldsymbol{x}}^k$ 是 C^k 中个体的平均值,U_i^k 是第 i 个类 C^k 中数据的主成分。

除了由主曲线定义的均匀分布模型外,在设计空间中还构建了 n 维零均值高斯分布:

$$N^k(\boldsymbol{x}) = \frac{1}{(2\pi)^{n/2} \mid \boldsymbol{\Sigma}^k \mid^{n/2}} \exp\left\{ -\frac{1}{2} \boldsymbol{x}^{\mathrm{T}} \boldsymbol{\Sigma}^k \boldsymbol{x} \right\} \tag{3.67}$$

其中,$\boldsymbol{\Sigma}^k = \delta^k \boldsymbol{I}$,$\boldsymbol{I}$ 是 $n \times n$ 维单位矩阵,δ^k 由下式计算:

$$\delta^k = \frac{1}{n-m+1} \sum_{i=m}^{n} \lambda_i^k \tag{3.68}$$

其中，λ_i^k 表示 k 类中所有解的协方差矩阵中第 i 个最大特征值。

选择类 k 的模型以进行子代个体采样的概率定义为：

$$p(k) = \frac{V^k}{\sum_{k=1}^{K} V^k} \tag{3.69}$$

其中，V^k 是 $m-1$ 维流形的体积，若是在曲线的情况下，那么它就是指曲线的长度。

采样的新解包括 3 个步骤。第一步，根据式(3.63)在 $m-1$ 维流形 M^k 上产生一个解，然后映射到 n 维决策空间上。假设 S 是在 M^k 中为第 k 个类生成的一个 $m-1$ 维随机向量，若流形 M^k 是一个一阶主曲线，那么它将以以下方式映射到 n 维决策空间中：

$$\boldsymbol{x}_1 = \boldsymbol{\Theta}_0^k + \boldsymbol{\Theta}_1^k \boldsymbol{S} \tag{3.70}$$

其中，$\boldsymbol{x}_1$ 是 n 维随机向量，$\boldsymbol{\Theta}_0^k$ 是类 $C(\boldsymbol{x})^k$ 中数据的均值，$\boldsymbol{\Theta}_1^k$ 是 $n \times (m-1)$ 维矩阵，由 $m-1$ 个最大特征值所对应的特征向量组成。

接下来，通过式(3.67)中的高斯模型生成一个 n 维的决策向量 $\boldsymbol{x}_2$。最后，与 $\boldsymbol{x}_1$ 相加获得一个新的候选解：

$$\boldsymbol{x} = \boldsymbol{x}_1 + \boldsymbol{x}_2 \tag{3.71}$$

重复上述过程以产生一个子代种群。

虽然大多数多变量 EDA 用于捕获决策变量之间的交互信息，但 RM-MOEA 能够对目标之间的关系进行建模，并已用于处理噪声评估[105]。进一步地，还可以考虑决策变量之间、目标之间以及决策变量和目标之间交互。例如，文献[106]中使用了一个多维贝叶斯网络(Multi-dimensional Bayesian Network，MBN)用于捕获上述 3 种不同的交互信息。

在 MBN 中，根据贝叶斯网络结构，在给定父代变量的不同值组合情况下，节点代表决策变量，弧线描述三变量之间的条件依赖关系，参数表示每个变量值的条件概率。图 3.22 是 MBN 的一个例子，其中顶层由 3 个节点表示，代表 3 个类变量，底层有 4 个节点表示，代表 4 个决策变量。因此，MBN 能够使用弧线(有向连接)来捕获决策变量和目标之间的相互作用，从而能够建立一个更有效的 EDA 用于解决多目标优化问题。

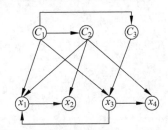

图 3.22　由 4 个决策变量和 3 个类组成的多维贝叶斯网络示例

3.11　参数自适应和算法选择

到目前为止，已介绍了 6 类最流行的基于种群进化的元启发式搜索算法，包括遗传算法、进化策略、遗传规划、ACO 算法、差分进化和 PSO 算法。这些算法在不同问题上的求解性能表现不同。给定一个问题,目前还没有明确的理论证明应该使用哪种算法对其求解,因此,实践中若没有大量的试错,很难选择正确的优化算法;此外,大部分元启发式算法包含很多需要用户自定义的参数。接下来,将介绍用于选择和推荐元启发式搜索算法的常用做法。

3.11.1 自动参数调优

元启发式算法中参数的定义并非易事。元启发式算法中的大多数参数,如种群大小、交叉和变异概率、迭代数以及编码方法,对它们的性能有很大的影响,但目前还没有针对这些超参数设定的具体指导策略。进化策略可能是一个例外,因为它们同时也对一些重要的参数进行编码并在搜索中对其进行共同演化,例如染色体的步长。此外,进化策略还有一些确定种群大小的准则,特别是在协方差矩阵适应进化策略中的应用。

元启发式算法中的参数自适应具有挑战性,其原因包括以下几方面。首先,参数不是独立的,它们共同影响搜索的性能。其次,在算法能够获得有用知识来有效调节参数之前需要大量的迭代次数。最后,参数的最优设置通常和问题本身有关。

通常,参数既可以直接调整,也可以根据搜索动态的反馈来进行调整。例如,在搜索的早期阶段应当鼓励其进行探索,而在后期阶段则进行开采,可以通过控制参数来反映这些需求。因此,一些参数可以根据预先指定的适应机制来控制,特别是在迭代过程中改变参数。

另一个想法是根据搜索性能或算法状态(如收敛性和种群多样性)来改变参数。更多关于参数自适应的讨论可以参考文献[107]。

除了参数自适应外,进化算法的表示也可以自适应。针对二进制遗传算法表示的自适应,一个基本的想法是使用可变长的染色体代替固定长度的染色体[108]。另一种想法是使用如图 3.23 所示的混合表示法,图中开关 R 表示激活的是实值表示,而 B 表示激活的是二

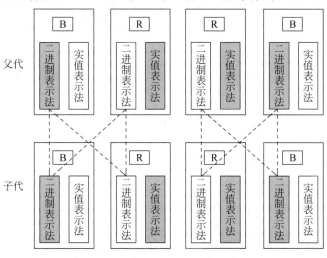

图 3.23 对每个决策变量使用二进制和实值表示法进行编码的混合表示法

进制表示,即对每个决策变量都有二进制和实值两种表示法,至于激活哪种表示法则取决于各自表示法的性能[109]。

需要注意的是,这两种表示方法需要协作使得交叉和突变后它们表示的是相同的值。

3.11.2 超启发式算法

根据无免费午餐理论,没有哪一种元启发式或数学优化算法可以在所有类型的优化问题上胜过其他算法。当然,在搜索过程中自动选择性能最好的算法是很有意义的。超启发式算法的目的是自动选择或组合启发式算法以有效求解给定的问题。元启发式算法的自动选择和生成通常借助机器学习技术和统计分析来实现。图 3.24 给出了超启发式算法的通用框架。

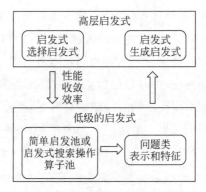

图 3.24 通用超启发式算法

超启发式可以分为在线方法和离线方法。在离线方法中,通过规则的方式提取以往求解各种问题的知识,并基于案例推理来选择算法。在在线方法中,通过在搜索过程中应用机器学习算法,如强化学习,来寻找求解给定问题最有效的搜索启发式算法。

3.11.3 适应度地形分析

适应度地形分析是理解启发式算法在求解优化问题时理解搜索性能的另一类方法。为此,我们试图研究求解优化问题的困难特征的主要特性。找出给定问题的正确特征,将其和搜索算法或搜索操作关联起来能够为选择正确的算法和搜索操作提供参考。目前已被广泛分析的适应度地形特征主要包括[110]:

(1)模态意指适应度地形包含一个还是多个最优解。它是适应度地形的显式特征,用于刻画问题的求解难度以及决定哪些搜索操作是更有效的。

(2)引力盆地主要定义了最小值指尖的宽度和深度。盆地分为具有强引力(无条件)和有条件(弱)引力。

(3)崎岖性是描述最优解的另一个特征。不同于盆地,它反映了局部极小值变化的频率或密度。

（4）障碍定义的是从一个最小值经过任意路径到另一个最小值的最小适应度。

（5）演化性、中立性和上位性等特征借用生物网络的概念，用于描述适应度地形相邻点之间的关系。这些与地形走势分析密切相关，可将适应度地形视为一个复杂的网络。

还有一些其他的适应度地形分析方法，包括适应度距离相关性[111]和光谱地形分析[112]。文献[113]中也提出了信息理论方法。

3.11.4　自动推荐系统

一种经验性的想法是开发推荐系统对于给定问题推荐特定的启发式算法，这也是比较可靠的想法。与超启发式算法不同，推荐系统旨在离线识别算法性能和适应度地形特征之间的关系。推荐系统类似于分类系统，它将表示优化问题难度或结构的特征作为输入，并将相对应执行最优的元启发式算法作为输出（标签）。不同的搜索算法用于求解大量的基准测试问题，并将每个问题上的获胜算法记录作为标签。利用这些数据训练分类器。为了获得一个高性能算法的推荐系统，收集足够数量的基准问题、从基准问题中抽取最重要的特征以及选择具有代表性的元启发式算法来解决这些问题是非常重要的。

尽管大多数工作是基于适应度地形分析的[114]，但最近提出的一个想法是使用决策树结构来表示任意白盒或黑盒目标函数。决策树结构由一些基本的算术运算符（如加法运算符、乘法运算符），和一些基本函数（包括平方、平方根、指数和正弦等）组成[115]。对于黑盒优化问题，可以采用基于遗传规划的符号回归来预测树的表示。这样做的好处是人们可以获得任意优化问题的统一表示，并且可以通过基本的算术运算符和基本函数产生随机树，从而生成无限基准问题用于手机大量训练数据。随后，利用这些数据训练深度学习模型，使其能够预测任何给定函数的性能，从而推荐性能最好的启发式算法。图 3.25 给出了推荐算法的示意图。

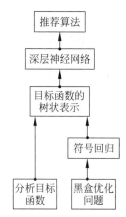

图 3.25　基于深度学习的元启发式算法推荐系统

3.12　总结

基于种群的元启发式算法在大量数学规划方法无法求解的测试问题上已展示出了它的有效性。他们还在求解黑盒实际优化问题上也获得了很大成功，如空气动力设计优化、工业过程优化以及混合动力电动汽车控制器设计。然而，进化算法的能力在很大程度上仍然需要在重点应用中来证明。为了实现这一目标，设计高效的数据驱动进化优化算法是必不可少的。

第 4 章

机器学习简介

摘要 本章将介绍典型的机器学习问题、常用的机器学习模型和求解不同机器学习问题的基本学习算法。需要注意的是,机器学习模型可以用于解决不同的机器学习任务。在选择了合适的学习算法后,不同模型就可以用于解决相同的机器学习问题。另外需要注意的是,尽管学习和优化关注问题的类型不同,所有的机器学习问题本身都是优化问题,更确切地说,是多目标优化问题。最后,优化和学习的结合可以产生协同效应,如利用机器学习辅助优化以及利用优化实现机器学习自动化。

4.1 机器学习问题

机器学习的目标是通过机器学习模型和学习算法帮助下的迭代过程来解决某类特定问题。通常,机器学习求解的问题可以划分为无监督学习问题(如降维和数据聚类)、监督学习问题(如回归和分类)以及强化学习问题。除了以上 3 类学习算法,还提出了很多结合了多种学习技术的新方法,比如半监督学习、主动学习、多任务学习和迁移学习。

图 4.1 给出了 3 类机器学习算法的概述以及机器学习问题的一些典型例子。尽管有所谓的无模型强化学习方法,但所有机器学习算法的背后通常是一个或多个机器学习模型。

4.1.1 聚类

聚类(也称聚类分析)是将给定的数据分成若干组,使得类内数据比类外数据更相似。同一类的数据可以依据连通性、距离、分布或者密度来表示。此外,人工神经网络和图网络也可以用于表示聚类。

由于数据的相似性必须使用合适的近似方法来度量,因此聚类往往非常具有挑战性。如图 4.2 所示,不同的类只有使用正确的模型时才可以分开。比如,在图 4.2(a)中,可以用质心模型区分两类;在图 4.2(b)中,质心模型是无法将两类区分开的,但可以用连通性或分布性模型分开;在图 4.3(b)中,一般利用图网络描述多个类别。此外,很难提前定义聚类的数目,但很多聚类方法往往需要对其提前设定。对于图像和文本数据,聚类分析更加具

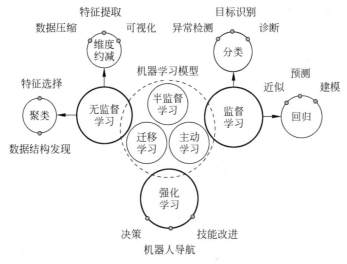

图 4.1 机器学习算法应用与分类

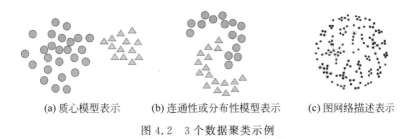

(a) 质心模型表示　　　(b) 连通性或分布性模型表示　　　(c) 图网络描述表示

图 4.2 3 个数据聚类示例

有挑战性。对于高维数据,通常很难在整个空间发现数据的结构,而聚类则只能在某些子空间来实现。为了解决这类问题,可以使用子空间聚类或双聚类[116],这在生物信息学中已经取得了成功。

1. K 均值聚类算法

给定数据集 $\{x^{(1)}, x^{(2)}, \cdots, x^{(d)}\}$,其中 x 是 n 维向量。K 均值聚类算法的目标是通过最小化类内平方和将数据分成 k 组,其中 $k < d$ 为用户预定义值:

$$\arg\min_{C} \sum_{i=1}^{k} \sum_{x \in C_i} \| x - \mu_i \|^2 \tag{4.1}$$

其中,$C = \{C_1, C_2, \cdots, C_k\}$ 表示 k 类数据。

在实现过程中,首先初始化 k 个聚类中心(均值),然后根据每个数据到各聚类中心的欧氏距离将其分配给最近的类。当所有数据分配完后更新每个类的中心。重复上述步骤直至收敛。

需要注意的是,使用 K 均值聚类算法的假设是聚类数已知,数据结构可以通过欧氏距离的正态分布获得,但这种假设往往是不成立的。此外,没有理论证明其可以发现全局最优。最后,聚类结果依赖于每个类的初始类中心。

2. 层次聚类

不同于 K 均值聚类算法,层次聚类不需要预先设定类数。它是根据类的相似性,通过合并和分裂来构建层级型的类。有两种通用的层次聚类方法,即聚合法和划分法。聚合法是自底向上的方法,开始时将每个样本点看成一类,然后不断通过合并相似的两类来实现聚类。而划分法是自顶向下的方法,该方法以所有样本点作为一类开始,然后一层层不断分裂得到新类。

图 4.3 给出了在 8 个样本点上实现层次聚类的示例。按照实线箭头的指示,聚合法自底向上合并两类,而划分法则按照虚线箭头方向自顶向下对类进行分割。最后由阈值决定类的数量,如图 4.3 中水平虚线穿过 4 条垂直实线意味着聚成 4 类,穿过 2 条垂直实线意味着聚成两类。

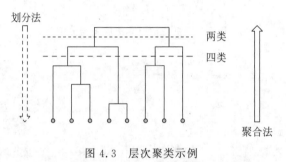

图 4.3　层次聚类示例

与 K 均值聚类算法中使用欧氏距离不同,层次聚类可以使用任何形式的相似性或距离的度量,这使得它可以应用于任何属性类型。层次聚类的一个主要缺点是其 $\mathcal{O}^3$ 时间复杂度和需要 $\mathcal{O}^2$ 的内存,这使得它在大中型数据集上的运行速度较慢。

4.1.2　维度约减

由于维度灾难,高维数据通常包含冗余信息,并且难以可视化、分析和学习。维度约减广泛应用于去噪、特征选择、特征提取、建模、数据可视化和数据分析。

特征选择和特征提取都是为了降低特征或属性数,是构建机器学习模型之前典型的预处理步骤。它们的区别在于,特征选择是删除那些对模型输出没有贡献或者贡献较少的特征;而特征提取则是将原特征映射到一个新的低维空间,其新特征具有更多信息,并且冗余度更低。特征选择和特征提取有助于构建高质量的模型,特别是当原有特征数量很大的时候。图 4.4 给出了通过特征提取来降维的两个例子。在图 4.4(a) 中,二维数据在 x_1, x_2 坐标系统中可以被转换到新坐标系 z_1, z_2 中。由于所有数据在 z_2 上的值几乎都为 0,因此这些数据均可以在损失少量信息的基础上用一维 (z_1) 来表示。在图 4.4(b) 中,很显然,三维坐标系统中的欧氏距离对于"瑞士卷"数据集中的数据来说并不是最合适的相似度量矩阵。

比如,数据点 A 和 B 的欧氏距离很小,但它们在二维流形上却很远。从图 4.4 可以看到,若"瑞士卷"数据集能映射到定义在流形上的坐标系统,那么其维度就可以降到二维。

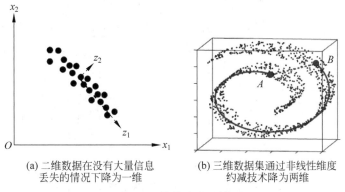

(a) 二维数据在没有大量信息   (b) 三维数据集通过非线性维度
    丢失的情况下降为一维   约减技术降为两维

图 4.4 维数约减示例

主成分分析(Principal Component Analysis,PCA)是一种广泛使用的降维技术,该方法将 n 维数据线性变换到一个新的低维坐标系中,要求新坐标系下的数据方差尽可能最大化。对于 d 个已经中心化的 n 维数据 $\{\boldsymbol{x}^{(1)},\boldsymbol{x}^{(2)},\cdots,\boldsymbol{x}^{(d)}\}$(即均值为 0)来说,其第一主成分分量(向量)为

$$\boldsymbol{w}_1 = \arg\max_{\|\boldsymbol{w}\|=1} \frac{1}{m}\sum_{i=1}^{m}(\boldsymbol{w}^{\mathrm{T}}\boldsymbol{x}^{(i)})^2 \tag{4.2}$$

然后,第 k 个主成分分量($k\leqslant n$)可从通过去掉前面 $k-1$ 个主成分的 $\boldsymbol{x}^{(i)}$ 获得:

$$\boldsymbol{w}_k = \arg\max_{\|\boldsymbol{w}\|=1} \frac{1}{m}\sum_{i=1}^{m}\left\{\left[\boldsymbol{w}^{\mathrm{T}}\left(\boldsymbol{x}^{(i)}-\sum_{j=1}^{k-1}\boldsymbol{w}_j\boldsymbol{w}_j^{\mathrm{T}}\boldsymbol{x}^{(i)}\right)\right]^2\right\} \tag{4.3}$$

主成分分量也可以通过奇异值分解得到。

PCA 的主要局限性是它只能获得变量之间的线性相关性。因此,提出了很多其他非线性的 PCA 改进方法,包括主曲线、流形和基于核的 PCA。此外,神经网络方法也可以用于非线性降维,这一部分将在非监督学习中进行介绍。

4.1.3 回归

回归是使用数学或黑盒机器学习模型来估计两组变量之间的函数关系。与之前讨论的机器学习问题(聚类和降维)不同的是,回归问题有两个空间:一个是因变量空间,另一个是自变量空间。自变量是模型的输入,因变量是模型的输出。模型输入有时也称为特征或属性。鉴于求解问题的不同,回归也称为插值、外推、函数近似、预测或建模。图 4.5 是一个回归的例子,用于估计输入(自变量)x 和输出(因变量)y 之间的函数关系。在该图中,使用了一个线性模型(实线表示)和一个非线性模型(虚线表示),均用于两个变量之间真实函数的估计。然而,在没有真值的情况下,很难判断对于给定数据来说,是采用线性模型还是非线

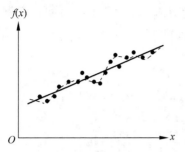

图 4.5 回归问题示例：对于给定数据表述自变量 x 和因变量 y 之间的关系

性模型才能更好地估计真实函数，正如 G. Box 所说，"所有的模型都是错误的，但有一些模型是有用的。"[117] 由于机器学习模型的训练中需要平衡偏差和方差，因此上述观点特别正确。比如，在图 4.5 中，在训练样本上虽然非线性模型具有更小的偏差，但其在估值中也引入了更大的方差。

很多统计方法都用于了模型选择，比如交叉验证、Akaike 信息标准、贝叶斯信息标准和最小描述长度。最小描述长度可以看作是奥卡姆剃刀（Occam's Razor）的数学公式，即简约原则，意思是能够描述数据的最简单模型是最好的。需要注意的是，简约原则也适用于分类中的模型构建，具体将在下面讨论。

4.1.4 分类

给定一组训练数据，其观测值（或实例）的类别（标签）已知，分类的目的是用于区分一个新的观测值属于哪个类别（类或标签）。由于类数已知且每类数据都有给定的标签，故分类可以看作是一种聚类的监督形式。具有两类的分类问题称为二分类问题。相应地，多分类问题包含两个以上的类别。

多分类问题可看作是多个二分类问题，因此可以使用二分类方法对其进行求解，包括 One-vs-Rest 方法，其将多分类问题中的每一类拆分为一个二分类问题，以及 One-vs-One 方法将多分类问题中的每两类问题转换为一个二分类问题。然而，很多分类器可以直接求解多分类问题。

图 4.6 为二分类问题的示例。图 4.6(a) 中的数据可以使用线性超平面进行分割，称为线性可分；而图 4.6(b) 中的数据则只能使用非线性超平面进行分割；图 4.6(c) 是包含 3 个类的多分类问题。

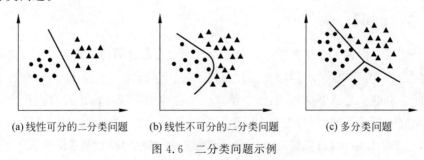

(a) 线性可分的二分类问题　　(b) 线性不可分的二分类问题　　(c) 多分类问题

图 4.6 二分类问题示例

除了和回归中类似的模型选择问题（这里是指超平面分割不同类的复杂性）之外，当数据类不平衡时,即训练集中每一类标签下的数据量不平衡时,训练分类器是很困难的。如图 4.6(c)所示,一个类中的训练数据数量要远少于另外两类,这种情况在故障检测和异常检测中是普遍存在的。为了解决不平衡分类问题,提出了很多策略[118],例如,通过对数据较少的类进行过采样来产生额外的人造数据,并且/或者通过对数据较多的类进行欠采样来降低其样本数。

4.2　机器学习模型

为了解决前面提及的问题,最常使用的方法是数据驱动的机器学习模型。本节将介绍8 种流行模型。

4.2.1　多项式回归模型

多项式回归(Polynomial Regression,PR)模型[119]是用于分析 n 维输入向量 $\boldsymbol{x}$ 与输出变量 y 之间关系的统计模型,即 $y = f(\boldsymbol{x})$。作为一种广泛使用的逼近方法,多项式回归模型具有不同的阶次。一阶和二阶多项式回归模型可写为

$$y = a_0 + \sum_{i=1}^{n} a_i x_i \tag{4.4}$$

$$y = a_0 + \sum_{i=1}^{n} a_i x_i + \sum_{i=1}^{n} \sum_{j=1}^{n} a_{ij} x_i x_j \tag{4.5}$$

其中,a_i 是需要估计的参数。我们可以将式(4.4)和式(4.5)写为

$$y = \boldsymbol{Z}\boldsymbol{a} \tag{4.6}$$

其中,$\boldsymbol{a}$ 是参数向量,n_c 维的 $\boldsymbol{Z}$ 是不同阶次的向量 $\boldsymbol{Z} = \{1, x_1, \cdots\}$。为了计算未知参数 $\boldsymbol{a}$,至少需要 n_c 个训练数据样本点,那么 $\boldsymbol{a}$ 可以按照下式进行计算:

$$\boldsymbol{a} = (\boldsymbol{Z}^{\mathrm{T}}\boldsymbol{Z})^{-1}\boldsymbol{Z}^{\mathrm{T}}y \tag{4.7}$$

可见,多项式回归模型的复杂性随阶数的增加而增加。一阶多项式回归模型中 $\boldsymbol{Z}$ 的维度是 $n+1$,而二阶多项式回归模型中 $\boldsymbol{Z}$ 的维度是 $C_n^2 + n + 1$。因此,越高阶次的多项式模型需要越多的训练数据点。

4.2.2　多层感知机

多层感知机(Multi-Layer Perceptron,MLP)是一种前馈神经网络[120],广泛用于求解分类和回归问题。一个最简单的多层感知机包含 3 层:输入层、隐层和输出层。注意,多层感知机可以具有多个隐层。在如图 4.7 所示的结构中,多层感知机的输出 y 可写作:

$$y = \sum_{i=1}^{H} v_i f(\mathrm{net}_i)$$

$$\text{net}_i = \sum_{j=1}^{n} w_{ij} x_j \tag{4.8}$$

其中，w_{ij} 和 v_i 是输入层和隐层的连接权重，$f(\text{net}_i)$ 是激活函数。为了能够处理 y 和 x 的非线性关系，隐层激活函数通常采用非线性函数。已有的激活函数可分为饱和非饱和函数，这取决于该函数是否有一个紧缩场。sigmoid 函数和 tanh 函数是两种饱和函数，其表达式如下：

$$f(x) = \frac{1}{1 + \mathrm{e}^{-x}} \tag{4.9}$$

$$f(x) = \frac{\mathrm{e}^x - \mathrm{e}^{-x}}{\mathrm{e}^x + \mathrm{e}^{-x}} \tag{4.10}$$

Softmax 函数是针对多分类（J 类）神经网络的 sigmoid 函数扩展版本，如下：

$$f_i(x) = \frac{\mathrm{e}^{x_i}}{\sum_{j=1}^{J} \mathrm{e}^{x_j}} \tag{4.11}$$

式(4.12)中的线性整流（Rectified Linear Unit，ReLU）函数是一个非饱和函数，与饱和激活函数相比，该方法有效地缓解了梯度消失问题。

$$f(x) = \max(0, x) \tag{4.12}$$

此外，leaky ReLU 和参数化的 ReLU 是 ReLU 函数的改进版本。最近，maxout 函数是一个通用的 ReLU 函数，表达式如下：

$$f_i(x) = \max x_i \tag{4.13}$$

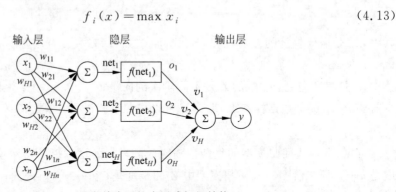

图 4.7　具有单隐层的多层感知机结构

需要注意的是，输出神经元也可以采用非线性激活函数，但输出神经元的线性激活函数已被证明有利于学习速度的提高。此外，直接增加输入和输出神经元之间的连接也有助于加快学习过程。

4.2.3　径向基函数网络

径向基函数网络（Radial Basis Function Network，RBFN）是另一种人工神经网络，一般为三层结构（输入层、隐层和输出层）[121]。径向基函数网络的激活函数使用的径向基函数为

$$\varphi_i(\boldsymbol{x}) = \varphi(\parallel \boldsymbol{x} - \boldsymbol{c} \parallel) \tag{4.14}$$

其中,$\boldsymbol{c}$ 是 $\varphi_i(\boldsymbol{x})$ 的中心,$|\boldsymbol{x}-\boldsymbol{c}|$ 是 $\boldsymbol{x}$ 和中心之间的距离。式(4.15)～式(4.17)中的高斯函数、反射的 sigmoid 函数以及多重二次函数已用于径向基函数网络中的距离度量。

$$\varphi(\boldsymbol{x}) = \exp\left(-\frac{\parallel \boldsymbol{x} - \boldsymbol{c} \parallel^2}{2\sigma^2}\right) \tag{4.15}$$

$$\varphi(\boldsymbol{x}) = \frac{1}{1 + \exp\left(\dfrac{\parallel \boldsymbol{x} - \boldsymbol{c} \parallel^2}{\sigma^2}\right)} \tag{4.16}$$

$$\varphi(\boldsymbol{x}) = \sqrt{\parallel \boldsymbol{x} - \boldsymbol{c} \parallel^2 + \sigma^2} \tag{4.17}$$

其中,σ 用于控制展度。

如图 4.8 所示,隐层包括 H 个径向基函数(神经元、节点)和偏差节点 b_0。因此,输出 y 可以按照下式计算。

$$y = w_0 b_0 + \sum_{i=1}^{H} w_i \varphi_i(\boldsymbol{x}) \tag{4.18}$$

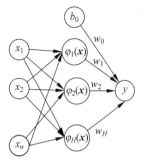

图 4.8　径向基函数网络结构示意图

其中,w_i 是权重。为了训练一个径向基函数网络,参数 $\boldsymbol{c}$、σ 和 $\boldsymbol{w}$ 可以通过对 d 个训练数据 $\mathcal{D} = (x_k^d, y_k^d)$ 进行监督学习获得。或者中心 $\boldsymbol{c}$ 和展度 σ 可以提前定义。通常,可以对训练数据聚成 H 类,然后使用类中心作为径向基函数的中心,并根据聚类中心之间的距离来确定展度。然后,权重 $\boldsymbol{w}$ 可以通过最小二乘法进行估计获得[121]。

4.2.4　支持向量机

支持向量机(Support Vector Machine,SVM)是经典的统计机器学习模型,通过定义一个 $n-1$ 维超平面对 n 维有标签的数据 $\boldsymbol{x}$ 进行分类[122]。一般会有很多超平面可以区分两类,但最好的超平面具有最大几何间隔。

图 4.9 展示了一个分类问题上的线性支持向量机例子,其中方点表示正类样本($y=1$),圆点表示负类样本($y=-1$)。超平面可表示为

$$\boldsymbol{w}\boldsymbol{x} - \boldsymbol{b} = 0 \tag{4.19}$$

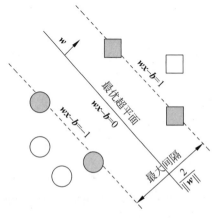

图 4.9　支持向量机的超平面示意图

其中,$\boldsymbol{w}$ 和 b 是超平面的法向量和截距。实际上,有两个边界 $\boldsymbol{w}\boldsymbol{x}-\boldsymbol{b}=1$ 和 $\boldsymbol{w}\boldsymbol{x}-\boldsymbol{b}=-1$,两者的几何间隔为 $\dfrac{2}{\parallel \boldsymbol{w} \parallel}$。为了计算 $\boldsymbol{w}$ 和 b,需要求解的优化

问题:

$$\begin{cases} \min \| \boldsymbol{w} \| \\ \text{s. t.} \quad y_i(\boldsymbol{w}x_i - \boldsymbol{b}) \geqslant 1 \\ 1 \leqslant i \leqslant d \end{cases} \tag{4.20}$$

其中,d 是训练样本数量。为了将支持向量机扩展到线性不可分的分类问题,可以定义合页(hinge)损失、逻辑损失和指数损失等损失函数。此外,原始的线性支持向量机可以通过引入核函数将训练数据映射到高维空间来处理非线性分类问题[123]。

4.2.5　高斯过程

高斯过程回归模型又称克里金模型[124-125],是一种受先验协方差控制的插值方法。假设随机变量服从联合正态分布,则高斯过程回归模型可写成:

$$y = \mu(\boldsymbol{x}) + \varepsilon(\boldsymbol{x}) \tag{4.21}$$

其中,$\mu(\boldsymbol{x})$ 是回归模型的全局趋势,$\varepsilon(\boldsymbol{x})$ 是偏差。为了从数据 $\mathcal{D} = (\boldsymbol{x}_k^d, y_k^d)$ 估计 $\mu(\boldsymbol{x})$ 和 $\varepsilon(\boldsymbol{x})$,可以通过最大似然估计来确定后验:

$$p(\theta \mid \boldsymbol{x}, y) = \frac{p(y \mid \boldsymbol{x}, \theta)p(\theta)}{p(y \mid \boldsymbol{x})} \tag{4.22}$$

其中,θ 是待优化的超参数。然后,对于一个新样本 $\boldsymbol{x}^*$,其 $\mu(\boldsymbol{x}^*)$ 和 $\varepsilon(\boldsymbol{x}^*)$ 可以通过推导得出:

$$\mu(\boldsymbol{x}^*) = k(\boldsymbol{x}^*, \boldsymbol{x})(\mathcal{K} + \sigma_n^2 \boldsymbol{I})^{-1}y \tag{4.23}$$

$$\varepsilon(\boldsymbol{x}^*) = k(\boldsymbol{x}^*, \boldsymbol{x}^*) - k(\boldsymbol{x}^*, \boldsymbol{x})(\mathcal{K} + \sigma_n^2 \boldsymbol{I})^{-1}k(\boldsymbol{x}, \boldsymbol{x}^*) \tag{4.24}$$

其中,函数 k 是协方差函数或核函数,$\mathcal{K}$ 是 d 个训练数据的核矩阵。许多常用的核函数如 RBF 核、指数核和有理二次核被应用于高斯过程回归模型中。

4.2.6　决策树

决策树已在决策过程表示中获得应用。此外,它还可以在监督学习中作为预测模型用于分类或回归任务[126]。

一个决策树有 3 类节点:根节点、决策节点和叶节点。图 4.10 给出了一个决策树的例子,用于预测一个人的健康状况,其中输入包括年龄、饮食习惯和运动习惯。根节点和决策节点将数据分成若干类用作叶节点。为了从训练数据中生成决策树,根节点和决策节点将基于一个度量(Gini 不纯度或信息增益或方差减少)进行分裂,直到满足停止准则[127]。广泛使用的停止标准包括最大深度和 MSE 减少阈值。ID3、C4.5 和分类回归树(Classification And Regression Tree,CART)[128]是 3 种广泛应用的决策树学习算法。

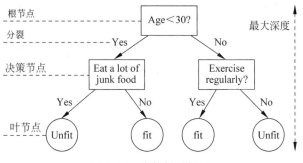

图 4.10 决策树示例图

4.2.7 模糊规则系统

模糊规则系统是在模糊集合基础上广泛用于表示人类可理解的知识[129]。与元素属于或不属于某个集合的明晰集合相比,模糊集合允许一个元素以隶属函数来表示属于某个集合的程度。如图 4.11 所示,对于一个表示人是"高"的集合,可以定义一个特征函数表示这个人是否是高的,而在模糊集合中,一个人可能属于人是"高"的模糊集合,其程度为 $0\sim1.0$。

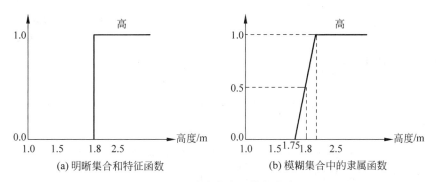

图 4.11 明晰集合和模糊集合

对于表示"高"的明晰集合,定义的是任何身高超过 1.8m 的人。因此,身高 1.75m 的人就不属于这个组。相比之下,对于表示"高"的模糊集合,定义一个隶属函数,对于身高为 1.75m 的人,他们以 0.5 的隶属度属于表示"高"的模糊集合,而对于身高高于 1.8m 的人,则其隶属度为 1.0。

模糊集合已用于定义人类推理中使用的语言术语。例如,表示温度的 hot、cold,表示年龄的 young、middle-aged 和 old。在这种情况下,温度和年龄称为语言变量[130]。语言变量由语言术语组成,语言术语由合成规则定义。语言术语是模糊子集,每个术语由语义规则作为模糊隶属函数来定义。这些模糊子集由论域的模糊划分组成,可取到语言变量所能取的所有可能值。图 4.12 是定义语言变量"年龄"的例子。

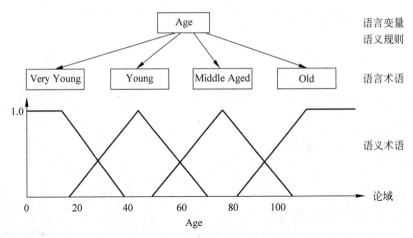

图 4.12 语言变量"年龄"定义

语言变量可使用模糊 IF-THEN 规则用于表示人类专家知识。例如,

$$\text{IF Age is Young, THEN risk is Low} \tag{4.25}$$

在上述模糊规则中,Age 和 risk 都是语言变量,Young 和 Low 是通过模糊隶属函数定义的语言项。

模糊规则系统在代表人类专家知识方面已取得了很大的成功,特别是在控制系统中[131],已对两种主要类型的模糊规则展开了研究,一种称为 Mamdani 规则,在该规则中规则前提和结果均使用模糊变量:

$$\text{IF } x \text{ is } A, \quad y \text{ is } B$$

相反,TSK(Takagi-Sugeno-Kang)规则在规则的结果部分使用明晰的表达式:

$$\text{IF } x \text{ is } A, \quad y = f(x)$$

如果 $f(x) = c$ 是常数,则 TSK 规则称为零阶规则,如果 $f(x) = a_0 + a_1 x$,则其称为一阶 TSK 规则,如果其结果部分是一个动态系统,即 $\dot{x} = f(x)$,则称为模糊动态系统。

模糊规则系统可以作为通用机器学习模用于回归和分类。与人工神经网络相比,模糊系统被认为比神经网络更容易被人类用户理解。例如,一个包含了 n 个前提和 N 个模糊规则的 TSK 模糊系统:

$$R^j: \text{IF } x_1 \text{ is } A_1^j(x_1) \text{ AND } x_2 \text{ is } A_2^j(x_2) \text{ AND } \cdots, \text{AND } x_n \text{ is } A_n^j(x_n),$$

$$\text{THEN } y^j = a_0^j + a_1^j x_1 + \cdots + a_n^j x_n$$

其中,$A_i^j(x_i)$ 是 x_i 的第 j 个模糊隶属度函数。TSK 模糊规则的最终输出为

$$y = \frac{\sum_{i=1}^{N} w^j y^j}{\sum_{i=1}^{N} w^j} \tag{4.26}$$

$$w^j = \prod_{j=1}^{n} A_i^j(x_i) \tag{4.27}$$

其中,w^j 是规则 R^j 的权重,$\prod(\cdot)$ 是模糊 AND 的概率模糊交集算子。如果应用 Zadeh 模糊交集,那么可以得到

$$w^j = \min\{A_i^j(x_i)\} \tag{4.28}$$

已经表明,如果使用高斯函数作为隶属函数,零阶 TSK 模糊规则系统在数学上等同于 RBFN[132]。

虽然早期模糊系统的隶属函数是启发式确定的,但数据驱动的模糊系统在 20 世纪 90 年代受到广泛关注。当学习算法(例如,基于梯度的方法)用于训练模糊隶属函数和模糊规则中的结果时,被称为神经模糊系统。虽然数据驱动的模糊系统更加灵活和强大,但其可能会丢失规则的可解释性。在这种情况下,就非常有必要提高模糊规则的可解释性[133-134]。

4.2.8 集成模型

单个机器学习模型受偏差-方差平衡的影响,即偏差越小(即模型在训练数据上越准确),在未见过的数据上预测的方差越大(即模型越有可能会过拟合),而且不可能同时最小化偏差和方差。然而,已经表明,若能产生一组准确且多样的基学习器,则可解决偏差-方差的平衡问题。图 4.13 举例说明了一个由 3 个基学习器组成的机器学习集成模型,决策组件通常通过平均或多数投票来确定最终输出。通常,集成的最终输出可以是简单的平均或加权平均,或者是所有基学习器的多数投票。

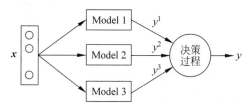

图 4.13　由 3 个基本学习器组成的集成模型

构建机器学习集成最重要的挑战是构建多个准确且多样的基学习器。最流行的生成基学习器的方法如下:

(1) 统计方法。一个基本的想法是通过对原始数据集 D 有放回的抽样来生成多个数据集 $D_1, D_2, \cdots, D_m$。这样,可以使用 m 个数据集来训练 m 个模型 $M_1(\boldsymbol{x}), M_2(\boldsymbol{x}), \cdots, M_m(\boldsymbol{x})$。最终的输出通常是平均值,即

$$M(\boldsymbol{x}) = \frac{1}{m} \sum_{i=1}^{m} M_i(\boldsymbol{x})$$

其通常称为 bootstrap aggregating 或 bagging。bagging 的一种变种称为 boosting,其中基学习器是按顺序构建的,而不是像 bagging 那样并行构建。顺序训练每个基学习器的一个

好处是可以突出现有基学习器运行不佳的训练实例,即所谓的弱学习器。最流行的 bagging 方法是 AdaBoost(Adaptive Boosting)。需要注意的是,AdaBoost 可能对噪声和异常值很敏感。

(2)不同的初始化和学习算法。由于基于梯度的学习算法往往依赖于初始模型,所以不同的初始化会导致获得不同的最终模型。换句话说,使用不同的学习算法可能能获得差别不大的模型。

(3)负相关性。提高多样性的一种想法是显式地提升基学习器的输出之间的负相关性。对于 m 个基学习器 $M_i(\boldsymbol{x})$,$i = 1, 2, \cdots, m$,提升负相关性的损失函数可写成:

$$J = E + \lambda C \tag{4.29}$$

$$C = (M_i(\boldsymbol{x}) - M(\boldsymbol{x})) \sum_{j \neq i} (M_j(\boldsymbol{x}) - M(\boldsymbol{x})) \tag{4.30}$$

其中,E 是误差函数;C 用于惩罚基学习在给定输入下其输出的相关性,$0 \leqslant \lambda \leqslant 1$ 是超参数。

(4)结构多样性。基学习器的结构多样性可以通过使用多个相同类型的模型来获得,例如,具有不同层数或不同隐藏节点数的神经网络,可以使用不同类型的模型来获得,例如,神经网络、支持向量机和径向基函数网络,或者使用具有不同特征的模型来获得。例如,可以使用 boosting 来组合多个决策树以生成随机森林[135-136]。

4.3 学习算法

机器学习算法的不同之处在于它们使用的数据以及它们旨在解决的任务。一般来说,它们可以分为三大类,即监督学习、无监督学习和强化学习。然而,需要注意的是,这些学习算法假设它们有足够的训练数据并且数据满足一定的条件。目前已经有许多其他的学习方法,它们结合了不同的学习范式来解决学习中具有挑战性的问题,特别是对于训练数据缺乏、数据质量低以及数据的动态性等问题。

4.3.1 监督学习

监督学习是最流行的学习范式,训练数据包含输入和期望输出对。监督学习的目的是修改模型的参数,使模型的输出能够为给定输入学习到所期望的输出。这是通过最小化损失函数来实现的,损失函数是指所期望的输出和模型输出之间的差异值。给定 d 对训练数据 $(\boldsymbol{x}^{(i)}, y^{(i)})$,$i = 1, 2, \cdots, d$,其中 $\boldsymbol{x} = (x_1, x_2, \cdots, x_n)$,损失函数可以定义如下:

$$\text{minimize} \sum_{i=1}^{d} l(h(\boldsymbol{\theta}, \boldsymbol{x}^{(i)}), y^{(i)}) \tag{4.31}$$

其中,$h(\boldsymbol{\theta}, \boldsymbol{x})$ 是通用的机器学习模型,$\boldsymbol{\theta}$ 是参数向量,$l(\cdot)$ 是损失函数。从优化的角度来看,监督学习算法旨在求解式(4.31)中定义的最小化问题,其中模型参数 $\boldsymbol{\theta}$ 是其决策变量。

最广泛使用的损失函数是平方损失函数：

$$\text{minimize} \sum_{i=1}^{d} l(h(\boldsymbol{\theta}, \boldsymbol{x}^{(i)}), y^{(i)}) = \text{minimize} \sum_{i=1}^{d} (h(\boldsymbol{\theta}, \boldsymbol{x}^{(i)}) - y^{(i)})^2 \qquad (4.32)$$

除了平方损失函数之外，还可以使用绝对损失函数：

$$\text{minimize} \sum_{i=1}^{d} l(h(\boldsymbol{\theta}, \boldsymbol{x}^{(i)}), y^{(i)}) = \text{minimize} \sum_{i=1}^{d} |h(\boldsymbol{\theta}, \boldsymbol{x}^{(i)}) - y^{(i)}| \qquad (4.33)$$

可以应用 2.1.1 节中描述的基于梯度的方法来解决式(4.32)中的最小化问题，

$$\Delta \theta = -\alpha \nabla_{\theta} \sum_{i=1}^{d} l(h(\boldsymbol{\theta}, \boldsymbol{x}^{(i)}), y^{(i)}) \qquad (4.34)$$

其中，$\nabla_{\boldsymbol{\theta}l}(\cdot)$ 是 $l(\cdot)$ 关于 $\boldsymbol{\theta}$ 的微分。

例如，4.2.2 节中具有一个隐层的多层感知器可以使用基于梯度的方法来进行训练，这也称为误差反向传播[137]。给定 d 个有标记的数据 $\mathcal{D}=(x_k^*, y_k^*)$，权重 w_{ji} 和 v_i 可以通过最小化如下损失函数来进行更新：

$$l(\cdot) = \frac{1}{2} \sum_{k=1}^{d} (y_k - y_k^*)^2 \qquad (4.35)$$

其中，y_k 是神经网络输入 x_k^* 的输出。然后权重 w_{ji} 和 v_i 的变化为

$$\Delta v_i = -\xi \frac{\partial l(\cdot)}{\partial y_k} \frac{\partial y_k}{\partial v_i} = -\xi \sum_{k=1}^{d} (y_k - y_k^*) f(\text{net}_i) \qquad (4.36)$$

$$\Delta w_{ij} = -\eta \frac{\partial l(\cdot)}{\partial y_k} \frac{\partial y_k}{\partial w_{ij}} = -\eta \sum_{k=1}^{d} (y_k - y_k^*) v_i f'(\text{net}_i) x_j^* \qquad (4.37)$$

其中，ξ 和 η 是学习率。上述基于梯度的方法称为基于批梯度的方法，它极有可能收敛到局部最小值。在实践中，更常用的是基于随机梯度下降的方法（Stochastic Gradient Descent，SGD），该方法根据逐个样本来更新权重。因此，式(4.36)和式(4.37)可以改写为

$$\Delta v_i(k) = -\xi \frac{\partial l(\cdot)}{\partial y_k} \frac{\partial y_k}{\partial v_i} = -\xi (y_k - y_k^*) f(\text{net}_i), \quad k = 1, 2, \cdots, d \qquad (4.38)$$

$$\Delta w_{ij}(k) = -\eta \frac{\partial l(\cdot)}{\partial y_k} \frac{\partial y_k}{\partial w_{ij}} = -\eta (y_k - y_k^*) v_i f'(\text{net}_i) x_j^*, \quad k = 1, 2, \cdots, d \qquad (4.39)$$

尽管 SGD 通常比基于批量梯度的方法收敛得更快，但是当数据量非常大时，在学习中它可能会遇到不稳定的问题。在这种情况下，可以使用所谓的小批量 SGD，其中批量大小为 $d' < d$ 的实例是从每个 epoch 的训练数据中随机选择的。

目前已经提出了大量基于梯度方法的变种，例如，在 SGD 中添加动量在加速稳定收敛的同时减少振荡。此外，还提出了许多用于调整学习率和动量项超参数[138]的想法。

4.3.2　无监督学习

无监督学习是基于人工神经网络进行降维和特征提取的一类学习算法。与监督学习相

反,无监督学习不需要外部教师信号。相反,神经网络接收大量不同的输入模式,并在学习过程中发现模式中的重要特征。

1. Hebbian 学习

Hebbian 学习可能是第一个无监督学习算法,其受计算神经科学发现的启发,被称为 Hebbian 定律。它指出,对于两个相连的神经元(i 和 j),如果神经元 i 足够接近以激活神经元 j 并且重复参与其激活过程,则这两个神经元之间的突触连接将获得加强,神经元 j 对来自神经元 i 的刺激(输入信号)会变得更加敏感。如果连接两侧的两个神经元被同步激活,则该连接的权重会增加。相反,如果连接两侧的两个神经元异步激活,则该连接的权重会降低。在数学上,Hebbian 法则可以表示为

$$\Delta w_{ij}(t) = \alpha y_j(t) x_i(t) \tag{4.40}$$

其中,α 是学习率,$x_i(t)$ 和 $y_j(t)$ 分别是两个连接的神经元在 t 时刻的神经元活动。可以加入遗忘因子使 Hebbian 学习更稳定:

$$\Delta w_{ij}(t) = \alpha y_j(t) x_i(t) - \phi y_j(t) w_{ij}(t) \tag{4.41}$$

其中,ϕ 是遗忘因子。

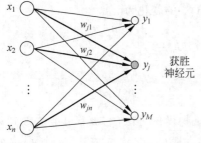

图 4.14 Winner-takes-all 竞争学习

2. 竞争学习

在竞争学习中,神经网络的输出竞相激活,在竞争中获胜的被称为 Winner-takes-all 神经元。神经网络由一个输入层和一个竞争层组成,输入神经元的数量等于数据的维度,而输出神经元的数量等于每个数据要分配到的聚类数。输入权重与输入向量的欧氏距离最短的输出神经元是获胜神经元,且只有获胜节点的输入权重才会被更新。如图 4.14 所示,对于 n 维数据,如果聚类数设为 M,那么任意数据点 x 到第 j 个神经元的权重向量 $w_j = (w_{j1}, w_{j2}, \cdots, w_{jn})$,$j = 1, 2, \cdots, M$ 的欧氏距离可计算如下:

$$d_j = \sqrt{\sum_{i=1}^{n} (x_i - w_{ji})^2}, \quad j = 1, 2, \cdots, M \tag{4.42}$$

具有最短距离 d_j 的神经元 j 是获胜者,相连的所有权重会被更新为

$$\Delta w_{ji} = \eta(x_i - w_{ji}), \quad i = 1, 2, \cdots, d \tag{4.43}$$

其中,η 是学习率。

需要注意的是,式(4.42)中使用了欧氏距离。然而,也可以使用其他距离度量,这样竞争学习也可以用于不同的数据类型。

3. 自组织映射图

在竞争学习中,只有获胜神经元的传入权重才会更新。相比之下,自组织映射图(Self-Organizing Map,SOM)则包含竞争、合作和适应。通过这种方式,SOM 可以将给定的数据

在保留其拓扑结构的情况下转换到一维或二维空间,使其成为高维数据可视化的有力工具。

SOM 同样由两层组成,通常情况下,输出神经元在二维空间中进行排列,如图 4.15 所示。与竞争学习类似,输入神经元的数量等于特征的数量,而输出神经元的数量是用户定义的。输入层和输出层是全连接的。

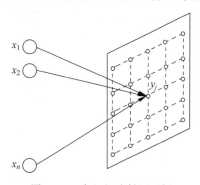

图 4.15　自组织映射图示例

给定输入数据 $\boldsymbol{x} = [x_1, x_2, \cdots, x_n]^{\mathrm{T}}$ 和连接第 j 个输出神经元的权重向量 $\boldsymbol{w}_j = [w_{j1}, w_{j2}, \cdots, w_{jn}]^{\mathrm{T}}, j = 1, 2, \cdots, L$,其中 L 是输出神经元个数。初始化权重后,SOM 的训练由 3 个主要步骤组成。

（1）竞争。根据以下标准确定获胜神经元,这类似于竞争学习:

$$\underset{j}{\arg\min} \| \boldsymbol{x} - \boldsymbol{w}_j \|, \quad j = 1, 2, \cdots, L \tag{4.44}$$

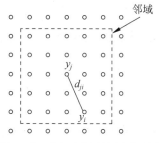

图 4.16　自组织映射图中邻域的
定义和距离函数

（2）合作。SOM 和竞争学习的主要区别在于合作步骤,它指定了获胜神经元的空间邻域,该邻域中的所有神经元都被认为是兴奋的,且将参与第（3）步的权重自适应。请注意,拓扑邻域与获胜神经元对称,并且它的大小随着学习迭代而缩小,如图 4.16 所示。此外,当被激发的神经元与获胜神经元之间的距离较大时,权重更新的强度就会变弱,这里的距离是由下一步中的距离函数定义的。

（3）权重自适应。所有兴奋的神经元按如下方式调整其权重:

$$\Delta \boldsymbol{w}_i = \eta h_{ji} (\boldsymbol{x} - \boldsymbol{w}_i) \tag{4.45}$$

其中,i 是任何兴奋神经元的索引,h_{ji} 是邻域函数,一般情况下使用高斯函数:

$$h_{ji} = \mathrm{e}^{-\frac{d_{ji}^2}{2\sigma^2}} \tag{4.46}$$

其中,d_{ji} 是兴奋神经元 i 和获胜神经元 j 位置之间的欧氏距离,如图 4.16 所示。

注意,通常学习率 η 在学习迭代中线性下降。

4.3.3　强化学习

强化学习（Reinforcement Learning, RL）不同于监督学习和无监督学习[139]。强化学习与无监督学习的不同之处在于它的任务不是找出输入数据中的结构。与监督学习类似,强化学习涉及两个空间:一个（输入空间）是环境状态,另一个（输出空间）是动作或决策。然而,与监督学习不同的是,对于给定状态,强化学习没有期望的动作（教师信号）,因此,无法对其进行直接的纠正(错误)。替代教师信号的是来自环境的反馈,称为奖励,它反映了动作是否有利于实现特定目标。强化学习通过与外部环境互动并从经验中学习来学习如何成功地实现目标。

强化的基本思想起源于控制理论,特别是最优控制和动态规划以及心理学,例如,经典条件反射和操作性条件反射,以及后来的神经科学(例如大脑中的多巴胺系统)。

从数学上讲,强化学习任务可以由 4 个元素描述:状态集合 $\mathcal{S}$,动作集合 $\mathcal{A}$,转移模型 $T(s,a,s')=P(s'\mid s,a)$ 定义了动作 $a\in\mathcal{A}$,使得状态 s 到 $s'(s,s'\in\mathcal{S})$ 的转移概率,在状态 s 采取动作 a 之后的期待回报为 $R(s,a)=\sum_{s'}T(s,a,s')r(s,a,s')$。强化学习面对的挑战是我们不了解环境,即转换函数 $T(s,a,s')$ 通常是未知的。

解决上述问题的一般有两种方法:一种是基于模型的方法,其目的是学习一个模型并使用它来推导最优策略;另一种是无模型的方法,它在无需学习模型的情况下推导出最优策略,例如,Q-学习。强化学习中的其他挑战包括奖励可能会延迟或随机,并且环境可能无法完全观察到。

强化学习在控制和游戏方面有着广泛的应用。它也可以作为求解优化问题(如神经架构搜索)的工具。

4.3.4　高阶学习算法

除了上面讨论的 3 类基本机器学习技术之外,还提出了许多其他学习技术来应对不同的挑战,包括主动学习、半监督学习、多任务学习和迁移学习。这些技术中大多数旨在解决有标记数据缺乏的问题,这是机器学习中的主要挑战,因为数据收集(特别是有标记数据的收集)是昂贵的。这一挑战也与数据驱动的优化特别相关,即可在仅有少量数据的情况下实现优化。

1. 主动学习

主动学习旨在训练监督学习模型时对需要收集或标记的数据进行优先级排序,如图 4.17 所示。主动学习的主要目的是用尽可能少的数据获得高度准确的模型。一个想法是查询模型预测最不确定的数据点,因此重要的是需要有一种方法可用于估计给定数据的模型估值不确定度。这可以通过委员会查询(一般的模型集成)、使用概率模型(例如高斯过程)或通过计算与现有标记数据的距离来实现。另一种方法是不确定度采样,它可以帮助识别当前模型中靠近决策边界的未标记数据点。通常使用 3 种方法,包括最小置信度[140]、最小边距[141]和基于最大熵的采样[142]。

2. 半监督学习

半监督学习是解决标记数据缺少问题的另一种方法。与主动学习不同,半监督学习不添加新的标记数据;它旨在使用未标记数据的信息,并从选定的未标记数据子集中产生合

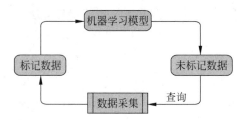

图 4.17　主动学习主要部分

成标记数据。所以现在的关键问题是,现有模型是否能可靠地预测未标记数据以及哪些未标记数据可以添加到标记数据中以提高学习性能。下面列出了一些半监督学习的主要方法。

(1) 协同训练、三训练和多训练。假设同一数据可从两个不同的、理想上独立的视角来观测,在每个视角上都存在少量标记数据以及大量未标记数据。然后,从每个视角训练一个独立的分类器,使用具有最可信预测值的无标记数据来训练另一个分类器[143]。存在两个不同视角的假设可能仅适用于某些特定数据,例如图像数据。有趣的是,可以不考虑这个假设,而且很多工作已经表明训练一个多样且准确的组合(由两个或多个基学习器组成)也可以用于选择未标记数据来扩展标记数据[144-145]。基于协同训练的半监督学习示意图如图 4.18 所示。

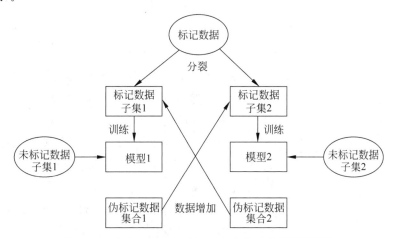

图 4.18　半监督学习和采用两个基学习器的协同训练

(2) 基于连续性的方法。另一类半监督学习基于以下假设:标记数据和未标记数据之间的分布存在某种关系。这些关系包括连续性、邻域性、连通性或流形。目前已提出的方法包括贝叶斯模型、支持向量机以及基于图的方法等。

3. 多任务学习与迁移学习

多任务机器学习是机器学习的一个子领域,通过同时学习多个相关任务来提高数据缺乏情况下的学习性能。如图 4.19(a)所示,通常不同的学习任务是分开完成的。最简单的多任务学习形式如图 4.19(b)所示,其中不同任务的数据在训练不同模型时共享。图 4.19(c)

说明了多任务学习的更通用形式,其中有共享层和特定任务层。

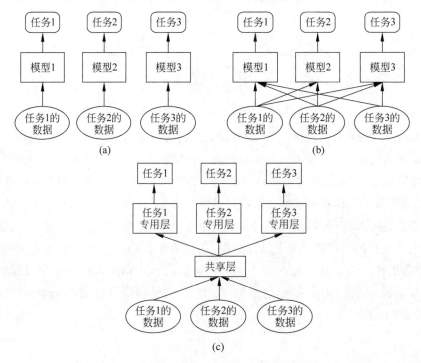

图 4.19　单任务学习与多任务学习对比图

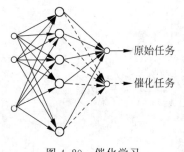

图 4.20　催化学习

理论上,同时学习多个任务可以提高在所有任务上的学习性能。然而,人们可以利用多任务学习来辅助提高训练数据很少时的任务学习。例如,在文献[146]中,催化任务是艰巨任务的一种近似,其用于加速原始任务的训练,如图 4.20 所示,其中虚线表示输出神经元连接对近似原始任务的学习。

多任务学习可以被视为重利用其他相关任务知识的一种早期形式以及一种更通用的机器学习类型,即迁移学习。在迁移学习中,有一个源任务和一个目标任务。在监督迁移学习中,假设源任务有大量的标记数据,而目标任务只有有限的标记数据。此外,还假设来自源任务的知识能够提高目标任务的学习性能,即使源任务和目标任务具有不同的域,即不同的特征空间和/或不同的标签空间。知识迁移的主要思想总结如下[147]:

(1) 实例迁移。在这种情况下,知识通过数据进行传输。如果源任务和目标任务具有相同的域,那么源任务的部分数据可以直接复用,这和多任务学习相似。如果源任务和目标任务具有不同的域,则在产生合成数据以扩充目标任务的数据之前,通过潜在空间进行域的自适应就变得至关重要。

（2）特征表示迁移。该方法旨在通过识别源域中的有用特征表示并将其复用于目标域来提高目标任务的学习性能。

（3）参数迁移。在这种方法中，为源任务训练的模型参数可以直接在目标任务的模型中重新使用。可以重用的模型参数包括超参数和权重。与随机模型初始化相比，这种权重转移/共享可以显著地加速学习并减少训练时间。

除了半监督学习、多任务学习和迁移学习之外，弱监督学习在机器学习中也受到越来越多的关注，它对标签存在不确定性或错误的数据（常见于通过众包收集的数据）非常有用。

4.4 多目标机器学习

尽管机器学习问题本质上是多目标优化问题，但其在机器学习领域却一直被视为单目标优化问题[148,95]，这几乎适用于所有的机器学习问题，包括聚类、特征选择和特征提取、正则化、模型选择、稀疏学习、神经结构优化和可解释的机器学习。在接下来的部分中，我们将定义多目标机器学习的 Pareto 方法，然后从多目标优化的角度给出一些处理机器学习问题的示例。

4.4.1 单目标与多目标学习

模型选择是机器学习的基本问题，而 Akaike 信息准则（Akaike's Information Criterion, AIC）是使用最广泛的准则之一。数学上，AIC 定义如下：

$$\text{AIC} = -2\log(L(\theta \mid y, g)) + 2K \tag{4.47}$$

其中，$L(\theta \mid y, g)$ 是函数 g 极大化似然，θ 是模型参数，y 是给定的数据，K 是有效参数个数。在模型选择中，应该最小化 AIC，这意味着应该最大化似然参数并且最小化自由参数的数量。尽管这些项可以被聚合成标量损失函数，但实际上似然参数最大化和有效模型参数最小化是相互矛盾、无法同时最优化的两个目标。

考虑以下神经网络正则化问题，它可以看作是 AIC 的一个特例：

$$\min J = E + \lambda \Omega \tag{4.48}$$

其中，E 是在训练数据上的误差，Ω 是模型复杂度，λ 是一个超参。通常 Ω 可以是神经网络权重平方的总和，用于惩罚过于复杂的模型：

$$\Omega = \sum_{i=1}^{M} \theta_i^2 \tag{4.49}$$

其中，θ_i 是神经网络的权重，M 是该网络权重总数。通过使用超参数，将训练误差最小化和模型复杂度最小化这两个目标转化为单个目标。然而，确定 λ 是非常重要的，因为过小的 λ 可能无法解决过拟合问题，而过大的 λ 可能会导致网络欠拟合。

从多目标优化的角度来看，上述正则化问题可以表述为如下两目标优化问题：

$$\min \{f_1, f_2\} \tag{4.50}$$

$$f_1 = E \tag{4.51}$$

$$f_2 = \Omega \tag{4.52}$$

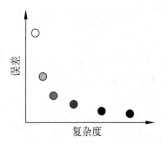

图 4.21　多目标神经网络正则化

神经网络正则化问题的单目标公式(4.49)和多目标公式(4.50)的主要区别在于后者不需要超参数,而且能获得用于平衡训练错误和模型复杂性的多个神经网络模型,如图 4.21 所示,其中多目标神经网络正则化将获得在复杂性和准确性之间进行权衡的多个模型。

如文献[95]所示,神经网络正则化的多目标方法可以为神经网络训练提供一些新的见解。

(1) 首先,已经表明简单的网络模型是可解释的,这是因为可以从模型中提取可理解的符号规则。例如,图 4.22 给出了在 Iris 数据集上的两个最简单网络,其由神经网络进化多目标结构优化得到。Iris 数据共包含 150 个样本,其中 120 个用于训练。每个数据有 4 个属性,分别是萼片长度(x_1)、萼片宽度(x_2)、花瓣长度(x_3)和花瓣宽度(x_4),以及 3 个类,分别是 Iris-Setosa(y_1)、Iris-Versicolor(y_2)和 Iris-Virginica(y_3)。最简单的神经网络只使用第三个属性(y_3),如图 4.22(a)所示。从这个网络中,可以提取出以下规则:

$$R_1: \text{If } x_3 < 2.2, \quad \text{then Iris-Setosa} \tag{4.53}$$

第二个最简单的神经网络绘制如图 4.22(b)所示。该网络选择了 x_3 和 x_4 这两个特征,然而,连接到 x_4 的权重比连接到 x_3 的权重小得多。为此,提取出以下 3 个规则:

$$R_1: \text{If } x_3 < 2.2 \text{ and } x_4 < 1.0, \quad \text{then Iris-Setosa} \tag{4.54}$$

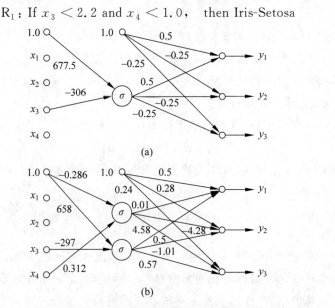

图 4.22　使用进化多目标结构优化获得的两个最简单的神经网络

$$R_2: \text{If } x_3 > 2.2 \text{ and } x_4 < 1.4, \quad \text{then Iris-Versicolor} \tag{4.55}$$

$$R_3: \text{If } x_4 < 1.8, \quad \text{then Iris-Virginica} \tag{4.56}$$

抽取的规则可以通过图 4.23 绘制的数据得到验证,具体详细分析见参考文献[95]。

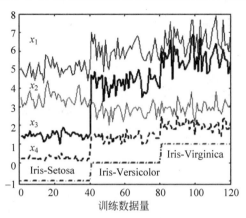

图 4.23　Iris 数据和相应的类标签

(2) 神经网络正则化的多目标方法有利于模型选择,在 Pareto 前沿面上靠近拐点的模型可以很好地实现泛化。

(3) 多目标结构优化为识别不同结构的基学习器提供了有效的手段,从而产生了各种准确的集成模型。

4.4.2　多目标聚类、特征选择和特征提取

已表明基于 Pareto 的多目标聚类有助于确定聚类的数量[149]。这里的两个目标分别是类内紧凑性(由整体聚类偏差描述)以及聚类连通性(由相邻数据点聚为同一类的程度表示)。另外,已经发现拐点解可能能够自动识别最佳类数。

同样,特征选择也可以通过多目标优化方法来处理,其中两个目标分别是性能最大化和特征数量最小化[150]。最后,图像特征的提取也可以表述为一个多目标优化问题[151]。两个目标分别是类内特征方差的最小化和类间特征方差的最大化。例如,在图 4.24 中,可以使用轨迹变换[152]从图像中提取二维特征。对于原始图 A 的旋转、缩放或平移图像,可以提取略有不同的特征 $\boldsymbol{x}_1^{\mathrm{A}}$、$\boldsymbol{x}_2^{\mathrm{A}}$ 和 $\boldsymbol{x}_3^{\mathrm{A}}$。同样,基于原始图 B 也可得到 $\boldsymbol{x}_1^{\mathrm{B}}$、$\boldsymbol{x}_2^{\mathrm{B}}$ 和 $\boldsymbol{x}_3^{\mathrm{B}}$。随后,定义以下两目标优化问题:

$$\min \{f_1, f_2\} \tag{4.57}$$

$$f_1 = s_w \tag{4.58}$$

$$f_2 = \frac{1}{s_b + \varepsilon} \tag{4.59}$$

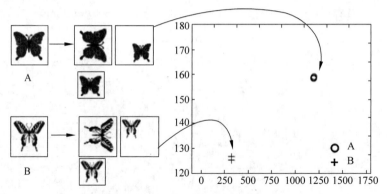

图 4.24　类内和类间特征方差

其中，

$$s_w = \sum_{i=1}^{3} \| \boldsymbol{x}_i^{\mathrm{A}} - \mu^{\mathrm{A}} \| \tag{4.60}$$

$$s_b = \| \mu^{\mathrm{A}} - \mu^{\mathrm{B}} \| \tag{4.61}$$

$$\mu^{\mathrm{A}} = \frac{1}{3} \sum_{i=1}^{3} \boldsymbol{x}_i^{\mathrm{A}} \tag{4.62}$$

$$\mu^{\mathrm{B}} = \frac{1}{3} \sum_{i=1}^{3} \boldsymbol{x}_i^{\mathrm{B}} \tag{4.63}$$

其中，$\varepsilon > 0$ 是一个很小的常数。这样，可以从图像中提取多个 Pareto 最优特征，这有助于提高分类性能[153]。

4.4.3　多目标集成模型生成

集成模型生成涉及两个目标，即基学习器的准确性和基学习器之间的不同性。因此，一个很自然的想法是使用多目标方法来实现集成模型生成[154]。这里主要关注以下两个问题：

（1）使用的目标。可以考虑使用不同的目标，例如，准确性与不同性、不同的损失函数、准确性与复杂性。此外，还可以采用准确性、复杂性和不同性性作为 3 个目标。

（2）基学习器的选择。多目标方法会获得多个权衡模型，但只选择其中部分模型用于集成模型的构建。人们可以选择最准确的模型，或选择准确性优于给定阈值的模型，或选择具有较大不同度的模型，以及选择那些靠近 Pareto 前沿面拐点的模型[155]。

4.5　深度学习模型

深度学习是机器学习的一个领域，自 2010 年以来为人工智能的巨大成功做出了贡献。

然而,从概念上讲,深度学习是一类基于具有多个隐层的人工神经网络的机器学习方法,它的成功很大程度上归功于强算力和大数据的可用性。在技术上,提出了许多新的模型和更强大的学习算法,使得深度学习能够解决广泛的科学和技术问题,例如,复杂的游戏玩法(如AlphaGo)、自然语言处理、蛋白质折叠、自动驾驶等。

下面简单介绍几个广泛使用的深度学习模型。

4.5.1 卷积神经网络

最流行的深度学习模型是卷积神经网络(Convolutional Neural Network,CNN)及其变种。CNN 是一个前馈神经网络,包含卷积单元、池化层和全连接层。卷积层由内核大小、步长和零填充定义,实现从输入(例如,图像)到抽象表示的转换。池化层旨在减少表示的维度,典型的池化方法包括平均池化、最大池化和随机池化。卷积和池化合在一起可以看作是一个自动特征提取过程,提取的特征随后通过一个全连接层对其进行分类。因此,CNN 的分类性能更多地取决于卷积层和池化层。图 4.25 绘制了一个 CNN 的说明性示例。广泛使用的 CNN 变种包括 AlexNet、VGGNet[363]、ResNet[364] 和 U-Net。

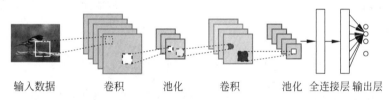

输入数据 卷积 池化 卷积 池化 全连接层 输出层

图 4.25 包含两个卷积层、两个池化层和两个全连接层的 CNN 示例

4.5.2 长短期记忆网络

长短期记忆(Long Short-Term Memory,LSTM)网络是循环神经网络的一种变体,不同之处在于隐层中的神经元被记忆块取代。一个常见的 LSTM 单元由单元状态、输入门、遗忘门和输出门组成。单元状态代表 LSTM 网络的记忆,并通过忘记旧记忆(遗忘门)和添加新记忆(输入门)而发生变化。输入门从前一时刻的输出和当前时刻的输入中接收激活信号,一般使用 sigmoid 激活函数。遗忘门基于输入和当前状态使用 sigmoid 函数计算 $0\sim1$ 的值,根据其接近于 0 的值决定应该忘记哪些信息。最后,输出门根据条件决定从内存中输出的结果。图 4.26 给出了一个 LSTM 单元的例子,其中 C_{t-1} 是前一个单元的记忆;x_t 是输入;h_{t-1} 是前一个块的输出;σ 是 sigmoid 函数;th 是双曲正切函数。

顾名思义,LSTM 网络能够处理长期依赖关系并避免梯度消失或爆炸问题。由于它们具有循环连接,因此 LSTM 网络非常适合时间序列、语音或包含时间信息的视频数据分析。

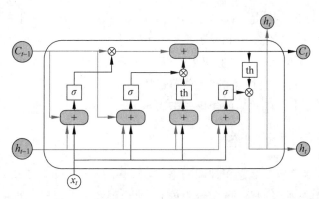

图 4.26 LSTM 单元

4.5.3 自关联神经网络和自编码器

4.1.2 节简要介绍了 PCA 降维技术。但 PCA 主要捕捉的是线性相关性,当属性或特征之间存在非线性相关性时,PCA 的效果并不好。自关联神经网络[156-157]是作为非线性 PCA 而提出的,它是一种前馈神经网络,其隐层称为瓶颈层,输出层旨在学习输入信号,如图 4.27 所示。

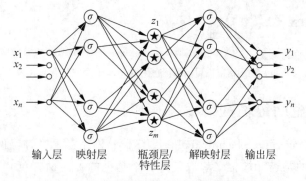

图 4.27 用于非线性 PCA 的自关联神经网络

当瓶颈层(m)的神经元数量小于数据维度(n)时,自关联神经网络可通过最小化以下损失(误差)函数实现非线性降维:

$$E = \sum_{j=1}^{d} \sum_{i=1}^{n} (x_i^{(j)} - y_i^{(j)})^2 \qquad (4.64)$$

其中,d 是训练自关联神经网络的数据对个数,$\boldsymbol{x}$ 和 $\boldsymbol{y}$ 是 n 维向量,并且

$$z_j = \sum_{k=1}^{T^{(1)}} v_{jk}^{(1)} \sigma \left(\sum_{i=1}^{n} w_{ik}^{(1)} x_i + b_j^{(1)} \right), \quad j = 1, 2, \cdots, m \qquad (4.65)$$

$$y_l = \sum_{p=1}^{T^{(2)}} v_{lp}^{(2)} \sigma \left(\sum_{p=1}^{m} w_{jp}^{(2)} z_p + b_l^{(2)} \right), \quad l = 1, 2, \cdots, n \qquad (4.66)$$

其中,$T^{(1)}$ 和 $T^{(2)}$ 分别是映射层和解映射层的隐藏节点个数,$\boldsymbol{b}^{(1)}$ 和 $\boldsymbol{b}^{(2)}$ 是层的阈值向量,$\sigma(\,\cdot\,)$ 是 sigmoid 函数。

请注意,当 sigmoid 函数更改为线性函数时,自关联神经网络等同于 PCA。最近,自关联神经网络被更广泛地称为自编码器[158-159],特别是包含大量编码(映射)和解码(解映射)层的深度自编码器。此外,还提出了许多自动编码器变种,包括去噪自动编码器、稀疏自动编码器和收缩自动编码器[159]。

4.5.4 生成对抗网络

机器学习模型一般可以分为两类:一类称为判别模型,如回归模型、前馈神经网络、支持向量机和决策树;另一类称为生成模型,如混合高斯、贝叶斯神经网络和玻尔兹曼机。统计上,给定一组数据实例 X 和一组标签 Y,判别模型捕获条件概率 $p(Y|X)$,而生成模型在监督学习中捕获联合概率 $p(X,Y)$,或在无监督学习中仅有 $p(X)$。

生成对抗网络(Generative Adversarial Network,GAN)是最具影响力的深度学习模型之一,也是最成功的深度生成模型。它由生成器和判别器组成[160],其中生成器不断生成假样本试图欺骗判别器,而判别器则努力区分真假样本。生成器和鉴别器相互对抗训练,直到两者都得到改进,即生成器生成的样本不再能被鉴别器区分出来。理想情况下,生成器学习真实数据的概率分布,因此生成器生成的数据可以视为真实数据。GAN 流程如图 4.28 所示。

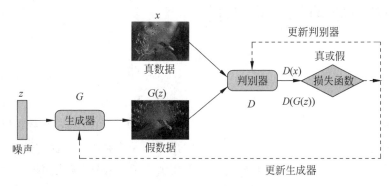

图 4.28　GAN 流程图

给定一组真实数据(训练数据)$\{x^{(1)},x^{(2)},\cdots,x^{(d)}\}$,以及原数据潜在空间中的随机噪声 $z,\{z^{(1)},z^{(2)},\cdots,z^{(d)}\}$ 用于训练 GAN 的损失函数定义如下:[160]

$$\min_{G}\ \max_{D} V(D,G) \tag{4.67}$$

其中,训练判别器的目标是最大化 $V(D,G)$,而生成器学习的目标是最小化判别器的奖励,或最大化判别器的损失。具体来说,损失函数为

$$V(G,D) = E_{x\sim p(x)}\big[\log D(x)\big] + E_{z\sim q(z)}\big[\log(1-D(G(z)))\big] \tag{4.68}$$

这样,判别器的参数 θ_D 可以通过梯度上升来进行更新:

$$\nabla_{\theta_D} \frac{1}{d} \sum_{i=1}^{d} \left[\log D(x^{(i)}) + E_{z \sim q(z)} \log(1 - D(G(z^{(d)}))) \right] \tag{4.69}$$

相似地,生成器的参数 θ_G 通过梯度下降来进行更新:

$$\nabla_{\theta_G} \frac{1}{d} \sum_{i=1}^{d} \log[(1 - D(G(z^{(d)})))] \tag{4.70}$$

成功训练 GAN 并非易事。如果判别器太好,那么可能会出现梯度消失问题,从而无法提供足够的信息来提升生成器的性能。已经表明,基于 Wasserstein 距离的损失函数即使在鉴别器训练到最优的情况下也能够防止梯度消失。或者,也可以使用文献[160]中推荐的修改后的 minimax 损失函数。有时,生成器会经常产生相同的数据样本,导致对特定判别器的过度优化,而判别器则陷入局部最优,这在 GAN 中称为模式崩溃。为了解决这个问题,在损失函数中不仅考虑当前判别器的分类错误,而且同时考虑未来判别器的输出是否有用。

许多 GAN 的变种,例如深度卷积 GAN(Deep Convolutional GAN,DCGAN)、条件 GAN、循环一致对抗网络(Cycle-consistent Adversarial Network,CycleGAN)、InfoGAN 和 styleGAN[161]等,已用于解决原始 GAN 的弱点,或用于一些特定的应用,例如,数据增强进化优化[162]、图像混合和图像修复、面部老化和文本到图像的合成。

4.6　进化与学习的协同作用

进化算法和机器学习具有共同和不同的特性。

一方面,机器学习和进化优化都用于求解优化问题,前者通常使用基于梯度或统计的方法,而后者则使用受自然启发的基于种群的随机搜索方法。

另一方面,由于优化和学习是互补的,因此结合进化优化和机器学习会获得很多有趣的协同作用。机器学习在辅助优化中发挥着重要的作用,一般通过知识获取和重用、目标函数或约束函数的逼近、选择最重要的决策变量等方法来实现。另外,优化在机器学习中也引起了越来越多的关注,包括超参数优化、神经架构搜索和自动化机器学习。图 4.29 总结了机器学习与优化的关系和协同作用。

下面将详细阐述进化优化和机器学习之间的一些协同方法,其可分为进化学习和基于学习的进化优化。事实上,数据驱动代理模型辅助的进化优化是优化和学习之间协同作用的完美案例。

4.6.1　进化学习

进化算法在学习或提高学习系统性能方面能发挥重要作用。通过进化学习,至少可以

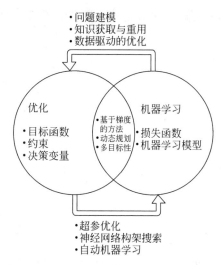

图 4.29　机器学习与优化的关系和协同作用

确定以下几种情况。

（1）符号回归。符号回归可以看作是一种直接学习系统，其机器学习模型的结构和参数都通过遗传规划进行了优化。这里，模型是基于基本数学函数和算术运算符的树来表示的，如 3.5 节所述，而损失函数被定义为适应度函数。

（2）学习分类器系统。学习分类器系统（Learning Classifier System，LCS）可以看作是演化符号规则系统，其基于进化算法进行学习[163]。LCS 可以分为 Michigan 风格和 Pittsburgh 风格，在 Michigan 风格中，每个个体代表一个规则，整个种群共同构成基于规则的系统，而在 Pittsburgh 风格中，每条规则代表一个由一组规则组成的规则系统。

（3）进化特征选择和特征提取。已表明进化算法在特征选择[164-165]和特征提取[151]方面非常强大。

（4）进化多目标学习。如 4.4 节已经讨论过的，所有机器学习问题本质上都是多目标的。由于 EA 的特殊优势，多目标机器学习已经通过进化算法得到了最有效的解决[95,148,166-167]。

（5）神经架构搜索和自动化机器学习。在深度学习中，进化神经架构搜索已被证明在自动确定深度神经网络[168]和联邦架构搜索[169]的架构方面是有效的。下一步将使用 EA 自动选择训练数据，选择或提取特征，优化机器学习模型，使整个机器学习过程自动化。

4.6.2　基于学习的进化优化

学习有助于提高进化优化的性能。事实上，数据驱动的进化优化，也是本书的主题，都是有关使用机器学习来辅助进化优化。下面简要地总结机器学习在进化优化中的主要应用。

（1）问题表述。机器学习可以使用如相关分析和降维等技术辅助识别最重要的决策变量和目标函数。

（2）多样性增强。聚类技术通常可用于将进化算法的种群分成子种群以促进多样性。

（3）问题分解。大规模优化问题可通过检测决策变量之间的相关性分解成若干小问题。

（4）解决动态优化问题。预测技术在基于历史数据预测新的最优位置从而提升搜索性能上是非常强大的。

（5）目标或约束函数建模。使用机器学习模型，也称为代理模型来逼近目标和/或约束函数是数据驱动进化优化背后的主要机制。

（6）知识获取和知识迁移。许多进化算法无法显式地获取问题的有关知识。相比之下，机器学习技术在搜索过程中识别问题结构以及获取有用领域知识方面是非常有用的。此外，机器学习技术在知识迁移上是有效的，包括从一个目标到另一个目标的知识迁移，以及从原先的优化任务到当前优化任务的知识迁移。

4.7　小结

数据驱动的优化严重依赖于基础机器学习和高级机器学习技术，其用于有效制定优化问题、为目标函数和约束建立模型，解决数据缺乏问题以及获取和重用知识来提高优化效率。本章简要介绍了基本的机器学习模型和算法，其中许多方法用于应对数据驱动进化优化中的各种挑战。此外，机器学习和进化计算的整合可以揭示新的见解并生成许多有趣的协同作用。

第5章 数据驱动的代理模型辅助的进化优化

摘要 本章介绍了数据驱动优化背后的定义和动机；介绍了两种基本的数据驱动优化范式：离线和在线数据驱动优化；介绍了用于代理辅助进化优化的各种基于种群和基于个体的启发式代理模型管理策略；还介绍了已有的数学模型管理策略，例如，信任域方法和获取函数，其也称为填充标准；提出了一种代理辅助进化搜索鲁棒最优解的方法；最后，给出了用于评估代理模型引导进化优化质量的性能指标。

5.1 引言

大多数进化算法假设解析的目标函数可用于质量评估，并且质量评估的计算是很廉价的，因此可以进行数以万计的评估来寻找问题的最优解。这些假设可能不适用于许多现实世界的优化问题。此类问题的第一类属于一大类工程优化问题，其质量评估依赖于耗时的数值分析，例如，计算流体动力学模拟和有限元分析。其中包括空气动力学设计优化问题，例如，涡轮发动机设计、高升力机翼设计、飞机机身设计和赛车设计。其他示例包括复杂工业流程的优化、药物设计和材料设计。这些数值模拟和数值分析在计算上非常密集，每次评估需要几分钟到几小时，甚至几天。第二类问题涉及人类的判断和评估，其难以用数学表达式来建模，例如，服装设计、艺术和音乐设计以及其他工具或产品的美学设计。最后，还有一些现实世界的优化问题，只能根据日常生活或生产过程中收集的数据进行优化。

因此，基于从历史记录、数值模拟或物理实验中收集的数据进行优化的问题称为数据驱动的优化问题[4,170]。数据驱动进化优化的跨学科研究领域涉及数据科学、机器学习和进化算法等技术，如图 5.1 所示。在进化的数据驱动优化框架中，首先会收集数据，因为数据可能会受到噪声或错误的影响，所以需要对数据进行预处理以提高数据质量。然后从数据中构建代理模型，即机器学习模型，来逼近真实的目标函数和/或约束函数。给定近似的目标或约束函数后可以应用进化算法来进行优化搜索。

根据代理模型的类型[4]，数据可分为直接数据和间接数据：

- **直接数据**是具有决策变量、相应目标和/或约束值的样本，它们来自模拟或实验。近

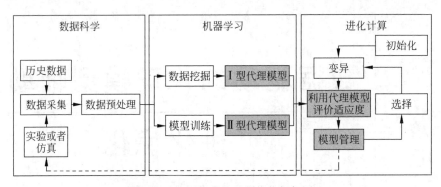

图 5.1　数据驱动的进化优化框架图

似目标或约束函数的代理模型（称为Ⅰ型代理模型）可以直接从此类数据构建。

- **间接数据**不是带有决策变量、对应目标和/或约束值的样本，但计算目标和约束函数需要这些数据。间接数据可用于进一步训练代理模型（称为Ⅱ型代理模型）。

Ⅰ型和Ⅱ型代理模型都可以是通用模型或特定模型。现有的机器学习模型可以用作通用模型，因为不需要对问题有太多的先验知识。如果有可用的有用信息，那么问题域中的特定模型（例如具有保真度可控的仿真[170]）可能比通用模型更准确。

与传统的进化算法不同，数据驱动的进化优化过程采用代理模型进行函数评价和模型管理策略，以有效控制模型和数据[171]。为了控制模型，代理模型的模型类型、超参数或集成结构可以代代更改。为了控制数据，进化算法可以主动采样新数据。但是，在某些情况下，新数据无法由进化算法控制，或者根本没有新数据。因此，根据优化过程中是否可以收集到新数据，数据驱动的进化算法可以分为离线算法和在线算法[170]。

需要注意的是，数据驱动的进化优化，特别是在线数据驱动的进化优化，也被称为代理辅助进化优化[171-172]，或具有近似适应度函数的进化优化[171]。一些离线数据驱动的优化，例如，在文献[170]中，不涉及显式代理模型。

5.2　离线与在线数据驱动的优化

5.2.1　离线数据驱动的优化

在离线数据驱动的进化优化过程中，无法主动采样或持续生成新数据，这使得优化与仅基于离线数据的代理模型高度相关。换句话说，质量和数量都极大地影响了离线数据驱动进化算法的代理模型和优化性能，因为代理模型的准确性无法得到验证[173]。

（1）**不理想的质量**：一般来说，现实世界中的数据可能存在不理想的质量，例如，带噪声、不平衡，甚至不完整的数据。从那些不理想的数据中建立高精度的代理模型是非常困难的。因此，使用这种糟糕的代理模型很容易误导优化方向。

（2）**极端数量**：无论是大数据还是小数据，都对离线数据驱动的进化算法提出了挑战。在大数据的情况下，代理模型构建的计算成本很高。在小数据的情况下，由于数据缺乏，代理模型的准确性无法保证。

为了应对这些挑战，如何有效地利用有限的数据来构建强大而准确的代理模型是离线数据驱动的进化算法的关键问题。以下技术可能会有所帮助，其中一些技术已被用于离线数据驱动的进化优化。

（1）**数据预处理**：当离线数据不理想时，数据预处理是提高数据质量和代理模型的一种非常直接的方法。例如，文献[174]中高炉问题的数据含噪非常厉害。在构建 Kriging 模型之前，使用局部回归平滑方法[175]来进行去噪。

（2）**数据挖掘**：为了应对大数据驱动进化算法中的高计算成本，应该使用现有的数据挖掘技术提取有效的数据来减少数据冗余[176]。例如，聚类算法已被应用于在急救系统设计问题中生成多精度代理模型[170]。

（3）**合成数据生成**：在一些极端情况下，特别是对于高维问题，数据量太小，无法建立代理模型。可以生成合成数据来丰富原始数据，例如，熔镁炉优化问题[177]，在算法中，采用低阶多项式模型来生成合成数据。

（4）**半监督学习**：处理数据不足的另一种方法是半监督学习[178]，其在模型训练过程中使用未标记数据中的隐含信息。因此，可以减少所需的离线数据量[179-180]。

（5）**模型选择**：虽然有各种类型的代理模型，但它们的优点是不同的。由于离线数据驱动的进化算法没有机会验证或更新其代理模型，因此代理模型的选择（即模型选择）对算法很重要。例如，在文献[181]中，采用验证误差作为选择一种代理模型的判据。

（6）**集成学习**：为了提高代理模型的鲁棒性，根据集成学习理论[135]，可以将大量同构/异构模型组合成一个整体。选择性集成学习算法[173]已被用于离线数据驱动的单目标优化。

（7）**多形式优化**：除了数据和建模技术，多问题建模方式，如多精度适应度评估[182]，可以进一步辅助搜索[183]。

（8）**迁移学习**：此外，解决相似问题的过程共享相似的搜索路径，其中可以重用公共知识以节省计算成本[183]。迁移优化和多任务优化[184-186]可能有助于离线数据驱动的进化算法。

5.2.2　在线数据驱动的优化

与离线数据驱动的优化不同，在线数据驱动的优化在进化搜索过程中有新的数据，可以利用在线数据来提高代理模型的质量。因此，如何利用在线数据是在线算法性能的关键。请注意，离线数据会影响性能，5.2.1节介绍的处理离线数据的技术也可以应用于在线算法。

实际上,在线数据驱动优化有两种情况:在线数据是否可以被算法控制[170]。在数据流的情况下,在线数据驱动的进化算法无法控制数据的生成,因此主要难点是如何从动态数据中捕获信息。

当在线数据驱动的进化算法可以主动对在线数据进行采样时,如果应用适当的模型管理策略,那么算法性能可以得到很大的提升。在这种情况下,在线数据采样的频率和选择都需要在优化过程中进行调整。在线数据采样的目的是以经济的方式提高代理模型的全局和局部精度,从而提高优化性能[187-189]。现有在线代理管理方法的更多详细信息将在 5.3 节介绍。

5.3 在线代理模型管理方法

在在线数据驱动的代理辅助进化优化中,假设在优化过程中可以主动收集一些额外的数据来更新代理并指导搜索。第一个问题当然是为什么在优化过程中需要收集额外的数据。这主要是因为在优化之前训练的代理模型时可能会引入不是原始目标函数真正最优的最优值,称为假最优值[188]。图 5.2 是一个代理模型引入的错误最小值的示例,如果进化算法在代理模型 $\hat{f}(x)$ 而不是真正的目标函数 $f(x)$ 上搜索,代理模型 $\hat{f}(x)$ 引入了一个假的最小值 x^Δ。因此算法会终止于这个距离真正最小值 x^* 很远的差解 x^Δ。

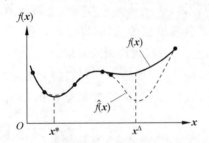

图 5.2 代理模型引入的错误最小值的示例

因此,代理模型管理是一个主动查询新数据点和更新代理的过程,这对于代理模型辅助进化优化至关重要。在代理模型管理中,通过执行数值仿真或物理实验递归地确定一个或多个要查询的解决方案是最重要的。目前已经提出了不同的选择解作为采样点的方法,通常通过选择代理模型预测的有希望的解,或者那些预测的适应度最不确定的解,或者群体的代表性解。代理模型管理方法可分为基于种群、基于世代和基于个体的方法。

5.3.1 基于种群的模型管理

模型管理的一个早期想法是基于种群,其中多个种群同时共同进化,每个种群都使用不同精度的模型。在最简单的情况下,涉及两个种群:一个使用代理模型作为适应度函数;另一个使用真实的适应度函数,即耗时的数值模拟或昂贵的物理实验。以空气动力学优化为例,可以使用 3 种方法评估设计的涡轮叶片的压力损失,即三维 Navier-Stokes 求解器、二维 Navier-Stokes 求解器或代理模型(例如神经网络)。在这几种适应度评估方法中,在准确性和计算复杂度之间存在权衡,即评价方法越准确,进行评价的计算量就越大。在这种情况下,可以使用 3 个种群进行进化优化,每个种群使用不同的评价方法。如图 5.3 所示,其中实心点表示高精度评价方法,例如,三维 Navier-Stokes 求解器;阴影点表示中等精度评价方法,例如,二维 Navier-Stokes 求解器;圆圈表示低精度代理模型。种群之间交换个体的方式有两种方式。如图 5.3(a) 所示,第一种方法使用较低精度评价方法的种群中的个体发送到使用较高精度方法的种群。相比之下,第二种方法基于中等精度方法进化的个体与使用较低或较高精度评价方法的个体交换。这里的假设是,通过使用不同精度的模型共同进化 3 个种群,与仅采用最高精度的评价方法的情况相比,可以加快优化速度。在基于种群的方法中,一旦使用最高精度方法进行了适应度评估,代理模型就将被更新。使用多精度数据进行训练的模型方法(例如,协同 Kriging 法)也可能会有所帮助。

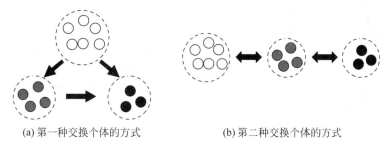

(a) 第一种交换个体的方式 (b) 第二种交换个体的方式

图 5.3 基于种群的模型管理

5.3.2 基于世代的模型管理

顾名思义,基于世代的模型管理策略旨在按代来管理代理模型。最简单的想法是,优化开始之前收集的一些数据来训练代理模型。然后对代理模型执行优化,直到它收敛。然后,将使用真实的适应度评估方法评价收敛解。接着,代理模型被更新之后是对代理模型的另一轮搜索。图 5.4 提供了基于世代的代理模型管理的流程图。

需要注意的是,上述基于简单生成的模型管理框架存在模型陷入局部最优的风险。因此,建议除了通过对代理模型进行搜索找到的最佳值之外增加一些随机解作为样本。

上述方法的一个直接变体是在每个给定的代数中切换评价方法。例如,使用昂贵的适应度评估方法进行 5 代优化,然后使用这些代生成的数据更新代理模型,并在代理模型上运行优化 20 代。这个过程一直重复,直到计算资源用完。文献[188]中提出了一种基于自适应代的代理管理方法,旨在调整使用真实适应度评估的频率。这里,定义了指定固定代数的循环。在一个周期内,使用昂贵的适应度评估(例如,计算流体动力学模拟)的初始频率是预先定义的。例如,一个循环包含 10 代,其中 5 代使用计算流体动力学模拟,接下来的 5 代使用代理模型。在每个周期结束时,根据这 5 代种被评价的解来估计模型的平均近似误差,并将之作为代理模型的精度。根据平均误差的变化,调整使用昂贵的适应度评估的频率。也就是说,如果平均误差减小,那么可以降低使用昂贵适应度的频率;相应地,如果平均误差增加,那么使用昂贵适应度的频率就会增加。注意,在调整过程中,最小频率为1,即原始适应度函数在每个循环的至少一代中使用。图5.5给出了自适应的基于世代的代理模型管理的说明。

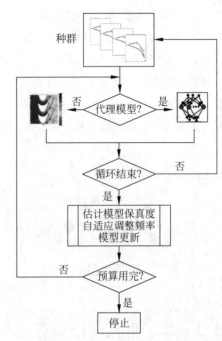

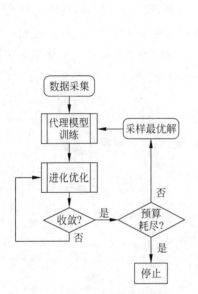

图 5.4　基于世代的代理模型管理　　　　图 5.5　自适应的基于世代的代理模型管理的说明

5.3.3　基于个体的模型管理

基于个体的模型管理可能是最灵活和最广泛使用的代理模型方法。目前已经提出了基于个体的模型管理的不同类型,大致可分为预选法、随机策略、最佳策略、基于聚类的方法和基于不确定性的方法。

(1)预选是一种筛选方法,它使用代理来减少随机性并加速进化。例如,对于种群大小为 N 的遗传算法,可以生成 $2N$ 个后代,而不是生成 N 个后代。然后,可以使用经过训练的代理模型来选择更好的 N 个个体,然后将使用昂贵的适应度评估方法重新评估。类似地,对于 (μ, λ) 进化策略,可以生成 λ' 后代,而不是从 μ 父代个体生成后代,然后使用昂贵的适应度函数选择更好的 λ 后代个体进行重新评估。

(2)随机策略不会像预选那样扩大种群规模。取而代之的是,从后代种群中随机选择指定数量的个体进行评估,使用昂贵的适应度函数。对于种群规模 N,可以选择 $N' < N$ 个体。

(3)最佳策略。与随机策略相反,使用原始适应度函数从 N' 个后代个体中选择最好的

N 个个体进行评价。通过对随机策略和最佳策略的经验比较[188]，可以发现，最佳策略是一种更有效的模型管理方法，因为当使用真实适应度函数评估种群中大约 50% 的较好个体时，种群将收敛到正确的最优值。相比之下，如果使用随机策略，至少 80% 的个体必须使用真实适应度函数评价总数才能收敛到正确的最优值。

（4）聚类方法的目的是减少使用昂贵的真实适应度函数评价的个体数量，方法是将种群分组为多个类，然后仅使用真实适应度函数评估最靠近每个聚类中心的个体。每个类中的其余个体是根据到聚类中心的距离或使用正常代理模型来估计的。或者，可以将最佳策略应用于每个类，以便使用昂贵的适应度函数仅评价每个类中个体的一个子集[190]。

（5）基于不确定性的策略。虽然使用真实适应度函数选择由代理预测的最佳个体进行评估是很有意义的，但从优化和模型更新的角度来看，选择远离现有训练样本的个体也是合理的。对于模型更新，那些远离存在训练样本的点可能有效提高模型质量，而对于搜索，在这些未探索区域采样解将促进探索。估计个体预测适应度不确定性的一种想法是计算解与所有训练数据之间的倒置距离[189]：

$$\delta_i = \frac{1}{\displaystyle\sum_{j=1}^{m} \frac{1}{\parallel \boldsymbol{x}_i - \boldsymbol{x}^{(j)} \parallel}} \qquad (5.1)$$

其中，δ_i 是第 i 个个体的不确定性程度，$\boldsymbol{x}^{(j)}$ 是第 j 个训练数据，m 是训练样本总数，$\parallel \cdot \parallel$ 通常情况是欧氏距离。

与选择最不确定的解的想法不同，在选择个体进行评估时，可以尝试最大限度地降低总体的总体不确定性。也可以将个体的质量与其不确定性相结合：

$$r_j = \sum_{i \in Q \backslash j} p_i \delta_i \qquad (5.2)$$

其中，p_i 是第 i 个个体被选中的概率，通常与其预测的适应度值成正比。

5.3.4 模因算法中的信任域方法

将进化搜索与局部搜索相结合的模因算法也可以通过代理模型加速。在代理模型辅助模因算法中，通常局部搜索由代理模型辅助进行。为此，基于信任域的方法是在传统优化中发展起来的一种基于黑盒模型的搜索方法，在代理模型辅助模因算法中经常被采用。Powell 在文献[52]中提出的信任域方法是一种迭代优化方法，在非线性优化领域发挥着重要作用。假设优化问题的一个解 $\boldsymbol{x}$，在信任域方法中，将在该解附近构建模型，并通过求解以下问题获得最优步长 $\boldsymbol{s}$：

$$\min q(\boldsymbol{s}) = f(\boldsymbol{x}) + \boldsymbol{g}^{\mathrm{T}} \boldsymbol{s} + \frac{1}{2} \boldsymbol{s}^{\mathrm{T}} H \boldsymbol{s}$$

$$\text{s.t.} \quad \mid \boldsymbol{s} \mid \leqslant \delta \qquad (5.3)$$

其中，$g = \nabla f(x)$，H 是 $n \times n$ 的 $\nabla^2 f(x)$ 对称近似矩阵，$\delta > 0$ 是信任域半径大小。一旦最优步长 s_b 在本次迭代中被选择，$x + s_b$ 将会被评价。真实函数下降 $f(x) - f(x + s)$ 与其预测值下降 $q(0) - q(s)$ 的比率 ρ，即

$$\rho = \frac{f(x) - f(x + s)}{q(0) - q(s)}$$

在决定步骤是否应该可接受以及如何为下一次迭代调整信任区域半径方面起着重要作用。如果 ρ 接近 1，则说明模型比较好，区域可以放大；相反，如果 ρ 太小，则区域需要缩小。具体来说，给定一个阈值 η，如果 $\rho < \eta$，则 s 被拒绝，$x(t+1) = x(t)$，且 $\delta(t+1) = \gamma\delta(t)$；如果 $\rho \geq \eta$，则 s 被接受，$x(t+1) = x + s$，且 $\delta(t+1) \geq \delta(t)$。其中，$\gamma$ 是一个预设参数。

算法 5.1 给出了信任域方法的伪代码。在算法 5.1 中，η、γ_i 和 γ_d 为预设参数，$0 < \eta$，$\gamma_d < 1$ 且 $\gamma_i \geq 1$。在算法 5.1 中，模型将首先在给定的信任域 δ 中构建。然后对模型进行求解，这是信任域方法中非常重要的一步。目前已经提出了许多优化方法来有效地解决这个问题。然而，当优化问题的维度越来越大时，一些方法变得越来越低效。

算法 5.1　信任域方法伪代码

输入：x，优化问题的一个解
输出：x
1: $k = 0$
2: while 终止条件未达到 do
3: 　　用式(5.3)构建模型 $q(s)$
4: 　　搜索最优步长 s_b
5: 　　if $\rho \geq \eta$ then
6: 　　　　$x = x + s_b, \delta = \gamma_i$
7: 　　else
8: 　　　　$\delta = \gamma_d$
9: 　　end if
10: 　　$k = k + 1$
11: end while

5.4　贝叶斯模型管理

贝叶斯优化(Bayesian Optimization，BO)是一类基于机器学习的优化方法，用于解决黑盒问题或计算昂贵问题。一般来说，贝叶斯优化建立一个目标函数的概率表示，并试图找到一个有价值的位置进行真实的目标评价，以便在计算资源非常有限的情况下找到最优解。贝叶斯优化的概率表示称为代理模型，用于近似目标函数。获取函数利用后验知识来引导采样以进行昂贵的目标评价。算法 5.2 给出了贝叶斯优化的伪代码。首先将对多个位置进行采样，并在评价后用于训练代理模型。然后优化激活函数搜索有价值的解，该解将使用真实的目标函数评价，并进一步用于更新代理模型。

贝叶斯优化最流行的代理模型是高斯过程模型，4.2.5 节已对其进行了介绍，在此不再重复。获取函数考虑探索和开采之间的权衡，因此其用来确定决策空间中哪个数据点使用

真实的昂贵目标函数进行评价。一般地,位置 $\boldsymbol{x}_t = \arg\max\limits_{\boldsymbol{x}} \mathcal{A}(\boldsymbol{x} \mid \mathcal{D}_{1:t-1})$ 会被采样,其中 $\mathcal{A}$ 表示获取函数,$\mathcal{D}_{1:t-1} = \{(\boldsymbol{x}_1, y_1), (\boldsymbol{x}_2, y_2), \cdots, (\boldsymbol{x}_{t-1}, y_{t-1})\}$ 表示存储所有被采样并被真实评价过的数据集。流行的获取函数也称作填充准则,包括改进概率(Probability of Improvement,PI)、期望改进(Expected Improvement,EI)、置信上界(Upper Confidence Bound,UCB)。

算法 5.2　贝叶斯优化伪代码

1: 在决策空间采样 N_I 个数据并使用黑盒或昂贵问题进行评价;
2: 从 N_I 个数据中选择最好的位置,记为 $\boldsymbol{x}_b$;
3: 训练代理模型 M;
4: while $N_I \leqslant N_{FE}$
5: 　　优化获取函数 $\mathcal{A}$ 得到其最优位置;
6: 　　使用黑盒或昂贵问题评价该位置;
7: 　　更新到目前为止找到的最好位置 $\boldsymbol{x}_b$;
8: 　　更新代理模型;
9: end while
10: 输出最优解 $\boldsymbol{x}_b$;

5.4.1　获取函数

1. 改进概率

定义改进概率为

$$\text{PI}(\boldsymbol{x}) = \psi\left(\frac{f(\boldsymbol{x}_b) - \mu(\boldsymbol{x}) - \xi}{\sigma(\boldsymbol{x})}\right) \tag{5.4}$$

其中,$\mu(\boldsymbol{x})$ 和 $\sigma(\boldsymbol{x})$ 是在 $\boldsymbol{x}$ 处的均值和方差;f 是待优化的目标函数;$\boldsymbol{x}_b$ 是估计的最小点;ξ 是控制探索程度的参数;$\psi(\cdot)$ 表示标准高斯分布的累积分布函数。

2. 期望改进

定义期望改进为

$$\text{EI}(\boldsymbol{x}) = (f(\boldsymbol{x}_b) - \mu(\boldsymbol{x}) - \xi)\psi\left(\frac{f(\boldsymbol{x}_b) - \mu(\boldsymbol{x}) - \xi}{\sigma(\boldsymbol{x})}\right) + \sigma(\boldsymbol{x})\phi\left(\frac{f(\boldsymbol{x}_b) - \mu(\boldsymbol{x}) - \xi}{\sigma(\boldsymbol{x})}\right) \tag{5.5}$$

其中,$\phi(\cdot)$ 表示标准高斯分布的密度函数。

3. 置信下界

定义置信下界为

$$\text{LCB}(\boldsymbol{x}) = \mu(\boldsymbol{x}) - \beta\sigma(\boldsymbol{x}) \tag{5.6}$$

其中,β 是控制探索的参数。

5.4.2　进化贝叶斯优化

贝叶斯优化不仅在黑盒优化领域非常流行,在机器学习方面也非常流行,这主要归功于

EBO-MOP 代码

EBO-SOP 代码

其数学上的可靠思想可用于模型管理,即获取函数。然而,贝叶斯优化的成功应用主要限制在低维系统和单目标优化上。首先,高斯过程的时间复杂度为训练样本数量的立方,这对于求解高维问题是不现实的。其次由于获取函数是分段线性和高度多模态的,这使得使用数学规划来优化获取函数是非常重要的。图 5.6 提供了一个说明性的例子,其中图 5.6(a)绘制了要估计的原始函数(用实线表示),用于训练的 9 个训练样本(用菱形表示),以及获得的高斯过程模型(虚线表示期望预测,阴影区域表示不确定度)。此外,图 5.6(b)绘制了获得的获取函数,用于选择下一个查询(采样)并添加到训练数据中的数据,它是高度多模态的。获取函数值最大的解用三角形表示,该解采样后被添加到训练集中。

最后,贝叶斯优化是针对单目标优化而提出的,这使它不能直接应用于多目标优化中,特别是当目标数增多时。

由于上述原因,元启发式算法被广泛应用于求解单目标或多目标贝叶斯优化中的获取函数。图 5.7 展示了使用进化算法求解贝叶斯优化中获取函数的一般框架,称为进化贝叶斯优化。

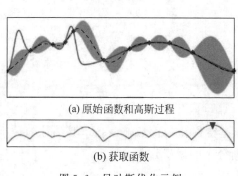

(a) 原始函数和高斯过程

(b) 获取函数

图 5.6 贝叶斯优化示例

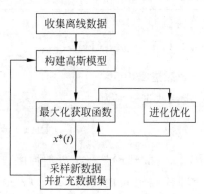

图 5.7 进化贝叶斯优化框架

注意,对于多目标优化提出了不同的求解想法,要么将多目标优化问题转换为单目标问题,从而使用传统的获取函数,要么根据不同目标的获取函数值进行非支配排序,然后选择采样点。更多细节将在第 7 章讨论。

5.4.3 贝叶斯进化优化

在贝叶斯优化中使用进化算法优化获取函数与在进化优化中使用获取函数作为基于个体的模型管理策略之间的区别还没有被关注到。对于后者,优化是运行在代理模型上的,而不进行对获取函数的优化。相反,子代种群中每个个体的获取函数值都要进行计算,然后选择具有最大获取函数值的那些个体(一个或多个)进行采样(即使用实际目标函数进行适应度评价)。图 5.8 为使用获取函数作为模型管理的数据驱动进化优化框架。

进化贝叶斯优化(Evolutionary Bayesian Optimization,EBO)和贝叶斯进化优化(Bayesian

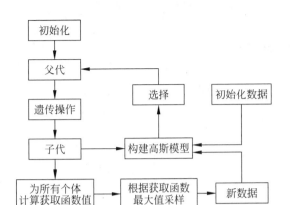

图 5.8 贝叶斯进化优化框架

Evolutionary Optimization,BEO)之间存在着一些差异。在 EBO 中,最优值的搜索基本上是单点搜索,而获取函数的优化则使用基于种群的搜索。一旦找到获取函数的最优解,即当种群收敛时,优化解将被采样并在高斯过程模型更新之前添加到训练数据中。然后,获取函数也被更新,并且获取函数的新一轮优化又重新开始。重复此过程,直到计算资源耗尽。

相反,在 BEO 中,进化算法运行在高斯过程上,期望值用于适应度评估的位置选择。若干代之后,一般在种群收敛之前,对子代种群中的每个解计算获取函数值,并对具有最大获取函数值的解进行采样并添加到训练数据中。随后,更新高斯过程模型并继续进化搜索。图 5.9 展示了 EBO 和 BEO 中解的选择差异。对于 EBO,进化算法用于寻找获取函数值最大的解,记作 x^{EBO}。而对于 BEO,在种群收敛到当前高斯过程模型的最优值之前计算种群的获取函数值,因此具有最大获取函数值的子代个体为 x^{EBO}。因此,新采样的解会有所不同,导致下一轮搜索中的高斯过程模型不同。文献[191]对 BEO 和 EBO 在多目标优化中的有效性进行了经验对比,尽管经验分析的范围可能有限,但结果表明 BEO 更有效。

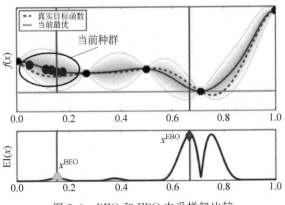

图 5.9 BEO 和 EBO 中采样解比较

5.5　贝叶斯约束优化

在许多实际工程问题中,优化问题的约束往往是黑盒的或计算成本高昂的。因此,提出了使用代理模型来替换约束函数,从而在搜索优化问题可行最优解时节省计算成本。通常,建立约束优化问题的代理模型可采用 3 种方法。

（1）为一个约束函数构建一个代理模型。

（2）为所有约束函数构建一个代理模型。

（3）建立分类模型,用于区分可行解和不可行解。

理想情况下,构建的代理模型尽可能地接近真实约束函数。然而,类似于为目标函数训练模型,一般很难很好地拟合原约束函数。如果一个可行解被估计为一个不可行解,那么可能无法找到真正的最优可行解。相反,如果一个不可行解被估计为一个可行解,那么其搜索方向可能会被误导。因此,选择使用真实约束函数评价的解非常重要,这些解将用于更新代理模型以辅助尽可能准确地估计一个解的可行性。通常,约束值的估计准确性可以通过对具有最大估值不确定性的解进行真实评价来提高。然而,约束问题优化的主要目标是寻找最优可行解。因此,在进行昂贵的约束问题优化时,应同时考虑算法的探索和开采平衡以及约束函数估值准确性的提高。通常,昂贵约束问题的填充准则可以分为两类:一类是在填充准则中考虑目标函数和约束条件,另一类是单独考虑目标函数和约束条件从而寻找使用正确目标函数和约束函数评价的解。接下来,我们将对这两类准则进行详细说明。

5.5.1　约束优化的获取函数

使用惩罚函数将一个约束优化问题转换为一个无约束问题是求解约束问题的常用方法。因此,在昂贵约束问题的优化中,可以为无约束问题建立代理模型,并且可直接采用为无约束优化提出的填充准则来求解昂贵约束优化问题。

然而,还有一些方法主要致力于解决优化过程中的约束问题。由于高斯过程模型可以同时提供估值均值和估值不确定性,因此提出了一些使用高斯过程来分别估计目标函数和约束函数值的方法,并且提出了不同的同时考虑目标函数和约束条件的填充准则,用于选择有价值的解进行真实的目标函数和约束函数评价。在高斯过程模型辅助的约束优化中,解的每个约束都通过高斯过程模型进行估计,为此其具有可行性的概率。因此,它被称为概率方法。在概率方法中,约束优化问题可以作为一个无约束优化问题,通过最大化改进期望乘积和可行性概率来表示和解决:

$$\max_{x} \mathrm{EI}(x) \times P(\hat{g}(x) \leqslant 0) \tag{5.7}$$

其中,

$$I(\boldsymbol{x}) = \max\{f^* - \hat{f}(\boldsymbol{x}), 0\} \tag{5.8}$$

$$\mathrm{EI}(\boldsymbol{x}) = (f^* - \hat{f}(\boldsymbol{x}))\psi\left(\frac{f^* - \hat{f}(\boldsymbol{x})}{s_f(\boldsymbol{x})}\right) + s_f(\boldsymbol{x})\phi\left(\frac{f^* - \hat{f}(\boldsymbol{x})}{s_f(\boldsymbol{x})}\right) \tag{5.9}$$

以及

$$P(\hat{g}(\boldsymbol{x}) \leqslant 0) = \psi\left(\frac{g^* - \hat{g}(\boldsymbol{x})}{s_g(\boldsymbol{x})}\right) \tag{5.10}$$

在式(5.8)~式(5.10)中,$\mathrm{EI}(\boldsymbol{x})$是解 $\boldsymbol{x}$ 在其目标上的改进期望,$P(\hat{g}(\boldsymbol{x}) \leqslant 0)$表示可行性概率。$f^*$ 和 g^* 分别表示到目前为止最优适应度和最优约束冲突值。$\hat{f}(\boldsymbol{x})$和$\hat{g}(\boldsymbol{x})$分别表示适应度和约束函数值的估值,$s_f(\boldsymbol{x})$和$s_g(\boldsymbol{x})$分别表示目标函数和约束函数预测方差的平方根。$\psi(\cdot)$是标准正态累积函数,$\phi(\cdot)$是标准概率密度函数。请注意,如果存在多个约束,那么可行性概率是个体概率的乘积。因此,概率方法的数学模型是:

$$\max_{\boldsymbol{x}} \mathrm{EI}(\boldsymbol{x}) \times \prod_{i=1}^{l} P(\hat{g}_i(\boldsymbol{x}) \leqslant 0) \tag{5.11}$$

其中,l 表示约束的数量。

从式(5.11)可以看出,如果任何约束的可行性概率非常低,那么约束 EI 值将接近 0。因此,在这种情况下,式(5.11)不能作为填充准则来选择解以进行真实的昂贵评价。Jiao 等[192]提出了一种改进的概率方法,针对两种情况分别使用了不同的填充准则来选择使用昂贵目标函数和约束函数进行评价的解。其中一个填充准则用于没有可行解的情况,其数学模型为

$$\max \mathrm{EI}(\boldsymbol{x}) = \int_0^{g^*} \prod_{i=1}^{l} \psi\left(\frac{z - \hat{g}_i(\boldsymbol{x})}{s_{g_i}(\boldsymbol{x})}\right) d_z - g^* \times \prod_{i=1}^{l} \psi\left(\frac{-\hat{g}_i(\boldsymbol{x})}{s_{g_i}(\boldsymbol{x})}\right) \tag{5.12}$$

当存在可行解时,则使用另一个填充准则,其数学表达式为

$$\mathrm{EI}(\boldsymbol{x}) = \left[(f^* - \hat{f}(\boldsymbol{x}))\psi\left(\frac{f^* - \hat{f}(\boldsymbol{x})}{s_f(\boldsymbol{x})}\right) + s_f(\boldsymbol{x})\phi\left(\frac{f^* - \hat{f}(\boldsymbol{x})}{s_f(\boldsymbol{x})}\right)\right] \times \prod_{i=1}^{l} \psi\left(\frac{-\hat{g}_i(\boldsymbol{x})}{s_{g_i}(\boldsymbol{x})}\right) \tag{5.13}$$

5.5.2　两阶段获取函数

针对昂贵约束优化的另一种类型的填充准则由 COBRA(Constrained Optimization By Radial basis function interpolation)和扩展的 ConstrLMSRBF[193] 提供,两者都使用了两阶段方法,其中第一阶段用于找到可行点,第二阶段旨在改善可行点。在 COBRA 中,通过在第一阶段优化以下目标函数来寻找使用昂贵函数评价的可行点。

$$\min \sum_{i=1}^{l} \max\{\hat{g}_i(\boldsymbol{x}), 0\}$$

$$\text{s.t.} \quad \boldsymbol{a} \leqslant \boldsymbol{x} \leqslant \boldsymbol{b}$$

$$\hat{g}_i(\boldsymbol{x}) + \varepsilon_i \leqslant 0, \quad i = 1, 2, \cdots, l$$

$$\| \boldsymbol{x} - \boldsymbol{x}_j \| \geqslant \rho, \quad j = 1, 2, \cdots, n \tag{5.14}$$

其中,ε_i 表示解 i 的边缘,其用于强迫解远离 RBF 约束边界,从而增加进入可行区域的机会。ρ 是解远离其先前位置所需距离的阈值,$\rho = \gamma \ell([\boldsymbol{a}, \boldsymbol{b}])$,其中,$0 < \gamma < 1$ 称为距离需求因子,$\ell([\boldsymbol{a}, \boldsymbol{b}])$ 是区域 $[\boldsymbol{a}, \boldsymbol{b}] \subseteq \mathbf{R}^D$ 最小边的长度。

在第二阶段,基于目标函数和约束函数的 RBF 模型辅助,通过优化以下数学模型来搜索更好的可行点。

$$\min \quad \hat{f}(\boldsymbol{x})$$

$$\text{s.t.} \quad \boldsymbol{a} \leqslant \boldsymbol{x} \leqslant \boldsymbol{b}$$

$$\hat{g}_i(\boldsymbol{x}) + \varepsilon \leqslant 0, \quad i = 1, 2, \cdots, l$$

$$\| \boldsymbol{x} - \boldsymbol{x}_j \| \geqslant \rho, \quad j = 1, 2, \cdots, n \tag{5.15}$$

对于式(5.15)的最优解将使用昂贵的目标函数和约束函数进行评价,然后边界将被调整。请注意,在 COBRA 中,如果给出了或者通过空间填充设计获得了一个初始可行解,那么 COBRA 方法将只运行第二阶段。

扩展的 ConstrLMSRBF 是 ConstrLMSRBF[193] 的一种扩展,是一种基于启发式代理模型的方法,并假设在初始点中存在一个可行解。与 COBRA 类似,扩展 ConstrLMSRBF 也是两阶段结构,其中第一阶段用于寻找可行点,第二阶段期望找到更好的可行解。在扩展 ConstrLMSRBF 的第一阶段,如果当前最优点不可行,那么将通过对当前最优位置的部分或所有组成进行正态扰动来生成一组随机候选点。然后,在所有候选点中预测的约束冲突数最少的解将使用昂贵的目标函数和约束函数进行评价,并用于更新到目前为止找到的最优解。请注意,如果有多个解具有相同的最少约束冲突数,则将对具有最大约束冲突值最小的解使用昂贵函数进行评价。继续迭代直到找到一个可行解,然后运行和 COBRA 第二阶段相同的第二阶段。

5.6　代理模型辅助的鲁棒性优化

5.6.1　鲁棒性优化的双目标公式

使用显式平均方法搜索鲁棒最优解需要额外的适应度评价。因此若单次适应度评估比较耗时,则将带来很大的问题。一种解决方法是引入基于代理模型的适应度估计,以辅助单目标和多目标鲁棒优化。基于代理模型的鲁棒优化其双目标公式表示为

$$\hat{f}_{\exp}(\boldsymbol{x}^0) = \frac{1}{d} \sum_{i=1}^{d} \hat{f}(\boldsymbol{x}_i) \tag{5.16}$$

$$\hat{f}_{\text{var}}(\boldsymbol{x}^0) = \frac{1}{d} \sum_{i=1}^{d} \left[\hat{f}(\boldsymbol{x}_i) - \hat{f}_{\text{exp}}(\boldsymbol{x}^0) \right] \tag{5.17}$$

其中，$\boldsymbol{x}^0$ 是鲁棒性待估计的解，$\hat{f}(\cdot)$ 是近似适应度，$\hat{f}_{\text{exp}}(\boldsymbol{x}^0)$ 是待估计的期望适应度，$\boldsymbol{x}_i = \boldsymbol{x}^0 + \delta_i$，$\delta_i$ 为扰动，d 为样本数。样本可以利用拉丁超立方体采样来产生。

5.6.2　代理模型的构建

不同的代理模型构建技术如下[194]：

（1）**单代理模型**。在这种情况下，每个个体建立一个模型，即模型的拟合点与决策空间中个体的位置相同，并且代理模型将用于所有样本点以估计期望的适应度和适应度方差。由于依赖于使用的模型，单个代理模型可能在期望的扰动范围 δ 内不能很好地工作。

（2）**最近模型**。这也是围绕每个个体建立单个代理模型，然而，最近模型会用于估计一个样本的适应度。请注意，最近模型并不一定是和个体相关联的那个模型。

（3）**集成代理模型**。在这种方法中，样本点（$\boldsymbol{x}_s$）的函数值将通过模型的加权组合来进行估计，这些模型对应于 k 个最近拟合点。期望的适应度可以通过以下公式进行估计：

$$\hat{f}_{\text{ENS}}(\boldsymbol{x}_s) = \frac{1}{\sum_{1 \leqslant i \leqslant k} w_i} \sum_{1 \leqslant i \leqslant k} w_i \hat{f}_i(\boldsymbol{x}_s)$$

$$w_i = \frac{1}{\| \boldsymbol{x}_{\text{fp}} - \boldsymbol{x}_s \|_2} \tag{5.18}$$

其中，w_i 表示权重，k 为集成大小，$\boldsymbol{x}_{\text{fp}}$ 是对应模型的拟合点。

（4）**多模型**。在该方法中，每个样本周围构建单独模型，其用于估计样本的适应度。

5.7　模型的性能指标

衡量代理模型的质量并不简单，因为代理模型的目的不是准确地近似原始适应函数，而是有效引导搜索。

如图 5.10 所示，代理模型 $\hat{f}(\boldsymbol{x})$ 没有很好地拟合原始目标函数 $f(\boldsymbol{x})$。然而，如果在代理模型上运行优化，那么 $\hat{f}(\boldsymbol{x})$ 的最小值会非常接近 $f(\boldsymbol{x})$ 的最小值。从这个角度来看，$\hat{f}(\boldsymbol{x})$ 是一个完美的代理模型。因此，代理模型的性能指标应该与机器学习中的性能指标不同，在机器学习中对没见过的数据的预测准确性或分类准确性是非常重要的。

5.7.1　精度

最广泛使用的度量代理模型质量的方法是个体的原始适应度函数 $f(\boldsymbol{x})$ 以及代理模型的输出 $\hat{f}(\boldsymbol{x})$ 之间的均方误差：

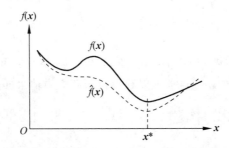

图 5.10 具有相对较差估计质量的代理模型可以很好地引导向原始问题真正的最优解(x^*)进行搜索

$$E = \frac{1}{d} \sum_{j=1}^{d} (\hat{f}(\mathbf{x}_j) - f(\mathbf{x}_j))^2 \tag{5.19}$$

均方误差是用于质量度量估计的 d 个个体的平均,例如,在基于个体的模型管理中,$n = \lambda$ 个子代个体,或在一个控制周期,$n = \eta\lambda$ 个控制个体。请注意,在减少过拟合时应考虑质量度量。

一般来说,具有好的估值准确性的模型可以确保个体的适应度能得到正确估计,从而使得好的个体保留到下一代。然而,从进化优化的角度来看,如果个体的排序是正确的,能够确保正确选择,那么个体的实际适应度其实并不重要。接下来,将介绍一些关于正确选择的性能指标而不是模型的准确性。请注意,某些度量的定义依赖于环境选择策略。

5.7.2 基于选择的性能指标

在下面的讨论中,以(μ, λ)-选择,$\lambda \geqslant 2\mu$ 的连续优化为例。原则上,这可以扩展到任何其他选择策略。

第一种度量是基于估值模型正确选择的个体数:

$$\rho^{(\text{sel})} = \frac{\xi - \langle \xi \rangle}{\mu - \langle \xi \rangle} \tag{5.20}$$

其中,$\xi(0 \leqslant \xi \leqslant \mu)$ 是正确选择的个体数,也就是说,使用模型选出的这些个体中包含使用原始适应度函数进行评价后选中的个体。在随机选择的情况下,ξ 的期望

$$\langle \xi \rangle = \sum_{m=0}^{\mu} m \frac{\binom{\mu}{m}\binom{\lambda-\mu}{\mu-m}}{\binom{\lambda}{\mu}}$$

$$= \frac{\mu^2}{\lambda} \tag{5.21}$$

用于标准化。可以看出,如果所有 μ 个父代个体全部被正确选择,那么该度量会达到其最大值 $\rho^{(\text{sel})} = 1$,若该度量值为负值,则表示基于代理模型选择的个数会比随机选择还要差。

$\rho^{(\text{sel})}$ 度量只计算正确选择个体的绝对数。然而,若 $\rho^{(\text{sel})} < 1$,则该度量不能表示第($\mu+1$)

个或者最差的子代个体是否被选用,从而显著影响进化优化过程。

接下来,扩展 $\rho^{(\mathrm{sel})}$ 度量使其包括所选个体的等级,这是根据原始适应度函数计算的。若基于代理模型选用个体的等级高于根据基于原始适应度函数选用的个体等级平均值,则我们认为代理模型是好的。

扩展 $\hat{\rho}^{(\mathrm{sel})}$ 度量的定义如下。如果基于原始适应度函数的第 m 个最好个体选用了,那么代理模型的得分为 $\lambda - m$。因此,代理模型的质量可以通过选用个体的累加得分来表示,记为 π。请注意,如果所有的 μ 个个体都被正确选择,那么 π 达到最大值:

$$
\begin{aligned}
\pi^{(\max.)} &= \sum_{m=1}^{\mu}(\lambda - m) \\
&= \mu\left(\lambda - \frac{\mu+1}{2}\right)
\end{aligned} \tag{5.22}
$$

与式(5.20)类似,在纯随机选择中,$\hat{\rho}^{(\mathrm{sel})}$ 度量通过线性转换 π,使用最大值 $\pi^{(\max.)}$ 和期望 $\langle\pi\rangle = \dfrac{\mu\lambda}{2}$ 来进行定义:

$$
\hat{\rho}^{(\mathrm{sel})} = \frac{\pi - \langle\pi\rangle}{\pi^{(\max.)} - \langle\pi\rangle} \tag{5.23}
$$

5.7.3　等级相关性

代理模型的质量也可以通过等级相关性来衡量。等级相关性的定义为

$$
\rho^{(\mathrm{rank})} = 1 - \frac{6\sum_{l=0}^{\lambda}d_l^2}{\lambda(\lambda^2-1)} \tag{5.24}
$$

它是两个变量等级之间单调关系的一种度量。在这里,d_i 是第 i 个子代基于原始适应度函数 $f(\boldsymbol{x})$ 与基于代理模型 $\hat{f}(\boldsymbol{x})$ 的等级之间的差别。$\rho^{(\mathrm{rank})}$ 的范围介于 $[-1,1]$ 区间。$\rho^{(\mathrm{rank})}$ 值越大,两个变量等级之间具有正斜率的单调关系越强。与 $\rho^{(\mathrm{sel})}$ 相比,等级相关性不仅考虑所选个体的等级,还考虑所有个体的等级。这使其能够提供一个好的代理模型估计能力用于区分好的和坏的个体,这是代理模型辅助进化优化中实现正确选择的基础。

5.7.4　适应度相关性

适应度相关性是指代理模型预测的适应度与实际适应度之间的相关性,尽管其不是正确预测适应度的必需条件,但其提供了另一种代理模型是否能够确保正确选择的度量方法:

$$
\rho^{(\mathrm{corr})} = \frac{\dfrac{1}{d}\sum_{j=1}^{d}(\hat{f}_j(\boldsymbol{x}) - \tilde{f}(\boldsymbol{x}))(f_j(\boldsymbol{x}) - \bar{f}(\boldsymbol{x}))}{\sigma^f\sigma^{\hat{f}}} \tag{5.25}
$$

其中，$\tilde{f}(x)$ 和 $\bar{f}(x)$ 分别表示估计值和真实值的平均值，σ^f 和 $\sigma^{\hat{f}}$ 分别表示代理模型输出值和原始适应值函数的标准偏差。

相关性的特征与上述基于等级的度量和均方误差有关。它不是代理模型和原始适应度函数之间差异性的度量，但其计算了它们之间的单调关系。此外，这个度量的范围是已知的，因此相比于均方误差，$\rho^{(\mathrm{corr})}$ 更容易进行计算。此外，$\rho^{(\mathrm{corr})}$ 是可微的，其允许基于梯度的方法来自适应代理模型。

5.8　总结

本章提供了数据驱动进化优化的基本定义，并介绍了单目标优化中代理模型管理的初步思路。在接下来的章节中，我们将扩展这些基本的代理模型管理方法以应对各种挑战。

第6章 多代理模型辅助的单目标优化

摘要 本章介绍了应用多个代理模型辅助的单目标进化算法。多个代理模型不仅可以提高预测性能,评估预测的不确定性,还可以捕捉适应度地形的全局和局部特征。多个代理模型可以以并行、分级或交叉的方式集成。最后,介绍了一种在特定搜索阶段根据代理模型的历史性能自适应地从代理模型池中选择一个代理模型的方法。

6.1 引言

在代理模型辅助进化优化中,选择一个合适代理模型的重要性是不可低估的。不幸的是,在大多数情况下并没有明确、简单的规则来选择正确的代理模型,因为每种代理模型都有其优缺点。例如,高斯过程是一种强大的模型,因为它们可以提供适应度的预测和预测的不确定性。然而,当训练样本数量较大时,高斯过程的计算复杂度极高,无法进行增量学习。

为了解决合适代理模型的选择问题,可以采用多个代理模型,这些代理模型在协助搜索时扮演不同的角色。代理模型可以分为全局模型和局部模型。局部代理模型通常是在决策空间的某个子区域的数据上进行训练,用于辅助搜索该子区域的局部最优解。全局代理模型通常是基于分布在整个决策空间的数据进行训练,通常用于帮助寻找全局最优解。根据每一代优化中使用的代理模型数量,还可以将代理模型分为单个模型和多个模型。此外,有两种方法可以利用多个代理模型。其中一种方法是利用不同的代理模型同时近似一个解,并选择一种策略来确定最终的近似值;另一种方法是在优化过程中,采用不同的代理模型来逼近不同的解。

一种提高代理模型质量的简单想法是采用一个集成模型作为代理模型,而不是使用单个模型。例如,在文献[195]中,使用神经网络集成估计聚类中个体的适应度,其中实际适应度函数只评估最接近每个聚类中心的个体。为了最大限度地提高集成模型的性能,对基学习器的输出进行加权和操作:

$$y^{\text{ens}} = \sum_{k=1}^{N} w^k y^k \tag{6.1}$$

其中，y^k 是第 k 个基学习器的输出，w^k 是第 k 个基学习器的权重，N 是集成模型的大小。

优化集成模型的权重并非易事。集成模型的期望近似误差为

$$E^{\text{ens}} = \sum_{i=1}^{N} \sum_{j=1}^{N} w^i w^j C_{ij} \tag{6.2}$$

其中，C_{ij} 是集成模型的第 i 个基学习器和第 j 个基学习器之间的误差相关矩阵元素：

$$C_{ij} = E\left[(y^i - y_d^i)(y^j - y_d^j)\right] \tag{6.3}$$

其中，y_d^i 是第 i 个神经网络的期望输出，可以通过式（6.4）获得集成模型期望预测误差最小的最优权重集：

$$w^k = \frac{\displaystyle\sum_{j=1}^{N} (C_{kj})^{-1}}{\displaystyle\sum_{i=1}^{N} \sum_{j=1}^{N} (C_{ij})^{-1}} \tag{6.4}$$

其中，$1 \leqslant i, j, k \leqslant N$。

然而，由于集成模型中基学习器的预测误差往往具有很强的相关性，因此可靠估计误差相关矩阵并非易事。补救这个问题的一种方法是显式地减少集成模型输出之间的相关性。也可以使用元启发式优化权重的经验方法，但这可能会增加计算复杂度。

在基学习器效果非常不好的情况下，使用集成模型的优势包括提高适应度预测值的准确率和提升丢弃估值不确定性高的个体的可能性。

接下来重点介绍使用多代理模型的代表性方法。

6.2 局部和全局代理模型辅助优化

在代理模型辅助的优化算法中，代理模型的近似误差通常会误导优化算法，但也会加快搜索速度。本节将介绍用于单目标（记作 GS-SOMA）和多目标（记作 GS-MOMA）优化问题的通用代理模型辅助的模因算法[196]。通用代理模型辅助的模因算法旨在减轻"不确定性的劣势"，即减少代理模型的近似误差所带来的负面后果，甚至从"不确定性的优势"中获益。这里的假设是，代理模型可平滑崎岖不平的适应度地形，从而有助于加速搜索全局最优解。图 6.1 给出了一个简单的例子，分别说明了不确定性的劣势和不确定性的优势。在图 6.1(a)中，代理模型的最优解并不是原问题的真实最优解，因此搜索代理模型的最优解将使得算法停滞或收敛到一个错误的最优值，这就是不确定性的劣势。另外，从图 6.1(b)中可以看到，代理模型的最优解位于原始问题的一个好位置，因此能够加快搜索昂贵优化问题的全局最优解，即不确定性的优势。本节将介绍单目标和多目标优化的通用代理模型。

6.2.1 集成代理模型

集成代理模型已表明比单代理模型更有可能生成可靠的适合度预测值。因此，在所提

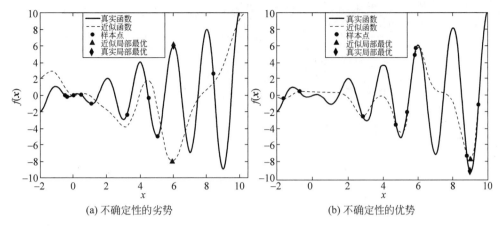

(a) 不确定性的劣势　　　　　　　　(b) 不确定性的优势

图 6.1　代理辅助的单目标优化中不确定性的利弊

出的 GSM 框架中,采用代理集成用来指导全局搜索:

$$\hat{f}_{\text{ens}}(\boldsymbol{x}) = \sum_{i=1}^{N_m} w_i \hat{f}_i(\boldsymbol{x}) \tag{6.5}$$

其中,$\hat{f}_i(\boldsymbol{x})$ 和 $\hat{f}_{\text{ens}}(\boldsymbol{x})$ 分别表示集成模型第 i 个模型(基学习器)得到的近似值和集成模型对解 $\boldsymbol{x}$ 的总体预测适应度;N_m 是用于集成的代理模型总数;$0 \leqslant w_i \leqslant 1, i = 1, 2, \cdots, N_m$ 是与第 i 个模型相关的系数:

$$\sum_{i=1}^{N_m} w_i = 1 \tag{6.6}$$

$$w_i = \frac{\sum\limits_{j=1, j \neq i}^{N_m} \varepsilon_j}{(N_m - 1) \sum\limits_{j=1}^{N_m} \varepsilon_j} \tag{6.7}$$

其中,ε_j 是第 j 个代理模型的估值误差。

6.2.2　多代理模型的单目标模因优化

算法 6.1 给出了通用代理模型辅助的单目标模因算法伪代码。该方法可分为两部分。在第一部分(第 3~6 行)中,种群进化若干代,每个解均使用真实的适应度函数进行评估。第二部分是局部搜索阶段,使用每个解周围离其最近的 N_n 个解训练两个代理模型,即 M_1 和 M_2。之后,分别使用优化算法找到 M_1 和 M_2 的最优解 $\boldsymbol{x}_{\text{opt}}^1$ 和 $\boldsymbol{x}_{\text{opt}}^2$。比较找到的两个最优解 $\boldsymbol{x}_{\text{opt}}^1$ 和 $\boldsymbol{x}_{\text{opt}}^2$ 并将较优的解作为局部搜索得到的最优解。注意,在局部搜索中找到的所有最优解都将使用真实的适应度函数进行评价并存储在 Arc 中以用于更新代理模型。

算法 6.1　GS-SOMA 伪代码

输入：　　N_m：用于集成的代理模型数量；
　　　　　N_n：每个解 x 的相邻解数量；
　　　　　Arc：保存已使用昂贵真实目标函数评价的解的存档；
　　　　　G_{db}：构建数据库的最大迭代数.

输出：x^* 和 $f(x^*)$

1: $g = 0$;
2: while 不满足终止条件 do
3: 　　if 迭代次数 $g < G_{db}$ then
4: 　　　　产生一个种群($g = 0$)或 进化一个种群($g > 0$)，使用真实目标函数评估每个解，并将它们保存到 Arc 中；
5: 　　　　确定迄今为止找到的最优位置 x^*；
6: 　　　　$g = g + 1$;
7: 　　else
8: 　　　　进化得到一个新种群 pop；
9: 　　　　for 在 pop 中的每个解 x do
10: 　　　　　　从 Arc 中选择 N_n 个最近解；
11: 　　　　　　训练 N_m 个代理模型并将它们聚合成一个模型，表示为 M_1；
12: 　　　　　　训练一个低阶 PR 模型，表示为 M_2；
13: 　　　　　　分别寻找 M_1 和 M_2 的最优解 x_{opt}^1 和 x_{opt}^2；
14: 　　　　　　if $f(x_{opt}^1) < f(x_{opt}^2)$ then
15: 　　　　　　　　$x = x_{opt}^1$;
16: 　　　　　　else
17: 　　　　　　　　$x = x_{opt}^2$;
18: 　　　　　　end if
19: 　　　　　　将在局部搜索中使用真实目标函数评价的所有解保存到 Arc；
20: 　　　　end for
21: 　　end if
22: end while

6.2.3　多代理模型的多目标模因优化

算法 6.2 给出了通用代理模型多目标模因算法的伪代码，其框架与 GS-SOMA 相同。但不同于单目标优化，在多目标优化中，需要另一个存档以保存非支配解，并构建选择池以进行匹配选择。与 GS-SOMA 类似，在第一阶段种群将会进化 G_{db} 代，并使用真实的目标函数评价每个解并保存到 Arc 中，非支配解将保存在 Arc_{ND} 中。接下来，对选择池 P_s 使用多目标进化算子获得一个新种群，并使用昂贵的目标函数进行评估。之后，对于每个解 x，生成一个随机权重向量 v_i 用于将多目标问题转换为单目标问题。正如在 GS-SOMA 中所做的那样，对于聚合的单目标函数 f_{aggr}，在 Arc 中选择 N_n 个解来训练两个代理模型，即 M_1 和 M_2。其中，M_1 是 f_{aggr} 的多个基学习器组成的集成模型，M_2 是 f_{aggr} 的一个低阶 PR 模型。M_1 和 M_2 的最优解将通过局部搜索算法进行搜索。将所有使用真实目标函数评价的解保存到 Arc 中并使用这些解来更新 Arc_{ND}。最后，由当前种群 pop、局部搜索中使用真实目标函数评价并存储在 P_l 中的解,以及存储在 $\mathrm{Arc_{ND}}$ 中的所有解组成了选择池。

算法 6.2　GS-MOMA 伪代码

输入: N_m: 用于集成的代理模型数量;
　　　 N_n: 每个解 $\boldsymbol{x}$ 的最近邻域数量;
　　　 Arc: 用于保存使用真实昂贵问题评价过的解;
　　　 $\mathrm{Arc_{ND}}$: 保存非支配解的存档;
　　　 P_s: 选择池;
　　　 G_{db}: 构建数据库的最大迭代数.
输出: $\boldsymbol{x}^*$ 和 $f(\boldsymbol{x}^*)$

1: $g = 0$;
2: while 不满足终止条件 do
3:　　if 迭代次数 $g < G_{\mathrm{db}}$ then
4:　　　　产生一个种群 ($g = 0$) 或进化一个种群($g > 0$),使用真实目标函数评价每个解并将它们保存到 Arc;
5:　　　　保存所有非支配解到 $\mathrm{Arc_{ND}}$:
6:　　　　$g = g + 1$:
7:　　else
8:　　　　进化获得一个新种群 pop:
9:　　　　for pop 中每个解 $\boldsymbol{x}$ do
10:　　　　　　产生一个随机的权重向量 $\boldsymbol{v} = (v_1, v_2, \ldots v_m)$, $\sum_{i=1}^{m} v_i = 1$, 其中 m 是目标的个数
11:　　　　　　在 Arc 中选择 N_n 个最近的解;
12:　　　　　　为 $f_{\mathrm{aggr}} = \sum_{i=1}^{m} v_i f_i(\boldsymbol{x})$ 训练 N_m 个代理模型,并把它们集合成一个模型,表示为 M_1;
13:　　　　　　训练一个 $f_{\mathrm{aggr}} = \sum_{i=1}^{m} v_i f_i(\boldsymbol{x})$ 的低阶 PR 模型,表示为 M_2;
14:　　　　　　分别寻找 M_1 和 M_2 的最优解 $\boldsymbol{x}_{\mathrm{opt}}^1$ 和 $\boldsymbol{x}_{\mathrm{opt}}^2$。
15:　　　　　　更新点 $\boldsymbol{x}$ 的位置和 $\mathrm{Arc_{ND}}$(算法 6.3 提到的);
16:　　　　end for
18:　　end if
19: end while

算法 6.3 给出了何时替换解 $\boldsymbol{x}$ 以及何时更新存档 $\mathrm{Arc_{ND}}$ 的细节。从算法 6.3 中可以看到,更新存档 $\mathrm{Arc_{ND}}$ 有 6 种情况。

算法 6.3　替换和存档过程的伪代码

输入: $\boldsymbol{x}_{\mathrm{opt}}^1$: 模型 M_1 的最优解;
　　　 $\boldsymbol{x}_{\mathrm{opt}}^2$: 模型 M_2 的最优解;
　　　 $\mathrm{Arc_{ND}}$: 保存非支配解的存档;
输出: 更新后的 $\mathrm{Arc_{ND}}$

1: if $\boldsymbol{x}_{\mathrm{opt}}^1 \preccurlyeq \boldsymbol{x}$ then
2:　　$\boldsymbol{x} = \boldsymbol{x}_{\mathrm{opt}}^1$;
3:　　if $\boldsymbol{x}_{\mathrm{opt}}^2 \preccurlyeq \boldsymbol{x}_{\mathrm{opt}}^1$ then
4:　　　　$\boldsymbol{x} = \boldsymbol{x}_{\mathrm{opt}}^2$;
5:　　else if $\boldsymbol{x}_{\mathrm{opt}}^2 \sim \boldsymbol{x}_{\mathrm{opt}}^1$ then

---

6:　　　　将 $\boldsymbol{x}_{\text{opt}}^2$ 保存在 Arc_{ND} 中；

7:　　　end if

8: else if $\boldsymbol{x}_{\text{opt}}^2 \leqslant \boldsymbol{x}$ then

9:　　　$\boldsymbol{x} = \boldsymbol{x}_{\text{opt}}^2$；

10:　　　if $\boldsymbol{x}_{\text{opt}}^2 \sim \boldsymbol{x}_{\text{opt}}^1$ then

11:　　　　　将 $\boldsymbol{x}_{\text{opt}}^1$ 保存在 Arc_{ND} 中；

12:　　　end if

13: else if $(\boldsymbol{x}_{\text{opt}}^1 \sim \boldsymbol{x}) \wedge (\boldsymbol{x}_{\text{opt}}^2 = = \boldsymbol{x})$ then

14:　　　将 $\boldsymbol{x}_{\text{opt}}^1$ 保存在 Arc_{ND} 中；

15: else if $(\boldsymbol{x}_{\text{opt}}^2 \sim \boldsymbol{x}) \wedge (\boldsymbol{x}_{\text{opt}}^1 = = \boldsymbol{x})$ then

16:　　　将 $\boldsymbol{x}_{\text{opt}}^2$ 保存在 Arc_{ND} 中；

17: else if $(\boldsymbol{x}_{\text{opt}}^1 \sim \boldsymbol{x}) \wedge (\boldsymbol{x}_{\text{opt}}^2 \sim \boldsymbol{x})$ then

18:　　　if $(\boldsymbol{x}_{\text{opt}}^1 \leqslant \boldsymbol{x}_{\text{opt}}^2) \| (\boldsymbol{x}_{\text{opt}}^1 = = \boldsymbol{x}_{\text{opt}}^2)$ then

19:　　　　　将 $\boldsymbol{x}_{\text{opt}}^1$ 保存在 Arc_{ND} 中；

20:　　　else if $\boldsymbol{x}_{\text{opt}}^2 \leqslant \boldsymbol{x}_{\text{opt}}^1$ then

21:　　　　　将 $\boldsymbol{x}_{\text{opt}}^2$ 保存在 Arc_{ND} 中；

22:　　　else

23:　　　　　将 $\boldsymbol{x}_{\text{opt}}^1$ 保存在 $\boldsymbol{x}_{\text{opt}}^2$ 在 Arc_{ND} 中；

24:　　　end if

25: end if

6.2.4　信任域方法辅助的局部搜索

从算法 6.1 和算法 6.2 中，我们可以看到局部搜索用于寻找代理模型的最优解。在 GS-SOMA 和 GS-MOMA 中，采用了信任域调节的搜索策略来搜索代理模型。对于 GS-SOMA 和 GS-MOMA 种群中的每个解 $\boldsymbol{x}$，通过优化以下问题进行局部搜索。

$$\min \hat{f}(\boldsymbol{x}_{\text{cb}} + \boldsymbol{s})$$
$$\text{s. t.} \quad \| \boldsymbol{s} \| \leqslant \Omega \tag{6.8}$$

其中，$\hat{f}(\boldsymbol{x})$ 是目标函数的估值函数；$\boldsymbol{x}_{\text{cb}}$、$\boldsymbol{s}$ 和 Ω 分别是迄今为止找到的当前最优解、任意步长和信任域半径。序列二次规划（Sequential Quadratic Programming，SQP）用于搜索式(6.8)的最小值。初始信任域半径 Ω 根据训练代理模型的 N_n 个解中的最小值和最大值进行初始化。在局部搜索期间，Ω 根据以下度量更新 ρ（品质系数）：

$$\rho = \frac{f(\boldsymbol{x}_{\text{cb}}) - f(\boldsymbol{x}_{\text{opt}})}{\hat{f}(\boldsymbol{x}_{\text{cb}}) - \hat{f}(\boldsymbol{x}_{\text{opt}})} \tag{6.9}$$

其中，x_{opt} 是局部最优解。

Ω 将按照式(6.10)更新：

$$\Omega = \begin{cases} C_1 \Omega & \rho < C_2 \\ \Omega, & C_2 \leqslant \rho \leqslant C_3 \\ C_4 \Omega, & \rho > C_3 \end{cases} \tag{6.10}$$

其中，C_1、C_2、C_3 和 C_4 是常量。通常 $C_1 \in (0,1)$ 和 $C_4 \geqslant 1$ 时该方案工作有效。显然，从式(6.10)可以看出，如果 ρ 衡量的代理模型的精度低，则信任域半径会随之减小，否则会增加。

注意，每次迭代最优值的初始猜测是：

$$\boldsymbol{x}_{\mathrm{cb}} = \begin{cases} \boldsymbol{x}_{\mathrm{opt}}, & \rho > 0 \\ \boldsymbol{x}_{\mathrm{cb}}, & \text{其他} \end{cases} \tag{6.11}$$

6.2.5 实验结果

为评价 GSM 框架的性能，对 10 个单目标基准问题(其特征可参考文献[196])进行了经验性分析。实验参数设置如表 6.1 所示。GS-SOMA 和 GS-MOMA 及它们的变种所获的实验结果通过 95% 置信水平的 t 检验进行比较。符号"+""－""≈"分别表示与它们的变体相比，所提出的方法能够获得更好、更差和等效的优化结果。表 6.2 给出了 GA、SS-SOMA-GP、SS-SOMA-PR、SS-SOMA-RBF 和 GS-SOMA 在 10 个 30 维单目标基准问题上得到的统计结果，以 20 次独立运行的平均值±标准偏差表示。SS-SOMA-GP、SS-SOMA-PR、SS-SOMA-RBF 是 GS-SOMA 的变体，分别表示仅使用 GP，仅使用 PR 和仅使用 RBF 作为代理模型 M_1。从表 6.2 可以看出，在 10 个基准问题上，GS-SOMA 获得了比 GA 更好的结果，清楚地表明了代理模型确实有助于进化算法找到更好的解。与 SS-SOMA-GP、SS-SOMA-PR 和 SS-SOMA-RBF 相比，可以发现所提出的 GS-SOMA 分别仅在 1 个、3 个和 1/10 的测试实例上有较好的表现，表明代理模型集成相比于单代理模型在辅助算法寻找最优解时更可靠。

表 6.1 GS-SOMA 中的参数设置

种群规模(N_{pop})	100
交叉概率	0.9
变异概率	0.1
真实评价的最大数量	8000
信任域迭代次数	3
数据库构建阶段(G_{db})	20
独立运行次数	20

表 6.2 GS-SOMA 在 10 个单目标基准问题上获得的统计结果

Prob.	GA	SS-SOMA-GP	SS-SOMA-PR	SS-SOMA-RBF	GS-SOMA
F1	1.24e+01± 9.50e−01 (+)	6.43e+00± 9.73e−01 (+)	**1.39e+00± 1.93e−01** (−)	4.91e+00± 7.57e−01 (+)	3.58e+00± 5.09e−01
F2	4.58e+01± 8.61e+00 (+)	1.79e+01± 8.58e+00 (+)	**1.18e−02± 2.78e−02** (≈)	7.49e−01± 8.98e−02 (+)	2.20e−03± 4.60e−03

续表

Prob.	GA	SS-SOMA-GP	SS-SOMA-PR	SS-SOMA-RBF	GS-SOMA
F3	4.10e+02± 1.01e+02 (+)	**2.99e+01± 7.73e−01** (−)	6.73e+01± 2.55e+01 (+)	4.90e+01± 2.92e+01 (≈)	4.63e+01± 2.92e+01
F4	−5.46e+01± 3.01e+01 (+)	−1.19e+02± 1.87e+01 (≈)	−1.19e+02± 1.23e+01 (≈)	**−1.65e+02± 1.86e+01** (−)	−1.26e+02± 1.60e+01
F5	1.26e+02± 2.85e+00 (+)	1.19e+02± 4.29e+00 (≈)	**5.67e+01± 3.79e+00** (−)	1.21e+02± 2.61e+00 (+)	1.19e+02± 3.05e+00
F6	−9.57e+01± 9.43e+00 (+)	−1.02e+02± 2.99e+00 (+)	−1.06e+02± 2.45e+00 (+)	−1.03e+02± 2.43e+00 (+)	**−1.12e+02± 1.05e+00**
F7	7.29e+02± 5.92e+01 (+)	6.81e+02± 7.23e+01 (+)	6.42e+02± 5.80e+01 (+)	**6.27e+02± 7.93e+01** (≈)	6.07e+02± 3.06e+01
F8	4.83e+02± 6.30e+01 (+)	4.52e+02± 9.66e+01 (+)	3.94e+02± 4.41e+01 (+)	**3.79e+02± 3.30e+01** (≈)	3.25e+02± 1.17e+02
F9	1.02e+03± 2.35e+01 (+)	9.42e+02± 1.71e+01 (≈)	**9.32e+02± 8.26e+00** (−)	9.81e+02± 1.43e+01 (+)	9.42e+02± 1.75e+01
F10	1.51e+03± 5.52e+01 (+)	1.26e+03± 1.88e+02 (+)	**1.07e+03± 1.07e+02** (≈)	1.12e+03± 1.16e+02 (+)	1.01e+03± 7.85e+01

TLSAPSO
代码

6.3 双层代理模型辅助粒子群算法

本节介绍了一种多个代理模型集成的新方法,称为双层代理模型辅助的粒子群优化(Two-Layer Surrogates-Assisted Particle Swarm Optimization,TLSAPSO)算法[197],在该算法中,全局和局部代理模型分别在两个阶段进行训练,协同用于对一个解的适应度进行估计。第一阶段训练了一个全局径向基函数(Radial-Basis-Function,RBF)代理模型,以平滑目标函数的局部最优解,并将种群引导到可能存在全局最优解的区域。同时,利用个体附近的数据为每个个体建立一个局部 RBF 代理模型,其目的是尽可能准确地逼近局部适应度地形。注意,在 TLSAPSO 中,不使用局部搜索。

算法 6.4 给出了 TLSAPSO 的伪代码。从算法 6.4 可以看出,TLSAPSO 的初始化过程和典型的 PSO 的初始化相同,也就是说,初始种群中所有个体都使用真实的适应度函数进行评价,用来确定个体最优位置和迄今为止找到的种群最优位置。之后,在满足停止准则之前,使用 Arc 中的数据训练全局代理模型 GM 并将其用于估计种群中所有更新个体的适应度(算法 6.4 的第 7~10 行)。然后,每个个体将使用局部代理模型进一步估计并更新适应度(算法 6.4 中的第 11~13 行)。随后,只有当个体的估值优于其个体历史最优位置时才会对个体历史最优位置进行更新,并对其进行适应度评价。因此,可以想象,有可能存在没有个体能够使用真实目标函数进行评价的情况。注意,若当前种群中的所有个体都不满足更新其个体最优位置的条件,那么当前种群的所有个体将使用真实适应度函数进行评价,以避免出现无限循环。接下来,将详细描述 TLSAPSO 的主要组成部分。

算法 6.4　TLSAPSO 的伪代码

1: 设置存档 Arc 为空集,即 Arc = $\varnothing$;
2: 初始化一个种群 pop 的速度和位置;
3: 用真实的适应度函数评价 pop 中每个个体的适应值 5,并将它们保存在 Arc 中;
4: 确定每个个体的个体最优位置 **pbest**$_i$, $i = 1,2,\cdots,N$;
5: 确定迄今为止在种群中找到的最优位置 **gbest**;
6: while 停止标准不符合 do
7: 　　训练全局代理模型 GM;
8: 　　分别用式(3.38)和式(3.39)更新每个个体 i 的速度和位置;
9: 　　for 每个个体 i do
10: 　　　　使用全局代理模型 GM 估计个体 i 的适应值,表示为 $\hat{f}^{GM}(\boldsymbol{x}_i)$;
11: 　　　　为个体 i 训练局部代理模型,表示为 $\hat{f}^{GM}(\boldsymbol{x}_i)$;
12: 　　　　用 LM$_i$ 近似个体 i 的适应度,表示为 $\hat{f}^{LM_i}(\boldsymbol{x}_i)$;
13: 　　　　$\hat{f}(\boldsymbol{x}_i) = \min\{\hat{f}^{GM}(\boldsymbol{x}_i)\hat{f}^{LM_i}(\boldsymbol{x}_i)\}$;
14: 　　　　if $\hat{f}(\boldsymbol{x}_i) < f(\textbf{pbest}_i)$ then
15: 　　　　使用真实的昂贵函数评价个体 i;
16: 　　　　若真实评价的个体相比于其个体最优位置具有更好的适应值,则更新个体 i 的个体最优位置;
17: 　　　　　　将其保存到 Arc 中;
18: 　　　　end if
19: 　　end for
20: 　　if 不存在使用真实适应值函数来评价的个体 then
21: 　　　　使用真实适应度函数评价当前种群 pop 中的所有个体;
22: 　　　　更新每个个体的个体最优位置;
23: 　　　　保存到 Arc 中;
24: 　　end if
25: 　　更新迄今为止找到的全局最优位置 **gbest**;
26: end while
27: 输出 **gbest** 及其适应值;

6.3.1　全局代理模型

一般来说,全局代理模型将使用分布在整个决策空间中的数据进行训练。然而,随着种群的进化,个体不会分散在整个决策空间中。因此,在 TLSAPSO 中,仅使用 Arc 中的部分数据训练全局代理模型,一方面可减少计算时间,另一方面可确保代理模型的全局性。图 6.2 给出了一个示例,说明了如何确定选择用于训练全局 RBF 代理模型的数据所在的区域。在图 6.2 中,用黑色圆表示分布在决策空间中的样本,当前种群个体分布在整个决策空间中的一个子区域,用空心圆表示。因此,没有必要使用所有的数据来训练代理模型,因为模型是用于近似当前种群中个体的适应度。为此,在 TLSAPSO 中,将使用种群所在的子空间中的数据来训练全局代理模型。设

$$\text{maxd}_j = \max\{x_{ij}(t), i = 1, 2, \cdots, N\} \tag{6.12}$$

$$\text{mind}_j = \min\{x_{ij}(t), i = 1, 2, \cdots, N\} \tag{6.13}$$

其中,maxd_j 和 mind_j 表示当前代决策空间中,种群在第 j 维决策变量上的最大值和最小值。N 是种群规模。然后定义一个子空间:

$$\text{ub}_j^{\text{sp}}(t+1) = \min\{\text{maxd}_j + \alpha(\text{maxd}_j - \text{mind}_j), u_j\} \tag{6.14}$$

$$\text{lb}_j^{\text{sp}}(t+1) = \min\{\text{mind}_j + \alpha(\text{maxd}_j - \text{mind}_j), l_j\} \tag{6.15}$$

其中,u_j 和 l_j 分别表示决策空间第 j 维上的上界和下界;ub_j^{sp} 和 lb_j^{sp} 分别表示子空间第 j 维上的最大值和最小值;α 是[0,1]范围内的扩展系数,使当前种群可以使用空间之外的数据训练代理模型,如图 6.2 所示。

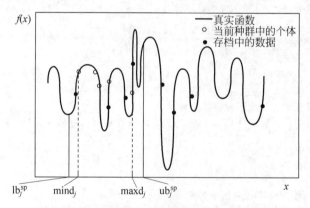

图 6.2　确定训练全局代理模型的数据样本区域

6.3.2　局部代理模型

正如 6.2 节中所讨论的,由于数据分布不均或训练数据数量有限,全局代理模型可能无法准确估计解的适应度[17]。然而,如果一个解周围有足够数量的样本,则可以训练一个局部代理模型,以更准确地估计该解的适应度。因此,若有足够的数据量,则使用邻域数据为每个解训练一个局部代理模型。个体邻域大小可通过以下公式自适应地设置:

$$\text{ns}_j = \beta(\text{ub}_j - \text{lb}_j) \tag{6.16}$$

注意，只有当个体周围有足够数量的训练数据才能训练局部模型，并且个体之间的局部模型可能是不同的，这是因为用于训练局部模型的数据往往是不相同的。

6.3.3　适应度评估

至此，若一个解的邻域有足够多的样本可用，那么每个解既可以使用全局代理模型，又可以使用局部代理模型来对其进行估值。随之而来的问题是哪个估值可以作为个体的最终估值。图 6.3 给出了一个简单的例子，用来说明适应度的确定方法。从图 6.3 中，点画线表示子空间 $[\mathrm{lb}^{\mathrm{sp}}, \mathrm{ub}^{\mathrm{sp}}]$ 中的全局代理模型。虚线表示解 x_1 的局部代理模型。由于解 x_2 邻域内的样本数量不足，可以看出无法为其训练局部代理模型。

对于邻域中没有足够训练数据的解，无法训练局部代理模型用于近似其适应度。在这种情况下，该个体的适应度仅由全局代理模型进行估计。例如，在图 6.3 中，解 x_2 的适应度估值 $\hat{f}(x_2)$ 将设置为 $\hat{f}^g(x_2)$。在全局和局部估值都可用的情况下，选择较小的估值作为该解的最终估值，即 $\hat{f}(x) = \min\{\hat{f}^g(x), \hat{f}^l(x)\}$。在图 6.3 中，$\hat{f}(x_1) = \hat{f}^g(x_1)$。

6.3.4　代理模型管理

为了提高代理模型的作用，将使用真实的昂贵函数对若干解进行评价，并用于更新全局和局部代理模型。在微粒群算法中，个体最优位置和全局最优位置都起到了核心作用，以确保种群收敛到最优解。因此，在代理辅助微粒群算法中，所有个体最优位置的适应度都确保是使用真实目标函数评价过的，从而保证了全局最优位置永远是真实评价过的。具体来说，如果 $\hat{f}(x_i) < f(\mathbf{pbest}_i)$，则使用真实的目标函数对解 x_i 进行真实评估，并用于更新个体最优位置。所有使用真实目标函数评价过的解都将保存到 Arc 中用于更新全局和局部代理模型。

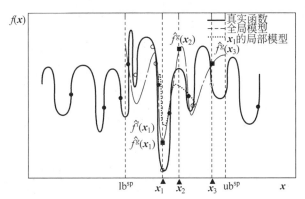

图 6.3　基于全局和局部代理的适应度评估

在当前的种群中，可能没有任何解比它的个体最优位置更好。在这种情况下，当前种群中的所有个体都将使用真实的适应度函数来评价以避免早熟收敛。

6.3.5　实验结果和讨论

为了评价 TLSAPSO 的性能,并验证全局代理模型能够平滑局部最优以及局部代理模型能够准确地近似局部适应度地形的假设,在两个测试问题上进行了实验:一个是单峰的(文献[198]中的 F1),另一个是多模态的(文献[198]中的 F6)。这两个问题的搜索维度为 $D=30$。实验中使用的 TLSAPSO 的参数设置如下:群体的大小为 60,认知和社会参数均设置为 2.05。最大适应度评估次数设置为 10 000。所有算法对每个问题独立运行 10 次。表 6.3 显示了比较结果,图 6.4 给出了 4 种不同算法在 F1 和 F6 测试问题上的收敛情况。在表 6.3 和图 6.4 中,CPSO 表示不使用代理模型的但有收缩因子的 PSO,CPSO-L 和 CPSO-G 分别是仅有局部代理模型的 CPSO 和仅有全局代理模型的 CPSO。从表 6.3 和图 6.4 给出的结果可以得出以下结论:首先,只用局部代理模型在单模和多模优化问题上都不能辅助加速 PSO 算法的搜索。其次,全局代理模型在单模和多模问题上能够加速 PSO 算法的搜索,然而,对于多模问题的搜索可能会陷入局部最优。最后,全局代理模型和局部代理模型的组合可以利用全局模型和局部模型的优势,并且在单模和多模优化问题上都表现很好。

表 6.3　文献[198]中 F1 和 F6 的比较结果(显示为 10 次独立运行的平均最优值±标准偏差)

Prob.	Opt.	CPSO	CPSO-L	CPSO-G	TLSAPSO
F1	$-4.50e+02$	$2.71e+03\pm2.17e+03$	$2.79e+03\pm2.20e+03$	$-2.57e+02\pm2.51e+02$	$\mathbf{-4.50e+02\pm3.90e-03}$
F6	$3.90e+02$	$2.64e+08\pm2.59e+08$	$1.64e+08\pm2.23e+08$	$4.65e+06\pm8.81e+06$	$1.57e+03\pm1.75e+03$

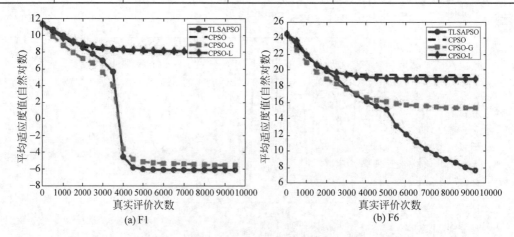

图 6.4　F1 和 F6 的收敛曲线

6.4　代理模型委员会辅助的粒子群优化

CAL-SAPSO
代码

前几节给出了多个代理模型组合有助于提高数据驱动代理辅助优化的搜索性能。本节将展示在数据驱动的进化算法中使用多个代理模型(例如集成模型),不仅可以提高预测质量,还可以提供对模型管理非常有用的不确定性信息[199]。特别地,提出了一个基于委员会代理模型辅助的PSO(简称CAL-SAPSO)[200]用于求解单目标优化问题。在CAL-SAPSO中,为全局和局部代理集成模型构建了多个代理模型,并设计了3种不同的填充采样准则来提高局部和全局模型准确度。使用PSO算法寻找每个准则的填充样本。

6.4.1　代理模型委员会

在CAL-SAPSO中,3个异构代理模型(PR、RBFN和GP模型)组成一个代理模型委员会,以最大化模型的多样性。这3个代理模型($\hat{f}_1$、$\hat{f}_2$和$\hat{f}_3$)的设置如下。

(1) $\hat{f}_1$:二阶PR模型(详见4.1节)。

(2) $\hat{f}_2$:隐层中具有$2n+1$个高斯径向基函数的RBFN模型,其中n是决策变量的数量(详见4.3节)。

(3) $\hat{f}_3$:具有高斯核的GP模型[201],其中Hooke&Jeeves方法[202]用于其超参数优化(详见4.7节)。

将上述3个代理模型根据下述公式组合起来进行适应度预测:

$$\hat{f}_{\text{ens}}(\boldsymbol{x}) = w_1\hat{f}_1 + w_2\hat{f}_2 + w_3\hat{f}_3 \tag{6.17}$$

其中,w_1、w_2和w_3是3个代理模型的集成权重。采用文献[203]中的加权聚合方法,其中w_i取决于3个模型的RMSE(e_1、e_2和e_3):

$$w_i = 0.5 - \frac{e_i}{2(e_1 + e_2 + e_3)} \tag{6.18}$$

类似于6.2节中的GS-SOMA,在CAL-SAPSO中,构建了全局和局部集成代理模型用于平衡探索和开采。

(1) 在整个决策空间中建立全局代理集成模型$\hat{f}_{\text{ens}}^g$,该模型在整个数据集$\mathcal{D}$中的$5n$个不同数据点上进行训练。

(2) 在局部区域中建立局部代理集成模型$\hat{f}_{\text{ens}}^l$,该模型用前10%的最优数据点进行训练。

6.4.2　填充采样准则

如5.3节所述,具有最好预测适应度和最大不确定性的样本是有潜力的样本。通常,很容易采样得到最好的预测解,但在不同算法中预测不确定性的定义可能不同。衡量预测不确定性的最流行方法是 GP 模型提供的置信水平(参见 4.2 节),但是,GP 模型具有很高的计算复杂度。由于 CAL-SAPSO 使用了代理模型委员会,因此可以以另一种方式衡量预测不确定度,即代理模型预测值之间的差异。为了平衡探索和开采,CAL-SAPSO 采用了 3 种不同的填充采样准则。

第一个准则是选择最不确定的样本来探索。它是基于委员会查询(Query By Committee,QBC)[204]的想法,通过将代理模型之间的最大分歧定义为不确定度的度量。因此,可以通过优化以下准则来确定 x^u:

$$x^u = \arg \max_x (\max(\hat{f}_i(x) - \hat{f}_j(x)))$$ (6.19)

第二个准则是选择全局代理模型 $\hat{f}_{\text{ens}}^g$ 预测的最有潜力的样本 x^f,可以写成:

$$x^f = \arg \min_x \hat{f}_{\text{ens}}^g(x)$$ (6.20)

为了进一步提高有潜力区域代理模型的准确度,第三个标准是选择局部模型 $\hat{f}_{\text{ens}}^l$ 预测的最有潜力的样本 x^{ls},可以写成:

$$x^{\text{ls}} = \arg \min_x \hat{f}_{\text{ens}}^l(x)$$ (6.21)

根据以上 3 个准则,选择 3 种样本 x^u、x^f 和 x^{ls},并通过真实目标函数重新评价,以更新代理模型。

6.4.3 整体框架

与大多数现有的基于个体的模型管理方法(根据填充采样准则在其每一代的种群中选择样本)不同,CAL-SAPSO 采用传统 PSO 算法[205](详见 3.8 节)分别优化式(6.19)~式(6.21)中这 3 个填充采样准则。换句话说,CAL-SAPSO 的整个过程是优化填充采样标准和使用增量训练数据更新代理模型的一个循环。

CAL-SAPSO 控制 3 种不同类型的样本以平衡探索和开采。正如算法 6.5 所示,仅使用一个全局或局部代理模型,直到它无法产生更好的解(即 x^f 和 x^{ls} 不是 $\mathcal{D}$ 中的最优样本),然后 CAL-SAPSO 切换到另一个模型。其中,在 CAL-SAPSO 中使用 PSO 算法分别优化式(6.19)~式(6.21)。

算法 6.5 CAL-SAPSO 伪代码

输入: d 个离线训练数据 $\mathcal{D}$
1: while 终止条件未达到 do
2:　　　if 没有新解被采样或上一个 x^f 是 $\mathcal{D}$ 中最佳样本或上一个 x^{ls} 不是 $\mathcal{D}$ 中的最优样本 then
3:　　　　　在 $\mathcal{D}$ 多样性高的子集上重新构建模型 $\hat{f}_{\text{ens}}^g$
4:　　　　　利用 PSO 优化公式(6.19)搜索 x^u

5:　　　　　用真实目标函数评价 $\boldsymbol{x}^{u}$

6:　　　　　将 $\boldsymbol{x}^{u}$ 添加到 $\mathcal{D}$ 中

7:　　　　　在 $\mathcal{D}$ 多样性高的子集上重新构建模型 $\hat{f}_{\mathrm{ens}}^{g}$

8:　　　　　利用 PSO 优化公式(6.20)搜索 $\boldsymbol{x}^{f}$

9:　　　　　用真实目标函数评价 $\boldsymbol{x}^{f}$

10:　　　　　将 $\boldsymbol{x}^{f}$ 添加到 $\mathcal{D}$ 中

11:　　　else

12:　　　　　利用 $\mathcal{D}$ 中最好的 10 % 样本重新构建模型 $\hat{f}_{\mathrm{ens}}^{l}$

13:　　　　　利用 PSO 优化公式(6.21)搜索 $\boldsymbol{x}^{\mathrm{ls}}$

14:　　　　　用真实目标函数评价 $\boldsymbol{x}^{\mathrm{ls}}$

15:　　　　　添加 $\boldsymbol{x}^{\mathrm{ls}}$ 到 $\mathcal{D}$ 中

16:　　　end if

17: end while

输出：$\mathcal{D}$ 中最优解

6.4.4　基准问题的实验结果

为了研究 CAL-SAPSO 的性能，将 CAL-SAPSO 与 3 种不同的数据驱动的进化算法在不同数量决策变量（$n = 10, 20, 30$）上对 5 个基准问题（Ellipsoid、Rosenbrock、Ackley、Griewank 和 Rastrigin）进行了比较。下面是对比较算法的简单介绍。

(1) GPEME[206]：一种基于 GP 的数据驱动进化算法，它使用 LCB 选择样本进行重新评估。值得注意的是，其原始论文中 GP 模型的超参数优化使用的是 GA，这非常耗时。我们在实验中只应用了 Hooke-Jeeves 方法[202]。

(2) WTA1[203]：一种在线数据驱动的进化算法，它采用 PR、RBFN 和 GP 模型的加权代理模型集成。在 WTA 中，仅对预测的最优样本使用真实目标函数重新评估。

(3) GS-SOMA[196]：使用 PR 模型和集成模型（PR、RBFN 和 GP 模型）的在线数据驱动进化算法。

所有比较算法以 $5n$ 个训练数据点开始，以 $11n$ 个训练数据点结束。4 种算法在 20 次独立运行中获得的最优值如表 6.4 所示，使用 Friedman 检验对其进行分析，并根据 Hommel 程序[207]调整 p 值，其中 CAL-SAPSO 是基准方法，显著性水平为 0.05。

总的来说，CAL-SAPSO 在单模态和多模态问题上都优于其他 3 种比较算法。这可能与以下 3 个原因有关。首先，代理集成模型能够提供高鲁棒性的适应度预测。其次，全局和局部代理集成模型能够更好地平衡全局和局部搜索。最后，基于 QBC 的填充采样准则可以有效地提高代理模型的质量，它是基于各种代理模型的预测值而不是数据的相似性。

表 6.4　由 CAL-SAPSO、GPEME、WTA1 和 GS-SOMA 获得的最优解

Problem	n	CAL-SAPSO	GPEME	WTA1	GS-SOMA
Ellipsoid	10	$8.79\mathrm{e}-01 \pm 8.51\mathrm{e}-01$	$3.78\mathrm{e}+01 \pm 1.53\mathrm{e}+01$	$3.00\mathrm{e}+00 \pm 2.02\mathrm{e}-03$	$\mathbf{1.77e-01 \pm 1.65e-01}$

Problem	n	CAL-SAPSO	GPEME	WTA1	GS-SOMA
Ellipsoid	20	**1.58e+00±4.83e-01**	3.19e+02±9.03e+01	2.17e+01±8.51e+00	9.97e+00±3.41e+00
Ellipsoid	30	**4.02e+00±1.08e+01**	1.23e+03±2.24e+01	8.56e+01±1.17e+01	6.67e+01±1.11e+01
Rosenbrock	10	**1.77e+00±3.80e-01**	2.07e+01±7.44e+01	1.18e+01±2.13e-03	4.77e+00±1.14e+00
Rosenbrock	20	**1.89e+00±3.32e-01**	6.15e+01±2.19e+01	1.00e+01±3.90e-02	6.52e+00±1.13e+00
Rosenbrock	30	**1.76e+00±3.96e-01**	8.42e+01±2.79e+01	1.18e+01±8.19e-01	9.82e+00±1.10e+00
Ackley	10	2.01e+01±2.44e-01	**1.38e+01±2.50e+00**	1.90e+01±1.23e+00	1.84e+01±1.73e+00
Ackley	20	2.01e+01±0.00e+01	1.84e+01±9.19e-01	2.01e+01±0.00e+00	**1.83e+01±1.99e+00**
Ackley	30	1.62e+01±4.13e-01	1.95e+01±4.39e-01	**1.51e+01±6.98e-01**	1.61e+01±3.61e-01
Griewank	10	1.12e+00±1.21e-01	2.72e+01±1.13e+01	**1.07e+00±2.04e-02**	1.08e+00±1.78e-01
Griewank	20	**1.06e+00±3.66e-02**	1.37e+02±3.21e+01	2.00e+00±4.32e-01	1.17e+00±6.37e-02
Griewank	30	**9.95e-01±3.99e-02**	2.84e+02±5.25e+01	3.22e+00±3.25e-01	2.51e+00±4.06e-01
Rastrigin	10	8.88e+01±2.26e+01	**7.15e+01±1.27e+01**	9.58e+01±3.20e+00	1.05e+02±1.52e+01
Rastrigin	20	**7.51e+01±1.44e+01**	1.69e+02±2.86e+01	1.53e+02±3.12e+00	1.54e+02±4.23e+00
Rastrigin	30	**8.78e+01±1.65e+01**	2.86e+02±3.06e+01	2.54e+02±3.07e+01	2.81e+02±2.66e+01

6.5 分层代理模型辅助的多场景优化

如 1.4 节所述,工程设计的工作场景可能会受到大量不确定性的影响[16],因此其在不同场景中的性能可能会有所不同。因此,现实世界的工程设计高度需要多场景优化,以提高最优解的鲁棒性。本节将介绍一个用于 RAE2822 翼型设计的分层代理模型辅助的多场景优化算法(HSA-MSES)[208]。

6.5.1 多场景翼型优化

与单场景翼型优化不同,多场景翼型优化[208]考虑多种场景(一系列升力 C_L 和马赫数 M),而不是固定升力 C_L 和固定马赫数 M。因此,多场景优化的问题建模包括场景变量、决策变量和目标函数。

多场景翼型优化问题中的决策变量控制翼型的几何形状,它采用以下 5 个 Henne-Hicks 函数[209]来修改基线几何形状。

$$f_1 = \frac{x^{0.5}(1-x)}{x^{15x}} \tag{6.22}$$

$$f_2 = \sin(\pi x^{0.25})^3 \tag{6.23}$$

$$f_3 = \sin(\pi x^{0.757})^3 \tag{6.24}$$

$$f_4 = \sin(\pi x^{1.357})^3 \tag{6.25}$$

$$f_5 = \frac{x^{0.5}(1-x)}{x^{10x}} \tag{6.26}$$

在二维几何空间中,几何图形的上下表面(y_u 和 y_l)可以写成:

$$y_u = y_u^b + \sum_{i=1}^{5} a_i f_i \tag{6.27}$$

$$y_l = y_l^b + \sum_{i=1}^{5} b_i f_i \tag{6.28}$$

其中,a_i 和 b_i 是控制外形的 10 个决策变量。

完整的场景空间定义为 $C_L \in [0.3, 0.75] \times M \in [0.5, 0.76]$。为了在如此大的场景空间中优化翼型形状,在目标函数中采用了阻力离散边界 B_{dd}[210]的位置。边界 B_{dd} 表示随着 M 的增加,阻力开始迅速增加,可以写成:

$$\frac{\partial C_{dw}}{\partial M} = 0.1 \tag{6.29}$$

其中,$C_{dw}(M, C_L)$ 是在场景 (M, C_L) 下的阻力。基于设计目标,希望高速运转的翼型需要较小的推力。因此,目标函数被定义为最小化边界 B_{dd} 和极端场景 (M_{max}, C_{Lmax}) 之间的区域大小。

这个问题的主要挑战是对边界 B_{dd} 的昂贵检测,这需要在整个场景空间中进行 35×15 次 CFD 仿真,如图 6.5 所示。因此,多场景翼型优化问题在计算代价上非常昂贵。

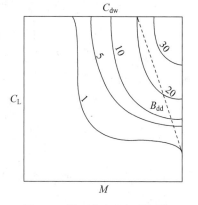

图 6.5 翼型的完整场景评价

6.5.2　多场景优化中的分层代理模型

如 6.5.1 节所述,多场景翼型优化问题是一个代价高昂的 10 维优化问题。一次全场景评估需要 35×15 次 CFD 仿真,导致无法使用现有的数据驱动的进化算法。

计算目标函数的过程是基于二维 C_{dw} 地形,使用 35×15 次 CFD 仿真,可以通过代理模型近似 C_{dw} 地形降低计算成本。换句话说,在优化过程中,为每个候选设计的全场景评估构建了一个代理模型。因此,构建一个 10 维代理模型的艰巨任务转换为构建多个相对容易的二维代理模型的任务。

对于每个候选解,不需要 35×15 次 CFD 仿真,分配 22 次 CFD 仿真来近似其 C_{dw} 地形。为了提高 B_{dd} 边界附近的近似 C_{dw} 地形的准确性,将 22 次 CFD 仿真分为 10 次离线仿真(在场景空间中随机采样)D_{off} 和 12 次在线仿真(由算法控制)D_{on}。

正如图 6.6 所示,场景空间的右下角表示零阻力,因此不应该浪费时间对这些场景进行采样。因此,提出了一个基于 Mahalanobis 距离[211] 的 K 近邻分类器模型(K-Nearest Neighbors,KNN)和具有高斯核的 Kriging 模型组成的分层代理模型,其中 KNN 模型旨在找到零阻力场景的边界,Kriging 模型旨在逼近非零阻力场景。

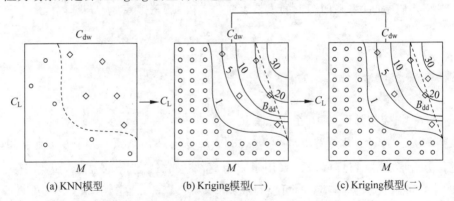

(a) KNN模型　　　　　(b) Kriging模型(一)　　　　　(c) Kriging模型(二)

图 6.6　分层代理模型构建过程

首先,使用 D_{off} 训练 KNN 分类器,以找到零阻力和非零阻力的边界。然后,分类器预测零阻力场景 $\mathcal{D}_0$,将其添加到 Kriging 模型的训练数据 $\mathcal{D}$ 中。因此,无须在零阻力区域执行额外的 CFD 仿真。为了充分利用在线样本,目标是收集 B_{dd} 附近的新数据,并提高代理的全局准确性。因此,采用以下改进的 LCB 准则:

$$\arg \min_{(M,C_L)} f_{lcb} = \left| \frac{\partial \hat{C}_{dw}(M,C_L)}{\partial M} - 0.1 \right| - w\sigma_{dw}(M,C_L) \qquad (6.30)$$

其中,$\hat{C}_{dw}(M,C_L)$ 和 $\sigma_{dw}(M,C_L)$ 是预测的 C_{dw} 的均值和方差;w 是为了平衡开采和探索的参数:

$$w = \frac{\left| \dfrac{\partial \hat{C}_{\mathrm{dw}}(M, C_{\mathrm{L}})}{\partial M} - 0.1 \right|}{\sigma_{\mathrm{dw}}(M, C_{\mathrm{L}})} \tag{6.31}$$

Kriging 模型重复在线采样 12 次。在每次迭代中,基于 $\mathcal{D} \cup \mathcal{D}_0$ 建立 Kriging 模型,并执行一次新的模拟,以在具有最小 f_{lcb} 的场景中丰富 $\mathcal{D}$。进行 12 次在线仿真后,基于 $\mathcal{D} \cup \mathcal{D}_0$ 构建 Kriging 模型,然后基于 Kriging 模型检测 B_{dd}。B_{dd} 和极端场景 $(M_{\max}, C_{\mathrm{Lmax}})$ 之间的区域大小被计算为优化器的适应度。

尽管可以通过使用 22 次 CFD 仿真的代理模型来估计每个候选解的适应度,但近似适应度评估的代价仍然非常昂贵。因此,HSA-MSES 采用 CMA-ES[212] 作为优化器,因为 CMA-ES 基于小种群,并且可以在连续优化中快速收敛。

如 3.4.5 节所述,CMA-ES 在每一代 g 中,根据 n 维多元正态分布 $N(\boldsymbol{m}^g, {\sigma^g}^2 \boldsymbol{C}^g)$ 生成 λ 个子代解,其中 $\boldsymbol{m}^g$ 是均值,σ^g 是标准差,$\boldsymbol{C}^g$ 是决策变量间的协方差矩阵。然后,最好的 μ 个个体被选择作为下一代 $(g+1)$ 的父代种群,相应的分布更新为

$$\boldsymbol{m}^{g+1} = \sum_{i=1}^{u} w_i \boldsymbol{x}_i$$
$$w_i = \frac{\ln(\mu + 0.5) - \ln i}{\sum_{j=1}^{u} \ln(\mu + 0.5) - \ln j} \tag{6.32}$$

标准差和协方差矩阵更新如下:

$$\boldsymbol{C}^{g+1} = \left(1 - \frac{2}{n^2} - \frac{0.3\lambda}{n^2}\right) \boldsymbol{C}^g + \frac{2}{n^2} \boldsymbol{p}_c^{g+1} (\boldsymbol{p}_c^{g+1})^{\mathrm{T}} + \frac{0.3\lambda}{n^2} \sum_{i=1}^{u} w_i \frac{\boldsymbol{x}_i - \boldsymbol{m}^g}{\sigma^g} \left(\frac{\boldsymbol{x}_i - \boldsymbol{m}^g}{\sigma^g}\right)^{\mathrm{T}} \tag{6.33}$$

$$\sigma^{g+1} = \sigma^g \times \exp\left(\frac{4/n}{1 + \sqrt{0.3\lambda/n}} \left(\frac{\| \boldsymbol{p}_\sigma^{g+1} \|}{E \| N(\boldsymbol{0}, \boldsymbol{I}) \|} - 1\right)\right) \tag{6.34}$$

其中 $\boldsymbol{p}_c^{g+1}$ 和 $\boldsymbol{p}_\sigma^{g+1}$ 被称为进化路径,可以进行如下调整:

$$\boldsymbol{p}_c^{g+1} = \left(1 - \frac{4}{n}\right) \boldsymbol{p}_c^g + 1_{\{|\boldsymbol{p}_\sigma^g| < 1.5\sqrt{n}\}} \sqrt{1 - \left(1 - \frac{4}{n}\right)^2} \sqrt{0.3\lambda} \frac{\boldsymbol{m}^{g+1} - \boldsymbol{m}^g}{\sigma^g} \tag{6.35}$$

$$\boldsymbol{p}_\sigma^{g+1} = \left(1 - \frac{4}{n}\right) \boldsymbol{p}_\sigma^g + \sqrt{1 - \left(1 - \frac{4}{n}\right)^2} \sqrt{0.3\lambda} (\boldsymbol{C}^g)^{-0.5} \frac{\boldsymbol{m}^{g+1} - \boldsymbol{m}^g}{\sigma^g} \tag{6.36}$$

其中,$1_{\{\|\boldsymbol{p}_\sigma^g\| < 1.5\sqrt{n}\}}$ 是一个指标函数,当 $\|\boldsymbol{p}_\sigma^g\| < 1.5\sqrt{n}$ 时为 1,否则为 0。

HSA-MSES 应用于多场景 RAE2822 翼型设计,其中父代和后代种群具有 6 种和 11 种几何形状。经过 50 代后,HSA-MSES 获得精确的全场景阻力景观优化设计如图 6.7 所示。与基线设计相比,B_{dd} 被推到了极端场景 $(M_{\max}, C_{\mathrm{Lmax}})$。

HSA-MSES 的优化过程总共使用了 13 200 次 CFD 仿真,相当于 25 次全场景评估。事

实上,这样的计算代价只能提供两代全场景 CMA-ES,远不足以达到令人满意的结果(见图 6.7)。

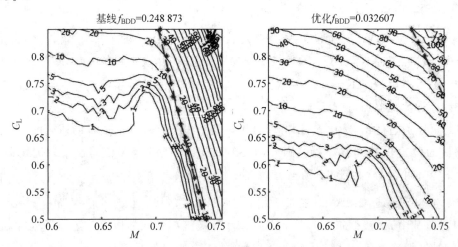

图 6.7　通过 HSA-MSES 和基线设计获得的精确的全场景阻力地形优化设计

6.6　自适应代理模型选择

6.6.1　基本思路

类似于超启发式中的思想,开始可以以相同的概率使用多个代理模型,然后根据每个代理模型在搜索过程中的性能或对适应度改进的贡献来调整使用每个代理模型的概率。考虑如图 6.8[213] 所示的代理模型辅助的模因算法,该算法基于概率模型为每个子代个体自适应地选择代理模型,然后执行基于信任域的局部搜索。在第一代中,常规运行几代进化算法,并使用真实的适应度函数进行评价。一旦收集了训练可靠代理模型足够多的数据后,就可以构建多个(K)代理模型。在代理模型辅助的第一轮搜索中,为每个子代个体随机挑选一个代理模型(概率为 $1/K$),并使用基于信任域的方法进行局部搜索。局部搜索找到的解将使用真实适应度函数进行评估,并将采样的数据添加到数据库中(见图 6.8)。

6.6.2　选择代理模型的概率模型

这里的关键是确定被选中用来协助基于信任区域搜索的代理模型的概率。为此,定义了一个性能度量,称为最小化问题的个体解 x 在代理模型 M 上的可进化度量,用 p_M 表示,被定义为期望的适应度改进[213]:

$$p_M(\boldsymbol{x}) = E\big[f(\boldsymbol{x}) - f(\boldsymbol{y}^{\mathrm{opt}}) \mid \boldsymbol{P}^t, \boldsymbol{x}\big] \tag{6.37}$$

$$= f(\boldsymbol{x}) - \int_y f(\boldsymbol{\phi}_M(\boldsymbol{y})) \times P(\boldsymbol{y} \mid \boldsymbol{P}^t, \boldsymbol{x}) \mathrm{d}\boldsymbol{y} \tag{6.38}$$

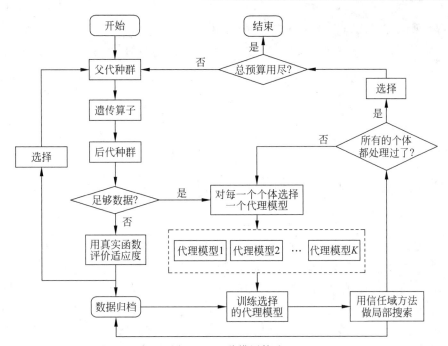

图 6.8　一种模因算法

其中，$P(\boldsymbol{y}|\boldsymbol{P}^t,\boldsymbol{x})$ 是第 t 代父代个体 $\boldsymbol{x}$ 应用遗传算子获得子代解 $\boldsymbol{y}$ 的条件密度函数，即 $\boldsymbol{y}\approx P(\boldsymbol{y}|\boldsymbol{P}^t,\boldsymbol{x})$，其中，$\boldsymbol{P}^t$ 是当前繁殖池，其由环境选择后的个体组成。

$\phi_M(\boldsymbol{y})$ 是由代理模型 M 辅助的局部搜索找到的最优解 $\boldsymbol{y}$，并使用真实适应度函数对其进行评估，$D_M=\{(\boldsymbol{y}_i,\phi_M(\boldsymbol{y}_i))\}_{i=1}^K$ 代表代理模型 M 对给定问题的历史贡献，是所有结果解的集合。通过加权抽样方法，可以得到 $\hat{p}_i(\boldsymbol{x})$ 作为期望适应度提高的估计，用来定义选择样本 $(\boldsymbol{y}_i,\phi_M(\boldsymbol{y}_i))$ 的概率。估计的适应度提高 $p_i(\boldsymbol{x})$ 表示当前解 $\boldsymbol{x}$ 通过遗传算子到达数据库中子代 $\boldsymbol{y}_i$ 的概率 $P(\boldsymbol{y}|\boldsymbol{P}^t,\boldsymbol{x})$，如图 6.9 所示，其中 $\boldsymbol{x}$ 是当前种群中的父代个体，$\boldsymbol{y}_i$ 是遗传搜索生成的子代，$\boldsymbol{y}^{\text{opt}}$ 是基于信任域方法对代理模型进行局部搜索的最优

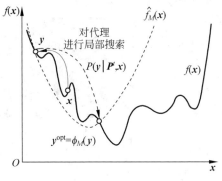

图 6.9　通过对代理进行局部搜索的
预期改进

解。考虑将 $\{(\boldsymbol{y}_i,\phi_M(\boldsymbol{y}_i))\}_{i=1}^K$ 作为从当前分布 $P(\boldsymbol{y}|\boldsymbol{P}^t,\boldsymbol{x})$ 获得的直接样本，对于与样本 $(\boldsymbol{y}_i,\phi_M(\boldsymbol{y}_i))$ 相关联的所有代理模型的估计的改进满足：

$$\sum_{i=1}^K \hat{p}_i(\boldsymbol{x})=1 \tag{6.39}$$

其中，$\hat{p}_i(\boldsymbol{x})$ 和 $\displaystyle\int_{V(\boldsymbol{y}_i)}P(\boldsymbol{y}_i|\boldsymbol{P}^t,\boldsymbol{x})\mathrm{d}\boldsymbol{y}$ 是成正比的，$V(\boldsymbol{y}_i)$ 是解 $\boldsymbol{y}_i$ 周围任意小的区间 ε，积分

通过每一维 k 上的区间 $[y_i^{(k)} - \varepsilon, y_i^{(k)} + \varepsilon]$ 进行计算。

条件密度函数 $P(y \mid \boldsymbol{P}^t, \boldsymbol{x})$ 通过反映当前搜索动态的遗传操作特征来建模。由于 $\int_{V(y_i)} P(y_i \mid \boldsymbol{P}^t, \boldsymbol{x}) \mathrm{d}y$ 的计算是计算密集型的,因此权重 $\hat{p}_i(\boldsymbol{x})$ 通过以下方式来进行估计:

$$\hat{p}_i(\boldsymbol{x}) = \frac{P(y_i \mid \boldsymbol{P}^t, \boldsymbol{x})}{\sum\limits_{j=1}^{K} P(y_j \mid \boldsymbol{P}^t, \boldsymbol{x})} \tag{6.40}$$

使用 $\phi_M = \langle(y_i, \phi_M(y_i))\rangle_{i=1}^{K}$ 中的存档样本和式(6.40)中的权重,预期改进的估计如下:

$$p_M(\boldsymbol{x}) = f(\boldsymbol{x}) - \sum_{i=1}^{K} f(\phi_M(y_i)) \times \hat{p}_i(\boldsymbol{x}) \tag{6.41}$$

基于所估计的适应度提高,可以调整选择特定代理模型的概率,从而最大化搜索效率。在基准问题和汽车的空气动力学优化上进行了多次实验,结果表明多代理模型的自适应选择比单代理模型具有更好的性能。例如,在一个 30 维的 Ackley 函数[213] 上,3 个代理模型[一个径向基函数模型、一个高斯过程(Gaussian Process,GP)模型和一个多项式拟合(Polynomial Regression,PR)模型]被用作辅助局部搜索的代理模型。开始时,每个代理模型被选中的概率为 1/3。随着进化搜索的进行,使用 RBF 模型的概率变得远大于使用 GP 或 PR 模型的概率(约 0.8),如图 6.10 所示。但是,此自适应过程是基于特定问题的。例如,在 30 维 Rosenbrock 函数上,最终选择 GP 或 RBF 的概率大约为 0.4,而使用 PR 模型的概率下降到小于 0.2。

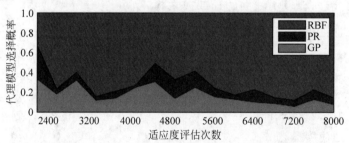

图 6.10　调整 3 种代理模型选择概率的自适应过程

6.7　小结

在许多情况下,模因算法中使用多个代理模型来协助进化搜索或局部搜索是有效的。不同的代理模型可以用于不同的目的,从用于提高准确性和预测可靠性检测的普通集成模型,到局部和全局模型,再到用于近似复杂优化问题中不同组件的模型。需要注意的是,代理模型还可以用于其他目的。例如,在不同复杂度的控制程度下,代理模型可用于估计约束函数[214],从而可以通过调整可行域来获得高约束优化问题的解。

第7章

代理模型辅助的多目标进化优化

摘要 多目标进化优化在现实世界中的应用越来越多,而其中许多应用是昂贵的。本章首先介绍了 3 类主要的多目标优化进化算法,即基于分解、基于 Pareto 支配关系和基于性能指标的进化算法。随后描述了 3 种代表性的代理模型辅助的进化多目标优化算法,它们都通过使用贝叶斯优化中的获取函数(也称为填充准则)进行模型管理。前两种算法是基于分解的方法,第三种算法采用了非支配排序方法作为基础搜索算法。与前两种算法不同,第三种算法还解决了高斯计算成本高的问题,它侧重于通过用异构集成模型代替高斯过程来降低贝叶斯优化的计算复杂性,使其适合解决高维昂贵问题。

7.1 进化多目标优化

PlatEMO
代码

7.1.1 假设和方法论

正如 1.3 节所讨论的,许多现实世界的优化问题具有多个目标,由于目标之间内在的冲突性质,这些问题无法同时达到最佳状态。这些优化问题被称为多目标优化问题,它们通常可以获得一个最优解集,称为 Pareto 最优解集。

传统的优化算法如基于梯度的方法并不能直接解决多目标优化问题。相反,多目标优化问题首先需要转换为一个或多个单目标优化问题[5]。考虑式(1.15)中定义的多目标优化问题并假设没有等式和不等式约束,可以使用以下方法将 MOP 转换为单目标优化问题。

1. 加权聚合方法

最简单的方法是使用一组预定义的权重将多个目标函数线性聚合为一个标量函数:

$$F(\boldsymbol{x}) = \sum_{i=1}^{m} w_i f_i(\boldsymbol{x}) \tag{7.1}$$

其中,$0 \leqslant w_i \leqslant 1$ 是第 i 个目标函数的权重,它满足:

$$\sum_{i=1}^{m} w_i = 1 \tag{7.2}$$

上述方法存在几个实际缺陷。第一，需要多次运行才能找到多个解。第二，无法获得多目标优化问题位于 Pareto 前沿面凹部的 Pareto 最优解。也就是说，对于凹的 Pareto 前沿面，无论权重如何调整，只能近似两个极端解。第三，即使权重在 0 和 1 之间平均分配，得到的 Pareto 最优解也可能分布不均匀。这些被称为非均匀 Pareto 前沿面。

研究表明，当且仅当 $F(\boldsymbol{x})$ 在每个目标 $f_i(\boldsymbol{x})$ 上是严格单调递增函数时，加权聚合才能获得所有的 Pareto 最优解。这可以通过使用如下公式改变聚合目标函数的曲率来实现：

$$F(\boldsymbol{x}) = \sum_{i=1}^{m} w_i (f_i(\boldsymbol{x}))^{s_i} \tag{7.3}$$

其中，$s_i > 1$ 是一个正整数。

将 MOP 转换为 SOP 的一种更通用的方法称为加权度量法[5]：

$$F(\boldsymbol{x}) = \left(\sum_{i=1}^{m} w_i [f_i(\boldsymbol{x}) - z_i^*]^p \right)^{\frac{1}{p}} \tag{7.4}$$

其中，$p \in (0, \infty)$，$\boldsymbol{z}^*$ 被称为理想点，其中每个目标都达到了其最小值。如果 $p = 1$ 且 $\boldsymbol{z}^* = [z_1^*, z_2^*, \cdots, z_m^*]$ 被设为原点，那么式(7.4)就简化成线性加权聚合函数。如果 $p = \infty$，它就变为了 Chebyshev 标量函数：

$$F(\boldsymbol{x}) = \max_i [w_i \mid f_i - z_i^* \mid] \tag{7.5}$$

2. ε-约束方法

此方法将除一个目标之外的所有目标转换为约束：

$$\min f_j(\boldsymbol{x}) \tag{7.6}$$

$$\text{s.t.} \quad f_i(\boldsymbol{x}) \leqslant \varepsilon_i, \quad i \neq j \tag{7.7}$$

其中，ε_i 是第 i 个目标函数的约束，第 j 个目标函数被最小化。

无论使用哪种方法，传统的优化方法都需要预先定义一个权重向量或约束来将多目标优化问题转换为单目标优化问题，以获得一个 Pareto 最优解。如果需要多个 Pareto 最优解，则需要通过定义不同的权重或约束集合来解决多个单目标优化问题。

元启发式算法，例如进化算法，是基于种群的搜索方法，可以在单次优化运行中获得一组 Pareto 最优解。事实上，进化多目标优化可能是自 20 世纪 90 年代流行以来在进化优化领域中最成功的，目前已经提出了大量的多目标进化算法（Multi-Objective Evolutionary Algorithm，MOEA）[215-217]。虽然进化多目标算法可以分为先验、后验和交互方法，但大多数多目标进化算法都属于后验方法，旨在实现 Pareto 最优解的代表性子集，并且获得的解集的大小等于种群的大小或外部存档的大小。因此，这些算法中设计的所有技术旨在加快收敛速度，并提高多样性，即在整个 Pareto 前沿面上的均匀分布。1.5.2 节中给出了广泛使用的性能指标。

7.1.2 基于分解的方法

多目标优化[218-220]到进化多目标优化的早期分解思想和数学优化类似。换句话说，这些算法将一个多目标优化问题转换为多个单目标优化问题,然后使用进化算法同时求解多个单目标优化,通常每个个体使用不同的权重集,或者权重随着迭代而变化。式(7.1)中标量化多目标优化问题中的权重可以定义如下[221-222]:

$$w_i = \frac{random_i}{random_1 + random_2 + \cdots + random_m} \tag{7.8}$$

其中,$random_i$ 产生了一个非负随机实数。随后,生成一组 m 个随机权重用于计算任意后代个体的适应度。也就是说,每个个体使用一组随机生成的权重。类似地,在文献[223-224]中为双目标(μ, λ)-ES 生成了一组随机权重:

$$w_1^i = \frac{random(\lambda)}{\lambda} \tag{7.9}$$

$$w_2^i = 1 - w_1^i \tag{7.10}$$

其中,$i = 1, 2, \cdots, \lambda$,$random(\lambda)$产生 $0 \sim \lambda$ 均匀分布的随机数。

文献[223-224]中提出了一个略有不同的想法,其中在当前代 t 中,种群中的所有个体都使用相同的权重集,但会随着迭代的进行发生变化:

$$w_1(t) = |\sin(2\pi t / F)| \tag{7.11}$$

$$w_2(t) = 1 - w_1(t) \tag{7.12}$$

其中,F 是权重变化的频率。这种方法称为动态加权聚合。

文献[222]中还提出了一组均匀分布的权重:

$$w_1^i = \frac{i-1}{N-1}, \quad i = 1, 2, \cdots, N \tag{7.13}$$

$$w_2^i = 1.0 - w_1^i \tag{7.14}$$

其中,N 是种群规模。因此,生成了 N 个在 $0 \sim 1$ 均匀分布的权重集,每个个体将使用这些均匀分布的权重中的一个进行适应度评估。双目标和三目标优化的示例如图 7.1 所示。这称为单元多目标遗传算法,简称 C-MOGA。除了固定的均匀分布的权重向量外,还定义了一个邻域,用于选择父代以生成后代。例如,在图 7.1(b)中,为了使在单元 A 中的个体生成后代,在其相邻单元(5 个阴影单元格)中随机选择两个父代个体进行交叉以产生后代。

一种最流行的基于分解的算法是基于分解的多目标进化算法(Multi-Objective Evolutionary Algorithm based on Decomposition,MOEA/D)[218]。MOEA/D 使用了一组均匀分布的权重、用于繁殖的邻域和一个本地搜索策略。当线性加权和的标量化函数被 Chebyshev 标量化函数取代时,性能得到了进一步提高,特别是基于惩罚机制的边界交叉(Penalty Boundary Intersection,PBI)函数:

$$F(\boldsymbol{x}) = d_1 + \theta d_2 \tag{7.15}$$

$$d_1 = \left| \boldsymbol{f} \frac{\boldsymbol{w}}{\|\boldsymbol{w}\|} \right| \tag{7.16}$$

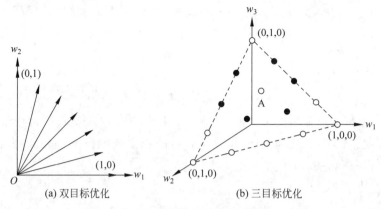

(a) 双目标优化　　　　　(b) 三目标优化

图 7.1　使用均匀分布权重的基于分解的方法

$$d_2 = \left\| \boldsymbol{f} - d_1 \frac{\boldsymbol{w}}{\|\boldsymbol{w}\|} \right\| \tag{7.17}$$

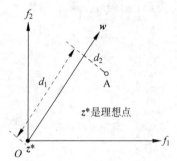

图 7.2　惩罚边界交叉法的标量化
函数的定义

其中，d_1 是解 A 到权重向量 $\boldsymbol{w}$ 的垂直欧氏距离；d_2 是投影点到理想点的距离；θ 是超参数。显然，d_1 反映了解的收敛性能，而 d_2 反映了解的多样性性能（见图 7.2）。

大量基于分解的方法的变体已经被提出了，其中许多变体侧重于修改权重的生成方法[225]，或标量函数的定义[226]，以便为具有不同类型 Pareto 前沿面的 MOP 实现一组均匀分布和收敛的 Pareto 集。关于这两个方面的更多讨论参见 8.1 节。

7.1.3　基于支配关系的方法

对于两目标或三目标优化，基于支配或基于 Pareto 的方法非常自然，因为它们使用支配关系对不同的解决方案进行排序，然后选择更好的解。早期的想法包括根据被支配的解的个数来分配适应度等级[215-216]。对于种群中第 i 个解（$i=1,2,\cdots,P$），其中 P 为种群规模，假设可被支配解 i 的解的数量是 n_i，那么分配给第 i 个解的等级为

$$r_i = 1 + n_i \tag{7.18}$$

然后可以将以下标量适应度值分配给第 i 个个体：

$$f_i = f_{\min} + (f_{\max} - f_{\min}) \frac{(r_i - r_{\min})}{(r_{\max} - r_{\min})} \tag{7.19}$$

其中，$r_{\min}$ 和 $r_{\max}$ 分别是分配给种群的最小和最大等级，$f_{\min}$ 和 $f_{\max}$ 分别是最小和最大适应度值。图 7.3 给出了一个说明性示例，其中有 5 个解，可以根据它们的相对位置直观地判断支配关系，并定义一个共享小生境（邻域大小为 d）来计算小生境数。在这 5 个解中，没有

一个解能支配解 1 和解 2，即 $n_1 = n_2 = 0$，解 3 受解 1 和解 2 支配，即 $n_3 = 2$，解 4 受解 2 支配，即 $n_4 = 1$，解 5 受解 1、解 2、解 3、解 4 支配，即 $n_5 = 4$。因此，分配给 5 个解的是：$r_1 = 1, r_2 = 1, r_3 = 3, r_4 = 2$ 和 $r_5 = 5$。如果最小和最大适应度值分别设置为 0 和 10，则 5 个个体的适应度值为

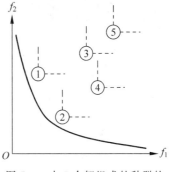

$$f_1 = 0.0 \tag{7.20}$$

$$f_2 = 0.0 \tag{7.21}$$

$$f_3 = 5.0 \tag{7.22}$$

$$f_4 = 2.5 \tag{7.23}$$

$$f_5 = 10.0 \tag{7.24}$$

图 7.3　由 5 个解组成的种群的说明性示例

这样，双目标优化问题就转化为单目标优化问题，并且可以使用任何单目标优化的选择方法进行选择。

但是，回想一下，多目标优化的目标是获得真实 Pareto 前沿面代表解的一个子集。因此，解集的多样性（均匀分布）也应该在选择中发挥作用。因此，根据上述方法分配的适应度必须根据解的拥挤程度进行缩放。拥挤程度可以通过小生境数 nc_i 等来度量，定义一个大小为 d 的小生境，然后计算它到所有具有相同等级个体的归一化距离：

$$d_{ij} = \sqrt{\sum_{k=1}^{m} \left(\frac{f_k^{(i)} - f_k^{(j)}}{f_k^{\max} - f_k^{\min}} \right)^2} \tag{7.25}$$

其中，m 是目标的数量，通常 m 等于 2 或 3，$f_k^{(i)}$ 和 $f_k^{(j)}$ 分别是第 k 个目标的第 i 和 j 个解，$f_k^{\min}$ 和 $f_k^{\max}$ 是所有非支配解的第 k 个目标的最小值和最大值。适应度共享函数定义为

$$\mathrm{sh}(d_{ij}) = \begin{cases} 1 - d_{ij}/d, & d_{ij} < d \\ 0, & \text{其他} \end{cases} \tag{7.26}$$

其中，d_{ij} 是目标空间中第 i 和 j 个解之间的距离。然后，小生境数可以计算如下：

$$nc_i = \sum_{j=1}^{s_i} \mathrm{sh}(d_{ij}) \tag{7.27}$$

其中，s_i 是第 i 个解的小生境中的解的数量。nc_i 是大于 1 的数字。

在多目标优化中促进选择的一种更流行的方法被称为拥挤非支配排序[227]。非支配排序将种群中的个体分类为多个非支配前沿面。最直接的非支配排序方法如下：

（1）找出非支配解并分配该层前沿面等级为 1。

（2）删除所有非支配解，在剩下的解中再次找到非支配解，这些解属于非支配前沿面 2。分配前沿面等级为 2。

（3）重复上述过程，直到种群中的所有解都被分配到一个非支配前沿面等级数。

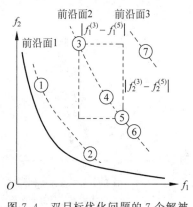

图 7.4 双目标优化问题的 7 个解被
分为 3 个非支配前沿面

图 7.4 显示了一个例子,其中 7 个解被分类到 3 个非支配前沿,拥挤距离是根据一个解的两个邻居解计算的。上述非支配排序方法在概念上很简单,但计算量大,其时间复杂度为 $O(mN^3)$,其中,m 为目标个数,N 为种群大小。因此,人们提出了许多计算上更有效的排序方法。

(1) 快速非支配排序(fast non-dominated sorting)[227]。快速非支配排序按以下步骤排序:

① 对每个解 p,记录支配 p 的解的个数,记为 n_p,收集 p 支配的解的列表,记为 S_p。

② 对于所有 $n_p=0$ 的解 p,给它们分配等级 1,它们形成集合 F_1 中的前沿面 1。设置前沿面计数器 $i=1$。

③ 对于 F_i 中的每个解 p,有

对于 S_p 中的每个解,$n_p=n_p-1$。

④ 对于 $n_p=0$ 的解,分配等级 $i+1$,然后 $i=i+1$。

⑤ 对所有解重复步骤③~步骤④,直到 $n_p=0$,即所有解都分配给一个非支配前沿面。

快速非支配排序的计算复杂度为 $O(mN^2)$。

(2) 高效的非支配排序(efficient non-dominated sorting)[228]。高效的非支配排序首先根据其中一个目标对种群进行排序,并将它们从最好到最差排序,将第一个解分配到前沿面 1。然后,将第二个解与第一个进行比较,如果不被支配,则将第二个解分配到相同的前沿面;否则到前沿面 2。重复这个过程直到所有的解都被分配到一个前沿面。这里的计算技巧是,当要分配一个解时,始终将其与第 k 个前沿面的最后一个解(表示为第 n_k 个)进行比较,$k=1,2,\cdots,K$,n_k 是当前前沿面上解的数量,K 是当前的前沿面数。如果不被支配,则将其与第 n_k-1 个解进行比较;如果第 k 个前沿面的任何解都不支配它,则将其分配给第 k 个前沿面,这样就成为第 k 个前沿面的第 n_k+1 解。如果该解被第 k 个前沿面上的任何解支配,将其与第 $k+1$ 个前沿面的最后一个解进行比较。如果解由最后一个前沿面(K)上的最后一个解支配,则将其分配给第 $K+1$ 个前沿面。重复上述过程,直到所有解都分配到一个前沿面。

根据在非支配排序前一个函数对解进行排序的排序方法,高效的非支配排序方法的时间复杂度可以被写成 $O(mN\sqrt{N})$ 到 $O(mN^2)$。这样,高效的非支配排序的最坏情况等于快速非支配排序。可以在文献[229]中找到流行的非支配排序方法的概述。

对种群中的个体进行排序后,逐层计算用于控制解集多样性的拥挤距离。为了区分同一前沿面上的解,一个解的拥挤距离是通过它在目标空间中同一前沿面上的两个相邻解的

距离来衡量的：

$$d_i = \sum_{k=1}^m \frac{\mid f_k^{(i-1)} - f_k^{(i+1)} \mid}{f_k^{\max} - f_k^{\min}} \tag{7.28}$$

其中，d_i 是前沿面上第 i 个解的拥挤距离；$f_k^{(i-1)}$ 和 $f_k^{(i+1)}$ 是同一前沿面第 i 个解的两个相邻解；$f_k^{\min}$ 和 $f_k^{\max}$ 是同一前沿面所有解的第 k 个目标的最小值和最大值。

在选择中，拥挤距离越大，解越优先被选择。由于拥挤距离的计算涉及相邻解，所以每个前沿面的极点都只有一个邻居，这里给它们分配了足够大的拥挤距离，使得它们在选择时总是被优先考虑。

例如，在图 7.4 中，7 个解被分为 3 个非支配前沿面。对于第一个前沿面的两个解，它们的拥挤距离被指定为一个较大的值。对于第二个前沿面中的解 4，其拥挤距离是解 3 和解 5 之间的所有目标的归一化距离之和，也就是 $\mid f_1^{(3)} - f_1^{(5)} \mid + \mid f_2^{(3)} - f_2^{(5)} \mid$。

精英非支配排序遗传算法被称为 NSGA-Ⅱ[227]，是最流行的基于支配的多目标优化进化算法。NSGA-Ⅱ从随机生成大小为 N 的父种群 P_0 开始。在第 t 代，对父种群 P_t 使用交叉和变异生成后代种群 O_t。这里，如果使用二进制遗传算法，则可以使用交叉和翻转变异；SBX 和多项式变异可用于实数编码的遗传算法。将子代种群与父代种群组合形成一个组合种群 R_t。然后基于非支配排序将组合种群排序为多个非支配前沿，计算同一前沿上个体的拥挤距离，按照拥挤距离从高到低排序。在环境选择过程中，选择排序后的组合种群 R_t 中较好的一半作为下一代的父种群 $(t+1)$。这个过程重复直到满足收敛标准。图 7.5 给出了基于非支配排序和拥挤距离排序的环境选择示例，图 7.5(a) 的组合种群中有 16 个

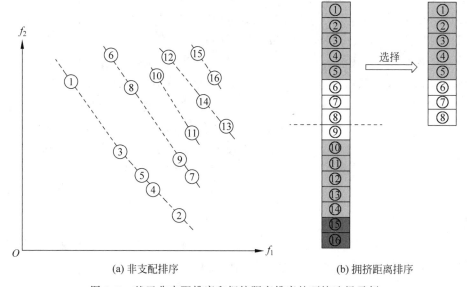

(a) 非支配排序　　(b) 拥挤距离排序

图 7.5　基于非支配排序和拥挤距离排序的环境选择示例

解,它们被分为 5 个非支配前沿面。图 7.5(b)则表示计算同一前沿面的解的拥挤距离,以便它们可以按降序排序。注意,两个边界解的顺序可以交换,因为它们都有一个指定的非常大的距离。最后,前 8 名的解被选为下一代的父代种群。图 7.6 给出了 NSGA-Ⅱ算法的整体示意图。

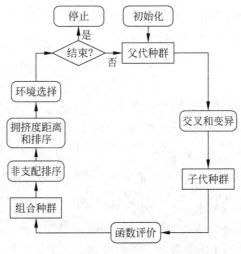

图 7.6 NSGA-Ⅱ示意图

7.1.4 基于性能指标的方法

多目标优化中的大多数性能指标都会计算一个标量值来衡量非支配解集的准确性和多样性。这使得可以使用性能指标来比较解的质量并将其用作解的适应度。需要解决的问题是,如何使用性能指标来衡量单个解的质量,而它原本是用于衡量解集的质量。

通用的基于指标的进化算法(Indicator-Based Evolutionary Algorithm,IBEA)使用二元性能指标来成对地比较解,然后按照 7.1.3 节中的要求为每个个体分配适应度,以进行环境选择[230]。IBEA 和基于支配关系的方法之间的主要区别在于不需要考虑额外的多样性度量,因为已经在二元性能指标中考虑了多样性。如果二元性能指标保持了支配关系,则二元性能指标可以被视为广义的支配关系。支配关系保持是指对于任何解 x_1、x_2 和 x_3,如果 $x_1 \prec x_2$,则 $I(x_1,x_2) < I(x_2,x_1)$,并且如果 $x_1 \prec x_2$,那么对于所有 x_1、x_2 和 x_3 满足 $I(x_3,x_1) \geqslant I(x_3,x_2)$。为此,下述二元加法 ε 指标是保持了支配关系:

$$I_{\varepsilon^+}(A,B) = \min_{\varepsilon}\{\forall x_2 \in B \ \exists x_1 \in A: f_i(x_1) - \varepsilon \leqslant f_i(x_2), \quad i \in \{1,2,\cdots,n\}\}$$

(7.29)

实际上,也可以使用其他几种二元性能指标,如文献[231]中所示。给定二元指标,可以使用以下方法为当前种群 P 的每个解 x 分配标量适应度值:

$$F(x) = \sum_{x' \in P \setminus x} -e^{-I(x',x)}$$

(7.30)

其中，x' 是当前种群 P 中除了 x 的任何解。然后，多目标最小化问题可以转化为单目标最大化问题。

另一种早期基于性能的算法是稳态 $(\mu+1)$-EMOA[也称为 $\mathcal{S}$Metric Selection EMOA (SMS-EMOA)]是在文献[125]中提出的。这是一种稳态多目标进化算法，在每一代中，只有最差的解会被丢弃并用新生成的子代代替。通过使用非支配排序将当前种群排序为多个非支配前沿面，然后，删除最后一个前沿面的一个解。可以通过计算删除特定解决方案后超体积的变化来确定应删除哪个解。将最后一个前沿面（最差）的解集表示为 I，那么解 x 的贡献可以计算如下：

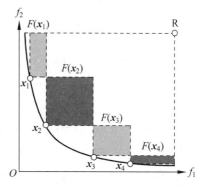

$$F(\boldsymbol{x}) = \mathcal{S}(I) - \mathcal{S}(I \setminus \boldsymbol{x}) \qquad (7.31)$$

其中，$\mathcal{S}(I)$ 和 $\mathcal{S}(I \setminus x)$ 是解集 R 和去除 x 后的集合的超体积。因此，可以去除具有最小 $F(x)$ 的解。图 7.7 显示了计算某一解对解集超体积的贡献的示例。在这个例子中，非支配前沿面由 4 个解组成，即 $I = \{x_1, x_2, x_3, x_4\}$，$R$ 是参考点。然后，计算每个解右上角的阴影区域的面积可以计算出通过去除 4 个解之一而减少的超体积。

图 7.7　每个解对解集超体积的贡献的说明性示例

文献[232]中给出了基于指标的多目标进化算法的综述。

7.2　高斯过程辅助随机加权聚合方法

ParEGO
代码

7.2.1　代理模型辅助多目标优化的挑战

虽然已经有许多多目标进化算法可以用于代理模型辅助多目标优化，但是设计有效的代理模型辅助多目标进化算法仍然非常具有挑战性。主要挑战来自多目标优化问题中的多个目标函数，总结如下：

1. 逼近误差

为每个目标函数建立一个代理模型并代替真实的函数评估是一种相对直接的方法，但是，多个代理模型的累积误差可能会严重误导多目标求解器。为了减轻这种负面影响，可以将原始多目标优化问题基于一个聚合函数或性能指标转换为一个单目标优化问题，如前所述。

2. 多样性维持

与单目标优化不同，多目标优化需要搜索一个具有良好的收敛性和多样性的解集。因此，许多现有的单目标的代理模型辅助进化算法不能直接扩展到多目标优化问题，应该更仔细地考虑多样性维持。

本节介绍了一种流行的代理辅助多目标进化算法（称为 ParEGO），其中一个多目标优化问题被转换为多个单目标优化问题，同时应用了一个众所周知的代理模型辅助单目标优化算法，即高效全局优化方法（Efficient Global Optimization，EGO）[233]。其中，EGO 也采用了与贝叶斯优化中的那些获取函数类似的填充准则。

7.2.2　高效全局优化方法

EGO 是一种广泛使用的 GP 辅助单目标优化算法，用于解决昂贵的黑盒问题。如 4.2 节所述，GP 模型的主要优势在于其不确定性信息（即式（4.24）中的 ε）。EGO 使用 ε 来平衡搜索的探索和开发。

实际上，EGO 是一种经典的在线数据驱动优化算法，它包括离线数据初始化、代理模型构建和在线数据采样等步骤，类似于贝叶斯优化。

如算法 7.1 所示，EGO 从收集初始训练数据集 $\mathcal{D}$ 开始，该数据集通常由拉丁超立方采样（Latin Hypercube Sampling，LHS）方法生成[234]。基于训练数据 $\mathcal{D}$ 建立 GP 模型后，应用一个优化算求解获取函数，如 5.4 节所述（例如，EI、PI 和 LCB），以确定新的在线采样点 $\boldsymbol{x}$ 用于真实的函数评估。将评估的样本添加到 $\mathcal{D}$ 并更新 GP 模型。再次对采集函数进行优化以识别新样本，并使用真实目标函数对新样本进行评估来增加 $\mathcal{D}$，直到计算预算被耗尽。最后，EGO 输出 $\mathcal{D}$ 中的最优值作为其结果。

算法 7.1　EGO 伪代码

1: 采样初始训练数据集 $\mathcal{D}$
2: while 终止条件未达到 do
3:　　基于数据集 $\mathcal{D}$ 构建 GP 模型
4:　　优化获取函数来搜索 $\boldsymbol{x}$
5:　　用真实目标函数评价 $\boldsymbol{x}$，得到 y
6:　　把新样本 $(\boldsymbol{x}, y)$ 加入 $\mathcal{D}$
7: end while
输出：$\mathcal{D}$ 中的最优值

7.2.3　多目标优化的扩展

ParEGO[235] 可以看作是用于解决多目标优化问题的 EGO 变体。ParEGO 的主要思想是将一个多目标优化问题重复转换为一组单目标优化问题，然后使用 EGO 来求解单目标优化问题。ParEGO 的流程图如图 7.8 所示，其中包含分配问题、构建 GP 模型、优化获取函数和添加在线样本的循环。

在应用 LHS 进行离线采样得到数据集 $\mathcal{D}$ 后，ParEGO 将一个转换后的 SOP 分配给

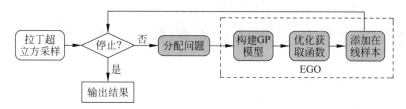

图 7.8　ParEGO 流程图

EGO 求解器,其中使用以下增强的 Chebyshev 函数进行转换:

$$f_{\boldsymbol{\lambda}}(\boldsymbol{x}) = \max_{j=1}^{m}(\lambda_j f_j(\boldsymbol{x})) + \rho \sum_{j=1}^{m} \lambda_j f_j(\boldsymbol{x}) \qquad (7.32)$$

其中,$\boldsymbol{\lambda}$ 是 m 维权重向量($\sum_{j=1}^{m} \lambda_j = 1$),$\rho$ 是一个很小的值(0.05)。 为了实现一组多样化的解决方案,在 ParEGO 开始时,使用多个均匀分布的权重向量将多目标优化问题转换为多个单目标优化问题。在每次迭代中,为式(7.32)从预定义权重集中随机选择一个权重向量 $\boldsymbol{\lambda}$。

然后,ParEGO 采用修改后的 EGO 来优化分配的单目标优化问题。为了建立 GP 模型近似分配的单目标优化问题,训练数据 $\mathcal{D}$ 中样本的适应度值根据式(7.32)计算。ParEGO 使用 EI 作为单目标优化问题分配的获取函数和进化算法优化器来优化 EI,以找到新样本从而进行真实函数评估。注意,在整个 ParEGO 过程中,进化算法会针对不同的 SOP 重新启动。换句话说,对于每个分配的 SOP,进化算法从一个随机种群开始,并返回一个选定的样本来丰富 $\mathcal{D}$。

当所有计算预算用完时,ParEGO 输出 $\mathcal{D}$ 中的非支配解作为最终结果。

ParEGO 可以被视为一种进化多目标贝叶斯优化算法的直接实现,用于解决昂贵的多目标优化问题。本节提供的源代码在 PlatEMO[236] 中可用。然而,这种简单的方法存在以下几个缺点。

(1) **随机分解**:ParEGO 不使用任何如前所述的复杂的进化多目标优化技术。相反,它使用随机分解方法将多目标优化问题转换为单目标优化问题。因此,ParEGO 可能无法获得一些最优解。

(2) **效率低**:实际上,ParEGO 顺序求解一组单目标优化问题,且这些单目标优化问题是独立的。这些单目标优化问题的 GP 模型是单独建立的,它们的获取函数是单独求解的,没有任何知识迁移。因此,ParEGO 不是很高效。

(3) **缺乏多样性维持**:由于 ParEGO 基于单目标优化,它对最优解集的多样性控制能力弱。ParEGO 中唯一的多样性维持策略是每次迭代中的随机权重向量,这无法在多样性上产生令人满意的性能。

7.3　高斯过程辅助的基于分解的多目标优化

由于 ParEGO 在每次迭代中优化由 Chebyshev 函数聚合的一组随机的单目标优化问题集,因此 ParEGO 不能保证所获得解的多样性。为了提高多样性,MOEA/D-EGO[237] 采用 MOEA/D[218] 作为基础优化器,其中 MOEA/D 通过 Chebyshev 函数将原始 MOP 分解为一系列子问题。由于 MOEA/D 的并行性,MOEA/D-EGO 比 ParEGO 具有更好的多样性。

7.3.1　MOEA/D

MOEA/D 是一种经典的基于分解的 MOEA。如图 7.9 所示,MOEA/D 包含 3 个主要步骤:分解、搜索和合作。

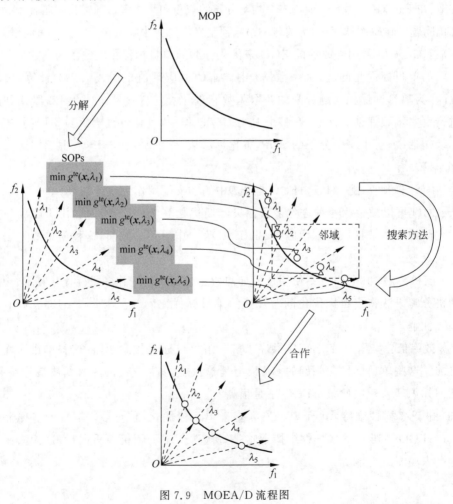

图 7.9　MOEA/D 流程图

一开始,MOEA/D 生成一组 N 个均匀分布的权重向量 $\boldsymbol{\lambda}$。有了这些权重向量 $\boldsymbol{\lambda}$,原始 MOP 可以使用 Chebyshev 标量函数分解为多个单目标优化问题:

$$g^{\text{te}}(\boldsymbol{x},\boldsymbol{\lambda}) = \max_{j=1}^{m}(\lambda_j(\hat{f}_j(\boldsymbol{x}) - z_j)) \tag{7.33}$$

其中,z_j 是第 j 个目标的最小值。

然后,MOEA/D 初始化其 N 个个体的种群,并为每个个体分配一个单目标优化问题的 $g^{\text{te}}(\boldsymbol{x},\boldsymbol{\lambda})$。此外,它还为每个权重向量定义了一个邻域,即相似的权重向量是邻居,它们共享相似的单目标优化问题。

在每一代中,MOEA/D 使用现有的进化搜索算子,如交叉和变异,在种群中产生后代。并且,为每个单目标优化问题找到的最优解都保存在种群中。

由于一个邻域中的单目标优化问题是相似的,因此协作解决相邻的单目标优化问题可以加速搜索。MOEA/D 中的协作有两个步骤:配对选择和替换。在交叉的配对选择中,每个个体从其邻居那里借用解来生成新的解。在替换步骤中,每个个体向其邻居发送新解,以检查新解是否可以在其邻居的单目标优化问题上表现良好。

MOEA/D 是传统数学优化方法和进化搜索的结合,其中兼顾了收敛性和多样性。它的合作机制很好地利用了进化算法中种群和分解后的单目标优化问题的相似性。这种隐式并行方式可以有效加速多目标优化的搜索过程。

7.3.2 主要框架

MOEA/D-EGO[237] 是一种 MOEA/D 变体,用于解决昂贵的多目标优化问题。作为在线数据驱动的进化算法,MOEA/D-EGO 采用 GP 模型来逼近每个目标,MOEA/D 作为优化方法,EI 作为填充采样标准。

算法 7.2 MOEA/D-EGO 伪代码

1: 采样初始训练数据集 $\mathcal{D}$,并作为初始种群
2: 产生均匀分布的权重向量 $\boldsymbol{\lambda}$
3: while 终止条件未达到 do
4:    对数据集 $\mathcal{D}$ 进行模糊聚类
5:    基于聚类后的数据 $\mathcal{D}$ 构建一个局部 GP 模型来近似每个目标
6:    用 MOEA/D 搜索所有 SOP 的 EI
7:    用 K-means 对子代种群进行分组
8:    在每一组内选择一个解 $\boldsymbol{x}$,用真实目标函数评价 $\boldsymbol{x}$,得到 y
9:    把新样本 $(\boldsymbol{x}, y)$ 加入 $\mathcal{D}$
10: end while
输出:$\mathcal{D}$ 中非支配样本

如算法 7.2 所示,MOEA/D-EGO 的过程遵循 MOEA/D 的主要步骤。在初始化步骤中,MOEA/D-EGO 对离线数据进行采样作为训练数据集 $\mathcal{D}$ 和初始种群,它还像在 MOEA/D

中所做的那样生成一组均匀分布的权重 $\boldsymbol{\lambda}$。然后，在主循环中，MOEA/D-EGO 为所有目标函数构建局部 GP 模型，并选择填充样本来更新 GP 模型。

7.3.3 局部代理模型

MOEA/D-EGO 采用 GP 模型并行逼近每个目标函数。由于训练一个 GP 模型的时间复杂度为 $O(d^3)$，MOEA/D-EGO 在训练数据过多的情况下建立局部模型，以提高局部精度并减少计算时间。为此，定义了两个参数 L_1 和 L_2：

（1）L_1 是构建多个局部模型的训练数据点数的阈值。如果 d 大于 L_1，则建立局部模型，否则，每个目标函数只建立一个全局模型。

（2）L_2 是添加一个局部模型的训练数据点数的阈值。

因此，每个目标函数的局部模型 N_C 的数量可以计算为：

$$N_C = 1 + \left\lceil \frac{d - L_1}{L_2} \right\rceil \tag{7.34}$$

通过模糊 c 均值聚类方法（Fuzzy c-mean Clustering Method，FCM）将训练数据 $\mathcal{D}$ 分成 N_C 类[238]。与其他聚类方法不同如清晰聚类，FCM 可以将一个数据点分配给多个聚类，如图 7.10 所示。因此，在每个聚类中为 m 个目标函数建立 m 个 GP 模型（$\hat{f}_1(\boldsymbol{x}), \cdots, \hat{f}_m(\boldsymbol{x})$）。在每代中 MOEA/D-EGO 训练了 mN_C 个 GP 模型。

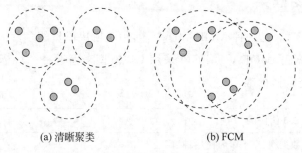

(a) 清晰聚类   (b) FCM

图 7.10 清晰聚类和 FCM 之间的差异

7.3.4 代理模型管理

与 ParEGO 不同，MOEA/D-EGO 不使用 GP 模型来逼近聚合的单目标优化问题，这使得现有的 EI 无法直接用于采样。根据这些 GP 模型，一个子问题 $\hat{g}^{te}(\boldsymbol{x}, \boldsymbol{\lambda})$ 可以写成：

$$\hat{g}^{te}(\boldsymbol{x}, \boldsymbol{\lambda}) = \max_{j=1}^{m}(\lambda_j(\hat{f}_j(\boldsymbol{x}) - z_j)) \tag{7.35}$$

这需要 m 个 GP 模型的组合。在 $m=2$ 的情况下，$\hat{g}^{te}(\boldsymbol{x}, \boldsymbol{\lambda})$ 的均值是：

$$E(g^{te}(\boldsymbol{x}, \boldsymbol{\lambda})) = \mu_1 \Phi(\alpha) + \mu_2 \Phi(-\alpha) + \tau \phi(\alpha) \tag{7.36}$$

其中，

$$\mu_i = \lambda_j (\hat{f}_j(\boldsymbol{x}) - z_j)$$

$$\tau = \sqrt{[\lambda_1 \hat{s}_1(\boldsymbol{x})]^2 + [\lambda_2 \hat{s}_2(\boldsymbol{x})]^2}$$

$$\alpha = (\mu_1 - \mu_2) / \tau$$

$$\phi(t) = (2\pi)^{-0.5} e^{(-t^{2/2})}$$

$$\Phi(t) = \int_{-\infty}^{t} \phi(\theta) d\theta \tag{7.37}$$

方差为

$$\hat{s}^{\text{te}}(\boldsymbol{x})^2 = E(g^{\text{te}}(\boldsymbol{x}, \boldsymbol{\lambda})^2) - E(g^{\text{te}}(\boldsymbol{x}, \boldsymbol{\lambda}))^2 \tag{7.38}$$

其中，

$$E(g^{\text{te}}(\boldsymbol{x}, \boldsymbol{\lambda})^2) = (\mu_1^2 + \sigma_1^2) \Phi(\alpha) + (\mu_2^2 + \sigma_2^2) \Phi(-\alpha) + (\mu_1 + \mu_2) \phi(\alpha)$$

$$\sigma_i^2 = [\lambda_i \hat{s}_i(\boldsymbol{x})]^2 \tag{7.39}$$

在 $m=3$ 的情况下，近似的 Chebyshev 函数可以写成如下形式来推断其均值和方差函数。

$$\hat{g}^{\text{te}}(\boldsymbol{x}, \boldsymbol{\lambda}) = \max\{\max\{\lambda_1(\hat{f}_1(\boldsymbol{x}) - z_1), \lambda_2(\hat{f}_2(\boldsymbol{x}) - z_2)\}, \lambda_3(\hat{f}_3(\boldsymbol{x}) - z_3)\} \tag{7.40}$$

因此，$\hat{g}^{\text{te}}(\boldsymbol{x}, \boldsymbol{\lambda})$ 的 EI 准则可以写成以下等式。

$$\text{EI}(\boldsymbol{x}, \boldsymbol{\lambda}) = [g_{\min}^{\text{te}}(\boldsymbol{x}, \boldsymbol{\lambda}) - \hat{g}^{\text{te}}(\boldsymbol{x}, \boldsymbol{\lambda})] \Phi\left(\frac{g_{\min}^{\text{te}}(\boldsymbol{x}, \boldsymbol{\lambda}) - \hat{g}^{\text{te}}(\boldsymbol{x}, \boldsymbol{\lambda})}{\hat{s}^{\text{te}}(\boldsymbol{x})}\right) +$$

$$\hat{s}^{\text{te}}(\boldsymbol{x}) \phi\left(\frac{g_{\min}^{\text{te}}(\boldsymbol{x}, \boldsymbol{\lambda}) - \hat{g}^{\text{te}}(\boldsymbol{x}, \boldsymbol{\lambda})}{\hat{s}^{\text{te}}(\boldsymbol{x})}\right) \tag{7.41}$$

MOEA/D-EGO 使用 EI 准则为式（7.41）中每个 $\hat{g}^{\text{te}}(\boldsymbol{x}, \boldsymbol{\lambda})$ 来选择新样本，即最大化 EI($\boldsymbol{x}$, $\boldsymbol{\lambda}$)是每个个体的单目标优化问题。

在每一代的选择操作之后，MOEA/D-EGO 从种群中的训练数据 $\mathcal{D}$ 中过滤出不同的解。然后，应用 K 均值算法将这些解划分为 K_E 集群，在每个集群中选择一个解 $\boldsymbol{x}$ 来计算其真实目标值并添加到训练数据 $\mathcal{D}$ 中。当计算预算耗尽时，MOEA/D-EGO 输出 $\mathcal{D}$ 中的非支配解。

7.3.5　讨论

MOEA/D-EGO 在收敛性和多样性方面都优于 ParEGO，这表明在数据驱动的 MOEA 中，多目标优化器比单目标优化器更有效。然而，由于 max 函数，将两个以上的 GP 模型组合到 Chebyshev 函数会变得复杂。换句话说，当目标函数的数量很大时，基于 GP 的 Chebyshev 函数很难建立。因此，建议在 MOEA/D-EGO 中使用其他聚合函数。本节提供的 MOEA/D-EGO 源代码已包含在 PlatEMO[236] 中。

7.4 高维多目标贝叶斯优化

7.4.1 主要挑战

贝叶斯优化是一种强大的黑盒昂贵优化方法,采样函数(也称为填充准则)已被广泛用于辅助代价高昂的多目标优化。然而,贝叶斯优化通常依赖于高斯过程(Gaussian Process,GP),而 GP 辅助进化优化仅应用于低维问题(最多 10 个决策变量)[239],主要是因为构建GP 的计算成本为 $O(N^3)$,其中 N 是训练数据的数量。相比之下,其他代理模型可以处理高达 100 的维度。因此,在仍然能够使用填充标准(获取函数)的同时寻求高斯过程的计算可扩展替代非常重要。另一个挑战是将单目标贝叶斯优化扩展到多目标优化。为了能够使用获取函数进行模型管理,能够替代高斯过程的代理模型应该在计算上可扩展以增加训练数据量(因此去增加决策变量的数量)并估计预测适应度值的不确定性。

一种想法是使用机器学习集成,它由多个基学习器[199]组成。如果基学习器既准确又多样化,那么基于基学习器输出的方差来估计预测的不确定性是可行的。因此,中心点是构建一个高质量的集成,可以确保准确预测(基于基学习器输出的平均值)和对不确定性的可靠估计。

7.4.2 异构集成模型构建

为了构建一个多样化和准确的集成模型,在这里提出了一个使用不同特征和不同模型类型的异构集成。为了构建不同的特征空间,同时使用特征选择和特征提取技术,这是两种流行的降维方法。特征选择旨在选择给定特征的最紧凑和最相关的子集,特征提取将现有特征转换到较低维的空间,使新特征是非冗余的且信息量大。

(1) 特征选择。特征选择通过去除不相关和冗余的特征使得构建一个紧凑模型成为可能,从而提高模型的泛化能力和效率。特征选择本质上是一个组合优化问题,当原始特征空间很大时它变得具有挑战性。根据特征选择策略与机器学习模型结合的方式,特征选择方法可以分为包装法、嵌入法和滤波器法。尽管滤波器方法的学习性能通常不如其他两种方法,但它们在计算上更有效且鲁棒性更强。在文献[165]中提出使用竞争 PSO 算法[93]进行高维特征选择,它是粒子群优化器的一种有效变体,用于大规模优化。如果原始特征空间不是很大,即最多 100 个,可以简单地使用标准粒子群优化器来实现更快的收敛。

(2) 特征提取。如 4.1.2 节所述,有线性和非线性特征提取方法。根据决策变量之间的相关性,可以使用线性或非线性特征提取方法。这里,为了计算简单,可以采用最流行的PCA 方法。

一旦完成特征选择和特征提取,就可以构建 3 组基学习器:第一组基于原始特征空间,第二组基于选择的特征,第三组基于提取的特征。对于每组基学习器,同样可以使用不同的模型,例如 SVM 和 RBFN。如 4.2.8 节所述,不同的学习算法也会导致模型略有不同。例如,可以分别使用基于梯度的方法或最小二乘法来训练 RBFN。图 7.11 提供了使用 3 组具有不同输入和不同模型的异构集成模型示例,3 个以选择的特征子集作为输入,3 个以提取的特征作为输入,3 个以原始特征作为输入,因此可以保证多样性。

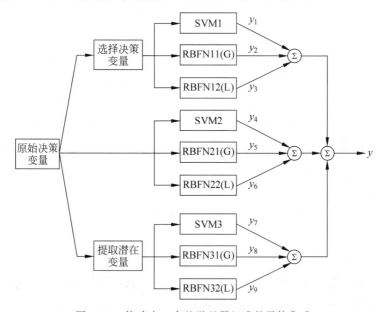

图 7.11　构建由 9 个基学习器组成的异构集成

在这个例子中,代理模型的均值(预测适应度)和方差可以计算如下:

$$\hat{f}(\boldsymbol{x}) = \frac{1}{9}\sum_{i=1}^{9} y_i \tag{7.42}$$

$$\hat{s}^2(\boldsymbol{x}) = \frac{1}{9-1}\sum_{i=1}^{9}(y_i - \hat{f}(\boldsymbol{x}))^2 \tag{7.43}$$

其中,$\hat{f}(\boldsymbol{x})$ 是解 $\boldsymbol{x}$ 的预测适应度。

如 4.2.8 节所述,还可以使用许多其他方法来处理不同的集成。

7.4.3　基于 Pareto 的多目标贝叶斯优化方法

如 5.4.3 节所述和图 5.9 所示,贝叶斯进化优化使用获取函数(也称为填充标准)来确定应该对种群中的哪些个体进行抽样,即使用昂贵的目标函数进行评估。对于单目标优化,我们可以简单地挑出获取函数值最大的个体。然而,对于多目标优化,可以采用不同的方法来选择要采样的解决方案。例如在 7.4.1 节描述的 MOEA/D-EGO 中,一个多目标优化问题被分解为多个单目标优化问题,然后可以为每个子问题构建一个获取函数。

这里,使用基于支配关系的方法,即为解的每个目标计算获取函数值,然后根据获取函数值对这些解决方案进行排序。可以根据估计的目标值及其置信度计算每个目标函数的 LCB 或 EI 值:

$$\text{LCB}_j(\boldsymbol{x}) = \hat{f}_j(\boldsymbol{x}) - \beta \hat{s}_j(\boldsymbol{x}) \tag{7.44}$$

$$\text{EI}_j(\boldsymbol{x}) = (y_j^{\min} - \hat{f}_j(\boldsymbol{x}))\Phi(z_j) + \hat{s}_j(\boldsymbol{x})\phi(z_j) \tag{7.45}$$

$$z_j = \frac{y_j^{\min} - \hat{f}_j(\boldsymbol{x})}{\hat{s}_j(\boldsymbol{x})} \tag{7.46}$$

其中,β 对于最小化问题是正数;$\Phi(\cdot)$ 和 $\phi(\cdot)$ 分别是标准正态分布和概率密度函数;$y_j^{\min}$ 是现有采样数据的第 j 个目标值的最小值,即到目前为止已经实现的第 j 个目标的最佳值,$j=1,2,\cdots,m$,其中,m 是目标的数量,在多目标优化中通常 $m=2$ 或 $m=3$。

可以对所有非支配解进行采样,这可能会消耗过多的有限计算资源。为了减少被采样的解的数量,我们可以使用简单的聚类算法对目标或决策空间中的非支配解进行聚类,例如,K 均值聚类算法来减少被采样的解的数量。通常,我们可以将集群数量设置为 5,以进行两目标或三目标优化。

7.4.4 整体框架

下面总结了使用异构集成模型来辅助多目标优化的整体框架,称为 HeE-MOEA。它与其他代理模型辅助的 MOEA 的区别主要在于 HeE-MOEA 使用异构集成而不是 GP 进行适应度近似,并且使用集成成员输出的方差来估计置信区间。最初,使用拉丁超立方采样生成 $11d-1$ 个训练数据点,其中 d 是决策空间的维度。

基于二元 PSO[240] 的滤波器方法用于选择输入特征以生成不同的输入。选择函数是通过最小化所选择特征的冗余度并最大化它们与目标值的相关性来定义的,如下所示:

$$\min R = \alpha R_1 - (1-\alpha) R_2 \tag{7.47}$$

$$R_1 = \frac{1}{d_1} \sum_{i=1}^{d_1} \text{dCor}(x_i, C_{X_s} x_i) \tag{7.48}$$

$$R_2 = \text{dCor}(X_s, y) \tag{7.49}$$

其中,$d_1 < d$ 是所选子集中的特征数 X_s;x_i 是 X_s 的第 i 个特征;$C_{X_s} x_i$ 表示 X_s 中不包括 x_i 的所有元素;R_1 计算了 X_s 中一个特征与其他特征的距离相关性的均值,描述了所选特征的冗余度;R_2 使用 X_s 到 Y 的距离相关性来表示所选特征对函数值的依赖关系。根据距离协方差计算距离相关性。让 X_s 和 Y 成为随机变量 $(\boldsymbol{x}_s, \boldsymbol{y})$ 的 K 个样本,然后两个 $K \times K$ 距离矩阵 $\boldsymbol{A}$ 和 $\boldsymbol{B}$ 可以计算如下:

$$a_{i,j} = \| \boldsymbol{x}_s^i - \boldsymbol{x}_s^j \|^2 \tag{7.50}$$

$$b_{i,j} = \| \boldsymbol{y}^i - \boldsymbol{y}^j \|^2 \tag{7.51}$$

$$A_{i,j} = a_{i,j} - \bar{a}_i. - \bar{a}._j - \bar{a}.. \tag{7.52}$$

$$B_{i,j} = b_{i,j} - \bar{b}_i. - \bar{b}._j - \bar{b}.. \tag{7.53}$$

其中,$i,j = 1,2,\cdots,K$,$\bar{a}_i.$ 和 $\bar{a}._j$ 分别是第 i 行和第 j 列的均值,$\bar{a}..$ 是矩阵 $\boldsymbol{a}$ 的大均值。距离协方差可以被计算为 $\boldsymbol{A}$ 和 $\boldsymbol{B}$ 的点积的平均值:

$$\mathrm{dCov}^2(X_s,Y) = \frac{1}{K^2} \sum_{i=1}^{K} \sum_{j=1}^{K} A_{i,j} B_{i,j} \tag{7.54}$$

因此,距离相关性可以计算为:

$$\mathrm{dCor}(X_s,Y) = \frac{\mathrm{dCov}(X_s,Y)}{\sqrt{\mathrm{dCov}(X_s,X_s)\mathrm{dCov}(Y,Y)}} \tag{7.55}$$

对于特征提取,可以使用 PCA。如图 7.11 所示,然后可以构建一个由 9 个基学习器组成的集成模型。在进化多目标贝叶斯优化的框架中,可以采用 MOEA,例如 7.1.3 节中介绍的 NSGA-Ⅱ[227] 来最大化每个目标的 LCB 或 EI。给定解的 LCB 或 EI 值可以使用式(7.44)或式(7.45)中定义的方程作为这些解的目标值来计算。注意,如果使用 LCB,那么优化的目标是对于不同目标最小化 LCB 或最大化 EI。为了尽可能多地利用新样本,将首先删除与现有样本接近的新解。例如,若两个解在决策空间中的欧几里得距离小于 10^{-5},则被认为是接近的。当然这个阈值取决于决策变量的搜索范围。然后,使用 K 均值聚类从非支配解中选择 k_m 个解,通常 $k_m = 5$。之后,这些新 k_m 个解的目标值将使用真实昂贵的目标来计算(现实中,通常是耗时的数值模拟或物理实验或其他数据收集方法)。然后这些新数据将用于更新集成代理模型。

在 HeE-MOEA 中,特征选择仅在进化优化之前执行一次,因为它非常耗时,而在每次迭代中执行 PCA 进行特征提取,因为 PCA 在计算上代价较小。此外,并非所有收集的样本用于更新集成模型。如果整个训练数据的数量超过了上限,则只挑出一部分数据来更新集成:根据非支配排序和拥挤距离直接选择训练数据的前半部分,另一半是从数据库中无放回地随机抽样。

图 7.12 分别展示了训练异构集成模型和高斯过程在 DTLZ2、DTLZ3、WFG2 和 WFG3 这 4 个用于进化多目标优化的测试问题上运行时间的一些比较结果。可以看到,训练高斯过程的运行时间变得比训练集成的时间长得多,尤其是当决策变量的数量为 80 时。

使用异构集成减少高斯过程能够减少计算时间,且优化性能在多目标优化领域中广泛使用的大多数基准问题上也具有竞争力。图 7.13 显示了在 20 维的 DTLZ2 和 20 维的 DTLZ3 上独立运行 20 次的 HeE-MOEA 和高斯过程辅助 MOEA(GP-MOEA)的 IGD 值平均值的变化。更多的比较结果可以在文献[199]中找到。

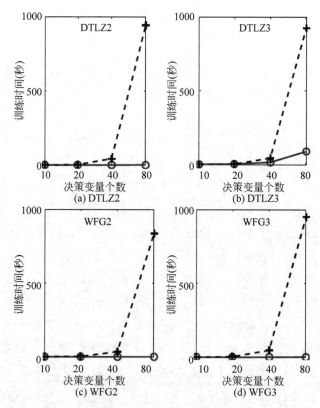

图 7.12　当决策变量的维度从 20 增加到 80 时,训练异构集成模型(用圆圈表示)和高斯过程(用加号表示)的运行时间

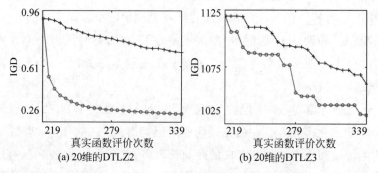

图 7.13　使用 EI 作为采集函数时 HeE-MOEA(用圆圈表示)和 GP-MOEA(用加号表示)的平均 IGD 值随真实函数评估次数增加的变化趋势

7.5　小结

代理模型辅助单目标优化的基本思想可以扩展到多目标优化,尽管在许多情况下这样做并不简单,特别是当填充准则或获取函数用于模型管理时。这主要归因于贝叶斯优化最初是为单目标优化而开发的,并且已经开发了一些将多目标优化问题转化为单目标优化问题的想法。第8章将讨论一个更具挑战性的话题,即使用代理模型辅助优化高维多目标优化问题。

第8章　代理模型辅助的高维多目标进化优化

摘要　目标数目的增加使得多目标优化问题的求解具有一定的挑战性。这些挑战包括 Pareto 面结构的复杂性增加,用于表示 Pareto 前沿面的解的数目增加,以及解的选择。当解决问题的成本较高时,高维多目标问题的优化变得更具有挑战性,必须要通过代理模型的辅助才能完成求解。本章介绍了三种代理模型辅助的多目标优化算法,其中代理模型用于估计目标函数或者支配与非支配解之间的区别。后者的好处在于无论有多少个目标,都只需要建立一个模型。本章给出的最后一个算法选用一个 dropout 神经网络来预测适应度并估计其不确定性。相较于高斯过程,dropout 神经网络对于决策变量数和目标数具有可伸缩性,使得它特别适合增强学习,这使其在求解昂贵高维多目标优化问题方面更具吸引力。

8.1　高维多目标优化中的新挑战

8.1.1　引言

早期 MOEA 主要针对具有两个或 3 个目标的优化问题。当目标数量增加时许多这类算法将遇到各种问题。在进化优化领域,包含 4 个及以上目标函数的多目标优化问题称为高维多目标优化问题[241-243]。对于 3 类主要的进化算法,在求解高维多目标优化问题时面临以下挑战。

(1)对于基于 Pareto 或非支配性的 MOEA,随着目标数量的增加,其选择压力将显著降低[244-245]。这主要是因为对于一个规模大小有限的种群,支配解的数量会变得更少,导致很难能够基于支配对比完成对更好解和更差解的区分。因此,算法的收敛性严重下降。

(2)对于基于指标的多目标进化算法,特别是那些基于超体积的,尽管收敛性不会特别受影响,但其计算复杂性会随着目标数的增加而增加。此外,所得解的多样性也很难估计。一种补救方法是使用近似方法来计算超体积以减少计算时间,另一种方法是使用计算上可伸缩的性能指标,例如反世代距离或其变体。

(3)大多数基于分解的优化算法都能够收敛到 Pareto 前沿面。然而,对于 Pareto 前沿面没有覆盖整个目标空间的问题,搜索效率可能会急剧下降。这主要是因为大多数基于分解的多目标优化算法事先定义了一组均匀分布的参考向量、权重或参考点,因此,这些参考向量的很大一部分将会被浪费。

目前已经提出了许多减少基于 Pareto 支配方法中存在问题的方法。除了通过移除冗余和不重要的目标以减少目标数目之外,还提出了以下方法帮助增加选择压力。

(1)目标约减。这是一种去除多余和/或不重要目标的直接方法。如果一个目标与其他目标密切相关,则该目标可能是多余的。还可以使用加权聚合或标量化方法来减少目标的数量。

(2)修改 Pareto 支配关系。基于支配关系的高维多目标优化方法的一个主要困难是种群中的大部分解互不支配,以致种群难以收敛到 Pareto 前沿面。为了解决这一难点,提出了许多改进 Pareto 支配关系的方法来加强支配关系,从而支配种群中更多的解。例如,1.3.2 节中的 ε-支配和 α-支配就是两种增强的支配关系,还有许多其他几种变种,如 L-支配[246]、θ-支配[247]、L-支配和加强的支配关系[248]。

(3)引入额外标准。为了增加选择压力,可以在 Pareto 支配关系之上引入额外的选择标准。例如,到基于极点构建的超平面的距离[228],在文献[249]中,基于分解的选择标准与支配关系进行了融合。

8.1.2　多样性与偏好

在两目标或三目标优化中,一个基本假设是用一个种群(或存档)来逼近一组 Pareto 最优解,这组解可以代表理论上的 Pareto 前沿面。因此,所得解集的多样性,或者这些解在整个 Pareto 前沿面上的均匀分布就变得至关重要。实际上,均匀分布或多样性是基于一个隐含假设,即一个集合中解的数量足以代表 Pareto 前沿面,因为即使是均匀分布在整个前沿面,非常少量的解也不能代表理论上的 Pareto 前沿面。因此,只有在解的数量足够的情况下,才能认为一组不同的解等效于一个代表性解集。这种隐含假设适用于两目标或三目标优化,其中 Pareto 前沿面要么是一维曲线,要么是二维曲面,这通常可以由包含 $100\sim200$ 个个体的种群充分表示。然而,正如在文献[250]中所讨论的,随着目标数目增加,该假设不再成立,因此并不适合使用一个有限种群来逼近一个高维多目标优化问题的代表性子集。

除了有限数量的解几乎不可能表示高维 Pareto 前沿面之外,另一个使多样性对高维多目标优化质量评估无用的因素是 Pareto 最优解的不规则分布。大多数基于分解的方法将一组均匀分布的参考向量或参考解定义为目标,隐含地假设 Pareto 前沿面覆盖整个目标空间。然而,有些多目标和高维多目标优化问题的 Pareto 前沿面是不规则的,即 Pareto 前沿面是退化的或不连续的或倒置的。通常,Pareto 前沿的维数是 $m-1$,其中 m 是目标数。如果维数小于 $m-1$,则 Pareto 前沿面是退化的。图 8.1 给出了不连续、退化的和倒置的 Pareto 前沿面的例子。

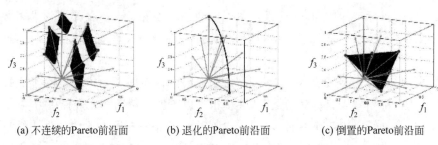

(a) 不连续的Pareto前沿面   (b) 退化的Pareto前沿面   (c) 倒置的Pareto前沿面

图 8.1   不规则 Pareto 前沿面的例子

由于上述两个原因,文献[250]中指出对于高维多目标优化问题来说,多样性不再是一个充分或合适的性能指标。相反,在求解高维多目标优化问题时,除了收敛性之外,用户偏好更适合引导搜索过程。可以采用 1.3.3 节中描述的偏好建模方法来识别偏好解。

8.1.3 拐点搜索

虽然在多目标优化中结合用户偏好是非常可取的,但并不总是可以获得用户偏好,特别是当有关问题的知识很少时。在这种情况下,基于多目标优化的搜索拐点以寻找所需的Pareto 最优解是一种很自然的想法。需要指出的是,在高维目标空间中识别拐点并非易事,主要是拐点的定义变得更具挑战性,并且拐点的数量可能会呈指数级增长。此外,需要不同的性能指标来评估所得拐点的质量,包括与真实拐点解的接近程度、找出拐点区域数量以及拐点区域中解的分布。

在文献[251]中,建议使用以下性能指标来评估搜索拐点和拐点区域的进化多目标或高维多目标算法的性能,其前提是真实拐点 K 已知并且已定义均匀覆盖拐点区域 R 的参考解。

(1) KGD 评估所获得的解到拐点区域中参考点的收敛性能(接近 Pareto 前沿面),其定义如下:

$$\text{KGD} = \frac{1}{\mid S \mid} \sum_{i=1}^{\mid S \mid} d(\pmb{x}_i, R) \tag{8.1}$$

其中,S 是得到的解集,$\pmb{x}_i$ 是 S 中的解,$d(\pmb{x}_i, R)$ 表示 $\pmb{x}_i$ 在 S 中最近的参考点的欧氏距离。较小的 KGD 表示解已经收敛到拐点区域 R。

(2) KIGD 评估拐点区域所获解分布的均匀性:

$$\text{KIGD} = \frac{1}{\mid R \mid} \sum_{i=1}^{\mid R \mid} d(\pmb{x}_i^r, S) \tag{8.2}$$

其中,$d(\pmb{x}_i^r, S)$ 是参考点 $\pmb{x}_i^r$ 在 R 中距离该参考点最近的解之间的欧氏距离。较小的 KIGD 意味着拐点区域的均匀覆盖。

（3）KD 评估是否可以通过算法找到所有拐点：

$$\text{KD} = \frac{1}{|K|} \sum_{i=1}^{|K|} d(\boldsymbol{x}_i^k, S) \tag{8.3}$$

其中，$d(\boldsymbol{x}_i^k, S)$ 是真实拐点 $\boldsymbol{x}_i^k$ 在 K 中最接近解之间的欧氏距离，用于评估识别所有拐点的完整性。

上述性能指标假设给定多目标优化问题的拐点位置和数量是已知的。文献[251]中提出了一套专门用于进化算法识别拐点的基准测试问题。设计的测试问题可以指定 Pareto 前沿面上拐点区域的数量、位置和大小。

目前已经提出了两个或 3 个目标优化算法中用于识别拐点的进化算法。在文献[252]中，连接其两个邻居的两条线之间的 Pareto 最优解的角度被用作对拐点进行优先级排序的附加措施。文献[253]中提出了使用目标加权和来寻找拐点的算法，该算法基于对 Pareto 前沿面的粗略近似，通过仔细指定权重来优化原始目标函数的线性加权和。文献[254]中提出了集成局部的 α-支配关系和面向局部拐点的支配关系。局部 α-支配是指首先使用一组参考向量将目标空间划分为多个子空间，然后将 α-支配应用于每个空间内的环境选择。给定两个解 $\boldsymbol{x}_1$ 和 $\boldsymbol{x}_2$，如果满足以下条件，则 $\boldsymbol{x}_1$ 称为面向拐点的支配（knee-oriented-dominate）解 $\boldsymbol{x}_2$：

$$\mu(\boldsymbol{x}_1, \boldsymbol{x}_2) < 0 \tag{8.4}$$

$$\mu(\boldsymbol{x}_1, \boldsymbol{x}_2) = \angle(\boldsymbol{x}^* \boldsymbol{x}_1, \boldsymbol{x}_1 \boldsymbol{x}_2) - \tau(\max_{i=1,\cdots,m} \{\delta_i(\boldsymbol{x}_1)\} + \min_{i=1,\cdots,m} \{\delta_i(\boldsymbol{x}_1)\}) \tag{8.5}$$

$$\delta_i(\boldsymbol{x}_1) = \arctan \frac{\sqrt{\sum_{j=1, j\neq i}^{m} (f_j(\boldsymbol{x}_1) - f_j(\boldsymbol{x}^*))^2}}{|f_i(\boldsymbol{x}_1) - \max f_i(\boldsymbol{E}) - \varepsilon|} \tag{8.6}$$

其中，$\boldsymbol{x}^*$ 为理想点，m 为优化目标个数，$\angle(\boldsymbol{x}^* \boldsymbol{x}_1, \boldsymbol{x}_1 \boldsymbol{x}_2)$ 为 $\boldsymbol{x}^*$ 和 $\boldsymbol{x}_1$ 与 $\boldsymbol{x}_1$ 和 $\boldsymbol{x}_2$ 连线之间的锐角，理想点定义为 $f_j(\boldsymbol{x}^*) = \min f_j(\boldsymbol{E}) - \varepsilon$，其中 $\boldsymbol{E} = \{E^i \mid i=1,\cdots,m\}$ 是极值点，ε 是一个小的正常数，以避免出现被零除。通常，$\tau \in [0.5, 1]$。类似地，局部的面向拐点的支配（knee-oriented-dominate）意味着将这种支配关系应用于子空间。

8.1.4　求解非规则 Pareto 前沿面问题

如前所述，使用一组均匀分布的参考向量或参考解的标准分解方法无法有效求解具有非规则 Pareto 前沿面的多目标优化问题。处理具有不规则 Pareto 前沿面多目标优化问题的方法可以大致分为三类，即参考向量自适应、参考点自适应以及聚类方法[255]。例如，在非支配排序之上应用层次聚类算法，将非支配排序最后一层上的解分为多个类，基于此进行环境选择[256]。文献[257]中引入多组参考向量以定位退化 Pareto 前沿面的 Pareto 最优解。文献[258]中提出了一种改进的基于生长神经气体网络的自适应参考向量算法，用于解决具有不规则 Pareto 前沿面的多目标优化问题。

8.2 进化高维多目标进化优化算法

8.2.1 参考向量引导的高维多目标优化

如 8.1 节所述,求解具有 3 个以上目标的问题,即高维多目标优化更具挑战性。补救措施包括减少目标数量、修改支配关系、引入第二个选择标准等。

参考向量引导的高维多目标优化(称为 RVEA)是一种流行的求解高维多目标优化问题的多目标进化算法[220]。RVEA 与其他基于标量函数的分解算法之间的一个主要区别在于,它在目标空间中使用一组参考向量来指定偏好解,从而更直接地反映用户的偏好,并且在需要时更容易自适应地调整偏好。这是因为从权重空间到目标空间的映射可能是不均匀的,即均匀分布的权重可能会导致目标空间中不均匀分布的 Pareto 最优解。此外,RVEA 使用向量之间的角度而不是欧氏距离来衡量多样性,这对于目标数量的增加更具可扩展性。最后,RVEA 引入了自适应机制来自适应参考向量和调整收敛性和多样性之间的选择压力。

1. 产生参考向量

所有参考向量都是第一象限内以原点为初始点的单位向量。理论上,单位向量可以通过将任意向量除以其范数来生成。与大多数基于分解的算法类似,RVEA 也假设 Pareto 前沿面覆盖整个目标空间,因此,将在目标空间中生成一组均匀分布的向量。为了生成均匀分布的参考向量,RVEA 采用了文献[259]中介绍的方法。首先,RVEA 使用规范的单纯形格设计方法在单位超平面上生成一组均匀分布的点[260]:

$$\begin{cases} \boldsymbol{w}_i = (w_i^1, w_i^2, \cdots, w_i^m) \\ w_i^j \in \left\{ \dfrac{0}{H}, \dfrac{1}{H}, \cdots, \dfrac{H}{H} \right\}, \quad \sum_{j=1}^m w_i^j = 1 \end{cases} \tag{8.7}$$

其中,$i = 1, 2, \cdots, N$,N 是要生成的参考向量的数量,m 是目标的数量,H 是单纯形点阵设计的正整数。则可以得到相应的单位参考向量 $\boldsymbol{v}_i$ 如下:

$$\boldsymbol{v}_i = \frac{\boldsymbol{w}_i}{\| \boldsymbol{w}_i \|} \tag{8.8}$$

它将参考点从超平面映射到超球面。图 8.2 给出了一个例子。基于单纯形格设计,利用给定的 H 和 m,则可以产生 $N = \begin{pmatrix} H+m-1 \\ m-1 \end{pmatrix}$ 个均匀分布的参考向量。

如上所述,RVEA 使用角度来衡量不同解之间的关系。为此,RVEA 通过这两个向量之间锐角的余弦值来测量两个参考向量之间的空间关系。对于任意两个参考向量 $\boldsymbol{v}_i$ 和 $\boldsymbol{v}_j$,

其中 $i,j \in \mathbf{N}$,有:

$$\cos\theta_{ij} = \frac{\boldsymbol{v}_i \cdot \boldsymbol{v}_j}{\|\boldsymbol{v}_i\| \|\boldsymbol{v}_j\|} \tag{8.9}$$

其中,$\|\cdot\|$表示向量的长度。由于参考向量被归一化,所以参考向量的长度等于1。

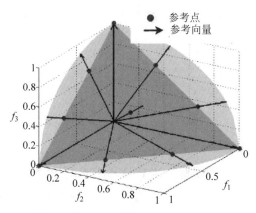

图 8.2　三目标空间中的一组参考点和相应的参考向量的示例图

2. 基于角度惩罚距离的环境选择

在每一代中,基于所使用编码方法的遗传算子,产生与父代相同数量的后代个体。然后将后代种群与父代种群合并。在选择下一代父代种群之前,执行以下步骤。

(1) 目标转换。这里,每个目标值都根据当前组合种群中每个目标的最小值进行转换:

$$\boldsymbol{f}_i' = \boldsymbol{f}_i - \boldsymbol{f}^{\min} \tag{8.10}$$

其中,i 是组合种群中第 i 个个体,$\boldsymbol{f}_i$、$\boldsymbol{f}_i'$分别是个体 i 转换前后的目标向量,$\boldsymbol{f}^{\min} = (f_1^{\min},\cdots, f_m^{\min})$表示种群中最小目标函数向量。

(2) 种群划分。由于 RVEA 中的选择是在每个被参考向量划分的子空间内进行的,每个个体都会被分配到一个参考向量,这样组合的种群就会被分成 N 子种群。这是通过计算解向量(目标向量)和参考向量之间锐角的余弦值来完成的:

$$\cos\theta_{i,j} = \frac{\boldsymbol{f}_i' \cdot \boldsymbol{v}_j}{\|\boldsymbol{f}_i'\|} \tag{8.11}$$

其中,$\theta_{i,j}$ 表示第 i 个个体的目标向量 $\boldsymbol{f}_i'$ 与第 j 个参考向量 $\boldsymbol{v}_j$ 之间的夹角,其中 $i = 1,2,\cdots, |R|$,$|R|$是组合种群的大小,$j = 1,2,\cdots, N$。因此,个体 i 将被分配给具有最小 $\theta_{i,j}$ 的参考向量。

(3) 角度惩罚距离(Angle Penalized Distance,APD)。对于与第 j 个参考向量 $\boldsymbol{v}_j$ 相关的种群中的第 i 个个体,角度惩罚距离计算如下:

$$d_{i,j}(t) = P(\theta_{i,j}(t)) \|\boldsymbol{f}_i'\| \tag{8.12}$$

其中,$P(\theta_{i,j}(t))$是与 $\theta_{i,j}(t)$ 相关的惩罚函数:

$$P(\theta_{i,j}(t)) = 1 + m \left(\frac{t}{t_{\max}}\right)^{\alpha} \theta_{i,j}(t) \tag{8.13}$$

其中，m 是目标数，$t_{\max}$ 是预定义的最大代数，t 是当前代，α 是控制 $P(\theta_{i,j}(t))$ 变化率的用户定义参数。$P(\theta_{i,j}(t))$ 越小，$f_i'(t)$ 越接近参考向量 $\boldsymbol{v}_{t,j}$，反之亦然。随着优化代数增加，多样性的权重（由 $\theta_{i,j}(t)$ 指定）将增加。因此，算法进化后期将更多地考虑种群多样性分布。

3. 参考向量自适应

参考向量的均匀分布是基于 Pareto 前沿面覆盖整个目标空间的假设，参考向量的均匀分布将导致所获解的均匀分布。这两个假设都不一定正确。前一种情况属于具有不规则 Pareto 前沿面的多目标优化问题，并且已经设计了许多专门解决此类问题的多目标进化算法[255]。如果所有目标都可以归一化到相同的范围内，则可以避免第二个问题，如图 8.3 所示，但这对 RVEA 不起作用。为了解决这个问题，RVEA 根据目标值的取值范围调整参考向量，如下所示：

$$\boldsymbol{v}_i(t+1) = \frac{\langle \boldsymbol{v}_i(0) \mid \boldsymbol{f}^{\max}(t+1) - \boldsymbol{f}^{\min}(t+1)\rangle}{\|\langle \boldsymbol{v}_i(0) \mid \boldsymbol{f}^{\max}(t+1) - \boldsymbol{z}^{\min}(t+1)\rangle\|} \tag{8.14}$$

其中，$i = 1, 2, \cdots, N$，$\boldsymbol{v}_i(t+1)$ 表示第 $t+1$ 代中第 i 个自适应的参考向量，$\boldsymbol{v}_i(0)$ 是第 i 个原始生成的均匀分布参考向量，$\boldsymbol{f}^{\max}(t+1)$ 和 $\boldsymbol{f}^{\min}(t+1)$ 分别代表当前代基于每个目标函数的最大值和最小值。运算符 $\langle \boldsymbol{a} \mid \boldsymbol{b}\rangle$ 表示 Hadamard 乘积，即一个元素可以和两个大小相同的向量（或矩阵）相乘，也即，$\boldsymbol{a}$ 和 $\boldsymbol{b}$ 中的每个维度相乘得到一个向量，即：

$$\langle \boldsymbol{a} \mid \boldsymbol{b}\rangle = (a_1 b_1, a_2 b_2, \cdots, a_n b_n) \tag{8.15}$$

其中，n 表示 $\boldsymbol{a}$ 和 $\boldsymbol{b}$ 的长度。使用上述参考向量自适应方法，即使目标函数没有归一化到相同的范围，所提出的 RVEA 也能获得一组均匀分布的解。

需要说明的是，在进化过程中，需控制使用参考向量自适应机制以确保算法快速收敛，在文献[220]中，建议每隔 20 代进行参考向量的调整。

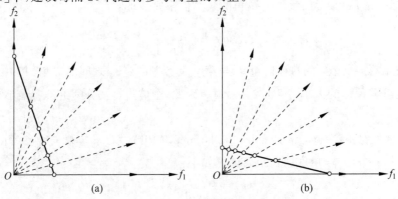

图 8.3　均匀分布的参考向量不会产生均匀分布的 Pareto 最优解集的两个例子

8.2.2 拐点驱动的高维多目标优化算法

拐点驱动的高维多目标优化算法(knee-driven many-objective optimization algorithm)可简称为 KnEA,旨在通过引入第二个标准来改进基于支配关系的多目标进化算法以求解高维多目标优化问题[261]。KnEA 的整体框架与 NSGA-Ⅱ[227] 非常相似,在 NSGA-Ⅱ 中,基于父代种群应用交叉和变异生成后代种群。然而,KnEA 使用修改后的二元配对选择策略来选择两个父代进行交叉产生子代。然后,组合父代和子代种群并进行环境选择以获得下一代父本。在环境选择中,组合种群根据非支配关系进行排序,例如,通过 7.1.3 节中所述的高效非支配排序方法[228]。KnEA 不是在文献[227]中的非支配排序之上使用拥挤距离,而是优先考虑与当前种群的边界解构建的超平面具有更大距离的解,这可以看作是当前前沿面的拐点。请注意,这些拐点不一定是 Pareto 前沿面上真正的拐点。下面详细介绍了 KnEA 中的两个主要部分:基于加权距离的二元锦标赛配对选择和基于拐点的环境选择。

1. 基于加权距离的二元锦标赛配对选择

首先,从父代种群中随机选择两个个体。如果其中一个解支配另一个解,则选择非支配解。如果两个解互不支配,则 KnEA 将检查它们是否均为拐点。后续将对拐点的判断展开详细描述。其中,如果仅有一个个体是拐点,则将其选择出来;如果两个都不是拐点或者均为拐点,则通过计算其加权距离并比较,选择距离值最大的个体。如果两个解的加权距离相同,则随机选择其中一个。

种群中任意一个解 x 的加权距离依据其与周围 k 个邻域解的加权距离来定义如下:

$$\mathrm{DW}(\boldsymbol{x}) = \sum_{i=1}^{k} w_{x_i} \mathrm{dis}(\boldsymbol{x}, \boldsymbol{x}_i) \tag{8.16}$$

$$w_{x_i} = \frac{r_{x_i}}{\sum_{i=1}^{k} r_{x_i}} \tag{8.17}$$

$$r_{x_i} = \frac{1}{\left| \mathrm{dis}(\boldsymbol{x}, \boldsymbol{x}_i) - \frac{1}{k}\sum_{j=1}^{k} \mathrm{dis}(\boldsymbol{x}, \boldsymbol{x}_j) \right|} \tag{8.18}$$

其中,$\boldsymbol{x}_i$ 表示 $\boldsymbol{x}$ 在种群中的第 i 个近邻,w_{x_i} 表示 $\boldsymbol{x}_i$ 的权重,$\mathrm{dis}(\boldsymbol{x}, \boldsymbol{x}_i)$ 表示解 $\boldsymbol{x}$ 和 $\boldsymbol{x}_i$ 的欧氏距离,r_{x_i} 表示距离 $\mathrm{dis}(\boldsymbol{x}, \boldsymbol{x}_i)$ 在所有距离 $\mathrm{dis}(\boldsymbol{x}, \boldsymbol{x}_j)$ 的等级($1 \leqslant j \leqslant k$)。

2. 基于拐点的环境选择

类似于 NSGA-Ⅱ,第一非支配层中的所有解将选择出来,直到相应非支配前沿面(称为关键前沿面)上的解数量大于所需解的数量为止。KnEA 的目标不是选择具有较大拥挤距离的解,而是基于以下步骤获得的拐点距离来选择解。

1. 基于边界解构建超平面

例如在图 8.4 中,A 和 B 是双目标优化问题的两个边界解,可以用它构建超平面,C、D

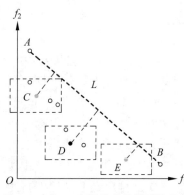

图 8.4 由 10 个解组成的说明性示例

和 E 是每个给定邻域的拐点。

2. 计算到超平面的距离

对于最小化两目标优化问题,超平面 L 可以定义为 $af_1+bf_2+c=0$,其中参数可以由两个极点确定。那么从解向量 $(f_1(\boldsymbol{x}),f_2(\boldsymbol{x}))$ 到 L 的距离可以计算如下:

$$d(\boldsymbol{x},L)=\frac{|af_1(\boldsymbol{x})+bf_2(\boldsymbol{x})+c|}{\sqrt{a^2+b^2}} \tag{8.19}$$

其中,$f_1(\boldsymbol{x})$ 和 $f_2(\boldsymbol{x})$ 是解 $\boldsymbol{x}$ 的第一个和第二个目标值。对于最小化问题,只有拐点区域的解才是有意义的。因此,式(8.19)中的距离度量可以修改如下以识别拐点:

$$d(\boldsymbol{x},L)=\begin{cases}\dfrac{|af_1(\boldsymbol{x})+bf_2(\boldsymbol{x})+c|}{\sqrt{a^2+b^2}}, & af_1(\boldsymbol{x})+bf_2(\boldsymbol{x})+c<0\\[4mm]-\dfrac{|af_1(\boldsymbol{x})+bf_2(\boldsymbol{x})+c|}{\sqrt{a^2+b^2}}, & \text{其他}\end{cases} \tag{8.20}$$

上述用于识别拐点的距离度量可以扩展到具有两个以上目标的优化问题,其中极值线将成为超平面。

3. 拐点识别

如图 8.4 所示,每个局部邻域内的拐点由其到超平面的最大距离来确定。换句话说,不同的邻域大小将导致不同的拐点。例如,如果一个邻域覆盖了图 8.4 中的所有 10 个解,那么只有 D 会被识别为拐点。此外,邻域大小对所选解的多样性也有很大影响。

假设第 t 代的组合种群包含 K 个非支配前沿面,每个前沿面由一组非支配解 F_i,$1\leqslant i\leqslant K$ 来表示。解的邻域由大小为 $R_1(t)\times\cdots\times R_j(t)\times\cdots\times R_m(t)$ 的超立方体定义,其中,$1\leqslant j\leqslant m$,m 是目标的数量。邻域相对于第 j 个目标的大小 $R_j(t)$ 由下式获得:

$$R_j(t)=(f_j^{\max}(t)-f_j^{\min}(t))\cdot r(t) \tag{8.21}$$

其中,$f_j^{\max}(t)$ 和 $f_j^{\min}(t)$ 分别表示第 t 代 F_i 中第 j 个目标的最大值和最小值,$r(t)$ 是邻域大小到第 t 代 F_i 中第 j 个目标的跨度的比值,其自适应结果为

$$r(t)=r(t-1)*\mathrm{e}^{-\frac{1-r(t-1)/T}{m}} \tag{8.22}$$

其中,$r(t-1)$ 是第 $(t-1)$ 代 F_i 中第 j 个目标的跨度之比,m 是目标的数量,$r(t-1)$ 是第 i 个前沿面中拐点与非支配解数的比例,$0<T<1$ 是控制解集 F_i 中拐点比例的阈值。

式(8.22)旨在确保当 $r(t-1)$ 远小于给定阈值 T 时,$r(t)$ 将显著减小。同时,$r(t)$ 会随着 $r(t-1)$ 变大而下降得更慢。当 $r(t-1)$ 等于 T 时,$r(t)$ 将保持不变。注意,$r(0)$ 设置为 0,$r(0)$ 初始化为 1。

通常,在进化优化的早期搜索阶段,邻域大小会迅速减小,因此识别出的拐点数量会显

著增加。随着进化的进行,拐点与所有非支配解 $r(t)$ 的比率将减小,而邻域的大小将逐渐减小。当 $r(t)$ 接近 T 时,邻域的大小会收敛并保持不变。

一旦确定了邻域,就可以确定拐点。此外,同一邻域内的所有解都可以按照式(8.21)中距离的升序排序。注意,在识别拐点之前,组合种群已经被分类为 N_F 个非支配前沿面: $F_i,1 \leqslant i \leqslant N_F$。

4. 环境选择

KnEA 开始选择 F_1 中的非支配解,其中包含 $|F_1|$ 个解。如果 $|F_1| < N$,则 KnEA 在第二个非支配前沿面 F_2 中选择 $(N - |F_1|)$ 个解。这个过程一直持续到所谓的临界前沿面 F_c,如果解的数量满足

$$| F_c | > \left(N - \sum_{i=1}^{c-1} | F_i | \right)$$

在这种情况下,首先会选择 F_c 中的拐点。令 F_c 中的拐点数为 NP_c。如果

$$\mathrm{NP}_c > \left(N - \sum_{i=1}^{c-1} | F_i | \right)$$

则选择与超平面距离较大的那些拐点来填充种群;否则,NP_c 个拐点与 $\left(N - \sum_{i=1}^{c-1} | F_i | - \mathrm{NP}_c \right)$ 在 F_c 中与 F_c 超平面距离较大的其他解一起被选中。

8.2.3　双存档高维多目标优化算法

作为一种特殊的多目标优化问题,高维多目标优化问题具有 3 个以上的目标函数,这给多目标进化算法的收敛性和多样性带来了难度。

(1) 收敛性:如前所述,Pareto 支配方法将在高维多目标优化问题上失效,其中种群中的非支配解占比几乎为 100%,从而使基于 Pareto 支配方法的多目标进化算法难以收敛。现有的仅基于 Pareto 支配的多目标进化算法无法令人满意地解决多目标优化问题。因此,像基于聚合和基于指标函数的非 Pareto 支配方法是求解高维多目标优化问题的一种手段,其旨在将原问题转化为多个的单目标问题以提高收敛性。

(2) 多样性:高维目标空间中的多样性很难通过使用有限数量的解来维持,因为它们的相似性无法衡量。

在 8.2.2 节中,RVEA 是一个高维多目标优化中基于聚合的多目标进化算法。接下来,介绍一种基于指标和 Pareto 支配的高维多目标进化算法。

Two_Arch[262] 在求解高维多目标优化问题时第一个提出使用两个存档来分别存储收敛性和多样性个体(称为 CA 和 DA)。然而,它仍然是一个基于 Pareto 支配方法的多目标进化算法,不能很好地处理高维多目标优化问题。2015 年,改进的 Two_Arch(命名为 Two_Arch2)[263] 沿用了双存档结构,但改变了其中的选择方法,主要流程如图 8.5 所示。Two_

Arch2 具有一般 EA 的流程：初始化、变异和选择。由于双存档结构的使用，Two_Arch2 中的变异和选择操作需要考虑 CA 和 DA 内部，以及两者之间的交互。

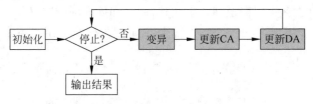

图 8.5　Two_Arch2 流程图

在 Two_Arch2 中，CA 采用算法 IBEA[230] 中的 $I_{\varepsilon+}$ 指标选择来加速收敛。式(8.23)给出了该指标的计算方式，即 $\boldsymbol{x}_1$ 在目标空间中支配 $\boldsymbol{x}_2$ 最小距离。然后，它们的适应度由式(8.24)来决定以选择好的收敛解：

$$I_{\varepsilon+}(\boldsymbol{x}_1,\boldsymbol{x}_2)=\min_{\varepsilon}(f_i(\boldsymbol{x}_1)-\varepsilon\leqslant f_i(\boldsymbol{x}_2),1\leqslant i\leqslant m) \tag{8.23}$$

$$\text{Fitness}(\boldsymbol{x}_1)=\sum_{\boldsymbol{x}_2\in P\setminus\{\boldsymbol{x}_1\}}-\mathrm{e}^{-I_{\varepsilon+}(\boldsymbol{x}_2,\boldsymbol{x}_1)/0.05} \tag{8.24}$$

在更新 CA 的步骤中，所有生成的后代都被加入 CA 中。然后，根据式(8.24)从 CA 中删除额外的解，其中从 CA 中删除具有最小 $I_{\varepsilon+}$ 损失的解，并更新剩余解的 $I_{\varepsilon+}$ 值，如算法 8.1 所示。当 CA 中获得预设数量的解时，停止该循环操作。

DA 使用 Pareto 支配关系来选择非支配解，其中只能保留非支配解。基于相似度来选择溢出 DA 的解，即选择不同的非支配解。DA 中的选择过程如算法 8.2 所示。若 DA 已满，则从 DA 中选择边界解(具有最大或最小目标值的解)。然后，选择与当前 DA 中差异最大的解，直到 DA 填满。

算法 8.1　CA 更新伪代码

1: 参数：n_{CA} - CA 预设大小
2: while $|CA|>n_{CA}$ do
3: 　　搜索使得 $F(\boldsymbol{x}^*)$ 最小的个体 $\boldsymbol{x}^*$
4: 　　从 CA 中删除 $\boldsymbol{x}^*$
5: 　　通过 $F(\boldsymbol{x})=F(\boldsymbol{x})+\mathrm{e}^{(-I_{\varepsilon+}(\boldsymbol{x}^*,\boldsymbol{x})/0.05)}$，更新其他个体的适应度值
6: end while

文献[264]和[265]中指出，在高维空间中，L_2 范数相似性不能定性度量距离，而分数距离(L_p 范数，$p<1$)则是可行的。因此，在 Two_Arch2 中，相似度由基于 $L_{1/m}$ 范数距离来度量，其中 m 是目标函数的数量。

算法 8.2　DA 更新伪代码

1: 参数：n_{DA} - DA 预设大小
2: DA 置空

```
3: 在集合中找到具有最大或最小目标值的解,并将它们移动到 DA
4: while DA 未满 do
5:     for 每个个体 i do
6:         Similarity[ i ] = min(distance(i,j)),j∈DA
7:     end for
8:     I = argmax(Similarity),将 I 移入 DA
9: end while
```

为了进一步同时提高 Two_Arch2 的收敛性和多样性,CA 和 DA 之间的交互起着关键作用。因此,变异操作只应用于 CA,目的是加速收敛;而交叉操作在 CA 和 DA 之间进行,旨在交换两个存档的优势。

由于 CA 和 DA 中的优化目标明确,在没有预先设置任何参考向量的情况下,Two_Arch2 在高维目标优化中是有效的。Two_Arch2 的主要优点体现在两方面。

（1）混合的 MOEA：Two_Arch2 为 CA 和 DA 的选择分配了不同的支配关系,其中 CA 基于 $I_{\varepsilon+}$ 指标,DA 基于 Pareto 支配。这样的设置继承了基于指标和 Pareto 支配的多目标进化算法的优点(收敛速度快,多样性好)。

（2）基于 $L_{1/m}$ 范数的多样性维持策略：由于欧氏距离在高维空间中将失去它们的优势,因此在 DA 中使用基于 $L_{1/m}$ 范数的多样性维持方法的性能优于现有的基于 L_2-范数的多样性维持方法。

8.2.4　高维多目标优化中的角排序

非支配排序是将所有解分配给不同等级 Front_j 的一个过程,也是大多数多目标进化算法[229]中环境选择的重要组成部分。整个过程是基于解之间的 Pareto 支配比较。

为了最小化多目标优化问题中对比包含 m 个目标的两个解 $\boldsymbol{a} = (a_1,\cdots,a_i,\cdots,a_m)$ 和 $\boldsymbol{b} = (b_1,\cdots,b_i,\cdots,b_m)$,如果 $a_i \leqslant b_i (1 \leqslant i \leqslant m)$ 且 $\boldsymbol{a} \neq \boldsymbol{b}$,则 $\boldsymbol{a}$ 支配 $\boldsymbol{b}(\boldsymbol{a} \prec \boldsymbol{b})$。因此,种群 P 中的 N 个解通过非支配排序方法进行比较。

非支配排序[227]旨在获得一个 $P = \{\text{Front}_1,\cdots,\text{Front}_j,\cdots,\text{Front}_n\}$ 的 n 个不连通子集、等级,或者前沿面的分组,如图 8.6 所示。这些前沿面的等级显示了多目标进化算法中的选择优先级,其中排名较小的子集意味着具有较好的收敛性能。因此,对于两个解 $\boldsymbol{x}_1$ 和 $\boldsymbol{x}_2$,有以下条件成立：

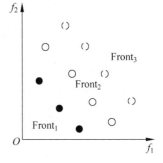

$$\forall \boldsymbol{x}_1, \boldsymbol{x}_2 \in \text{Front}_j (1 \leqslant j \leqslant L), \quad \boldsymbol{x}_1 \nprec \boldsymbol{x}_2 \tag{8.25}$$

$$\forall \boldsymbol{x}_1 \in \text{Front}_1, \quad \forall \boldsymbol{x}_2 \in P, \quad \boldsymbol{x}_2 \nprec \boldsymbol{x}_1 \tag{8.26}$$

$$\forall \boldsymbol{x}_1 \in \text{Front}_j, \quad \exists \boldsymbol{x}_2 \in \text{Front}_{j-1} (2 \leqslant j \leqslant L), \quad \boldsymbol{x}_2 \prec \boldsymbol{x}_1 \tag{8.27}$$

图 8.6　3 个前沿面非支配排序后的示例种群

在每个等级 Front$_j$ 中,解是互不支配的。排名第一的 Front$_1$ 中所有解是非支配解。Front$_j$ 中的解必须由 Front$_{j-1}$ 中的某个解支配。

如算法 8.3 所示,非支配排序是从剩余未排序的解中寻找非支配解的迭代过程。非支配排序的时间复杂度为(mN^3),其中 m 是目标的数量,N 是种群规模。

算法 8.3　自然非支配排序算法伪代码

输入:P - 种群,N - 种群大小
1: Rank$[1:N] = 0$
2: $i = 1$
3: for 所有未标记等级的 $P[j]$ do
4:　　for 所有未标记等级的 $P[k]$ do
5:　　　　if $P[k] \prec P[j]$ then
6:　　　　　　break
7:　　　　end if
8:　　end for
9:　　if $P[j]$ 是非支配的 then
10:　　　　Rank$[j] = i$
11:　　end if
12: end for
13: $i = i + 1$
输出:Rank

为了降低较高的时间复杂度,快速非支配排序以牺牲空间复杂度为代价,通过遍历所有解以记录它们之间支配关系,使得时间复杂度降低到 $O(mN^2)$。

然而,随着目标数量的增加,非支配排序的复杂性增加,需要大量的目标比较来确定它们的支配关系。为了在求解高维多目标优化问题上节约非支配排序中的目标比较次数,角排序[266]使用快速非支配解识别的具有最好目标值的解作为角解,因为角解一定是非支配的。

角排序的主要过程如图 8.7 所示。仅通过比较一个目标即可快速找到角解,并位于当前 Front$_j$ 中。然后,可以保存与其支配掉的解(即灰色区域中的解)的比较。如算法 8.4 所示,角排序有两个循环:外循环是增加等级数,内循环是寻找角解,并忽略与支配解的比较。当所有解都排序后,输出角排序后的排序结果。

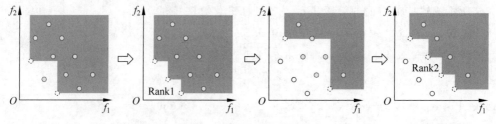

图 8.7　角排序的主要过程

算法 8.4　角排序算法伪代码

输入：P - 种群，N - 种群大小，Rank - 等级，m - 目标个数

1: Rank$[1:N] = 0$
2: $i = 1$
3: repeat
4: 　　去掉所有未标记等级个体的标记
5: 　　$j = 1$
6: 　　repeat
7: 　　　　寻找未标记个体中具有目标 f 最好的个体 $P[q]$
8: 　　　　标记 q，Rank$[q] = i$
9: 　　　　$j = (j + 1) \% m + 1$
10: 　　　　for $k = 1 : N$ do
11: 　　　　　　if $P[k]$ 未标记且 $P[q] \prec P[k]$ then
12: 　　　　　　　　标记 $P[k]$
13: 　　　　　　end if
14: 　　　　end for
15: 　　until P 中所有个体都被标记
16: 　　$i = i + 1$
17: until 中所有个体都被分配等级

输出：Rank

虽然角排序的时间复杂度仍然是 $O(mN^2)$，但是在高维多目标优化问题上省去了很多目标比较次数。文献[266]中的比较实验也表明了它的有效性。

8.3　高斯过程辅助的参考向量引导的高维多目标优化

K-RVEA
代码

到目前为止，还没有多少专门针对高维多目标优化的代理模型辅助进化算法的研究。最近，因高斯过程辅助的 RVEA（在 8.2.1 节中介绍）具有较好的求解性能而逐渐流行起来[239]。高斯过程辅助的 RVEA 称作是 K-RVEA，因为高斯过程也称为 Kriging 模型。K-RVEA 可以看作是一个贝叶斯进化优化框架，其中 RVEA 迭代优化代理模型 $t_{\max}$ 次。在优化开始之前，使用拉丁超立方体采样策略收集一组初始样本（N_I）。根据文献[233]和[235]，N_I 可以设置为 $11n-1$，其中 n 是决策变量的数量（搜索维度）。针对每个目标函数建立一个高斯过程模型，故共有 m 个代理模型。一旦完成一轮基于 RVEA 的优化，K-RVEA 使用预测的适应度（RVEA 中的角度惩罚距离）和预测目标值的估计不确定性从当前最后一代中获得的解中进行采样，即使用昂贵的目标函数进行评估。同时，将这些采样解，加入训练数据库中，并保持训练数据的大小 N_I 不变（与初始数据大小相同）。最后更新所有高斯过程模型，并开始新一轮基于更新后模型的 RVEA 优化。因此，K-RVEA 中的主要内容是平衡多样性和收敛性之间的模型管理策略，以及维持存储训练数据的存档大小策略。

K-RVEA 算法流程如图 8.8 所示。

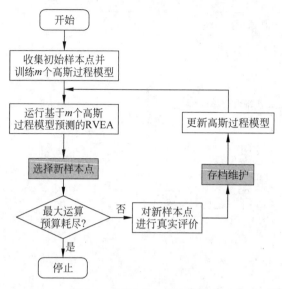

图 8.8　K-RVEA 算法流程

8.3.1　模型管理

模型管理的主要机制决定了是否根据种群多样性采集高质量解（基于 APD 代表收敛性能）或者不确定性高的解。为此，引入了一组固定的、均匀分布的参考向量（用 v^f 表示）。然后，K-RVEA 比较本轮代理模型更新前后固定参考集中空参考向量的个数，分别用 $k_{v^f}(t_u-1)$ 和 $k_{v^f}(t_u)$ 表示。当没有解与向量相关联时，参考向量即为空。因此，如果 $k_{v^f}(t_u)-k_{v^f}(t_u-1)>\delta$，其中 δ 是一个正整数，那么空向量 v^f 的数量有很大的增加，这意味着解的多样性与上一轮的解相比显著减少了。因此，当选择用真实目标函数评估解时，应优先考虑那些在其适应度预测中具有较高不确定性的解。否则，这意味着解集的多样性没有减少或增加，因此，当使用昂贵的目标函数评估采样解时，算法可以优先考虑有助于算法收敛的解。请注意，解的收敛性能，即 APD 应根据 RVEA 的自适应参考向量（v^a）计算，因为 RVEA 以特定频率自适应其参考向量以实现一组均匀分布的解，如 8.2.1 节所述。注意算法优化初始阶段，基于 APD 来选择采样解。

另外，在每次更新代理模型之前，从中选择多个解。由于可用的总预算（通常以昂贵的适应度评估数量来衡量，用 FE_{max} 表示）是有限的，因此 K-RVEA 基于 v^a 将所有候选解划分为多个类。u 表示分类数目，并由用户给出。与 7.4.2 节介绍的 HeE-MOEA 类似，根据经验设置 $u=5$。然后，使用 K 均值聚类将非空的自适应向量 v^a 聚类为 u 类。最后，比较每个非空参考向量中所有解的 APD 值或其估值不确定度，以根据收敛性标准或多样性标准选择解。这样，u 个解将选择出来用于真实的适应度评估。需要注意的是，如果非空自适应参考向量的数量小于 u，则每个非空参考向量将被视为单独的一个类。

8.3.2　存档维持

存储训练数据的存档维持或用于更新高斯过程的数据选择通常具有两个目的。其一，训练数据大小需要控制，这是因为高斯过程的时间复杂度与其训练数据量以三次方规律增长。其二，模型的更新可以有效辅助 K-RVEA 在高斯过程模型上的搜索。

首先，将 u 个最近评估过的解存放到训练存档中，并删除重复的解。在这里，需要一个阈值来定义决策空间中的重复解。如果训练数据的数量仍然大于 N_I，则将删除一些在前几轮更新中评估的数据。首先，将选择出来的 u 个解分配给自适应参考向量。然后，存档中前几轮采样的其余解将分配给空闲的自适应参考向量，表示为 $\boldsymbol{V}^a_{\text{inactive}}$。然后，识别 $\boldsymbol{V}^a_{\text{inactive}}$ 中变为非空的参考向量，以使用如 K 均值聚类等算法进一步将其分组为 $(N_I - u)$ 类。最后，从每一类中随机选择一个解以存储在存档中。图 8.9 给出了参考向量聚类和分配解的数据存档维持示意图，实心圆是本轮采样的 u 个解。因此，左侧实线表示的

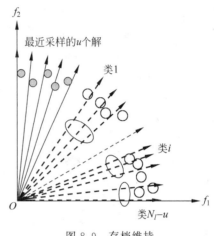

图 8.9　存档维持

5 个参考向量是非空的。然后将存档中的其余解（由圆圈表示）分配给空闲的参考向量，粗虚线表示的非空参考向量变为空闲状态，而细虚线表示的只有一个向量保持空闲状态。变为非空的空闲向量（由粗虚线表示），然后将其聚类为 $N_I - u$ 类，并随机选择一个解存储在存档中。

8.4　分类代理模型辅助的高维多目标优化

CSEA 代码

8.4.1　主要框架

大多数代理模型直接预测单目标和多目标进化优化中的目标值或适应度值。然而，这样的策略不能随着目标数的增加而扩展，特别是当训练单个代理模型计算复杂时（比如高斯过程）。对于多目标或者高维多目标优化，若代理模型能直接预测解之间支配关系或者比较解之间的排名，或者解的排序，那么这是非常可取的[269-270]。然而，非支配关系的预测极具挑战性，即分离支配解和非支配解的超平面将在决策空间中发生变化。文献[271]中提出了基于分类代理模型辅助的进化算法（Classification based Surrogate-assisted Evolutionary Algorithm，CSEA）求解昂贵高维多目标优化问题。CSEA 不是预测候选解之间的支配关系，而是依靠代理模型来学习候选解和选定参考解之间的支配关系，因为这更好预测。为

此,不管有多少优化目标数目,CSEA 仅需建一个代理模型。这样就可以像在贝叶斯优化中,利用验证集来估计不确定度,然后将其应用于模型管理中。

CSEA 与其他代理模型辅助 MOEA 的区别主要体现在以下几方面。

(1) CSEA 由两个优化循环组成。在主循环中,根据真实的目标函数选择下一代的父代解,而在第二个循环中,根据代理模型选择有潜力的解。

(2) 应用基于径向投影选择方法,从训练数据集(使用昂贵目标函数评价过的数据)中选择参考点,并进行环境选择。

(3) 采用基于多层感知器(Multi-Layer Perceptron,MLP)的代理模型来预测候选解和一组选定的参考解之间的支配关系,其中参考解由真正的目标函数评价。

算法 8.5 给出了 CSEA 算法的伪代码。

算法 8.5　CSEA 算法框架

输入: N(种群大小),k(参考解的数量),H(隐层神经元个数),t_{max}(最大函数评价次数),g_{max}(模型更新前的最大预测数量)

输出: P(最终种群)

1: $P \leftarrow$ 利用拉丁超立方采样初始化大小为 $11n - 1$ 的种群

2: $t \leftarrow 11n - 1 / * \ n$ 是决策变量个数 $* /$

3: MLP$\leftarrow$初始化具有 H 个隐层神经元 MLP/ $* \ m$ 是目标变量个数 $* /$

4: Arc$\leftarrow P$

5: while $t \leqslant t_{max}$ do

6: 　　$P_R \leftarrow$ UpdateReference(P, K)

7: 　　$C \leftarrow$ Classify(P_R, Arc)

8: 　　rr$\leftarrow C$ 中 Ⅱ 类解比率

9: 　　tr$\leftarrow \min\{\text{rr}, 1 - \text{rr}\}$

10: 　　$[D_{train}, D_{validation}] \leftarrow$ DataPartition(Arc, C)

11: 　　MLP$\leftarrow$ Train$(\text{MLP}, D_{train}, T)$

12: 　　$[p_1, p_2] \leftarrow$ Validation$(\text{MLP}, D_{validation})$

13: 　　$Q \leftarrow$ SurrogateAssistedSelection$(P, P_R, p_1, p_2, g_{max}, \text{tr})$

14: 　　Arc$\leftarrow$ Arc$\cup Q$

15: 　　$P \leftarrow$ EnvironmentalSelection$(P \cup Q, N)$

16: 　　$t \leftarrow t + |Q|$

17: end while

在主循环开始之前,使用拉丁超立方采样生成由 $11n - 1$ 个解组成的初始种群 P,其中 n 是搜索维度。MLP 中的 H 个隐层神经元使用随机生成的权重进行初始化,其中 sigmoid 函数作为激活函数。与其他代理模型辅助的 MOEA 一样,使用真实目标函数评估 $11n - 1$ 个解,并将这些解存放到 Arc 中作为 MLP 的训练数据。

CSEA 的主循环与标准 MOEA 非常相似,不同之处在于生成的子代在第二个循环中进一步进化,并且只有预测为有潜力的候选个体子集会与父代种群相结合,以使用基于径向投影的选择方法从中选择下一代的父本,这将在 8.4.2 节中详细讨论。

第二个循环包含 CSEA 中的 3 个关键步骤。

（1）参考集选择。从使用昂贵的目标函数评估的现有样本中,依据基于径向投影的选择方法选择一组参考解 P_R 以用来构建分类器。

（2）代理模型管理。为了管理代理模型,将存档中的解分为两类,其中 75% 用来作为训练集,其余作为验证数据。验证集用于交叉验证以估计 CSEA 中分类代理模型的可靠性。

（3）代理模型辅助选择。将交叉和变异应用父代解以产生子代,然后,根据模型以及第二次循环中分类结果的可靠性来选择下一代的父代种群,这里的可靠性类似于贝叶斯优化中不确定度。

下面详细介绍了基于径向投影的选择,基于参考集预测支配关系的方法,参考集选择和代理模型管理。

8.4.2　基于径向投影选择

CSEA 中采用文献[272]中提出的基于径向投影的选择方法用于参考集选择和环境选择。基于径向投影的选择将一组归一化的 m 维目标向量映射到二维径向空间,每个向量占据一个网格。然后,可以通过从不同的网格中选择解来提升种群的多样性,同时提出基于 RVEA 中自适应惩罚的方法,以从具有多个解的网格中选择更好的收敛解。

算法 8.6　RadialSelection(P, K)

输出：P_R（参考种群）
1: $[Y, G] \leftarrow \text{RadialGrid}(P, K)$
2: $C \leftarrow 0$
3: $\text{Con}(P) \leftarrow \left\| \dfrac{P - \min P}{\max P - \min P} \right\|$
4: $P_R \leftarrow \arg_{P_R \in P} \min \text{Con}(P)$
5: $\text{Div}(P_R) \leftarrow 1$
6: while $|P_R| < K$ do
7: 　　　$Q \leftarrow \arg \min \text{Div}(P)$
8: 　　　$\text{Fit}(Q, P_R) \leftarrow 0.1 \cdot m \cdot \text{Con}(Q) - \min \| Y_Q - Y_{P_R} \|$
9: 　　　$P_q \leftarrow \arg_{q \in K} \min \text{Fit}(Q, P_R)$
10: 　　　$P_R \leftarrow P_R \bigcup \{P_q\}$
11: 　　　$P \leftarrow P \setminus \{P_q\}$
12: 　　　$\text{Div}(q) \leftarrow \text{Div}(q) + 1$
13: end while

给定一个 m 维目标空间的解 $\boldsymbol{x}$,$F(\boldsymbol{x}) = (f_1(\boldsymbol{x}), \cdots, f_m(\boldsymbol{x}))$,其中 $f_i(\boldsymbol{x}) \in [0, 1]$,即所有的目标值均归一化到 $[0, 1]$ 区间。那么,两个权重向量 $\boldsymbol{w}_1$ 和 $\boldsymbol{w}_2$ 可以定义如下：

$$\boldsymbol{w}_1 = (\cos\theta_1, \cdots, \cos\theta_m)^{\mathrm{T}} \tag{8.28}$$

$$\boldsymbol{w}_2 = (\sin\theta_1, \cdots, \sin\theta_m)^{\mathrm{T}} \tag{8.29}$$

其中,θ_i 是对应维度 i 的角度和 $\theta_i = 2\pi(i-1)$。则解 A 在径向空间的坐标,记为 $(y_1(\boldsymbol{x}), y_2(\boldsymbol{x}))$,其中,$y_1(\boldsymbol{x}) = F(\boldsymbol{x})\boldsymbol{w}_1(F(\boldsymbol{x})\mathbf{1})^{-1}$,$y_2(\boldsymbol{x}) = F(\boldsymbol{x})\boldsymbol{w}_2(F(\boldsymbol{x})\mathbf{1})^{-1}$,其中 1 是所有元

素均为 1 的 $m \times 1$ 向量。

从理论上说,高维空间中两个解之间的欧氏距离可以通过径向空间中投影解的欧氏距离来适当反映。因此,径向投影能够在将解映射到二维径向空间时保持 m 维目标空间中解的多样性。

随后,使用收敛性和多样性标准来逐一选择 K 个解。在基于径向投影选择中,函数 Con 用于根据其与理想点的欧氏距离来表明解的收敛质量,函数 Div 根据同一网格中所选择解的数量来评估其中一个解的多样性。算法 8.6 给出了基于径向投影选择方法的细节,其中确定网格的方法将在算法 8.7 中给出。

注意,算法 8.6 中的 K 替换为 N,即种群规模。

算法 8.7　RadialGrid(P, K)

输出:Y(径向空间中的坐标),G(矩形标签)
1: $P_N \leftarrow \dfrac{P - \min P}{\max P - \min P}$
2: $\theta_i \leftarrow 2\pi(i-1)/m \ /* \ i = 1, 2, \cdots, m \ */$
3: $\boldsymbol{w}_1 \leftarrow (\cos\theta_1, \cdots, \cos\theta_m)$
　$\boldsymbol{w}_2 \leftarrow (\sin\theta_1, \cdots, \sin\theta_m)$
4: $Z \leftarrow (P_N \boldsymbol{1})^{-1}$
5: $Y \leftarrow (P_N \boldsymbol{w}_1 Z, P_N \boldsymbol{w}_2 Z)$
6: $n \leftarrow \lfloor \sqrt{K} \rfloor$
7: $B_l \leftarrow \min Y, B_u \leftarrow \max Y$
8: $G \leftarrow \lfloor n(Y - B_l)/(B_u - B_l) \rfloor \ /* \ 计算每个投影点的标签 \ */$

8.4.3　基于参考集的支配关系预测

在基于支配关系的多目标进化算法中,理论上并不需要知道确切的目标函数值来进行选择,只要找出解之间的支配关系即可。然而,预测非支配关系是困难的,因为支配关系是一个相对度量,其在决策空间上会发生变化。因此,定义一个可学习分类边界是非常重要的,该边界可用于预测未知解的支配关系。为此,CSEA 定义了一组参考解来构造 Pareto 支配边界以将所有候选解分为两类。图 8.10 给出了最小化两目标优化问题的一个例子,五角星表示由真实目标函数评估确定的参考解。基于参考集,可以确定优势边界(由虚线表示),然后可以将新的候选解(由圆圈表示)分为Ⅰ类(空心圆圈)和Ⅱ类(实心圆圈)。图 8.10 的例子可以说明所提方法的思想,其中目标空间中的 4 个参考解将 10 个候选解划分为两类,以表明其支配关系。非支配边界右侧的解表示为Ⅰ类解,左侧的解

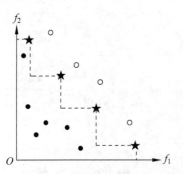

图 8.10　基于双目标最小化问题分类的
非支配边界分类示意图

则记作Ⅱ类解。

下一个问题是应该选择使用真实目标函数评估的给定解中的哪一个作为定义分类边界的参考集。参考解在 CSEA 的性能中起着关键作用,从图 8.10 可以看出,参考解指定的边界决定了哪些解属于Ⅰ类,哪些属于Ⅱ类,这不仅会影响收敛性,还会影响所选解的多样性。

通常,由少数参考解指定的分类边界更有可能将解归入Ⅰ类,导致收敛性能更好但多样性较差。相比之下,由大量的参考集产生的边界可能会将更多的解归入Ⅱ类,导致收敛性差但具有良好的多样性。因此,确定参考解的数量提供了所选Ⅱ类解的收敛性和多样性之间的平衡。

合适的参考解的数量 K 可能与目标数量之间的关系有关。对于 3 或 4 个目标的问题,CSEA 是为了强调多样性的维持,因此可以选择一个相对较大的 K。随着目标数量的增加,收敛性对 CSEA 变得更加重要,因为总体中非支配解的比率将变得更高。在这种情况下,一个小的 K 会将更多的解决方案分类到Ⅰ类中,从而增加选择压力。一旦 K 确定后,算法 8.6 中基于径向投影的选择方法就可以应用于参考集选择中。

给定选定的参考集后,便可以训练代理模型来学习分类边界。

8.4.4　代理模型管理

CSEA 的代理模型管理包括以下步骤。

1. 代理模型训练

定义 MLP 结构,包括隐层数和每个隐层中的节点数。由于在昂贵的优化中数据的数量通常是有限的,该算法仅使用一个隐层。所有权重在 $[0,1]$ 中随机初始化,并采用 sigmoid 函数作为激活函数。MLP 使用基于梯度的方法或基于训练数据的另一种监督学习算法进行训练。最大迭代次数设置为 T。

2. 模型验证

验证数据的近似误差用于预测 MLP 的预测不确定性。该方法不是计算整个验证数据上的误差,而是分别计算验证集 $D_{\text{validation}}$ 中Ⅰ类解(记为 p_1)和Ⅱ类解(记为 p_2)的误差。假设 Q_c 是类别 c 解的集合,它们的预测类别是 $C_{p_1}, \cdots, C_{p_{|Q|}}$,其中 $|Q|$ 是 Q_c 中解的个数。平均绝对误差的计算方式如下:

$$\text{MAE} = \frac{\sum_{i=1}^{|Q_c|} \text{abs}(c - C_{p_i})}{|Q_c|} \tag{8.30}$$

其中,$|Q_c|$ 是集合 Q_c 中解的数量,abs(＊)表示绝对值。MAE 用作类别 c 中解的验证误差。p_1 和 p_2 可以使用式(8.30)计算以用于表示代理分类器的可靠性(不确定性)。

3. 代理模型辅助的解选择

预测的可靠性由 p_1 和 p_2 估计。图 8.11 展示了确定可靠性的方式。在图 8.11 中,R_1 表示包含所有Ⅱ类解的可靠区域,因此 MLP 期望选择其中的Ⅱ类解。R_1 由以下两个子区域组成：一个由 $p_2 <$ tr 定义，其中分类器能够可靠地预测 Ⅱ 类解；另一个由 $p_1 <$ tr 且 $p_2 < (1-$ tr$)$ 定义，其中 Ⅰ 类解的预测是可靠的，因此预测的 Ⅰ 类解可以丢弃。在后一种情况下，可以放宽 p_2 的边界来采样一些有前景的 Ⅱ 类解，以促进探索。如果一个糟糕的分类器总是将 Ⅰ 类解误分类为 Ⅱ 类解，则可能会选择一些 Ⅰ 类解。基于这些预测，只有预测属于 Ⅱ 类解才会使用真实目标函数进行评估。

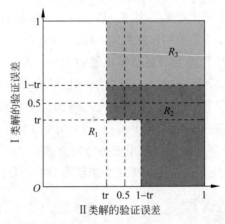

图 8.11 MLP 分类器根据验证误差 p_1 和 p_2 对预测的不确定性估计

预测在 R_2 中的任何解都不会使用真实的目标函数进行评估，因为 MLP 无法可靠地预测解的支配关系。相比之下，区域 R_3 表明 MLP 很可能将 Ⅰ 类解预测为 Ⅱ 类。因此，在 R_3 中被预测为 Ⅰ 类解可能是有希望的，应该使用真实的目标函数进行评估。

为了确保预测是足够可信的，应使用远大于 0.5 的阈值。那么，阈值 tr 可以设置为 $0.5 \times \min\{$rr$, 1-$rr$\}$，其中 rr 是 Ⅱ 类解的实际比率：

$$\text{rr} = \frac{\sum_{i=1}^{|Q|} (\text{Cr}_i \text{ is category } Ⅱ)}{|Q|} \tag{8.31}$$

其中，Q 是候选解集，$\{\text{Cr}_1, \text{Cr}_2, \cdots, \text{Cr}_{|Q|}\}$ 是真实类别（根据使用昂贵目标函数评估的目标函数值分类）。Ⅱ 类解的预测率 rp 定义为：

$$\text{rp} = \frac{\sum_{i=1}^{|Q|} (\text{Cp}_i \text{ is category } Ⅱ)}{|Q|} \tag{8.32}$$

其中，$\{\text{Cp}_1, \text{Cp}_2, \cdots, \text{Cp}_{|Q|}\}$ 是 Q 中解的预测类别。因此，rr 和 rp 之间的差异越小，MLP 的准确性越好。

8.4.5 代理模型辅助的环境选择

假设代理模型的预测是可靠的，随后将执行环境选择。子代个体可以通过流行的交叉和变异算子生成,例如,模拟二元交叉和多项式变异。然后确定可靠性配置上的验证错误 p_1 和 p_2 的位置。对于区域 R_1 中的解,选择预测为 Ⅱ 类解作为父代个体生成后代,直到满足终止条件。如果解位于区域 R_3,则使用预测为 Ⅰ 类解来生成子代,直到满足终止条件;否则,将不会选择任何解。在第二个进化循环的代理模型辅助的选择中,最多 g_{max} 个解由经过训练的 MLP 预测,即表明在更新代理模型之前已经使用代理模型的频率。请注意,只有少量的解使用昂贵的目标函数评估。算法 8.8 给出了 CSEA 第二个循环中代理模型辅助环境选择的伪代码。

算法 8.8　SurrogateAssistedSelection(P,K)

输出:Q(子代种群)
1: $Q \leftarrow$ Variation($P \cup P_R$)
2: $L \leftarrow$ Prediction(MLP, Q)
3: $i \leftarrow 0$
4: if $p_2 <$ tr OR ($p_1 <$ tr AND $p_2 < 1 -$ tr) then
5: 　　while $i < g_{max}$ do
6: 　　　　$H \leftarrow$ 从 Q 选择 $|P_R|$ 个具有最大 L 值的解
7: 　　　　$Q \leftarrow$ Variation($H \cup P_R$)
8: 　　　　$L \leftarrow$ Prediction(MLP, Q)
9: 　　　　$i \leftarrow i + |Q|$
10: 　　end while
11: 　　$Q \leftarrow$ 从 Q 选择 $L > 0.9$ 的解
12: else if $p_1 > 1 -$ tr AND $p_2 >$ tr then
13: 　　while $i < g_{max}$ do
14: 　　　　$H \leftarrow$ 从 Q 选择 $|P_R|$ 个具有最小 L 值的解
15: 　　　　$Q \leftarrow$ Variation($H \cup P_R$)
16: 　　　　$L \leftarrow$ Prediction(MLP, Q)
17: 　　　　$i \leftarrow i + |Q|$
18: 　　end while
19: 　　$Q \leftarrow$ 从 Q 选择 $L < 0.1$ 的解
20: else
21: 　　$Q \leftarrow \varnothing$
22: end if

8.5　dropout 神经网络辅助的高维多目标优化

AR-MOEA
代码

8.5.1　AR-MOEA

如 8.1 节所述,基于性能指标的 MOEA 是一类可以有效处理高维多目标问题的进化算法。然而,当目标数量增加时,一些性能指标,例如超体积,在计算上是难以处理的。这里我们介绍一种新的基于性能指标的算法,该算法基于具有非贡献解检测的增强型世代距离,称为 IGD-NS[273]。其主要动机是提出一种基于 MOEA 的计算高效性能指标,即无论 Pareto 前沿面的形状如何,它都可以高效执行。为此,对增强型 IGD-NS 中的参考点进行了调整,称改进后的算法为 AR-MOEA[274]。用于计算 IGD-NS 的参考点(参考解)包含两组:一组包含均匀分布的解,另一组存储在外部档案中。

算法 8.9 提供了算法 AR-MOEA 的伪代码。下面将描述 AR-MOEA 中的两个主要组成部分:IGD-NS 指标和参考点自适应方法。

算法 8.9 AR-MOEA 整体框架

输入:种群大小 N,最大代数 g_{max}
输出:最终种群 P
1:生成大小为 N 的初始种群 P_1
2:在单位超平面上生成均匀分布的参考点 W
3:$[A_1, R_1] \leftarrow$ UpdateRefPoint(P_1, W)
4: for $t = 1 : g_{max}$ do
5:    用基于 R_t 的 IGD-NS 从种群 P_t 中选择解
6:    用模拟二元交叉和多项式变异产生子代种群 O_t
7:    $[A_{t+1}, R_{t+1}] \leftarrow$ UpdateRefPoint($[A_t; O_t], W$)
8:    用基于 R_{t+1} 的 IGD-NS 从 P_t 和 O_t 的合并种群中选择解 P_{t+1}
9: end for

---

1. IGD-NS 指标

IGD-NS 是用于同时评估一个解集的收敛性和多样性的 IGD 指标。为了更准确地评估性能,IGD-NS 考虑了在解集中所谓的非贡献解的影响。如果一个解不是任何参考点的最近邻,则称该解是无贡献的。在数学上,IGD-NS 定义如下:

$$\text{IGD-NS}(Q, R) = \sum_{r \in R} \min_{q \in Q} \text{dis}(q, r) + \sum_{q' \in Q'} \min_{r \in R} \text{dis}(q', r) \tag{8.33}$$

其中,函数 dis(·) 是目标空间中两个解之间的欧氏距离;Q、$Q'(Q' \in Q)$ 和 R 分别表示非支配解集、非贡献解和参考点。IGD-NS 的第一项是对每个非支配解到 R 中所有点的最小距离求和,第二项是对每个非贡献解到 R 中所有解的最小距离求和,目的是最小化非贡献解。个体 p 在 IGD-NS 方面的适应度由 IGD-NS($P \backslash \{p\}, R$) 计算,其中 $P \backslash \{p\}$ 表示去除 P 后 p 的集合。因此,适应度值越大越好。与 NSGA-Ⅱ类似,将父代和子代种群组合在一起,然后应用文献[228]中的高效非支配排序对组合种群进行排序以获得更好的计算效率。然后,根据已排序的前沿选择父代种群,直到只能选择其中子集的临界前沿面。与 NSGA-Ⅱ中使用拥挤距离选择解的方式不同,AR-MOEA 依赖式(8.33)中计算的个体适应度选择候选解。

P 和 Q 中解的目标值基于理想点 z^* 和最低点 z^{nad} 进行归一化,可以分别通过最小化和最大化每个目标来获得。然后,每个参考点 $r \in R$ 调整如下。每个解 $q \in Q$ 具有到向量 $\overrightarrow{z^* r}$ 的最小垂直距离通过最小化 $\|f(q)\| \sin(\overrightarrow{z^* r}, f(q))$ 来识别,其中 f 是将 q 从决策空间映射到目标空间的函数。然后,将每个 $r \in R$ 调整为向量 $\overrightarrow{z^* r}$ 上的正交投影到 $f(q)$,方法如下:

$$r'_i = \frac{r_i}{\|r\|} \times \|f(q)\| \cos(\overrightarrow{z^* r}, f(q)), \quad i = 1, 2, \cdots, m \tag{8.34}$$

其中,m 是目标个数。

2. 参考点的自适应

IGD-NS 的一个重要修改是引入了一种参考点 R 的自适应机制和外部存档 A。外部存档 A 旨在捕捉 Pareto 前沿面的几何形状,与固定均匀分布的参考点 W 一起,有助于参考集 R 适应 Pareto 前沿面的各种形状。首先,外部存档 A 根据固定参考集 R、当前后代种群以及其对 IGD-NS 的贡献进行调整。首先,删除 $A(t)$ 中的重复和支配解。然后,将 $A(t)$ 中对于 W 的贡献解,记为 $A'^c(t)$,复制到 $A(t+1)$,其中 t 表示代数。最后,从最大化 $\min_{q \in A(t+1)} \arccos(f(p), f(q))$ 的 $A(t) \backslash A(t+1)$ 中选择解 p 来填充 $A(t+1)$,直到 $A(t+1)$ 的大小达到 $\min(3|W|, |A(t)|)$。这确保与所选解呈大角度的解被添加到存档中,从而保持良好的多样性。

一旦 $A(t+1)$ 被更新,参考集 R 也将被调整。首先,将 W 中最接近于 $A'^c(t)$ 中解的参考点,即第 t 代的贡献解,被识别并表示为有效参考点集 W^v。W^v 复制到 $R(t+1)$。然后,从 $A(t+1) \backslash R(t+1)$ 中取最大值为 $\min_{r \in R(t+1)} \arccos(f(q), r)$ 的点 q 将选择填充 $R(t+1)$ 直到 $R(t+1)$ 的大小达到 $\min(|W|, |W^v| + |A(t+1)|)$,以提升 $R(t+1)$ 的多样性。算法 8.10 中给出了用于外部存档和参考集自适应的伪代码。

算法 8.10　参考点自适应

输入:$A(t)$、$R(t)$、P

输出:$A(t+1)$ 和 $R(t+1)$

1: //存档自适应//

2: 删除 $A(t)$ 中重复的候选解

3: 删除 $A(t)$ 中被支配的候选解

4: $A^c(t) \leftarrow \{p \in A \mid \exists r \in W : \mathrm{dis}(r, F(p)) = \min\limits_{q \in A(t)} \mathrm{dis}(r, F(q))\}$

5: $A(t+1) \leftarrow A^c(t)$

6: while $|A(T+1)| < \min(3|W|, |A(t)|)$ do

7: 　　$p \leftarrow \underset{p \in A(t) \backslash A(t+1)}{\arg\max} \min\limits_{q \in A(t+1)} \arccos((f(p), f(q)))$

8: 　　$A(t+1) \leftarrow A(t+1) \bigcup p$

9: end while

10: //参考点自适应//

11: $W^v \leftarrow \{r \in R \mid \exists p \in A'^c(t) : \mathrm{dis}(r, F(p)) = \min\limits_{s \in R} \mathrm{dis}(s, F(p))\}$

12: $R(t+1) \leftarrow W^v$

13: while $|R(t+1)| < \min(|W|, |W^v| + |A(t+1)|)$ do

14: 　　$p \leftarrow \underset{p \in A(t+1) \backslash R(t+1)}{\arg\max} \min\limits_{r \in R(t+1)} \arccos(r, f(q))$

15: 　　$R(t+1) \leftarrow R(t+1) \bigcup p$

16: end while

8.5.2　高效深度 dropout 神经网络

dropout 技术旨在提高深度神经网络的泛化能力[275]。文献[276]中提出的理论结果意味着可以将 dropout 神经网络视为贝叶斯网络,使其成为替代高斯过程模型的良好选择。在 EDN-ARMOEA[277] 中,一个 dropout 深度神经网络辅助 AR-MOEA 进行搜索,而包含大量隐层的深度神经网络过于复杂,无法在数据缺乏的情况下充当替代品。该算法采用具有两个隐层的前馈神经网络来降低计算复杂度,同时使其仍然足够复杂以正确执行 dropout。第一个隐层使用 ReLU 激活函数来实现快速训练,而第二个隐层采用 tanh 函数,以应用回归模型近似,同时基于随机梯度的小批量学习方法用于训练。

EDN 在训练阶段前向传递中的输出可以表示如下:

$$\boldsymbol{y}_R = f_R\left(\frac{1}{p_I}(\boldsymbol{x}_s \circ \boldsymbol{d}_I)\boldsymbol{W}_1 + \boldsymbol{B}_1'\right)$$

$$\boldsymbol{y}_T = f_T\left(\frac{1}{p_R}(\boldsymbol{y}_R \circ \boldsymbol{d}_R)\boldsymbol{W}_2 + \boldsymbol{B}_2'\right)$$

$$\hat{\boldsymbol{y}}_s = \boldsymbol{y}_T \boldsymbol{W}_3 + \boldsymbol{B}_3' \tag{8.35}$$

其中,$\boldsymbol{x}_s$ 和 $\hat{\boldsymbol{y}}_s$ 是高效 dropout 网络(Efficient Dropout Network,EDN)的输入和输出,$\boldsymbol{W}_1$、$\boldsymbol{W}_2$、$\boldsymbol{W}_3$、$\boldsymbol{B}_1'$、$\boldsymbol{B}_2'$ 和 $\boldsymbol{B}_3'$ 分别是权重矩阵和偏置矩阵,$\boldsymbol{y}_R$ 和 $\boldsymbol{y}_T$ 分别是第一个和第二个隐层的输出。$\boldsymbol{d}_I$(对于输入层)和 $\boldsymbol{d}_R$(对于第一个隐层)的元素分别从参数 p_I 和 p_R 的伯努利分布中采样。矩阵 $\boldsymbol{B}_1'$、$\boldsymbol{B}_2'$ 和 $\boldsymbol{B}_3'$ 由 $\boldsymbol{B}_1$、$\boldsymbol{B}_2$ 和 $\boldsymbol{B}_3$ 的 batchsize 个副本组成。f_R 和 f_T 分别代表 ReLU 和 tanh 激活函数。注意,第一层和第二层隐藏节点的数量分别是 J 和 K。

网络的损失函数定义为

$$\boldsymbol{e} = \hat{\boldsymbol{y}}_s - \boldsymbol{y}_s$$

$$E = \frac{1}{2}\left(\sum_{i=1}^{\text{batchsize}}\sum_{j=1}^{m} e_{ij}^2 + \eta \boldsymbol{W}_{\text{sum}}\right) \tag{8.36}$$

其中,$\boldsymbol{y}_s$ 是决策变量 $\boldsymbol{x}_s$ 的真实目标值组成的矩阵,η 是权重衰减的超参数,而 $\boldsymbol{W}_{\text{sum}}$ 是 $\boldsymbol{W}_1$、$\boldsymbol{W}_2$ 和 $\boldsymbol{W}_3$ 中所有元素的二次和。

训练完成后,EDN 将用于预测 AR-MOEA 种群中个体 $\boldsymbol{x}_{\text{pop}}$ 的适应度:

$$\hat{y}_i = f_T\left(\frac{1}{p_R}\left(f_R\left(\frac{1}{p_I}(\boldsymbol{x}_{\text{pop}} \circ \boldsymbol{d}_I) \times \boldsymbol{W}_1 + \boldsymbol{B}_1'\right) \circ \boldsymbol{d}_R\right) \times \boldsymbol{W}_2 + \boldsymbol{B}_2'\right) \times \boldsymbol{W}_3 + \boldsymbol{B}_3' \tag{8.37}$$

需要强调的是,与原来的 dropout 技术不同,EDN 中的 dropout 发生在训练和预测阶段,以估计预测的不确定性。将计算 Iter_{pre} 次输出以估计新解的适应度,其中,$\boldsymbol{d}_I$ 和 $\boldsymbol{d}_R$ 每次都重新生成。将输出映射到其原始范围,然后可以计算 $\boldsymbol{x}_{\text{pop}}$ 适应度估计值的均值 $\hat{\boldsymbol{y}}_{\text{pop}}$,预测的置信度(不确定度)$\hat{s}_{\text{pop}}$ 估计为

$$\hat{\boldsymbol{y}}_{\text{pop}} = \frac{1}{\text{Iter}_{\text{pred}}} \sum_{i=1}^{\text{Iter}_{\text{pred}}} \hat{\boldsymbol{y}}_i$$

$$\hat{\boldsymbol{s}}_{\text{pop}} = \sqrt{\frac{1}{\text{Iter}_{\text{pred}}} \sum_{i=1}^{\text{Iter}_{\text{pred}}} \hat{\boldsymbol{y}}_i^{\text{T}} \hat{\boldsymbol{y}}_i - \hat{\boldsymbol{y}}_{\text{pop}}^{\text{T}} \hat{\boldsymbol{y}}_{\text{pop}}} \tag{8.38}$$

注意,一旦添加新样本,在优化期间更新 EDN 的迭代次数(iter_r)通常远小于第一次构建 EDN 的迭代次数 $\text{iter}_{\text{train}}$。与高斯过程相比,这种高效增量学习的能力也非常有吸引力。当优化过程中的训练数据中包含新样本时,EDN 中只有一个网络模型需要更新,而不是传统的 dropout 神经网络中的多个神经网络,使得 EDN 在估计置信度方面的计算效率更高。

算法 8.11 中列出了使用 EDN 进行训练和预测的伪代码。给定一个新的候选解,EDN 可以预测其适应度并提供预测的置信度。因此,可以基于这两种类型的信息进行模型管理。

算法 8.11 高效 dropout 网络

输入:X_s 和 Y_s(训练数据对),p_I 和 p_R(重训练神经元概率),η(权重衰减参数),α(学习率),$\text{iter}_{\text{train}}$(前馈 - 反馈次数),$\text{batchsize}$(batch 大小),$\text{Iter}_{\text{pred}}$(测试输出计算次数),$\boldsymbol{x}_{\text{pop}}$(AR - MOEA 种群)

输出:$\hat{\boldsymbol{y}}_{\text{pop}}$ 和 $\hat{\boldsymbol{s}}_{\text{pop}}$($\boldsymbol{x}_{\text{pop}}$ 适应度均值估计值和预测的置信度)

1: 初始化网络 Net,权重 $W = \{\boldsymbol{W}_1, \boldsymbol{W}_2, \boldsymbol{W}_3\}$ 和偏差 $B = \{\boldsymbol{B}_1, \boldsymbol{B}_2, \boldsymbol{B}_3\}$ 随机在区间 $[-0.5, 0.5]$ 生成

2: for $i = 1:\text{iter}_{\text{train}}$ do

3:    batchsize 大小的($\boldsymbol{x}_s$ 和 $\boldsymbol{y}_s$)从 X_s 和 Y_s 随机选择

4:    $(\text{Net}, W, B) \leftarrow \text{TrainNet}(\boldsymbol{x}_s, \boldsymbol{y}_s, \text{Net}, W, B, p_I, p_R, \eta, \alpha)$

5: end for

6: for $i = 1:\text{Iter}_{\text{pred}}$ do

7:    $\hat{\boldsymbol{y}}_i \leftarrow \text{PredictNet}(\boldsymbol{x}_{\text{pop}}, \text{Net}, W, B, p_I, p_R)$

8: end for

9: 计算 $\hat{\boldsymbol{y}}_{\text{pop}}$ 和 $\hat{\boldsymbol{s}}_{\text{pop}}$

8.5.3 模型管理

在基于 AR-MOEA 优化获得的最后一代种群中,选择新样本使用昂贵的目标函数评估。为了减少每轮采样解数量,应用 K 均值聚类算法来选择一个有代表性的子集。这里的模型管理方法类似于 8.3.1 节中介绍的 K-RVEA 中的方法。也就是说,当解的收敛性被优先考虑时,将在每个类中选择与目标空间中的原点欧氏距离最小的解进行真实的函数评估。否则,在必须提升种群多样性时,将选择每个簇中具有最大平均不确定性的解以使用昂贵的目标函数进行评估。种群多样性的衡量标准为 $r = |W^v| | W|$,其中 $|W^v|$ 和 $|W|$ 是活动参考点的数量和固定参考点的总数。如果在与参考点相关的种群中存在贡献解,则将参考点称为活动的。如果 $r_{i-1} - r_i > \delta$,其中 δ 是预先定义的阈值,r_{i-1} 和 r_i 是第 $i-1$ 和 i 模型更新中的比值,那么需要提升种群的多样性。在计算欧氏距离之前,所有的目标值都需要借助最小的目标值进行转换。

与 K-RVEA 类似,这里的训练数据(X_1,Y_1)的数量也限制为 $11n-1$(n 是决策变量的数量),以减少更新 EDN 的计算时间。首先,将最近采样得到的解(X_{new},Y_{new})添加到空集合(X_1,Y_1)中,其次,剩余的解将从(X,Y)中选择与训练集(X_1,Y_1)中夹角最大的解存放到集合中,以增加训练集的多样性。

8.5.4　EDN-ARMOEA 整体框架

算法 8.12 中描述了 EDN 辅助 AR-MOEA 的整体框架,称为 EDN-ARMOEA。EDN-ARMOEA 的优化过程类似于 K-RVEA。采用拉丁超立方采样(Latin Hypercube Sampling,LHS)对 $11n-1$ 个解使用昂贵的目标函数评估。然后使用这些样本初始化和训练 EDN。同时应用 AR-MOEA 在 EDN 上迭代优化 g_{max} 次。注意,不管优化目标数目的变化,仅训练一个神经网络,其中,EDN 的输出数量为 m。然后,使用 EDN 预测计算最后一代种群中解的平均适应度和不确定度,以选择要采样的解,即使用昂贵的目标函数进行评估。最后,更新训练数据并使用更新后的训练数据重新训练 EDN。在更新后的 EDN 上再次运行 AR-MOEA,重复这个过程,直到耗费掉所有的计算资源(通常为昂贵的函数评价次数)。

算法 8.12　EDN-ARMOEA 整体框架

输入:f(昂贵目标函数),FE_{max}(函数评估的最大数量),n(搜索维度),$\delta \in [0,1]$(参数),k(每一代真实适应度函数评价次数),P(种群大小),Iter(最大迭代次数)

输出:X 和 Y(最终解的决策变量和目标值)

1: $X \leftarrow \text{LHSDesign}(n, 11n-1)$, $Y \leftarrow f(X)$
2: $X_1 = X$, $Y_1 = Y$, $FE = 11n-1$
3: While $FE \leqslant FE_{max}$ do
4:　　$(X_s, Y_s) \leftarrow \text{Normalize}(X_1, Y_1)$
5:　　通过 $\text{Net} \leftarrow \text{EDN}(X_s, Y_s)$ 初始化 EDN 或者通过 $\text{Net} \leftarrow \text{EDN}(X_s, Y_s, \text{Net})$ 更新 EDN
6:　　$(\hat{\boldsymbol{x}}_{pop}, \hat{\boldsymbol{y}}_{pop}, \hat{\boldsymbol{s}}_{pop}, rf, rf^0) \leftarrow \text{AR} - \text{MOEA}(N, g_{max}, \text{Net})$
7:　　if 没有 rb then rb 被初始化为 $rb = rf^0$
8:　　$X_{new} \leftarrow \text{SelectIndividual}(\boldsymbol{x}_{pop}, \hat{\boldsymbol{y}}_{pop}, \hat{\boldsymbol{s}}_{pop}, rf, rb, \delta, k)$, $Y_{new} \leftarrow f(X_{new})$
9:　　$X \leftarrow X \bigcup X_{new}$, $Y \leftarrow Y \bigcup Y_{new}$
10:　　$(X_1, Y_1) \leftarrow \text{SelectTrainData}(X, Y)$
11:　　$rb = rf$, $FE = FE + |X_{new}|$
12: end while

与高斯过程相比,dropout 神经网络具有以下良好特性:

(1) EDN 的计算复杂度随着训练数据数量的增加而更具可扩展性。此外,EDN 具有增量学习能力,因此更新 EDN 的计算时间远低于初始构建 EDN 的计算时间。

(2) 不依赖于目标数量变化而仅需建立一个神经网络,不像高斯过程,计算复杂度随着目标的数量线性增加。

8.5.5　原油蒸馏装置的操作优化

EDN-ARMOEA 用于解决原油蒸馏装置的实际操作优化问题,由于该过程的性能评估需要昂贵的数值模拟,因此其计算量极大。我们比较了 EDN-ARMOEA 与 GP-ARMOEA、高斯过程辅助的 AR-MOEA、HeE-ARMOEA、异构集成辅助的 AR-MOEA 和没有代理辅助的 AR-MOEA 的性能。

1. 问题建模

原油蒸馏是石油工业中应用非常广泛的分离技术。通过分配操作条件,可以提高蒸馏系统的分离性能和能源效率。根据文献[278],表 8.1 列出了 14 个需要优化的运行条件,即决策变量。优化的两个目标包括产品净值的最大化(f_1)和能耗的最小化(f_2)。约束条件包括产品质量和蒸馏系统规格。具体来说,原油蒸馏装置操作条件的优化定义如下:

$$\max f_1 = \sum_{i=1}^{4} P_{\mathrm{prod},i} F_{\mathrm{prod},i} - P_{\mathrm{crude}} F_{\mathrm{crude}} - P_{\mathrm{steam}} \sum_{j=1}^{3} F_{\mathrm{steam},j}$$

$$\min f_2 = P_{\mathrm{fuel}} U_{\mathrm{fuel}} + P_{\mathrm{cw}} U_{\mathrm{cw}}$$

$$\mathrm{s.t.} \quad U_{\mathrm{fuel}} = \mathrm{gcc}(F_{\mathrm{PA}}, Q_{\mathrm{PA}}, T_f, F_{\mathrm{prod}})$$

$$U_{\mathrm{cw}} = \mathrm{gcc}(F_{\mathrm{PA}}, Q_{\mathrm{PA}}, T_f, F_{\mathrm{prod}})$$

$$T95_i^{\mathrm{lb}} \leqslant T95_i \leqslant T95_i^{\mathrm{up}}, \quad i=1,2,3,4$$

$$\mathrm{CC}(F_{\mathrm{prod}}, F_{\mathrm{steam}}, F_{\mathrm{PA}}, Q_{\mathrm{PA}}, T_f) = 1 \tag{8.39}$$

其中,P 和 F 分别代表价格和流量;下标 prod、crude、steam、fuel 和 cw 分别代表产品、原油、汽提蒸汽、燃料和冷却水;U 代表最小需求;U_{fuel} 和 U_{cw} 分别代表燃料和冷却水的估计组合曲线(gcc)[278];$T95_i$ 代表产品 $T95_i$ 的 95% 真实沸点温度,即产品质量指标;CC(·)=1 要求必须满足的收敛准则。

表 8.1　原油蒸馏装置的运行条件

编　　号	操　作　符　号	意　义(单位)
1	$F_{\mathrm{prod},1}$	石脑油流量(bbl/h)
2	$F_{\mathrm{prod},2}$	煤油流量(bbl/h)
3	$F_{\mathrm{prod},3}$	轻柴油流量(bbl/h)
4	$F_{\mathrm{prod},4}$	重柴油流量(bbl/h)
5	$F_{\mathrm{steam},1}$	主塔蒸汽流量(kmol/h)
6	$F_{\mathrm{steam},2}$	第一汽提塔蒸汽流量(kmol/h)
7	$F_{\mathrm{steam},3}$	第二汽提塔蒸汽流量(kmol/h)
8	$F_{\mathrm{PA},1}$	第一泵循环流量(bbl/h)
9	$F_{\mathrm{PA},2}$	第二次泵送流量(bbl/h)
10	$F_{\mathrm{PA},3}$	第三次泵送流量(bbl/h)

续表

编　号	操作符号	意义（单位）
11	$Q_{PA,1}$	第一泵循环负载（MW）
12	$Q_{PA,2}$	第二次循环运行（MW）
13	$Q_{PA,3}$	第三次循环运行（MW）
14	T_f	炉膛出口温度（摄氏度）

2. 参数设置

在将 EDN-ARMOEA 应用于该问题之前，需要做一个额外的步骤，主要是因为式(8.39)中的问题是一个约束问题。为了处理约束，构造了两个分类器来区分不可行解：一个确定是否满足收敛标准，另一个验证操作条件是否可行。分类器是基于模拟数据构建的。一旦构建完成，这些约束模型将不再更新。随机生成 150 组操作条件来验证分类器的准确性，150 个解中的 118 个收敛，而基于耗时的数值模拟有 28 个条件是可行的。判断收敛的两个分类器分别达到了 95.76% 和 93.75% 的准确率，二者分别用于收敛和非收敛解模拟。相比之下，可行性分类器对可行解的准确率为 75%，对不可行解的准确率为 92.22%。总的来说，可以认为两个分类器模型的性能是可以接受的。这两个分类器用于实验中的所有 4 种优化算法。

由于本应用示例的决策变量数为 14，因此共为 EDN-ARMOEA、GP-ARMOEA 和 HeE-ARMOEA 这 3 个代理模型辅助 MOEA 生成了 153 个离线样本。此外，在优化过程中进行了 145 次真实的适应度评估，因此代理模型可以更新 29 次。AR-MOEA 的种群规模设置为 50，因此可以运行 6 代。总共有 300 个真实的适应度评估，这与 EDN-ARMOEA、GP-ARMOEA 和 HeE-ARMOEA 使用的 298 个适应度评估相近。

3. 实验结果

采用超体积（HV）作为性能指标比较 3 种代理模型辅助算法的收敛性和多样性。计算 HV 的参考点设置为

$$r_j = \max_j + 0.01 \times (\max_j - \min_j), \quad j = 1, 2, \cdots, m$$

其中，$\max_j$ 和 $\min_j$ 是 4 种比较算法获得的非支配解中最大值和最小值。此外，HV 通过除以 $\prod\limits_{j=1}^{m} r_j$ 进行归一化。图 8.12 绘制了 HV 值与 3 个独立运行平均的昂贵适应度评价次数的关系图。EDN-ARMOEA、GP-ARMOEA、HeE-ARMOEA 和 AR-MOEA 得到的解集的最终平均 HV 值分别为 0.0186、0.0132、0.0134 和 0.0054。EDN-ARMOEA、GP-ARMOEA 和 HeE-ARMOEA 的平均运行时间分别为 139 小时、192 小时和 182 小时。

从这些结果可以看出，所有 3 个代理模型辅助的 MOEA 都比没有代理模型辅助的 MOEA 表现更好，表明所有这些算法中的代理模型均有效地提高了优化性能。此外，我们可以看到 HeE-ARMOEA 在优化的早期阶段比 GP-ARMOEA 收敛得更快，虽然最终两种

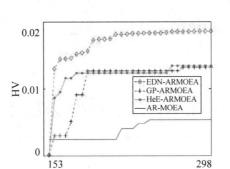

图 8.12　EDN-ARMOEA(用菱形表示)、GP-ARMOEA(用十字形表示)、HeE-ARMOEA(用点表示)和 AR-MOEA 的昂贵模拟次数与平均 HV 值关系

算法都取得了相似的结果,再次证实了 HeE-ARMOEA 是高斯过程辅助 MOEA 的有价值的替代品。最后,结果证实 EDN-ARMOEA 在优化性能和计算效率方面都是最具竞争力的。

8.6　小结

高维目标空间给多目标优化带了极大的挑战,既加剧了 Pareto 最优解集选择的困难,也使 Pareto 前沿面的形状变得更为复杂。因此,解决高维多目标优化比多目标优化困难得多。尤其决策变量的数量也很大时,代理模型辅助的高维多目标优化在性能和计算效率方面仍然是一个具有挑战性的话题。

第 9 章介绍借助半监督学习、迁移学习和迁移优化解决数据驱动优化中的数据缺乏问题。

第 9 章

数据驱动进化优化中的知识迁移

摘要 训练数据的缺乏是数据驱动优化领域的一个主要挑战,因为在许多数据驱动的优化问题中,数据的收集通常是计算昂贵的,或者是成本昂贵的。为了解决这个问题,本章提出了 3 种应用于数据驱动进化优化的知识迁移方法。第一种方法是基于半监督学习,将知识从无标签数据迁移到有标签数据中。第二种方法利用迁移学习,在参数共享和领域自适应的帮助下,以较低成本在目标或问题之间进行知识迁移。最后一种方法是迁移优化,它是多任务优化的一种变体,可以在同一优化问题的多保真计算或多场景之间进行知识迁移。

9.1 引言

人类智能和人工智能之间的一个巨大区别是人类能够通过从少量数据中学习来执行多个任务,但诸如深度学习模型之类的人工智能系统只有在有大量的训练数据可用时,才可以很好地学习单个任务。

为了解决上述问题,4.3.3 节对多种高阶机器学习技术进行了简要的介绍。近年来,半监督学习、多任务学习和迁移学习在机器学习中受到了广泛关注,在进化计算领域,特别是数据驱动的进化优化中获得了越来越多的应用。同时,多任务进化优化也表明了通过在种群中同时进化多个任务来加速进化优化是有效的。

半监督学习,如协同训练,对于代理模型辅助的进化优化特别有效。在每一代中,只有少数个体被标记(即使用真实目标函数进行评估),而大多数个体的适应值是由代理模型估计的,这可以被视为未标记数据。因此,利用未标记数据中的信息来提高代理模型的质量将是非常有效的,从而更有效地辅助进化搜索。同时,由于经常涉及机器学习模型,因此迁移学习非常适合用于数据驱动优化中的知识迁移。在数据驱动的优化中,知识可能有不同的来源,如以前的优化任务、不同的目标、同一问题的不同保真度表示,以及相同问题的不同场景。多保真度表示在许多基于优化的仿真中得到了广泛的应用,例如,部分仿真代替了完全仿真,二维仿真代替了三维仿真,等等。此外,许多现实世界的问题必须在多个场景(工作条件)中进行优化。例如,车辆可能行驶在高速公路上、桥梁上,或者是城市中。这些不同场景中,车辆动力学优化设计可能略有不同,但紧密相关,因此在这些场景之间进行知识迁移,可以加速优化进程。

下面介绍 6 种数据驱动进化优化算法,这 6 种算法中均考虑了知识迁移。图 9.1 总结了本章要介绍的知识迁移方法。

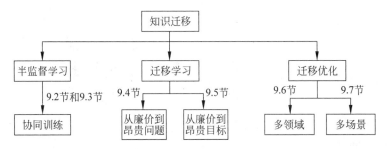

图 9.1　数据驱动进化优化中知识迁移的三种主要方法:半监督学习、迁移学习和迁移优化

9.2　基于协同训练的代理模型辅助交互式优化

许多现实世界的设计优化问题,如产品设计、艺术设计和音乐创作,都不能用分析或数值表示的适应度函数来评估一个解的性能。因此,人类用户经常通过主观偏好分配一个适应度来参与评估候选解的质量。这样的进化算法称为交互式进化算法。交互式遗传算法(Interactive Genetic Algorithm,IGA)是一种遗传算法,其适应度由人类用户来进行评价。在过去的十年中,IGA 已成功应用于许多实际场景中,如色彩设计、助听器安装和机器人系统设计。然而,由于人类用户的认知能力有限或偏好不明确,人类用户给出的适应度值往往具有很大的不确定性,尤其是在优化的开始阶段。此外,由于人体易疲劳,因此无法进行较多的评估来促进优化。为了应对这些挑战,提出使用代理模型替代或部分替代人工评估。另一方面,在没有显式目标函数的情况下,对于人类用户而言,使用区间进行适应度分配,即 $f(x)=[\underline{f}(x),\overline{f}(x)]$,比对问题使用准确的值更容易,其中,$\underline{f}(x)$ 和 $\overline{f}(x)$ 分别是解 x 适应度的上下界。因此,本节提出一种改进的协同训练半监督学习(improved Co-training Semi-Supervised Learning,iCSSL)方法,用于基于区间适应度代理模型辅助的交互遗传算法(记作 IGA-IF)中的模型训练[279]。

9.2.1　总体框架

通常,IGA 中使用的代理模型是通过监督学习算法进行训练的,该算法的成功在很大程度上依赖于足够的可用性训练样本。然而,由于人类易疲劳,无法获得足够多的标记数据。因此,提出使用一些未标记的数据来训练代理模型。利用 iCSSL 的代理模型辅助 IGA-IF 方法的伪代码如算法 9.1 所示。

算法 9.1　基于 iCSSL 的代理辅助 IGA-IF 伪代码

输入：集群数量 k；

输出：到目前为止找到的最优解。

 1: 初始化种群 $P(t), t = 0$；

 2: 重复

 3: 种群分为 k 个子种群；

 4: 由用户按区间评估每个集群的中心；

 5: 使用评估的数据训练两个代理模型；

 6: 利用改进的协同训练半监督学习算法构造或更新代理模型(参考算法 9.2)；

 7: 利用代理模型估计其余解的适应度值；

 8: 利用遗传算法的繁殖算子生成一个候选种群 $P(t), t = t + 1$；

 9: 使用代理模型估计 $P(t)$ 中个体；

10: 确定和评估信息含量最高的个体；

11: 直到满足停止条件

在算法 9.1 中，在决策中间中初始化一个新的种群 $P(t), t = 0$。重复以下过程，直到满足停止准则。使用 K 均值聚类方法将种群聚类成若干子问题。用户按区间评估每个聚类中心。所有中心点用于训练两个代理模型 M_1 和 M_2，这一部分将在9.2.2 节加以描述。之后，选择一些未标记数据分别更新 M_1 和 M_2，这一部分将在 9.2.4 节描述。然后，使用最终更新的代理模型和式(9.11)对每个类中的其余个体进行近似评估。之后，将通过遗传算法中的繁殖操作生成一个新的种群。新种群中的所有个体都将使用当前代理模型进行估值。最后，选择当前种群中信息含量最高的个体进行用户评价。下面将详细阐述无标记数据的选择、可靠性估计、代理模型训练和填充准则。

9.2.2　区间预测的代理模型

为了有效降低用户疲劳，提出在 IGA 中使用基于区间的适应度值。$\boldsymbol{x}_i(t), i = 1, 2, \cdots, N$ 是当前第 t 代种群 $P(t)$ 的第 i 个个体，N 是种群规模。$\boldsymbol{x}_i(t)$ 基于区间的适应度值是 $f(\boldsymbol{x}_i(t)) = [\underline{f}(\boldsymbol{x}_i(t)), \overline{f}(\boldsymbol{x}_i(t))]$，因此，训练代理模型的直接方法是提供两个输出，分别用来估计区间上下界的适应度值。因此，用户评估值和代理模型估计值之间差值的计算方法需要被重新定义，该方法用于优化代理模型的权重。IGA-IF 中使用的误差函数数学方程定义为

$$E = \frac{1}{2} \sum_{l=1}^{|L(t)|} e_l \tag{9.1}$$

其中，

$$e_l = (\hat{\underline{f}}(\boldsymbol{x}_l(t)) - \underline{f}(\boldsymbol{x}_l(t)))^2 + (\hat{\overline{f}}(\boldsymbol{x}_l(t)) - \overline{f}(\boldsymbol{x}_l(t)))^2 \tag{9.2}$$

在式(9.1)中，$|L(t)|$ 表示标记数据集 $L(t)$ 中的数据量。式(9.2)中的 $\hat{\overline{f}}(\boldsymbol{x}_l(t))$ 和 $\hat{\underline{f}}(\boldsymbol{x}_l(t))$

是代理模型在解 $\boldsymbol{x}_l(t)$ 上的上下界估值输出。

对于感兴趣和最不感兴趣的个体来说,用户评估的不确定性程度通常很小,这是容易理解的。在这些情况下,用户的评估更可靠。也就是说,评估的不确定性越小,用户的评估就越可靠。然而,当用户对解的偏好中立或不确定时,用户评价的适应度可能是粗略的,相应的不确定性值就会很大,评价的可靠性就会很低。对于任何一个解 $\boldsymbol{x}_i(t)$,其区间适应度的中心和宽度计算如下:

$$c(f(\boldsymbol{x}_i(t))) = \frac{\overline{f}(\boldsymbol{x}_i(t)) + \underline{f}(\boldsymbol{x}_i(t))}{2} \tag{9.3}$$

$$w(f(\boldsymbol{x}_i(t))) = \overline{f}(\boldsymbol{x}_i(t)) - \underline{f}(\boldsymbol{x}_i(t)) \tag{9.4}$$

从式(9.3)和式(9.4)可以看出,$c(f(\boldsymbol{x}_i(t)))$ 的值反映了用户对解 $\boldsymbol{x}_i(t)$ 的偏好程度,$w(f(\boldsymbol{x}_i(t)))$ 的值描述了用户在评估解 $\boldsymbol{x}_i(t)$ 时的不确定性。从优化的角度来看,我们希望找到一个解,其具有较高的适应度值 $c(f(\boldsymbol{x}_i(t)))$ 和较小的不确定性值 $w(f(\boldsymbol{x}_i(t)))$,因此,通过以下公式计算评估的可靠性:

$$r(\boldsymbol{x}_i(t)) = \frac{c(f(\boldsymbol{x}_i(t)))}{w(f(\boldsymbol{x}_i(t))) + \varepsilon} \tag{9.5}$$

在式(9.5)中,ε 是一个非常小的正数,用于确保分母不为零。

由于具有较高可靠性的训练样本更重要,因此,在学习中这些样本具有更高的优先级。这是因为这些样本代表了用户的当前偏好,并且它们应该以更高的准确度进行估值。为此,将评价可靠性作为惩罚因子集成到误差函数中,它和误差函数一起用于 RBFN 权重的自适应调整。用于训练 RBFN 的误差函数可以改进为

$$E = \frac{1}{2} \sum_{l=1}^{|L(t)|} r'(\boldsymbol{x}_l(t)) e_l \tag{9.6}$$

其中,

$$r'(\boldsymbol{x}_l(t)) = r(\boldsymbol{x}_l(t)) / \max_{l=1,2,\cdots,|L(t)|} r(\boldsymbol{x}_l(t))$$

是 $r(\boldsymbol{x}_l(t))$ 的标准化值(0～1)。

为不失一般性,选用高斯核作为径向基函数,用 $K(\boldsymbol{x}_l, \boldsymbol{C}_i) = \exp(-\|\boldsymbol{x}_l - \boldsymbol{C}_i\|^2 / 2\sigma_i^2)$ 表示,其中,$\boldsymbol{C}_i$ 是第 i 个中心节点,σ 是函数的宽度。假设第 i 个节点和输出节点之间的权重分别为 W_{i1} 和 W_{i2},则 RBFN 的输出分别为

$$\hat{\overline{f}}(\boldsymbol{x}_l) = \sum_{i=1}^{N_h} W_{i1} K(\boldsymbol{x}_l, \boldsymbol{C}_i) \tag{9.7}$$

$$\hat{\underline{f}}(\boldsymbol{x}_l) = \sum_{i=1}^{N_h} W_{i2} K(\boldsymbol{x}_l, \boldsymbol{C}_i) \tag{9.8}$$

在式(9.7)和式(9.8)中,N_h 表示隐层的节点数。

随后,将学习规则修改如下:

$$\Delta w_{i1} = \eta \sum_{l=1}^{|L|} r'(\boldsymbol{x}_l(t)) \overline{e}(\boldsymbol{x}_l) K(\boldsymbol{x}_l, \boldsymbol{C}_i)$$

$$\Delta w_{i2} = \eta \sum_{l=1}^{|L|} r'(\boldsymbol{x}_l(t)) \underline{e}(\boldsymbol{x}_l) K(\boldsymbol{x}_l, \boldsymbol{C}_i)$$

$$\Delta \boldsymbol{C}_i = \sum_{l=1}^{|L|} r'(\boldsymbol{x}_l(t)) (\overline{e}(\boldsymbol{x}_l) w_{i1} + \underline{e}(\boldsymbol{x}_l) w_{i2}) K(\boldsymbol{x}_l, \boldsymbol{C}_i) \frac{\boldsymbol{x}_l - \boldsymbol{C}_i}{\delta_i^2}$$

$$\Delta \sigma_i^2 = \eta \sum_{l=1}^{|L|} r'(\boldsymbol{x}_l(t)) (\overline{e}(\boldsymbol{x}_l) w_{i1} + \underline{e}(\boldsymbol{x}_l) w_{i2}) K(\boldsymbol{x}_l, \boldsymbol{C}_i) \frac{\| \boldsymbol{x}_l - \boldsymbol{C}_i \|^2}{\delta_i^3} \tag{9.9}$$

其中,$\overline{e}(\boldsymbol{x}_l) = f(\boldsymbol{x}_l - \overline{\hat{f}}(\boldsymbol{x}_l))$ 和 $\underline{e}(\boldsymbol{x}_l) = f(\boldsymbol{x}_l - \underline{\hat{f}}(\boldsymbol{x}_l))$。从式(9.9)可以看到高可靠性训练样本具有更高的优先级用于降低估值错误。因此,这些数据会比那些可靠性较低的训练样本具有更高的估值准确度。相应地,在进化过程中将不会选择可靠性较低的训练样本,从而不会影响搜索。

9.2.3　适应度评估

对于每个解,都会从两个代理模型中获得两个近似值,因此,需要将其进行合适的聚合以作为最终输出的解的适应度估值,可以使用不同的聚合操作,如加权聚合、最小化、最大化或点积操作。然而,需要注意的是,在 IGA-IF 中,一个解的适应值是一个区间。因此,尽管两个模型的估值置信度会不同,但每个代理模型的适应度估值也是一个区间。为此,引入一种新的加权方法,其中权重依赖于估值置信度,其由下式给出:

$$\hat{r}_j(\boldsymbol{x}_i(t)) = \frac{c(\hat{f}_j(\boldsymbol{x}_i(t)))}{w(\hat{f}_j(\boldsymbol{x}_i(t))) + \varepsilon} \tag{9.10}$$

其中,$\hat{r}_j(\boldsymbol{x}_i(t)), i = 1, 2, \cdots, N, j = 1, 2$ 是代理模型 $M_j, j = 1, 2$ 的估值置信度,用于估计 $\boldsymbol{x}_i$ 的适应值,ε 是一个非常小的正数,如式(9.5)所示。因此,解 $\boldsymbol{x}_i$ 最终输出的估值如下:

$$\hat{f}(\boldsymbol{x}_i(t)) = \frac{1}{\hat{r}_1(\boldsymbol{x}_i(t)) + \hat{r}_2(\boldsymbol{x}_i(t))} (\hat{r}_1(\boldsymbol{x}_i(t)) \hat{f}_1(\boldsymbol{x}_i(t)) + \hat{r}_2(\boldsymbol{x}_i(t)) \hat{f}_2(\boldsymbol{x}_i(t)))$$

$$\tag{9.11}$$

9.2.4　iCSSL

iCSSL 的贡献是使用当前种群中有标记解和未标记解一起训练两个代理模型。算法 9.2 给出了 iCSSL 方法的伪代码。由于用户易疲劳,有标记的数据数量非常有限,因此从当前的种群中选择一些未标记数据与有标记数据一起来训练代理模型。在每一代,将种群划分

为 k 个子种群。每个聚类中心由用户评估并保存到数据集 $L(t)$ 中。种群中所有未标记数据保存在数据集 $U(t)$ 中。选择更新代理模型的未标记数据策略如下：给定两个具有不同结构和参数的初始模型，记为 M_1 和 M_2，使用所有有标记数据 $L(t)$ 对其进行训练。然后使用模型 $M_1(M_2)$ 估计每个子种群中那些无标记数据的标签。模型 $M_1(M_2)$ 将使用这些被标记数据进行再训练，并在 $L(t)$ 中的样本上进行估值误差的测试。选择具有最低测试误差的子群体中的个体来扩展另一个模型的训练集，即 $M_2(M_1)$，并从 $U(t)$ 中将这个子群删除。重复这个过程，直到 $U(t)$ 中没有解为止，即 $U(t)=0$。

算法 9.2　iCSSL 伪代码

输入：M_1 和 M_2：由当前种群中的有标记数据训练的两个代理模型；
　　　$L(t)$：从 $P(t)$ 中选择的有标记数据集；
　　　$U(t)$：从 $P(t)$ 中选择的无标记数据集；
输出：更新后的代理模型 M_1 和 M_2；
1: while $U(t) \neq \varnothing$ 时 do
2: 　　　在每个聚类上分别使用 M_1 和 M_2 估计未标记个体的区间适应度值；
3: 　　　每个类的代理模型由 $M_1(M_2)$ 估计的解训练，并被用来估计 $L(t)$ 中的数据；
4: 　　　使用在 $L(t)$ 中数据上具有最少测试错误的类中数据来增加 $M_1(M_2)$ 的训练数据，并从 $U(t)$ 中删除这些解；
5: 　　　使用更新后的训练数据集重新训练代理模型 M_1 和 M_2；
6: end while

9.2.5　模型管理

代理模型可用于替代人类用户来估计解的适应度值，从而减轻用户疲劳。但是，用户也需要在优化中参与适应度评价，以确保优化不会收敛到错误的最优解。也就是说，代理模型应该使用用户评估过的额外解进行更新，使得进化搜索可以收敛到一个正确的最优解。然而，选择哪些解来让用户评估，以加快发现好的解是非常重要的。在基于 iCSSL 的代理模型辅助 IGA-IF 中，选用适应度估值好的和估值置信度高的个体进行繁殖，选择适应度估值好的但估计置信度较低的个体进行用户评估，以提高代理模型在有潜力的搜索空间中的估值质量。此外，还选择可以提高种群多样性的解进行用户评价，以提高进化搜索的探索能力。由于解 $x_i(t)$ 的估值置信度可以表示估值质量。因此，估值置信度被用来识别潜在的良好解。需要注意的是，每个解的估值是一个区间。因此，如果两个估计区间值足够相似，那么个体的最终输出将具有较高的估值准确度，相反，如果两个代理模型的输出有较大的差异，则估计的适应度值可能会偏离用户的评价。因此，将使用两个代理模型估计的两个区间的相似度来衡量最终估值的质量，其结果如下：

$$S_{\hat{f}_1 \cdot \hat{f}_2}(\boldsymbol{x}_i(t)) = \frac{w(\hat{f}_1(\boldsymbol{x}_i(t)) \bigcap \hat{f}_2(\boldsymbol{x}_i(t)))}{w(\hat{f}_1(\boldsymbol{x}_i(t)) \bigcup \hat{f}_2(\boldsymbol{x}_i(t)))} \tag{9.12}$$

其中，$S_{\hat{f}_1 \cdot \hat{f}_2}(x_i(t)) \in [0,1]$，$S_{\hat{f}_1 \cdot \hat{f}_2}(x_i(t))$ 值越大，估值之间的相似性越大，估计值 $\hat{f}(x)$ 越准确。两个估值的相似性将用于确定代理模型是否需要更新。如果代理模型的估值质量小于预定义的阈值，则更新代理模型。此外，如果用户认为估值与他/她的评价有很大的偏差，也可以更新代理模型。

SSL-assisted-
PSO 代码

9.3　半监督学习辅助粒子群优化

尽管已有不同成功的代理模型技术，对于计算成本昂贵的优化问题，大多数代理模型建模方法很少依赖于少量标记数据（即使用计算成本昂贵的目标函数评估的解）。然而，优化过程中可以获得大量无标记数据，且其可以用于增强代理模型的学习性能。本节介绍一种半监督学习辅助的粒子群优化（Semi-Supervised Learning assisted Particle Swarm Optimization，SSL-assisted PSO）算法，其中一些无标记数据被选用和有标记数据一起来训练 RBF 代理模型。

9.3.1　算法框架

对于计算成本较高的问题，只有有限数量的有标记数据可用，但通常有大量的未标记数据存在。因此，借鉴半监督学习的思想，提出了一种新的策略，即选择无标记的数据与有标记的数据一起训练代理模型。此外，还需要对一些解进行评估，并用于更新代理模型，使搜索不会偏离正确的方向。图 9.2 给出了半监督学习辅助粒子群算法的框架。

生成一个初始种群 pop(t)，$t=0$ 将并使用真实的目标函数评估。每个解的位置信息（包括位置和它的适应度值）将被保存到 DB 和 EDB 存档中，其中，存档 DB 用于保存所有使用真实的目标函数评估的有标记的解，存档 EDB 用于保存所有的有标记解和一些具有代表性的无标记解。确定到目前为止每个解的个体最佳位置和总体最佳位置。然后重复以下过程，直到满足停止准则。两个代理模型 M_1 和 M_2 中将会分别使用 DB 和 EDB 的数据进行训练。这两种方法都用于近似新种群中每个个体的适应度值。之后，将确定每个解的最终近似适应值，以提供用于模型管理的信息。在模型管理阶段，应该解决两个主要问题。第一，应该选择哪个解决方案使用真实的目标函数进行评估并保存到存档 DB 和 EDB 中。第二，可以选择哪些解决方案保存到存档 EDB 中和有标记的数据一起训练模型。下面将详细介绍 SSL 的辅助 PSO 的重要部分。

9.3.2　社会学习粒子群优化

为了加快收敛速度[280]或提高种群多样性以防止搜索陷入局部最优[2]，提出了许多粒子群优化算法的变种[280]。在 SSL 辅助的 PSO 中，采用了一种社会学习粒子群优化算法的变种,其也是文献[94]中提出的粒子群优化算法的变种。SL-PSO 已被证明在求解大规模优化问题时具有较好的性能,但其收敛速度较慢,尤其是在搜索的开始阶段,因此其在求解昂贵问题时是受限的,因为不允许进行大量的适应度评价。因此,个体 i 的位置将被更新如下:

$$x_{ij}(t+1) = \begin{cases} x_{ij}(t) + \Delta x_{ij}(t+1), & \mathrm{pr}_j(t) \leqslant \mathrm{pr}_j^L \\ x_{ij}(t), & \text{其他} \end{cases} \tag{9.13}$$

其中,

$$\Delta x_{ij}(t+1) = r_1 \cdot \Delta x_{ij}(t) + r_1 \cdot (p_{kj}(t) - x_{ij}(t)) + r_3 \cdot \varepsilon \cdot (\bar{x}_d(t) - x_{ij}(t)) \tag{9.14}$$

在式(9.13)和式(9.14)中,pr_j,$0 \leqslant \mathrm{pr}_j \leqslant 1$ 是随机生成的概率,pr_j^L 是粒子 j 更新其位置的概率阈值。r_1、r_2 和 r_3 是在 $[0,1]$ 范围内均匀生成的 3 个随机数。p_{kj} 是粒子 k 的个体最优位置的第 j 维度,它的适应度优于粒子 i。$\bar{x}_j(t) = \dfrac{\sum\limits_{i=1}^{n} x_{ij}(t)}{N}$ 是粒子群在第 j 维的平均位置。ε 是一个参数,称为社会影响因素,用于控制 $\bar{x}_j(t)$ 的影响。从式(9.13)可以看出,任何个体 i 通过向更优的其他个体的个体最优位置以及粒子群的平均位置学习来更新它的位置。因此,在搜索开始时,有望加快收敛速度,同时仍能保持一定程度的种群多样性。

9.3.3　模型管理策略

在半监督学习中,仍需要一定数量的有标记数据。因此,采样策略对于 SSL 辅助的 PSO 在评价次数有限的情况下获得好解非常重要。从图 9.2 可以看出,DB 中的有标记数据来自以下部分。有标记数据的第一来源是初始种群中的所有解,这些解经过昂贵函数评价后存储于 DB 和 EDB 中。从第二代开始,所有解都由两个估值模型 M_1 和 M_2 进行估值。设 $\hat{f}_{M_1}(\boldsymbol{x}_i)$ 和 $\hat{f}_{M_2}(\boldsymbol{x}_i(t))$ 表示 M_1 和 M_2 对解 $\boldsymbol{x}_i$ 的适应度估值。然后其最终适应度值将通过如下步骤确定:如果两种情况 $\hat{f}_{M_1}(\boldsymbol{x}_i) < f(\boldsymbol{p}_i)$ 和 $\hat{f}_{M_2}(\boldsymbol{x}_i) < f(\boldsymbol{p}_i)$ 两者都满足,则粒子 $\boldsymbol{x}_i$ 将使用真实的目标函数进行评价,并保存到 DB 和 EDB 中。否则,将最大估值作为解 $\boldsymbol{x}_i$ 的适应度,即 $f(\boldsymbol{x}_i) = \max\{\hat{f}_{M_1}(\boldsymbol{x}_i), \hat{f}_{M_2}(\boldsymbol{x}_i)\}$。需要注意的是,若一个解经过真实目标函数评价后,如果它优于它的个体最优位置,那么更新它的个体最优位置。如果评价过的个体优于它们的个体最优位置,则同时用其更新全局最优位置。但是,这种情况并不一定是正确的,也就是说,在当前种群中可能没有一个解是满足真实评价条件的。在这种情况下,具有最优适应度估值的个体将使用真实的目标函数进行评价,并用其来更新个体最优位置和到目前为止找到的全局最优解。这种机制有望减少算法陷入局部最优的可能性。算法 9.3 给出了更新全局最优位置过程的伪代码。

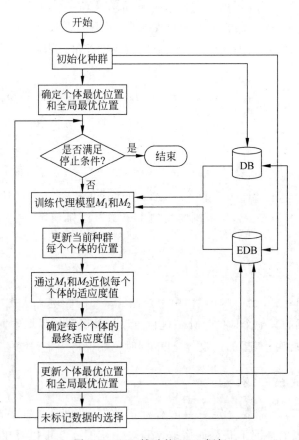

图 9.2　SSL 辅助的 PSO 框架

算法 9.3　更新全局最佳位置

输入: g: 到目前为止找到的最佳位置;
1: if 至少有一个解已经使用真实的目标函数评价 then
2:　　假设粒子 k 在目前的种群中有最好的个体最优适应度 $f(p_k)$;
3:　　if $f(p_k) < f(g)$ then
4:　　　　　$g = p_k$ 和 $f(g) = f(p_k)$;
5:　　end if
6: else
7:　　找到具有最小估值的粒子 i;
8:　　使用真实的目标函数评价粒子 i,保存到 DB 和 EDB 中;
9:　　如果 $f(x_i) < f(p_i)$ 更新个体最优位置;
10:　　如果 $f(p_i) < f(g)$ 更新全局最优位置;
11: end if
12: 输出更新后的到目前为止找到的最优位置 g;

9.3.4 未标记数据的选择

在半监督学习中,选择合适的未标记数据与有标记数据一起训练代理模型至关重要。图 9.3 给出了两个例子来说明哪些未标记数据有助于训练一个好的代理模型。在图 9.3 中,实线表示真实的目标函数,虚线代表新的未标记数据加入训练样本集之前的代理模型,记为 M_2。假设 $\boldsymbol{x}_2$ 是当前种群中的一个解,并且已经使用真实目标函数计算过,它的适应值用圆圈表示。$\boldsymbol{x}_1$ 是当前种群中的一个解,其值由模型 M_2 估值得到($\hat{f}_{M_2}(\boldsymbol{x}_1)$),用菱形表示。现在假设 $\boldsymbol{x}_1$ 是选中的无标记数据将其添加到训练数据集中训练新代理模型 M_2',用点虚线表示。由 M_2' 对解 $\boldsymbol{x}_2$ 进行适应度估值,得到 $\hat{f}_{M_2'}(\boldsymbol{x}_2)$,用四角星表示。从图 9.3(a) 可以看出,当增加 $\boldsymbol{x}_1$ 来训练代理模型 M_2' 时,解 $\boldsymbol{x}_2$ 的适应度值与其真实目标函数值更接近,因此在训练数据集中包含 $\boldsymbol{x}_1$ 是有益的。然而,在图 9.3(b) 中,容易发现适应度估值和实际目标函数值之间相距甚远,表明如果包含未标记的解 $\boldsymbol{x}_1$,则代理模型 M_2' 的估值误差将会增加。因此,提出一种新的策略来选择有益的解加入训练数据集,以便训练有效的代理模型以加速对全局最优的搜索。

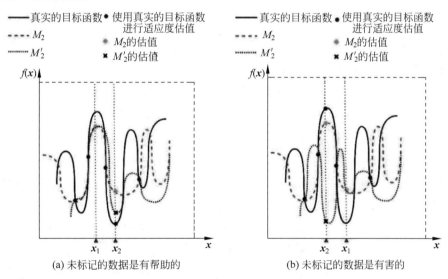

(a) 未标记的数据是有帮助的   (b) 未标记的数据是有害的

图 9.3 两个示例显示了将未标记数据添加到训练数据集中的影响

算法 9.4 给出了选择无标记数据的伪代码。将当前种群分为两个子集:一个包括所有使用真实目标函数评价过的解,记为 $\mathcal{S}_l$;另一个是包含那些没有使用真实目标函数评估过的解,记为 $\mathcal{S}_u$。$\mathcal{S}_u$ 的每个解 i 将用于临时训练代理模型 M_2',并用于对 $\mathcal{S}_l$ 中的所有解进行估值。提出下述方程来计算增加一个未标记个体 $\boldsymbol{x}_i$ 后训练新的代理模型前后近似误差的差异:

$$\phi(\boldsymbol{x}_i) = \min_{j \in \mathcal{S}_l}\{\,|\,\hat{f}_{M_2}(\boldsymbol{x}_j) - f(\boldsymbol{x}_j)\,| - |\,\hat{f}_{M_2'}(\boldsymbol{x}_j) - f(\boldsymbol{x}_j)\,|\,\} \tag{9.15}$$

最后达到最大 $\phi(\boldsymbol{x}_i), i \in \mathcal{S}_u$ 的解 i 将最终将添加到 EDB 中,更新代理模型。

算法 9.4　选择未标记数据的策略

输入:当前种群的有标记集 $\mathcal{S}_1$;当前种群的未标记集 $\mathcal{S}_u$;

1: for $i \in \mathcal{S}_u$ do
2:　　使用 EDB 中所有数据和解 i 训练代理模型;
3:　　对 $\mathcal{S}_1$ 中每个解进行估值;
4:　　使用式(9.15)计算 $\phi(\boldsymbol{x}_i)$;
5: end for
6: 找到具有最好 $\phi(\boldsymbol{x}_i)$ 值的解并保存在 EDB 中;

9.3.5　实验结果与讨论

为了检验 SSL 辅助的 PSO 算法的性能,在 5 个广泛使用的单模和多模基准问题上进行了一系列实验研究,并和有代表性的代理模型辅助的 PSO 算法进行了性能对比。测试问题包括 Ellipsolid、Rosenbrock、Ackley、Griewank 和 Rastrigin。实验中使用的参数设置如下:对每个测试问题独立运行 20 次。所有对比算法的种群大小设置为 50,概率阈值 pr_j^L, $j=1,2,\cdots,n$,设置为 1,ε 设置为 0.001。最大适应度评价次数为 $11 \times n$。M_1 训练集的大小设置为 $2 \times (n+1)$,M_2 训练集的大小设置为 M_1 的两倍,即 $4 \times (n+1)$,因为可以从 EDB 中获得比 DB 中更多的训练数据。

表 9.1 给出了对比算法在 30 维测试问题上的平均结果和标准偏差。在表 9.1 中,PSO 表示 9.3.2 节中给出 PSO,其没有代理模型的辅助。SL-only PSO 和 SLL-only PSO 算法分别表示仅由有标记数据训练的 RBF 网络辅助的粒子群算法和仅由未标记数据训练的 RBF 网络辅助的粒子群算法。CAL-SAPSO 是 Wang 等在文献[200]中提出的基于委员会的主动学习算法,其中只有有标记数据来训练集成代理模型。从表 9.1 可以看出,SSL-assisted PSO 在这 5 个问题上都比 PSO、SL-only PSO 和 SSL-only PSO 取得了更好的结果。此外,与 SL-only PSO 和 SSL-only PSO 算法的对比结果表明,SSL-assisted PSO 算法中使用两个代理模型的模型管理策略是有效的。与 CAL-SAPSO 相比,SSL-assisted PSO 算法在 5 个测试实例中有 3 个获得了更好的结果,表明将无标记数据与有标记数据结合使用是有效果的。

表 9.1　30 维问题统计结果比较(以均值±标准差表示)

Prob.	PSO	SL-only PSO	SSL-only PSO	CAL-SAPSO	SSL-assisted PSO
Ellipsoid	1. 02e + 03 ± 1.46e+02	1. 02e + 02 ± 5.87e+01	4. 84e + 02 ± 1.17e+02	4. 02e + 00 ± 1.08e+00	**3. 56e + 00 ± 1. 52e +00**
Rosenbrock	6. 15e + 02 ± 1.13e+02	7. 99e + 01 ± 1.63e+01	2. 79e + 02 ± 4.76e+01	5. 10e + 01 ± 1.15e+01	**4. 76e + 01 ± 1. 02e +01**

续表

Prob.	PSO	SL-only PSO	SSL-only PSO	CAL-SAPSO	SSL-assisted PSO
Ackley	$1.85e+01 \pm$ $4.71e-01$	$1.57e+01 \pm$ $1.94e+00$	$1.71e+01 \pm$ $5.43e-01$	$1.62e+01 \pm$ $4.13e-01$	**$7.19e+00 \pm 2.94e$ $+01$**
Griewank	$2.37e \pm 3.99e$ $+01$	$1.73e+01 \pm$ $8.43e+00$	$1.29e+02 \pm$ $2.03e+01$	**$9.95e-01 \pm$ $3.99e-02$**	$1.04e+00 \pm 7.66e$ -02
Rastrigin	$3.19e+02 \pm$ $2.05e+01$	$2.86e+02 \pm$ $2.49e+01$	$2.85e+02 \pm$ $2.10e+01$	**$8.78e+01 \pm$ $1.65e+01$**	$2.76e+02 \pm 2.99e$ $+01$

9.4　多目标优化中问题之间的知识迁移

进化多目标贝叶斯优化旨在通过优化相应的获取函数来解决昂贵的多目标优化问题。问题是：当昂贵多目标优化问题的计算资源有限时，能否从廉价问题中迁移知识来增强进化贝叶斯优化的性能？本节介绍进化多目标贝叶斯优化算法，其知识通过在线领域自适应的方法从廉价的多目标优化问题迁移到昂贵的多目标优化问题上[281]。

9.4.1　迁移学习的领域自适应

迁移学习能够将知识从源任务迁移到目标任务[147]。实现知识迁移的一个挑战是源任务和目标任务的数据分布可能不相同，这意味着目标任务和源任务具有不同的样本空间和不同的边缘或条件分布。为了克服这一障碍，人们已经提出了自适应和匹配源域和目标域之间的边缘和条件分布的技术[282]。在这些技术中，平衡分布自适应（Balanced Distribution Adaptation，BDA）[283]可以调整边缘和条件分布的相对重要性且已被证明对领域自适应是有效的。这里的主要思想是通过使用 BDA 从廉价的优化问题中迁移知识，这样可以收集大量数据（适应度评估），从而在适应度评价次数非常有限的情况下实现昂贵问题的求解。

用 $\Phi=(Z,Y)$ 表示一个域，P 表示概率分布，Q 表示条件概率分布。Φ_c 和 Φ_e 用于表示源域（廉价问题）和目标域（昂贵问题）。在每个域中，$Z=\{z_i\}_{i=1}^n$ 表示决策或目标空间，$Y=\{y_i\}_{i=1}^n$ 是标签向量，其中 n 等于 n_c 或 n_e，分别是便宜或昂贵的问题的样本的数量，$P(z)$ 是对应的边缘分布，$Q(y|z)$ 是条件分布。设 χ 和 γ 分别表示特征和类别空间。因此，廉价问题的特征空间表示为 χ_c，昂贵问题的特征空间表示为 χ_e，其和 χ_c 是一样的。容易看出，廉价问题的类别空间 γ_c（主导或非主导）和昂贵问题的类别空间 γ_e 也是一样的。

通常，廉价问题域和目标问题域的边缘分布和条件分布都不相同。为了将知识从廉价问题迁移到昂贵问题，需要减少廉价问题域和昂贵问题域的概率分布之间的距离。然而，边际分布和条件分布可能是不同等重要的，源数据和目标数据可能不平衡。为了解决这一问题，提出了 BDA 方法，其主要是根据给定的任务调整边际分布和条件分布的重要性。为

此,通过最小化下列加权距离来获得一个平衡因子[283]:

$$D(\Phi_c, \Phi_e) \approx (1-\mu)D(P(z_c), P(z_e)) + \beta D(P(y_c \mid z_c), P(y_e \mid z_e)) \quad (9.16)$$

其中,$D(\Phi_c, \Phi_e)$是源域和目标域之间的距离,$\beta \in [0,1]$是平衡因子,如果β接近零,那么边缘分布在最小化距离方面更为重要;但如果$\beta=1$,那么条件分布起到更为关键的作用。

如果目标数据未标记,则很难计算$P(y_e \mid z_e)$。一种方法是只要有足够的样本,就可以使用$P(z_e \mid y_e)$来近似$P(y_e \mid z_e)$。为了计算$P(y_e \mid z_e)$,可以训练一个分类器Φ_c并使用分类器来预测Φ_e,这被称为软标签,其必须通过迭代细化,因为在开始时预测可能是不准确的。

把昂贵问题的数据表示为$\{z_{e_i}, y_{e_i}\}_{i=1}^{n_e}$,其中$y_{e_i}$是一个基于解的支配关系给定的类标签。假设有大量的廉价问题数据,表示为$\{z_{c_j}\}_{j=1}^{n_c}$,根据最大均值差[284],式(9.16)可以重写为

$$D(\Phi_c, \Phi_e) \approx (1-\beta)\left\| \frac{1}{n_c}\sum_{i=1}^{n_c} z_{c_i} - \frac{1}{n_e}\sum_{j=1}^{n_e} z_{e_j} \right\|_H^2 + \beta\sum_{k=1}^{K}\left\| \frac{1}{n_{c_k}}\sum_{z_{c_i} \in \Phi_c^{(k)}} z_{c_i} + \frac{1}{n_{e_k}}\sum_{z_{e_j} \in \Phi_e^{(k)}} z_{e_j} \right\|_H^2$$

$$(9.17)$$

其中,H表示再生希尔伯特空间(Reproducing Kernel Hilbert Space,RKHS),k是分类标签,$n_{c_k} = |\Phi_c^{(k)}|$和$n_{e_k} = |\Phi_e^{(k)}|$分别表示在源域和目标域中属于此类的样本数。上述等式中的第一项表示两个域的边缘分布之间的距离,第二项是条件分布之间的距离。式(9.16)的最小化问题可以通过加入正则化项来重写,如下所示:

$$\min \operatorname{tr}\left(\boldsymbol{\Theta}^T \boldsymbol{Z}\left((1-\beta)\boldsymbol{M}_0 + \beta\sum_{k=1}^{K}\boldsymbol{M}_k\right)\boldsymbol{Z}^T \boldsymbol{\Theta}\right) + \lambda \parallel \boldsymbol{\Theta} \parallel_F^2$$

$$\text{s. t.} \quad \boldsymbol{\Theta}^T \boldsymbol{Z}\boldsymbol{H}\boldsymbol{Z}^T \boldsymbol{\Theta} = \boldsymbol{I} \quad (9.18)$$

其中,$0 \leqslant \beta \leqslant 1$,第一项是具有平衡因子的自适应边缘和条件分布,而第二项是正则化项,λ是超参数。在等式中,$\parallel \cdot \parallel_F^2$是 Frobenius 范数,等式约束确保了$(\boldsymbol{\Theta}^T \boldsymbol{Z})$保留原始数据的属性。此外,$\boldsymbol{Z} = [z_c; z_e]$是输入数据,$\boldsymbol{\Theta} \in \mathbf{R}^{(n_c+n_e) \times (n_c+n_e)}$是变换矩阵。$\boldsymbol{H} = \boldsymbol{I} - (1/n)\boldsymbol{I}$是中心矩阵,$\boldsymbol{M}_0$和$\boldsymbol{M}_k$是 MMD 矩阵:

$$(M_0)_{i,j} = \begin{cases} \dfrac{1}{n_c^2}, & z_i, z_j \in \Phi_c \\[2mm] \dfrac{1}{n_e^2}, & z_i, z_j \in \Phi_e \\[2mm] -\dfrac{1}{n_c n_e}, & \text{其他} \end{cases} \quad (9.19)$$

$$(M_k)_{i,j} = \begin{cases} \dfrac{1}{n_{c_k}^2}, & z_i, z_j \in \Phi_s^{(k)} \\[2mm] \dfrac{1}{n_{e_k}^2}, & z_i, z_j \in \Phi_t^{(k)} \\[2mm] -\dfrac{1}{n_c n_e}, & \begin{cases} z_i \in \Phi_c^{(k)}, & z_j \in \Phi_e^{(k)} \\ z_i \in \Phi_e^{(k)}, & z_j \in \Phi_c^{(k)} \end{cases} \end{cases} \tag{9.20}$$

式(9.18)中定义的约束最小化问题可以通过定义以下拉格朗日函数来解决：

$$L = \mathrm{tr}\Big(\boldsymbol{\Theta}^{\mathrm{T}} \boldsymbol{Z}\Big((1-\beta)\boldsymbol{M}_0 + \beta \sum_{k=1}^{K} \boldsymbol{M}_k\Big)\boldsymbol{Z}^{\mathrm{T}}\boldsymbol{\Theta}\Big) + \lambda \parallel \boldsymbol{\Theta} \parallel_{\mathrm{F}}^2 + \mathrm{tr}((\boldsymbol{I} - \boldsymbol{\Theta}^{\mathrm{T}} \boldsymbol{Z} \boldsymbol{H} \boldsymbol{Z}^{\mathrm{T}} \boldsymbol{\Theta})\phi)$$

$$\tag{9.21}$$

其中，$\phi = (\varphi_1, \varphi_2, \cdots, \varphi_l)$是拉格朗日乘数，如果$\dfrac{\partial L}{\partial \boldsymbol{\Theta}} = 0$，那么优化问题被视为广义特征分解问题：

$$\Big(\boldsymbol{Z}\Big((1-\beta)\boldsymbol{M}_0 + \beta\sum_{k=1}^{K}\boldsymbol{M}_k\Big)\boldsymbol{Z}^{\mathrm{T}} + \lambda\boldsymbol{I}\Big)\boldsymbol{\Theta} = \boldsymbol{Z}\boldsymbol{H}\boldsymbol{Z}^{\mathrm{T}}\boldsymbol{\Theta}\phi \tag{9.22}$$

通过求解上述优化问题得到的最小l个特征向量，从而得到最优变换矩阵$\boldsymbol{\Theta}$。

　　BDA 的目的是学习目标域和源域之间的可迁移分量，也称为潜在变量。这是基于特征映射，将不同领域的数据分布投影到一个公共子领域（称为潜在空间）上来实现的，从而使得映射数据在这个潜在空间中的分布大致相同。潜在的空间的维数 dim 是由用户指定的一个参数。

9.4.2　从廉价到昂贵问题的知识迁移

　　在该算法中，根据目标的获取函数对非支配解的子集进行采样，并用于训练昂贵问题的GP 模型。因此，关于廉价问题非支配解的知识可以用来指导搜索昂贵问题非支配解。具体做法是根据廉价问题相关（可迁移）非支配解为昂贵问题生成额外的合成训练数据来实现的。我们称这种基于 BDA 将廉价知识迁移到昂贵问题的方法为 CE-BDA。

　　CE-BDA 由两个知识迁移过程组成：一个在决策空间，$\boldsymbol{Z}_X = [\boldsymbol{X}_c, \boldsymbol{X}_e]$，另一个在客观空间 $\boldsymbol{Z}_Y = [\boldsymbol{F}_c, \boldsymbol{F}_e]$，$\boldsymbol{X}_c$ 和 $\boldsymbol{X}_e$ 分别是廉价和昂贵的多目标优化问题的决策向量，$\boldsymbol{F}_c$ 和 $\boldsymbol{F}_e$ 分别是廉价和昂贵的目标向量。需要注意的是，这两个过程包含相同的类别空间，即支配解（标记为 0）或非支配解（标记为 1）。为了进行有效的知识迁移，廉价和昂贵多目标优化问题的所有目标值都归一化到[0,1]。

　　采用拉丁超立方体采样方法生成廉价和昂贵多目标优化问题的初始数据样本 $D_c(0)$ 和 $D_e(0)$，第一个知识迁移过程根据式(9.22)使用 $D_c(0)$（源域）和 $D_e(0)$（目标域）中的解计算最优变换矩阵($\boldsymbol{\Theta}_X$)和平衡因子(β_X)。同样,可以获得目标函数的最优变换矩阵$\boldsymbol{\Theta}_F$和平衡因子β_F。

CE-BDA 的伪代码在算法 9.5 中给出。具体来说,$D_c(t)$ 和 $D_e(t)$ 中的所有解被分为支配或非支配解,并为每个解分配一个标签(0 或 1),记为 L_c 和 L_e。构建两个知识迁移过程的特征空间 $\boldsymbol{Z}_X = [\boldsymbol{X}_c, \boldsymbol{X}_e]$ 和 $\boldsymbol{Z}_F = [\boldsymbol{F}_c, \boldsymbol{F}_e]$(算法 9.4 的第 1 行),初始化 $\boldsymbol{M}_0^X$ 和 $\boldsymbol{M}_0^F$。$\boldsymbol{M}_k^X$ 和 $\boldsymbol{M}_k^F$ 可以根据式(9.19)和式(9.20)计算,构造 $\boldsymbol{K}^X$ 和 $\boldsymbol{K}^F$(第 2~4 行)。通过求解方程(9.22)中的问题并使用 l 个最小的特征向量,就可以计算 $\boldsymbol{\Theta}_X$ 和 $\boldsymbol{\Theta}_F$(第 6 行和第 7 行)。

算法 9.5　CE-BDA 算法

输入:$D_c(0)$ 和 $D_e(0)$ 是廉价和昂贵 MOPs 的初始数据样本,L_c 和 L_e 是它们的分类标签,dim、μ、λ 和 $T1$ 是迭代次数;

输出:$\hat{D}(t)$

1: $\boldsymbol{Z}_X \leftarrow [\boldsymbol{X}_c, \boldsymbol{X}_e], \boldsymbol{Z}_F \leftarrow [\boldsymbol{F}_c, \boldsymbol{F}_e]$;

2: 初始化 $\boldsymbol{M}_0^X$ 和 $\boldsymbol{M}_0^F$;

3: 用式(9.19)和式(9.20)估计 $\boldsymbol{M}_k^X$ 和 $\boldsymbol{M}_k^F$;

4: $\boldsymbol{K}^X, \boldsymbol{K}^F \leftarrow$ BDA 的核矩阵;

5: for $i = 1$ 到 $T1$ do

6: 求解式(9.22);

7: 建立 $\boldsymbol{\Theta}_X, \boldsymbol{\Theta}_F \leftarrow l$ 个最小特征向量;

8: 训练分类器 $C_X, C_F \circ C_X \leftarrow \{\boldsymbol{\Theta}_X^T \boldsymbol{X}_c, L_c\}, C_F \leftarrow \{\boldsymbol{\Theta}_F^T \boldsymbol{F}_c, L_c\}$;

9: 更新软标签。$\hat{L}_e^X = C_X(\boldsymbol{\Theta}_X^T \boldsymbol{X}_e), \hat{L}_e^F = C_F(\boldsymbol{\Theta}_F^T \boldsymbol{F}_e)$;

10: 用式(9.20)更新矩阵 $\boldsymbol{M}_k^X, \boldsymbol{M}_k^F$;

11: end for

12: 获得最后的迁移矩阵 $\boldsymbol{\Theta}_X, \boldsymbol{\Theta}_F$;

13: 自适应平衡因子 $\beta \leftarrow$ 估计自适应平衡因子 β 的估计;

14: 为解决廉价问题训练分类器。$C_{X_c} \leftarrow \{\boldsymbol{\Theta}_X^T \boldsymbol{X}_c^1, L_c^1, \beta_X\}, C_{F_c} \leftarrow \{\boldsymbol{\Theta}_F^T \boldsymbol{F}_c^1, L_c^1, \beta_F\}$;

15: $\hat{L}_{c_2}^X \leftarrow C_{X_c}(\boldsymbol{\Theta}_X^T \boldsymbol{X}_c^2), \hat{L}_{c_2}^F \leftarrow C_{F_c}(\boldsymbol{\Theta}_F^T \boldsymbol{F}_c^2)$;

16: 选择数据点 $\hat{L}_{c_2}^X = 1$ 和 $\hat{L}_{c_2}^F = 1$,表示为 $\hat{D}(t)$;

根据两个知识迁移过程的数据分布确定平衡因子,可以根据 A-距离调整平衡参数,这定义为建立一个线性分类器来区分两个域的误差[285]。为此,训练分类器 C_l 以区分廉价和昂贵的问题域,分别表示为 Φ_c、Φ_e。A-距离的计算公式:

$$\text{Dis}_A(\Phi_c, \Phi_e) = 2(1 - 2e(C_l)) \tag{9.23}$$

其中,$e(C_l) = E_{Z \sim \Phi_e}|Y_e \neq C_l(Z)|$,边缘分布的 A-距离,记为 Dis_A^M,可以通过式(9.23)计算。为了计算条件分布之间的 A-距离,设 $\Phi_c^{(k)}$ 和 $\Phi_e^{(k)}$ 是来自第 k 个类的样本,$k \in \{0,1\}$,用于表示支配和非支配解。因此,有

$$\text{Dis}_A^C(k) = \text{Dis}_A(\Phi_c^{(k)}, \Phi_e^{(k)}) \tag{9.24}$$

为此,β 可以通过下式进行估计:

$$\hat{\beta} = 1 - \frac{\mathrm{Dis}_A^M}{\mathrm{Dis}_A^M + \sum\limits_{k=0}^{1} \mathrm{Dis}_A^C(k)} \tag{9.25}$$

其中，$k=0$ 表示这个解是支配解，$k=1$ 表示这个解是非支配解。

算法 9.6 给出了估计决策变量 β_X 和估计目标函数 β_F 的主要步骤。在该算法中，采用 k-最近邻算法作为分类器。在初始阶段，分类器可能不准确，因此采用软标签方法通过迭代训练方法使分类更准确。在每次训练迭代中，训练分类器 C_X 和 C_F，更新软标签，计算矩阵 $\boldsymbol{M}_k^X$、$\boldsymbol{M}_k^F$，根据更新后的矩阵求解式(9.22)，并更新变换矩阵。重复上述过程 $T1$ 次获得最后的变换矩阵 $\boldsymbol{\Theta}_X$、$\boldsymbol{\Theta}_F$。

算法 9.6　CE-BDA 算法

输入：廉价问题域 Φ_c，昂贵问题域 Φ_e，迭代次数 $T2$。

输出：自适应平衡因子 β。

1: for $i=1$ 到 $T2$ do

2:　　用式(9.23)计算边缘分布 Dis_A^M 的 A-距离；

3:　　用式(9.24)计算 $\mathrm{Dis}_A^C(k)$ 对应的类别 k；

4:　　用式(9.25)估计自适应平衡因子 μ；

5: end for

9.4.3　用于数据增强的 CE-BDA

一旦计算出变换矩阵和平衡因子，就可以选择廉价 MOP 生成的数据来扩充昂贵 MOP 的训练数据。随机采样 m_1 个解，用廉价的 MOP 上评估。一个分类器 C_{X_c}，使用基于变换矩阵 $\boldsymbol{\Theta}_X$ 和 β_X 的数据对 $\{X_c^1, L_c^1\}$ 进行训练，另一个分类器 C_{F_c} 使用数据对 $\{F_c^1, L_c^1\}$ 对其进行训练。然后，随机抽样 m_2 个额外解，记为 X_c^2，这也是使用廉价 MOP 的目标函数进行评估的。然后，X_c^1 的支配标签将使用 C_{X_c} 和 C_{F_c} 进行预测。如果一个数据点根据两个分类器预测出来的结果都是非支配的，则将其作为合成训练数据，用于构建昂贵 MOP 的 GP 模型，其表示为 $\hat{D}(t)$。

9.4.4　进化多目标贝叶斯优化

在优化开始之前，生成一组用廉价的 MOP 上评估的数据 $D_c(0)$ 和一组用昂贵的 MOP 评估的数据 $D_e(0)$（通常大小为文献[233]中所建议的 $11d-1$）。在优化开始之前，生成一组基于动态分布自适应和数据增强的合成数据 $\hat{D}(1)$。然后利用增强训练数据为每个目标函数建立 GP 模型 $D_e(1) \bigcup \hat{D}(1)$，其中 $D_e(1)=D_e(0)$。给定 m 个 GP 模型（m 是目标的数量），以下昂贵 MOP 将使用 NSGA-Ⅱ 求解：

$$\min\{u_1(x),\cdots,u_m(x)\} \tag{9.26}$$

其中，$m=2$ 或 $m=3$，$u_i(x)=\mu_i(x)-\alpha\sigma_i(x)$，$i=1,2,\cdots,m$，是第 i 个目标的 LCB。

NSGA-Ⅱ 将运行预定义的代数以求解式 (9.26) 中的多目标优化问题。一旦优化完成，就会得到若干非支配解。然后，应用 K 均值聚类算法将非支配解分为 k_s 个集群，其中 k_s 表示一个超参数。选择最接近集群中心的 k_s 个解，用昂贵的目标函数进行评估，得到的数据表示为 $D'_e(t)$。最后，在开始贝叶斯优化的下一次迭代之前，设置 $D_e(t+1)=D_e(t)\bigcup D'_e(t)$，$t=t+1$。

算法 9.7 给出了在线迁移学习辅助的进化多目标贝叶斯优化的伪代码，简称 EMBO-OTL。

算法 9.7　EMBO-OTL 的框架

输入：$D_c(0)$，$D_e(0)$，最大迭代 $t_{\max}$。
输出：解 X_e 和 Y_e。
1: while $t\leqslant t_{\max}$ do
2: $\hat{D}(t)\leftarrow$CE-BDA 算法；
3: 基于 $D_e(t)\bigcup\hat{D}(t)$ 建立 GP；
4: 解$\leftarrow$NSGA-Ⅱ(GP)；
5: 通过 K 均值聚类方法从解中选择 $D'_e(t)$；
6: 设置 $D_e(t+1)=D_e(t)\bigcup D'_e(t)$，$t=t+1$；
7: end while

T-SABOEA
代码

9.5　多目标优化中目标之间的知识迁移

9.5.1　动机

在大多数多目标进化优化中，假设优化同一问题的所有目标函数具有相似的时间复杂度，故不同目标的函数评价次数是相同的。然而，这种假设在许多实际应用中可能无法成立，即不同的目标函数所耗费的计算时间不同，这就是所谓的延迟时间[286]。例如，在汽车设计中，评估空气动力学性能和成本的计算时间通常是不同的，以及在深度神经网络架构搜索优化中，计算模型复杂度的速度非常快，而对于一个基于庞大数据集训练的模型，评估其分类性能则需要数小时。下面以一个两目标优化问题为例进行介绍，其中一个目标进行函数评估时计算成本低，而另一个目标计算成本昂贵[286-287]。这些优化算法的主要动机是在评估昂贵目标的同时，对廉价目标进行更多的搜索，并将搜索廉价目标获得的有价值知识迁移到昂贵目标中，以提高算法整体优化性能[288]。上述内容均基于一个基本假设，即优化的两个目标是同时进行函数评估的，且分别建立两个高斯过程代理模型以近似以上两个目标函数。

9.5.2 基于参数的迁移学习

用 $f^s(\boldsymbol{x})$ 和 $f^f(\boldsymbol{x})$ 分别表示函数评价较慢（昂贵）和较快（廉价）的两个目标函数，且 GP^s 和 GP^f 分别表示用于近似以上两个函数的高斯过程模型。$\boldsymbol{Y}^s$ 和 $\boldsymbol{Y}^f = \{y^1, y^2, \cdots, y^N\}^T$ 是给定解集 X 对应的廉价目标函数和昂贵目标的函数向量，并假设评估昂贵优化目标 $f^s(\boldsymbol{x})$ 的时间是评价廉价目标 $f^f(\boldsymbol{x})$ 时间的 τ 倍，τ 是比 1 大的正整数。

文献[289]中指出，由于高斯过程的超参数可以代表所学习到的知识，因此可以利用该共享模型参数将所学知识从源任务传递到目标任务中。基于参数迁移学习方法，利用一些由模型 GP^f 共享参数来构建 GP^s，使用特征选择方法来确定一个最相关参数的紧凑集，将其共享以提高模型 GP^s 性能，从而更有效地促进任务间的知识迁移。$\boldsymbol{\theta} = [\theta_1, \theta_2, \cdots, \theta_n]$ 表示一个超参数向量，用来衡量相应第 k 个决策变量的重要性。$\boldsymbol{\theta}^s(t)$ 和 $\boldsymbol{\theta}^f(t)$ 分别代表在第 t 次迭代中 GP^s 和 GP^f 在已选择特征上的重要性。$\boldsymbol{\theta}^s(t)$ 的计算方式如下：

$$\boldsymbol{\theta}^s(t+1) = (1-\alpha)\boldsymbol{\theta}^f(t) + \alpha\boldsymbol{\theta}^s(t) \tag{9.27}$$

其中，

$$\alpha = -0.5 \cdot \cos\left(\frac{FE}{FE^s_{max} \cdot \pi}\right) + 0.5 \tag{9.28}$$

FF 和 FE^s_{max} 分别表示当前使用真实的目标函数进行函数评估的数量和最大函数评估次数。α 是一个由余弦函数定义的自适应参数，旨在为聚合函数中的 $\boldsymbol{\theta}^s$ 和 $\boldsymbol{\theta}^f$ 自适应地分配权重。式(9.27)中的参数将由 GP^s 从 GP^f 学习获得。

在算法优化初期，由于模型 GP^f 已基于充足的数据训练获得，故将分配更大的权重给 $\boldsymbol{\theta}^f(t)$，以保证高质量的 GP^f 是通过共享所得。在优化过程中，训练模型 GP^s 的样本数目将不断增加，$\boldsymbol{\theta}^s(t)$ 的权重也会随之增大。

9.5.3 算法框架

该算法采用贝叶斯方法来解决两目标优化问题，其中模型管理应用一个获取函数以选择个体使用真实目标函数评价。算法 9.8 中给出了基于整体迁移学习的两目标优化算法的伪代码，该算法记作 T-SABOEA。

算法 9.8 T-SABOEA 的框架

输入：FE^s_{max}：昂贵目标函数适应度评估的最大数量；τ：两个目标的评估时间之比；u：用更新 GP^s 的新样本数量；w_{max}：更新 GP^s 模型前的最大优化代数

输出：存档 D^s 中的最终解种群

1：初始化：用 LHS 抽样初始种群 D_0，设置 $D_0^f = D_0$；运行单目标 EA 以优化 $f^f(\boldsymbol{x})$，将解保存在 D_0^f 中；设置 $FE^s = size(D_0)$ 和 Iter = 1；

2：while $FE^s \leqslant FE^s_{max}$ do

```
 3:      用训练数据 $D^f$ 训练 $GP^f$;
 4:      if (Iter mod $\tau == 0$)
 5:          用训练数据 $D^s$ 训练 $GP^s$;
 6:      else
 7:          用特征选择方法选择相关特征;
 8:          用式(9.27)去更新 $GP^s$;
 9:      end if
10:      while $w \leqslant w_{max}$ do
11:          运行 EA 寻找新样本来更新 $GP^s$ 模型;
12:          $w = w + 1$;
13:      end while
14:      计算优化个体的 LCB;
15:      使用 APD 确定 $u$ 个用 $f^s(\boldsymbol{x})$ 评价的点 $x^s_{new}$ 并添加 $x^s_{new}$ 到 $D^s$;
16:      在 $x^s_{new}$ 周围采样 $\tau * u$ 个点, 使用 $f^f(\boldsymbol{x})$ 进行评价, 并添加到 $D^f$;
17:      更新 $FE^s = FE^s + u$, Iter $=$ Iter $+ 1$;
18: end while
19: 返回最终解集 $D^s$;
```

与大多数 SAEA 一样,利用拉丁超立方体采样方法生成一个初始种群,并使用真实目标函数 $f^s(\boldsymbol{x})$ 和 $f^f(\boldsymbol{x})$ 分别进行评估。在等待 $f^s(\boldsymbol{x})$ 进行函数评估的过程中,将使用进化算法搜索优化 $f^f(\boldsymbol{x})$,并将使用昂贵的目标评估获得的解存储到 D^s 中以训练代理模型 GP^s。此外,仅使用廉价的目标函数评价获得的解存储到 D^f 中以训练代理模型 GP^f。在传统的 SAEA 中,每个目标函数使用相同数量的数据来训练代理模型,然而,由于 $f^f(\boldsymbol{x})$ 可以进行更多的真实函数评估,故 D^f 将比 D^s 包含更多的训练数据,这也意味着模型 GP^f 通常比 GP^s 更准确。如果两个目标之间存在相关性,并且能够从 $f^f(\boldsymbol{x})$ 获得有价值的知识迁移到 GP^s,则可以辅助改善 GP^s 质量。同大多数的 SAEA 类似,一个 MOEA(例如RVEA[220])将用于寻优两个 GP 代理模型。在模型管理中,利用采集函数(如 LCB 获取函数)评估基于模型优化获得的所有候选解,并基于 RVEA 中的 APD 函数来确定新的采样解 x^s_{new} 以使用 $f^s(\boldsymbol{x})$ 评估。

使用真实函数评价新样本 x^s_{new} 的过程中,将利用 LHS 方法在 x^f_{new} 周围采样获得额外的样本。模型 GP^f 基于样本库 D^f 不断更新,而模型 GP^s 使用两种不同的方法交替更新。具体而言,在 τ 次迭代优化中,GP^s 使用数据集 D^s 更新一次。使用参数共享方法式(9.27)迭代更新 $\tau - 1$ 次特征选择所确定的决策变量所对应的 GP^s 中的参数。

TSA-BFEA
代码

9.6　数据驱动的多精度迁移优化

现有的大多数算法都是单独优化每个问题,而没有考虑它们之间的相似性,这可能会浪费计算资源。最近,迁移学习[290]利用以前求解问题的知识,已成功应用于进化优化[183]。

例如,文献[291]中的算法应用了从原始MOP分解出来的子问题之间的知识迁移。

许多数据驱动的优化问题是由计算非常昂贵的模拟仿真驱动的[292,3],该模拟仿真中精度和复杂性是可以控制的[182]。事实上,有用的信息可以在不同的精度级别之间传输,从而有利于优化过程[293-294]。

9.6.1 双精度优化中的迁移学习

当数据驱动的优化问题具有两个可用的函数评价的精度(高精度和低精度级别)时,它们可以称为双精度优化问题[182]。它们的数学表达式如下所示:

$$\min f_h(\boldsymbol{x}) = f_l(\boldsymbol{x}) - e(\boldsymbol{x}) \tag{9.29}$$

其中,$f_l(\boldsymbol{x})$和$f_h(\boldsymbol{x})$分别是解$\boldsymbol{x}$的低精度和高精度适应度评估值,$e(\boldsymbol{x})$是$f_l(\boldsymbol{x})$与$f_h(\boldsymbol{x})$之间的差值。低精度适应度函数$f_l(\boldsymbol{x})$易于计算但不准确,而高精度适应度函数$f_h(\boldsymbol{x})$准确但计算成本高。一般来说,这两个函数是相关的,但它们的准确性和复杂性是不同的。因此,如何利用两者精度水平的优势是优化算法有效性和效率的关键。

到目前为止,现有的双精度EA可以分为两类:

1. 精度调整

大量双精度EA改变精度级别以实现高精度和低计算成本。这些算法可以控制何时提高精度等级或哪个解被分配给高精度函数进行评价。

2. 代理模型辅助

实际上,近似高精度或低精度函数评估的代理模型是由额外的低精度函数评估的。在大多数情况下,现有的代理辅助双精度EA中,两个精度级别单独使用。Co-kriging模型[295]提供了一个不同的想法,其中低精度适应度评估通常与高精度适应度评估一起使用[296]来预测个体适应量值。

事实上,式(9.29)中的问题可以从迁移学习的角度重新表述。源任务T_S旨在找到低精度函数$f_l(\boldsymbol{x})$的最优值,源数据$\mathcal{D}_S$是使用$f_l(\boldsymbol{x})$评估的解数据集。目标任务T_T是寻找高精度适应度函数$f_h(\boldsymbol{x})$的最优值,目标数据$\mathcal{D}_T$是通过使用$f_h(\boldsymbol{x})$评估解获得的。众所周知,获得$\mathcal{D}_S$比$\mathcal{D}_T$消耗更少的成本,所以$\mathcal{D}_S$的大小远大于$\mathcal{D}_T$的大小。因此,通过合适的迁移学习技术,T_T可以通过T_S中丰富的$\mathcal{D}_S$来改进。

9.6.2 迁移堆叠

迁移堆叠[297]是一种用于回归的迁移学习算法,它通过对多个源数据$\mathcal{D}_{S1},\mathcal{D}_{S2},\cdots,\mathcal{D}_{SB}$训练对应的回归模型$h_{S1},h_{S2},\cdots,h_{SB}$来辅助目标模型$h_T$的学习,如下所示:

$$h_T(x) = \sum_{i=1}^{B} a_i h_{Si}(x) + a_{B+1} \tag{9.30}$$

其中，h_T 是 $h_{S1}, h_{S2}, \cdots, h_{SB}$ 按权重 $a_1, a_2, \cdots, a_B, a_{B+1}$ 的线性组合。这些权重可以通过最小化在数据 $\mathcal{D}_T$ 上的 MSE 来估计，如图 9.4 所示。

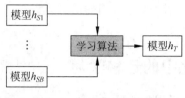

图 9.4 迁移堆叠原理图

9.6.3 代理模型辅助的双精度进化优化

事实上，低精度适应度函数和代理模型适应度评估都是很廉价的，并且能够生成大量源数据逼近高精度适应度函数。本节介绍一个将低精度级别转换为高精度级别以进行数据驱动优化的示例。

文献[294]中提出了一种迁移代理辅助的双精度进化算法（记作 TSA-BFEA），该算法应用迁移堆叠算法在通用的 EA 中将知识从低精度 $f_l(\boldsymbol{x})$ 迁移到高精度 $f_h(\boldsymbol{x})$。

在 TSA-BFEA 中，除了使用 $f_l(\boldsymbol{x})$ 之外，还采用了 RBFN 模型 $\hat{f}_{\mathrm{RBF}}(\boldsymbol{x})$ 作为另一个源回归模型。因此，$f_h(\boldsymbol{x})$ 可以用迁移代理模型 $\hat{f}_T(\boldsymbol{x})$ 代替，该模型是通过使用迁移堆叠算法从 $f_l(\boldsymbol{x})$ 和 $\hat{f}_{\mathrm{RBF}}(\boldsymbol{x})$ 中训练得到的。主要框架如图 9.5 所示，除了黑色底表示的组件外，它遵循现有数据驱动 EA 的主要步骤。不同之处在于代理模型的建立和在线样本的选择。

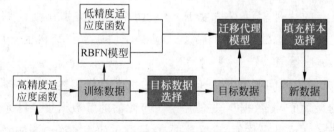

图 9.5 TSA-BFEA 的模型管理策略流程图

为了在局部构建迁移代理模型，使用高精度适应度评价从整个训练数据 $\mathcal{D}_S$ 中选择每一代的目标数据 $\mathcal{D}_T$，它是当前种群附近的子集。选择过程如算法 9.9 所示。在第 t 代中，TSA-BFEA 从 $\mathcal{D}_S$ 中选择 P^t 的最近邻解作为 D_T^t。

算法 9.9 选择第 t 代目标数据 D_T^t 的伪代码

输入：D_S^t - 第 t 代源数据，P^t - 当前种群
1: 目标数据 D_T^t 置空
2: for $i = 1 : |P^t|$ do

```
3:        在 $D_S^t$ 中, 搜索距离 $P^t$ 最近邻解(NB)
4:        if NB $\notin D_T^t$ then
5:            将 NB 添加到 $D_T^t$
6:        end if
7: end for
输出: $D_T^t$
```

作为另一个源回归模型, $\hat{f}_{RBF}(\boldsymbol{x})$ 使用整个训练数据进行训练。与式(9.30)不同的是, 迁移代理模型组合了 $f_l(\boldsymbol{x})$ 和 $\hat{f}_{RBF}(\boldsymbol{x})$, 如下所示:

$$\hat{f}_T(\boldsymbol{x}) = a_1 f_l(\boldsymbol{x}) + a_2 \hat{f}_{RBF}(\boldsymbol{x}) \tag{9.31}$$

由于 $\mathcal{D}_T$ 在一个小区域内, 式(9.31)去除了式(9.30)中的偏差。采用最小二乘法最小化 $\hat{f}_T(\boldsymbol{x})$ 在 $\mathcal{D}_T$ 上的 MSE 以得到一个权重 $\{a_1, a_2\}$。因此, 迁移代理模型 $\hat{f}_T(\boldsymbol{x})$ 可以提高 P^t 局部区域的近似精度。

根据 $\hat{f}_T(\boldsymbol{x})$ 来评估种群中的解, 从而执行选择操作。为了进一步提高每一代中 $\hat{f}_T(\boldsymbol{x})$ 的质量, 选择种群 P 中的两个解($\boldsymbol{x}^p$ 和 $\boldsymbol{x}^u$)作为填充样本:

$$\boldsymbol{x}^p = \arg \min_{\boldsymbol{x} \in P} \hat{f}_T(\boldsymbol{x}) \tag{9.32}$$

$$\boldsymbol{x}^u = \arg \max_{\boldsymbol{x} \in P} | f_l(\boldsymbol{x}) - \hat{f}_{RBF}(\boldsymbol{x}) | \tag{9.33}$$

其中, $\boldsymbol{x}^p$ 是当前预测的最优解, $\boldsymbol{x}^u$ 是最不确定的解。如文献[200]所示, 这两个样本可以提高 TSA-BFEA 的探索和开发能力。

9.6.4 实验结果

为了验证 TSA-BFEA 的性能, 将其与仅使用高精度适应度函数评估的 EA(称为 EA-HF)和仅使用 RBFN 模型的 EA(称为 EA-RBFN)在 30 维修正过的 MFB 问题上进行比较[182]。原 MFB 问题中的高适应度函数被替换为 Ackley、Rastrigin、Rosenbrock、Griewank 和 Ellipsoid 函数, 其可行空间缩放为 $[-1, 1]^n$。为了公平, 所有比较的算法都独立运行了 30 次, 并在 10 000 次低精度适应度评估(相当于 1000 次高精度适应度评估)时停止。此外, 这 3 种算法使用 $\eta = 15$ 的 SBX, $\eta = 15$ 的多项式变异作为它们的变异算子。对于 EA-RBFN 和 TSA-BFEA 中的 RBFN 模型, 初始训练数据为 100 个样本, 并且隐层由 n 个高斯径向基函数组成。

表 9.2 是 EA-HF、EA-RBFN 和 TSA-BFEA 在具有分辨率、随机和不稳定性误差的双精度 Ackley、Rastrigin、Rosenbrock、Griewank 和 Ellipsoid 上获得的最优解。TSA-BFEA 在有分辨率和随机误差的问题上优于其他两种算法, 但在具有不稳定性误差问题上无法有效求解。MFB12 问题的不稳定性误差很大, 在式(9.31)中, 没有偏差的迁移代理模型不准确。

表9.2　EA-HF、EA-RBFN 和 TSA-BFEA 在具有分辨率、随机和不稳定误差的双精度 Ackley、Rastrigin、
Rosenbrock、Griewank 和 Ellipsoid 上获得的最优解（结果以均值±标准偏差的形式显示。突出显
示了每个问题在所有比较算法中获得的最佳适应度值）

问题	EA-HF	EA-RBFM	TSA-BFEA
MFB1-Ackley	18.3±0.4	10.6±1.3	**7.7±0.8**
MFB1-Rastrigin	259.4±21.9	106.7±20.9	**63.1±9.1**
MFB1-Rosenbrock	1584.7±244.9	198.0±42.1	**57.2±9.1**
MFB1-Griewank	188.8±31.7	5.7±1.1	**4.0±0.8**
MFB1-Ellipsoid	773.5±106.9	15.2±6.2	**8.2±1.7**
MFB8-Ackley	18.5±0.5	11.1±1.1	**7.6±0.9**
MFB8-Rastrigin	252.8±16.9	97.7±15.5	**54.1±10.3**
MFB8-Rosenbrock	1622.7±345.8	164.1±27.7	**60.1±11.1**
MFB8-Griewank	192.9±30.6	4.7±0.8	**3.9±0.7**
MFB8-Ellipsoid	750.4±105.1	15.6±4.4	**6.4±1.3**
MFB12-Ackley	18.5±0.4	**7.6±0.7**	12.3±0.9
MFB12-Rastrigin	251.9±17.0	**104.9±16.2**	192.6±19.3
MFB12-Rosenbrock	1566.0±308.2	**61.1±11.6**	123.2±21.9
MFB12-Griewank	196.0±22.3	**3.9±1.0**	12.0±2.7
MFB12-Ellipsoid	756.7±120.3	**15.9±4.8**	30.8±8.9

TSA-BFEA 对分辨率和随机误差问题有效的原因如下。

（1）虽然 $f_l(x)$ 不准确，但它仍然可以在成本上辅助优化器。

（2）代理模型比 $f_l(x)$ 和 $f_h(x)$ 更低廉，它们都有利于进化搜索。

（3）TSA-BFEA 使用两个精度级别来有效解决双精度优化问题。

9.7　代理模型辅助的多任务多场景优化

鲁棒性是工程设计中需要考虑的一个关键因素[16]，这是因为设计的操作场景具有不确定性。多场景优化其实是一种实用的表述方式，但需要在不同场景下进行多次评价，使得优化过程成本高昂。因此，可采用多任务优化技术[298]来加速多场景优化过程。

9.7.1　多场景 minimax 优化

与一般优化问题不同，多场景优化问题需要一个额外的场景空间 $s \in \pi$ 来描述多个场景。最坏情况下的性能优化为式（9.34）中的 minimax 优化问题，它是多场景优化的一种表述。

$$\min_{x \in \Omega} \max_{s \in \pi} f(x, s) \tag{9.34}$$

其中，$\max\limits_{s\in\pi}f(\boldsymbol{x},\boldsymbol{s})$是 $\boldsymbol{x}$ 对于所有可能的场景 π 的最差场景性能。换句话说，对于式(9.34)中的外部最小化问题，应该找到每个最大化子问题的最坏情况，这使得优化 $\boldsymbol{x}$ 成为一个分层搜索过程，因为需要搜索最坏情况来评价候选解 $\boldsymbol{x}$。当场景空间 π 无限大时，多场景优化过程将非常昂贵。

协同进化算法广泛用于 minimax 问题，其中涉及两个种群 P_x 和 P_s，分别搜索设计空间和场景空间。对于 P_x，有

$$h(\boldsymbol{x},P_s)=\max_{s\in P_s}f(\boldsymbol{x},\boldsymbol{s}) \tag{9.35}$$

其中，$h(\boldsymbol{x},P_s)$的解 $\boldsymbol{x}$ 是 P_s 中最差的目标值，并作为适应度函数。对于 P_s，

$$g(\boldsymbol{s},P_x)=\min_{x\in P_x}f(\boldsymbol{x},\boldsymbol{s}) \tag{9.36}$$

$g(\boldsymbol{s},P_x)$是指在场景 $\boldsymbol{s}$ 中，它在 P_x 中解的最佳目标值，并将其作为适应度函数。根据 $h(\boldsymbol{x},P_s)$ 和 $g(\boldsymbol{s},P_x)$，使用两个独立的选择操作来选择好的解和场景。

实际上，作为一个并行过程，协同进化算法减小了原始问题的搜索空间。因此，当不满足对称条件[299]时，这些协同进化算法可能会陷入在决策和场景空间中寻找最优值的无休止的循环中。

为了解决这个问题，最近的 minimax 差分进化(记作 MMDE)算法[300]使用最小堆在决策空间和场景空间之间分配计算成本。由于搜索空间很大，MMDE 用 100 000 次函数评价可以解决只有两个决策变量的问题。

为了减少所需的函数评价次数，已经在两个 minimax EA[301-302]中采用了代理模型，其中解决了决策空间中的不确定性或近似了最差场景的性能。

9.7.2　代理模型辅助的 minimax 多因子进化优化

为了进一步降低所需的高计算成本，采用了多因子进化算法（Multi-Factorial Evolutionary Algorithm，MFEA）[298]来并行化当前种群中的多个最坏场景搜索并使用 RBFN 来近似 $f(\boldsymbol{x},\boldsymbol{s})$。提出的算法称为代理模型辅助 minimax 多因子进化算法（SA-MM-MFEA）。

如图 9.6 所示，SA-MM-MFEA 遵循基本的进化算法框架，其中场景和决策变量被编码在一个个体中，但场景和解是分开选择的。此外，它使用经过训练的 RBFN 作为近似适应度值，并在每 N_g 代更新。

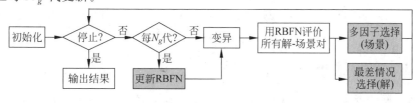

图 9.6　SA-MM-MFEA 流程图

对于具有 N 个个体的种群 P，每个个体都包含 x 和 s。在根据最坏情况的适应度选择解之前，需要经过 N 轮搜索过程完成对 N 个候选解的最坏情况的搜索。我们将这 N 个问题建模为多任务问题，而不是反复优化这 N 个问题：

$$\{s^1,\cdots,s^j,\cdots,s^N\}=\{\underset{s\in\pi}{\arg\max}f(x^1,s),\cdots,\underset{s\in\pi}{\arg\max}f(x^j,s),\cdots,\underset{s\in\pi}{\arg\max}f(x^N,s)\}$$

$$(9.37)$$

SA-MM-MFEA 采用 MFEA 中的标量适应度进行场景选择。多个任务的标量适应度定义如下：

$$\varphi^i=1/\min R_d(s^i,\varsigma^j),\quad 1\leqslant j\leqslant N$$

$$\varsigma^j=\{f(x^j,s^1),\cdots,f(x^j,s^N)\}\qquad\qquad(9.38)$$

其中，ς^j 是 x^j 在 N 个场景下的适应度集合，$R_d(s^i,\varsigma^j)$ 是 s^i 在 ς^j 中的等级。式（9.37）中的 φ^i 显示了 s^i 在 N 个任务上的最佳性能。SA-MM-MFEA 基于标量适应度 φ 选择候选场景。因此，每个任务的好解可以保存在一个单一的种群中。

在 φ 的计算过程中，x^j 的最坏场景 sw^j 可以估计为：

$$sw^j=\underset{s^i}{\arg\max}f(x^j,s^i)\qquad\qquad(9.39)$$

因此，x^j 的最坏场景适应度可以估计为 $f(x^j,sw^j)$，并根据估计的最坏情况适应度来选择解。

SA-MM-MFEA 采用基于生成的模型管理策略（如 5.3.2 节所述）来更新其代理模型（RBFN）。初始模型是基于 LHS 在整个联合场景决策空间中采样得到的初始数据 $\mathcal{D}_T$ 构建的。每隔 N_g 代，都会检测一次优化状态，并根据检测到的状态应用不同的更新策略。通过预测最优值（记为 $\mathcal{D}_N$）周围的少量样本，状态可以分为以下三种情况。

（1）情况 1：$\mathcal{D}_N$ 比 $\mathcal{D}_T$ 差。$\mathcal{D}_N$ 的平均目标值比 $\mathcal{D}_T$ 差，或者 t 检验的 p 值 PV 大于之前最好的 p 值 PV_{best}。这种状态意味着当前的 RBFN 引导了一个非常错误的方向。

（2）情况 2：基于 t 检验，$\mathcal{D}_N$ 比 $\mathcal{D}_T$ 稍好，其 p 值 PV 大于 0.05。这种状态表明当前的 RBFN 提供了一个正确的搜索方向。

（3）情况 3：基于 t 检验，$\mathcal{D}_N$ 明显优于的 $\mathcal{D}_T$，其 p 值 PV 小于 0.05。这种状态表明已经发现了一个非常有前途的局部区域。

SA-MM-MFEA 根据上述情况使用不同的策略更新 RBFN 和优化区域。

（1）情况 1：为了纠正当前的 RBFN，基于所有采样数据重建一个高复杂度的 RBFN。由于种群被引导到错误的区域，种群需要通过重新初始化重新启动。

（2）情况 2：基于所有采样数据重建 RBFN。优化区域被缩减为当前最优值的邻域。

（3）情况 3：基于 $\mathcal{D}_N$ 构建具有最小复杂度的局部 RBFN。优化区域缩小到当前最优值的邻域。

9.7.3　实验结果

为了进一步研究 SA-MM-MFEA 的性能，将其与文献[300]中关于 6 个 minimax 优化基准问题的两种算法进行比较，如表 9.3 所示。两种比较算法是 minimax 进化算法（Minimax Evolutionary Algorithm，MMEA）和 minimax 差分进化算法（Minimax Differential Evolution algorithm，MMDE）[300]，MMEA 是具有单独最坏场景搜索的非常基础的 minimax 进化算法，而 MMDE 是性能良好的极小极大进化算法。

表 9.3　minimax 优化测试问题

F1	目标函数	$f(x,s)=(x-5)^2-(s-5)^2$
	定义域	$x\in[0,10],s\in[0,10]$
	最优解	$(x^*,s^*)=(5,5)$
F2	目标函数	$f(x,s)=\min\{3-0.2x+0.3s,3+0.2x-0.1s\}$
	定义域	$x\in[0,10],s\in[0,10]$
	最优解	$(x^*,s^*)=(0,0)$
F3	目标函数	$f(x,s)=\dfrac{\sin(x-s)}{\sqrt{x^2+s^2}}$
	定义域	$x\in(0,10),s\in(0,10)$
	最优解	$(x^*,s^*)=(10,2.125683)$
F4	目标函数	$f(x,s)=\dfrac{\cos\sqrt{x^2+s^2}}{\sqrt{x^2+s^2}+10}$
	定义域	$x\in[0,10],s\in[0,10]$
	最优解	$(x^*,s^*)=(7.044146333751212,10/0)$
F5	目标函数	$f(x,s)=100(x_2-x_1^2)^2+(1-x_1)^2-s_1(x_1+x_2^2)-s_2(x_1^2+x_2)$
	定义域	$x\in[-0.5,0.5]\times[0,1],s\in[0,10]^2$
	最优解	$(x^*,s^*)=(0.5,0.25,0,0)$
F6	目标函数	$f(x,s)=100(x_1-2)^2+(x_2-2)^2+s_1(x_1^2-x_2)+s_2(x_1+x_2-2)$
	定义域	$x\in[-1,3]^2,s\in[0,10]^2$
	最优解	$(x^*,s^*)=(1,1,任意值)$

在对比实验中，应用以下设置。SA-MM-MFEA 的种群规模为 100，而 MMEA 和 MMDE 的种群规模为 10。在 MMDE 的 bottom-boosting 方案和部分再生策略中控制真实函数评价次数的两个参数 K_s 和 T 被减少到 19 和 1，对于文献[300]中的廉价问题，它们的初始设置是 190 和 10。在本算法中 N_g 设置为 100。所有被比较的 EA 使用 $\eta=15$ 的模拟交叉二进制和 $\eta=15$ 的多项式变异，为遵循 MMDE 的设置，所有被比较的 DE 都使用 Cr=0.5 的二项式重组和 $F=0.7$ 的变异。初始 RBFN 的隐藏节点数被设置为决策和场景空间的总维数，其中隐藏节点的中心是通过 K 均值算法确定的，径向基函数的宽度是这些中心之间的最大距离，并使用伪逆方法计算径向基函数的权重。

所有比较的算法进行 50 次真实函数评价后停止。通过 Friedman 检验和 Bergmann-Hommel post-hoc 检验[207]对结果进行分析，如表 9.4 所示。结果以平均值±标准差的形式展示。结果通过 Friedman 检验和 Bergmann-Hommel post-hoc 检验（SA-MM-MFEA 为控制方法，显著性水平为 0.05）进行分析。突出显示的部分是每个测试问题在所有比较算法中得到的最优适应度值。

表 9.4 F1～F6 上比较算法的 MSE

	MMEA	MMDE	SA-MM-MFEA
F1	25.4±8.7	15.1±12.1	**0.5±0.6**
F2	57.6±49.1	35.1±24.6	**15.5±33.9**
F3	63.0±34.8	50.4±46.4	**43.7±30.7**
F4	21.8±20.5	11.0±13.1	**6.9±10.9**
F5	43.1±25.0	29.8±24.2	**21.2±37.0**
F6	95.0±50.3	45.2±36.5	**18.9±28.8**

结果表明,MMEA 性能最差,SA-MM-MFEA 性能最好。SA-MM-MFEA 的良好性能归功于代理模型和多任务并行性的优势。这两种技术都加快了收敛速度。首先,找到不同候选解的最坏情况看作是对类似问题的优化,这一优化问题可以通过使用进化多任务优化方法来加速收敛。其次,建立代理模型以替代 SA-MM-MFEA 中部分昂贵的函数评价,从而节省函数评价的高昂的计算成本。

9.8 小结

知识迁移是一种强有效的方法,可以解决在昂贵的数据驱动优化中广泛遇到的数据缺乏的问题。然而,许多实际问题仍然需要更有效的知识迁移,从而避免负迁移[303],即知识迁移导致的性能下降。需要解决的最重要的问题是如何正确判断源任务是否包含可转移知识到目标优化任务的知识以及如何实现有效的知识迁移。对于前一个问题,采用相似性度量来衡量现有优化任务是否可以提供正向的知识迁移,而对于后者,域自适应和转换技术已被证明是有效的。

第 10 章
代理模型辅助的高维进化优化

摘要 随着问题维度的增加,训练高质量的模型变得越来越困难,尤其是对于训练样本数量有限的昂贵优化问题。本章主要解决决策变量为 $30 \sim 200$ 维的高维昂贵问题,主要技术包括具有更好探索性的搜索、多模型辅助的多种群间的协同搜索、基于 Pareto 的填充准则、基于随机子空间采样的决策空间分解以及多任务进化优化。

10.1 代理模型辅助的协同优化求解高维问题

由于解决高维问题需要大量的训练数据来训练足够准确的代理模型,而构建代理模型的计算成本是令人望而却步的,所以大多数代理模型辅助的进化算法并不是为了解决高维问题而提出的。本节将介绍一种求解高维耗时优化问题的代理模型辅助的协同 PSO 算法(Surrogate-Assisted Cooperative Swarm Optimization algorithm,SA-COSO),其耗时问题的最高维度为 200 维。SA-COSO 使用了两种 PSO 变种,具有收缩因子的 PSO[304] 和 SL-PSO[94]。PSO 不仅向个体最优和全局最优学习,也向 SL-PSO 到目前为止找到的最优解学习,同时,SL-PSO 也向 PSO 提供的有潜力的解进行学习。另一方面,SL-PSO 算法对 RBF 模型的最优解进行全局搜索,而 PSO 算法在适应度估计策略辅助下进行局部搜索。图 10.1 给出了一个简单的例子,用于说明在 SA-COSO 中 FES 辅助的 PSO 和 RBF 辅助的 SL-PSO 之间的耦合。从图 10.1 可以看到,所有选择出来使用真实目标函数进行评估的解都保存在存档 DB 中,用于代理模型的训练,同时也为 RBF 辅助的 SL-PSO 提供示范者。PSO 和 SL-PSO 都使用代理模型来估计个体的适应度值,以减少每一代中适应度评价次数。需要注意的是,RBF 辅助的 SL-PSO 到目前为止找到的最优位置也提供给了 PSO 中的个体学习,个体更新公式如下:

$$v_{ij}(t+1) = \chi(v_{ij}(t) + c_1 r_1(p_{ij}(t) - x_{ij}(t)) + c_2 r_2(p_{gj}(t) - x_{ij}(t)) + $$
$$c_3 r_3(p_{rg,j}(t) - x_{ij}(t))) \tag{10.1}$$

$$x_{ij}(t+1) = x_{ij}(t) + v_{ij}(t+1) \tag{10.2}$$

其中,r_1、r_2 和 r_3 是服从 $[0,1]$ 均匀分布的随机数字,c_1、c_2 和 c_3 是正常数,c_1 是认知参数,c_2 和 c_3 是社会学习参数。$\boldsymbol{p}_i = (p_{i1}, p_{i2}, \cdots, p_{in})$ 和 $\boldsymbol{p}_g = (p_{g1}, p_{g2}, \cdots, p_{gn})$(即 $\text{gbest}_{\text{PSO}}$)分别是个体 i 的个体最优位置和 FES 辅助的 PSO 的粒子群的全局最佳最优位置。$\boldsymbol{p}_{rg} = (p_{rg,1}, p_{rg,2}, \cdots, p_{rg,n})$ 是 RBF 辅助的 SL-PSO 到目前为止找到的全局最优位置(即 $\text{gbest}_{\text{SL-PSO}}$)

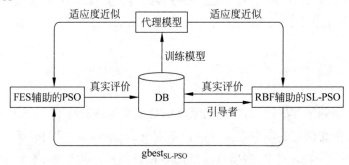

图 10.1　SA-COSO 中 FES 辅助的 PSO 和 RBF 辅助的 SL-PSO 之间的耦合

算法 10.1 给出了 SA-COSO 的伪代码。首先,初始化 pop_{PSO} 和 $\text{pop}_{\text{SL-PSO}}$ 两个种群,使用真实目标函数对种群个体进行评价。将所有这些经过真实评价的解存入存档 DB 中,用于模型训练。确定每个个体的个体最优位置和到目前为止 PSO 找到的全局最优位置(记作 $\text{gbest}_{\text{PSO}}$)。同时,确定 SL-PSO 到目前为止找到的全局最佳位置,记作 $\text{gbest}_{\text{SL-PSO}}$。因此,相应地可确定 PSO 和 SL-PSO 找到的最优位置,记为 gbest。随后,同时运行 FES 辅助的 PSO 和 RBF 辅助的 SL-PSO 算法,并且在每一代中交换某些信息,重复该过程,直至满足终止条件为止。N_{PSO} 和 $N_{\text{SL-PSO}}$ 分别表示 PSO 和 SL-PSO 的种群大小。下面将具体介绍 RBF 辅助的 SL-PSO、FES 辅助的 PSO 以及模型更新的细节。

算法 10.1　SA-COSO 的伪代码

1：初始化种群 pop_{PSO},包括每个个体的速度、位置和适应度值。确定种群 pop_{PSO} 中每个个体的个体最优位置和全局最优位置;

2：初始化 $\text{pop}_{\text{SL-PSO}}$ 的种群,包括每个个体的初始化位置,每个个体的适应度值,以及全局最优位置的确定;

3：确定到目前为止两个种群的全局最优位置,$\text{gbest} = \min\{\text{gbest}_{\text{PSO}}, \text{gbest}_{\text{SL-PSO}}\}$;

4：将使用真实目标函数评价过的解保存到 DB 中;

5：$N_{\text{FE}} = |N_{\text{PSO}}| + |N_{\text{SL-PSO}}|$;

6：while 没有满足终止条件

7：训练/更新 RBF 模型;

8：$\text{DB}_t = \varnothing$;

9：运行 RBF 辅助的 SL-PSO;(参照算法 10.2)

10：运行 FES 辅助的 PSO;(参照算法 10.3)

11：确定两个种群的全局最优位置,$\text{gbest} = \min\{\text{gbest}_{\text{PSO}}, \text{gbest}_{\text{SL-PSO}}\}$;

12：end while

13：输出到目前为止找到的全局最优位置 gbest 及其适应度值;

10.1.1　RBF 辅助的 SL-PSO

一般来说，每个个体（称为模仿者）都从当前种群中的示范者进行学习，示范者具有比这个个体更好的适应度值。然而，在 RBF 辅助的 SL-PSO 中，个体的适应度通过代理模型来估值。因此，标记为示范者的个体实际上可能并不比模仿者更好。因此，为了避免种群朝着错误的方向进行搜索，存档 DB 中 $N_{\text{SL-PSO}}$ 个解也将会被选择作为个体学习更新位置的潜在示范者。因而，个体 i 的示范者将会从 SL-PSO 当前种群的 $N_{\text{SL-PSO}}$ 个解和存档 DB 中 $N_{\text{SL-PSO}}$ 个解的随机联合子集中选择，这些解比该个体具有更好的适应度值。注意，在 SL-PSO 中，如果没有个体相比于该个体具有更好的适应度值，则该个体将会被保留至下一代。

一旦个体的示范者确定后，个体 i 的位置就可以被更新。之后，所有更新解的适应度值通过 RBF 代理模型近似。当前种群的最优位置将与 SL-PSO 算法发现的到目前为止全局最优位置进行比较。如果该位置比全局最优位置具有更好的适应度值，则将使用实际昂贵目标函数对其进行评估，并用于全局最优位置的更新。请注意，在 SL-PSO 的每一代中，最多允许一个解进行真实的目标函数评价。算法 10.2 给出了 RBF 辅助 SL-PSO 的伪代码。

算法 10.2　RBF 辅助的 SL-PSO 的伪代码

输入：M_{RBF}：RBF 代理模型；
　　　DB：保存所有经过真实计算的解；
　　　$P_{\text{SL-PSO}}$：SL-PSO 的当前种群；
　　　N_{FE}：最大评价次数；
　　　$\text{gbest}_{\text{SL-PSO}}$：SL-PSO 的最优位置；
输出：$N_{\text{FE}}, \text{gbest}_{\text{SL-PSO}}$
1 : for $P_{\text{SL-PSO}}$ 中的每个个体 i do
2:　　从当前种群中和存档 DB 中识别示范者；
3:　　更新位置；
4:　　使用模型 M_{RBF} 估计适应度值；
5 : end for
6 : 确定当前种群的最佳位置 $\text{best}_{\text{SL-PSO}}$；
7 : if $\hat{f}_{\text{RBF}}(\text{best}_{\text{SL-PSO}}) < f(\text{gbest}_{\text{SL-PSO}})$ then
8:　　对 $\text{best}_{\text{SL-PSO}}$ 进行真实计算；
9:　　保存到临时存档 DB_t；
10:　　$N_{\text{FE}} = N_{\text{FE}} + 1$；
11:　　if $f_{\text{RBF}}(\text{best}_{\text{SL-PSO}}) < f(\text{gbest}_{\text{SL-PSO}})$
12:　　　　更新 SL-PSO 到目前为止发现的全局最优 $\text{gbest}_{\text{SL-PSO}}$；
13:　　end if
14 : end if

10.1.2　FES 辅助的 PSO

算法 10.3 给出了 FES 辅助 PSO 的伪代码。在 FES 辅助的 PSO 中，个体的位置更新之后,个体的适应度值将会使用昂贵的目标函数进行评价(在前两代)或者使用适应度估计策略进行估值(在接下来的几代中)。

算法 10.3　FES 辅助的 PSO 的伪代码

输入:P_{PSO}:PSO 的当前种群;

N_{FE}:最大评价次数;

M_{RBF}:RBF 代理模型;

输出:N_{FE},gbest$_{PSO}$

1: while 没有满足终止条件 do

2:　　分别根据式(10.1)和式(10.2)更新种群 P_{PSO} 中每个个体的速度和位置;

3:　　对当前种群中每个个体进行适应度值评价/估值;(参照算法 10.4)

4: end while

适应度估计策略[305]是基于 PSO 粒子之间的位置关系而提出的适应度估值技术,其计算简单且有效。根据式(10.1)和式(10.2),分别更新种群中个体 i 和 j 的最新位置:

$$\begin{aligned} \boldsymbol{x}_i(t+1) &= \boldsymbol{x}_i(t) + \chi((\boldsymbol{x}_i(t) - \boldsymbol{x}_i(t-1)) + c_1\boldsymbol{r}_{i1}(\boldsymbol{p}_i(t) - \boldsymbol{x}_i(t)) + \\ & \quad c_2\boldsymbol{r}_{i2}(\boldsymbol{p}_g(t) - \boldsymbol{x}_i(t)) + c_3\boldsymbol{r}_{i3}(\boldsymbol{p}_{rg}(t) - \boldsymbol{x}_i(t))) \\ &= (1 + \chi(1 - c_1\boldsymbol{r}_{i1} - c_2\boldsymbol{r}_{i2} - c_3\boldsymbol{r}_{i3}))\boldsymbol{x}_i(t) - \chi\boldsymbol{x}_i(t-1) + \\ & \quad \chi c_1\boldsymbol{r}_{i1}\boldsymbol{p}_i(t) + \chi c_2\boldsymbol{r}_{i2}\boldsymbol{p}_g(t) + \chi c_3\boldsymbol{r}_{i3}\boldsymbol{p}_{rg}(t) \end{aligned} \tag{10.3}$$

$$\begin{aligned} \boldsymbol{x}_j(t+1) &= \boldsymbol{x}_j(t) + \chi((\boldsymbol{x}_j(t) - \boldsymbol{x}_j(t-1)) + c_1\boldsymbol{r}_{j1}(\boldsymbol{p}_j(t) - \boldsymbol{x}_j(t)) + \\ & \quad c_2\boldsymbol{r}_{j2}(\boldsymbol{p}_g(t) - \boldsymbol{x}_j(t)) + c_3\boldsymbol{r}_{j3}(\boldsymbol{p}_{rg}(t) - \boldsymbol{x}_j(t))) \\ &= (1 + \chi(1 - c_1\boldsymbol{r}_{j1} - c_2\boldsymbol{r}_{j2} - c_3\boldsymbol{r}_{j3}))\boldsymbol{x}_j(t) - \chi\boldsymbol{x}_j(t-1) + \\ & \quad \chi c_1\boldsymbol{r}_{j1}\boldsymbol{p}_j(t) + \chi c_2\boldsymbol{r}_{j2}\boldsymbol{p}_g(t) + \chi c_3\boldsymbol{r}_{j3}\boldsymbol{p}_{rg}(t) \end{aligned} \tag{10.4}$$

因此,根据式(10.3)和式(10.4)的组合和重新排列,可以得到一个虚拟位置 $\boldsymbol{x}_v$:

$$\begin{aligned} \boldsymbol{x}_v &= \boldsymbol{x}_i(t+1) + \chi\boldsymbol{x}_i(t-1) + (1 + \chi(1 - c_1\boldsymbol{r}_{j1} - c_2\boldsymbol{r}_{j2} - c_3\boldsymbol{r}_{j3}))\boldsymbol{x}_j(t) + \\ & \quad \chi c_1\boldsymbol{r}_{j1}\boldsymbol{p}_j(t) + \chi c_2\boldsymbol{r}_{j2}\boldsymbol{p}_g(t) + \chi c_3\boldsymbol{r}_{j3}\boldsymbol{p}_{rg}(t) \\ &= \boldsymbol{x}_j(t+1) + \chi\boldsymbol{x}_j(t-1) + (1 + \chi(1 - c_1\boldsymbol{r}_{i1} - c_2\boldsymbol{r}_{i2} - c_3\boldsymbol{r}_{i3}))\boldsymbol{x}_i(t) + \\ & \quad \chi c_1\boldsymbol{r}_{i1}\boldsymbol{p}_i(t) + \chi c_2\boldsymbol{r}_{i2}\boldsymbol{p}_g(t) + \chi c_3\boldsymbol{r}_{i3}\boldsymbol{p}_{rg}(t) \end{aligned} \tag{10.5}$$

相应地,虚拟位置的适应度值也可以使用 $f(\boldsymbol{x}_i(t+1))$、$f(\boldsymbol{x}_i(t-1))$、$f(\boldsymbol{x}_j(t))$、$f(\boldsymbol{p}_j(t))$、$f(\boldsymbol{p}_g(t))$ 和 $f(\boldsymbol{p}_{rg}(t))$ 或者是 $f(\boldsymbol{x}_j(t+1))$、$f(\boldsymbol{x}_j(t-1))$、$f(\boldsymbol{x}_i(t))$、$f(\boldsymbol{p}_i(t))$、$f(\boldsymbol{p}_g(t))$ 和 $f(\boldsymbol{p}_{rg}(t))$ 的加权平均值来近似适应度值:

$$f(\boldsymbol{x}_v) = \frac{WS_1}{WD_1} = \frac{WS_2}{WD_2} \tag{10.6}$$

其中,

$$WS_1 = \frac{f(\boldsymbol{x}_i(t+1))}{D_i(t+1)} + \frac{\boldsymbol{x}_i(t-1)}{D_i(t-1)} + \frac{\boldsymbol{x}_j(t)}{D_j(t)} + \frac{f(\boldsymbol{p}_j(t))}{D_{pj}(t)} + \frac{f(\boldsymbol{p}_g(t))}{D_g(t)} + \frac{\boldsymbol{p}_{rg}(t)}{D_{rg}(t)} \tag{10.7}$$

$$\mathrm{WS_2} = \frac{f(\boldsymbol{x}_j(t+1))}{D_j(t+1)} + \frac{\boldsymbol{x}_j(t-1)}{D_j(t-1)} + \frac{\boldsymbol{x}_i(t)}{D_i(t)} + \frac{f(\boldsymbol{p}_i(t))}{D_{\mathrm{pi}}(t)} + \frac{f(\boldsymbol{p}_g(t))}{D_g(t)} + \frac{\boldsymbol{p}_{\mathrm{rg}}(t)}{D_{\mathrm{rg}}(t)} \tag{10.8}$$

$$\mathrm{WD_1} = \frac{1}{D_i(t+1)} + \frac{1}{D_i(t-1)} + \frac{1}{D_j(t)} + \frac{1}{D_{\mathrm{pj}}(t)} + \frac{1}{D_g(t)} + \frac{1}{D_{\mathrm{rg}}(t)} \tag{10.9}$$

$$\mathrm{WD_1} = \frac{1}{D_j(t+1)} + \frac{1}{D_j(t-1)} + \frac{1}{D_i(t)} + \frac{1}{D_{\mathrm{pi}}(t)} + \frac{1}{D_g(t)} + \frac{1}{D_{\mathrm{rg}}(t)} \tag{10.10}$$

其中，$D_i(t+1)$、$D_i(t-1)$、$D_j(t)$、$D_{\mathrm{pj}}(t)$、$D_j(t+1)$、$D_j(t-1)$、$D_i(t)$、$D_{\mathrm{pi}}(t)$、$D_g(t)$ 和 $D_{\mathrm{rg}}(t)$ 分别表示的是虚拟位置 $\boldsymbol{x}_v$ 与 $\boldsymbol{x}_i(t+1)$、$\boldsymbol{x}_i(t-1)$、$\boldsymbol{p}_j(t)$，$\boldsymbol{x}_j(t+1)$、$\boldsymbol{x}_j(t-1)$、$\boldsymbol{x}_i(t)$、$\boldsymbol{p}_i(t)$、$\boldsymbol{p}_g(t)$ 和 $\boldsymbol{p}_{\mathrm{rg}}(t)$ 的欧氏距离。从式(10.6)可以看出，在 $t+1$ 代，只有个体 i 和 j 的适应度值是未知的。因此，如果它们其中有一个拥有适应度值，假设 $\boldsymbol{x}_i(t+1)$ 的适应度值已知，那么另一个个体 j 的适应度值将会根据以下公式进行估计：

$$\hat{f}_{\mathrm{FES}}(\boldsymbol{x}_j(t+1)) = D_j(t+1) \cdot \mathrm{WF}_{\mathrm{new}} \tag{10.11}$$

其中，

$$\mathrm{WF}_{\mathrm{new}} = \frac{\mathrm{WD_1} \times \mathrm{WS_1}}{\mathrm{WD_2}} - \frac{f(\boldsymbol{x}_j(t-1))}{D_j(t-1)} - \frac{f(\boldsymbol{x}_i(t))}{D_i(t)} - \frac{f(\boldsymbol{p}_i(t))}{D_{\mathrm{pi}}(t)} - \frac{f(\boldsymbol{p}_g(t))}{D_g(t)} - \frac{\boldsymbol{p}_{\mathrm{rg}}(t)}{D_{\mathrm{rg}}(t)} \tag{10.12}$$

在文献[279]中，如果个体没有通过其他个体对其进行过估值，则该个体将使用真实目标函数对其进行评价。为了节省真实评价的次数，在 FES 辅助的 PSO 中，首先使用 RBF 代理模型对每个个体的适应度进行估值。随后，利用适应度估计策略来更新个体的适应度估值。算法 10.4 给出了 FES 辅助的 PSO 算法中确定每个个体适应度值方法的伪代码。从算法 10.4 中可以看出，每个个体 i 的适应度值是按顺序确定的，距离个体 i 最近且序号在之后的个体将根据适应度值进行更新。对于个体 i，将其所有估值的最小值设置为该个体的适应度值。在 FES 辅助的 PSO 中，有 3 部分需要考虑使用实际目标函数进行评价。在前两代(第 2 行和第 3 行)，P_{PSO} 中的所有个体均使用实际目标函数进行评估。然后在更新个体最优位置和种群的全局最优位置的过程中(第 10~24 行)，如果个体的两个估值都优于其个体最优位置的适应度值，则使用实际昂贵目标函数对该个体进行评价。为了确保全局最优位置必须是使用实际目标函数评价过的，将当前代具有最小适应度值的个体历史最优位置进行真实目标函数评价，并用于更新全局最优位置。请注意，在 P_{PSO} 中可能没有解能满足具有比其个体最优位置更好的适应度估值的要求，并且也没有个体最优位置比全局最优位置具有更好的估值。在这种情况下，选择估值不确定度大于平均估值不确定度的解使用实际目标函数的评价。式(10.13)给出了 RBF 网络估值与适应度估计策略估值之间的平均估值不确定度计算方法。

$$\mathrm{DF} = \frac{1}{N_{\mathrm{PSO}}} \sum_{i=1}^{N_{\mathrm{PSO}}} |\hat{f}(\boldsymbol{x}_i) - \hat{f}_{\mathrm{RBF}}(\boldsymbol{x}_i)| \tag{10.13}$$

算法 10.4　FES 辅助的 PSO 中为每个解确定适应度值的伪代码

输入：t：当前代数；

P_{PSO}：FES 辅助的 PSO 的当前种群；

DB_t：保存使用真实目标函数计算过的解的临时存档；

M_{RBF}：RBF 代理模型；

N_{FE}：最大的评价次数；

1: if $t < 2$ then

2:　　种群 P_{PSO} 中的每个个体进行真实计算并存到临时存档 DB_t 中；

3:　　更新每个个体的局部最优位置和 PSO 的全局最优位置 $gbest_{PSO}$；

4: else

5:　　使用模型 M_{RBF} 估计种群中每个个体 $i, i = 1,2,\cdots,N_{PSO}$ 的适应度值，记作

$\hat{f}(\boldsymbol{x}_i(t+1)) = \hat{f}_{RBF}(\boldsymbol{x}_i(t+1))$；

6: for $i = 1$ 到 N_{PSO} do

7:　　找到粒子 i 的最近邻居粒子 j；

8:　　使用适应度估计策略估计 $\boldsymbol{x}_j(t+1)$ 的适应度值，记作 $\hat{f}_{FES}(\boldsymbol{x}_j(t+1))$；

9:　　$\hat{f}(\boldsymbol{x}_j(t+1)) = \min\{\hat{f}(\boldsymbol{x}_j(t+1)), \hat{f}_{FES}(\boldsymbol{x}_j(t+1))\}$；

10:　　if $\hat{f}(\boldsymbol{x}_i(t+1)) < f(\boldsymbol{p}_i(t))$ then

11:　　　　if $\hat{f}_{RBF}(\boldsymbol{x}_i(t+1)) < f(\boldsymbol{p}_i(t))$ then

12:　　　　　　使用真实函数评价解 $\boldsymbol{x}_i(t+1)$ 并存到 DB_t 中；

13:　　　　　　更新个体 i 的个体最优位置 $\boldsymbol{p}_i(t)$；

14:　　　　　　如果 $f(\boldsymbol{p}_i(t+1)) < f(gbest_{PSO})$，更新全局最优位置；

15:　　　　else

16:　　　　　　更新个体 i 的个体最优位置；

17:　　　　end if

18:　　end if

19: end for

20: 找到种群 P_{PSO} 中所有个体中最好的个体最优位置，记作 $best_{PSO}$；

21: if $best_{PSO}$ 优于 $gbest_{PSO}$ then

22:　　　　使用真实目标函数评价解 $best_{PSO}$ 并存到临时存档 DB_t 中；

23:　　　　使用 $best_{PSO}$ 更新 $gbest_{PSO}$；

24:　　end if

25:　　if 种群 P_{PSO} 没有解被真实评价 then

26:　　　　选择不确定度大的解进行真实计算(参照算法 10.5)；

27:　　end if

28: end if

算法 10.5　根据近似不确定度选择需要真实评价的解

1: 根据公式(10.13)计算 RBF 模型估值和适应度估计策略估值的平均差值

2: for $i = 1$ 到 N_{PSO} do

3:　　if $|\hat{f}(\boldsymbol{x}_i) - \hat{f}_{RBF}(\boldsymbol{x}_i)| > DF$ then

4:　　　　使用真实目标函数评价个体 i 并存到临时存档 DB_t；

5:　　　　if $f(\boldsymbol{x}_i) < f(\boldsymbol{p}_i)$ then

6:　　　　　　更新个体最优位置 $\boldsymbol{p}_i$；

7:　　　　end if

8:　　　　if $f(\boldsymbol{x}_i) < f(\boldsymbol{g})$ then

```
9:                  更新 PSO 到目前为止找到的最优位置;
10:              end if
11:        end if
12: end for
```

10.1.3 存档更新

在 SA-COSO 中,RBF 网络主要作为 SL-PSO 的全局代理模型,用于全局搜索。为此,需要选择合适的训练 RBF 模型的样本。一般情况下,存档 DB 中的所有数据用于训练代理模型。为了减少计算时间,并不需要使用真实评价过的所有数据来训练代理模型。因此,我们对存储在存档 DB 中的数据数量做了限制。当存档 DB 中的数据数量没有达到最大容量时,可将数据直接存储在 DB 中。但当存档 DB 中的数量达到最大容量时,需要从 DB 中删除一些数据,并从保存在临时存档 DB_t 中的真实评价过的解中选择部分解放到 DB 中。图 10.2 给出了一个例子来说明存档 DB 的更新策略。在图 10.2 中,横轴表示决策空间,纵轴表示适应度值。圆圈表示 DB 中的解(数据对),菱形表示在当前代中评价过的解,三角形表示 P_{SL-PSO} 中的个体。假设 DB 中允许保存的最大数据数量是 5。从图 10.2 可以看出,当前代有 3 个新评价过的解,分别表示为 a、b 和 c。其中,可以看到解 a 与种群 P_{SL-PSO} 的当前位置相距较远。如果这个解被添加到存档 DB 中,它对覆盖当前种群区域的模型影响不大。相反,如果解 c 包含在存档 DB 中,那么代理模型的质量在当前种群所在的区域将会得到有效提高。同样,如果 DB 中的数据远离当前种群,例如 DB 中的1,它对代理模型估计当前种群个体的适应值几乎没有什么贡献。因此,当存档中的数据量达到最大值,如果有一个解必须要被丢弃,那么远离当前种群位置的解将会被选择,并被真实目标函数评价过且更接近于当前种群的解替换。

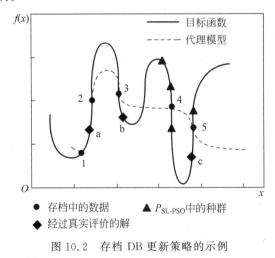

图 10.2 存档 DB 更新策略的示例

算法 10.6 给出了存档数据更新的伪代码。对于临时存档 DB_t 中的每个解 x_k，首先计算它与当前种群 $P_{SL\text{-}PSO}$ 的最小距离（第 2 行）。$D(\cdot)$ 表示两个解之间的欧氏距离。同样，DB 中的每个解与当前种群的最小欧氏距离也会被计算（第 3~5 行），找出与当前种群具有最大距离的解（第 6 行）。如果临时存档 DB_t 中的解 x_k 比 DB_t 中最大距离的解更近，那么它将会取代 DB 中的这个解（第 7~9 行）。需要注意的是，DB_t 中的解逐个添加到 DB 中，直到存档 DB 为空。

算法 10.6　更新存档 DB 伪代码

输入：DB_t：用于保存当前代经过真实目标函数计算的解的临时存档；
　　　DB_t：用于保存经过真实目标函数计算的解的存档；
　　　$P_{SL\text{-}PSO}$：SL $-$ PSO 的当前种群

1: **for** DB_t 中每个解 x_k **do**
2: 　　ind_pop$_{min}(k) = \min\{D(x_k, x_j), j = 1, 2, \cdots, N_{SL\text{-}PSO}\}$
3: 　　**for** DB 中的每个数据 x_i **do**
4: 　　　　DB_pop$_{min}(i) = \min\{D(x_i, x_j), j = 1, 2, \cdots, N_{SL\text{-}PSO}\}$
5: 　　**end for**
6: 　　在所有最小距离中找到最大距离 $\max(\text{DB\_pop}_{min})$ 的解，记作 x_b
7: 　　**if** ind_pop$_{min}(k) <$ DB_pop$_{min}(b)$ **then**
8: 　　　　使用 DB_t 中的解 x_k 替换 DB 中的解 x_b
9: 　　**end if**
10: **end for**

10.1.4　实验结果和分析

为了验证 SA-COSO 的有效性，在 6 个广泛使用的单模和多模基准问题[206]上进行了经验性验证，包括 Ellipsoid(F1)、Rosenbrock(F2)、Ackley(F3)、Griewank(F4)、Shifted Rotated Rastrigin(F5)和 Rotated hybrid Composition Function(F6)。为了评估 SA-COSO 求解高维昂贵优化问题时的有效性，在 100 维和 200 维测试问题上进行了一系列实验，并与 PSO[304]、FESPSO[279]、SL-PSO[94]、RBF 辅助的 SL-PSO 和 COSO 进行了比较。RBF 辅助的 SL-PSO 是径向基函数网络辅助的 SL-PSO，COSO 代表没有代理模型辅助的协同群体优化。其中，除了 FESPSO 和 RBF 辅助的 SL-PSO，其余都不是两个代理模型辅助的粒子群算法。所有实验结果都是独立运行 20 次后获得的。

P_{PSO} 和 $P_{SL\text{-}PSO}$ 的种群大小分别被设置为 30 和 200。认知参数 c_1 设为 2.05，两个社会系数 c_2 和 c_3，旨在将粒子协同引导到全局最优位置，其值均设为 1.025。最大评价次数被设置为 1000。为了公平比较，PSO 和 FESPSO 的种群大小均设置为 30，SL-PSO 和 SLPSO_RBF 的大小设置为 200，COSO 的大小设置为 230。RBF 辅助的 SL-PSO 和 COSO 中的参数设置与 SA-COSO 中的参数相同。

表 10.1 列出了所有算法在 100 维和 200 维问题上 20 次独立运行时的统计结果，显示

为平均值（标准偏差），最好的解以粗体突出显示。从表 10.1 中可以看出，SA-COSO 在所有基准函数上取得了更好的结果，验证了 SA-COSO 在求解高维问题时表现更好。此外，从 RBF 辅助的 SL-PSO、FESPSO 和 SA-COSO 的结果可以看出，SA-COSO 整合了全局代理模型和适应度估计策略的优势，能够获得比仅使用全局模型的 RBF 辅助的 SL-PSO 以及仅使用适应性估计策略的 FESPSO 更好的结果。

表 10.1 50 维和 100 维问题的比较结果

问题	维度	PSO	FESPSO	SL-PSO	RBF 辅助的 SL-PSO	COSO	SA-COSO
F1	100	1.5309e+04 (1.7685e+03)	1.9912e+03 (1.8004e+03)	1.6935e+04 (1.2746e+03)	4.2610e+03 (3.0987e+04)	3.2459e+03 (1.2135e+03)	**5.1475e+01** (3.1718e+02)
	200	8.7570e+04 (5.8963e+03)	9.2915e+04 (5.4782e+03)	8.3447e+04 (3.0600e+03)	5.3455e+04 (1.5658e+04)	8.3989e+04 (4.5144e+03)	**1.6382e+04** (2.9811e+03)
F2	100	1.2160e+04 (2.0188e+03)	1.2991e+04 (1.8186e+03)	1.4755e+04 (1.5183e+03)	1.6895e+04 (6.1860e+03)	1.4405e+04 (1.4055e+03)	**2.7142e+03** (1.1702e+02)
	200	3.9989e+04 (3.0511e+03)	4.1495e+04 (4.4760e+03)	3.8801e+04 (2.4071e+03)	5.3149e+04 (5.5807e+03)	3.9679e+04 (2.3388e+03)	**1.6411e+04** (4.0965e+03)
F3	100	2.0239e+01 (1.8744e−01)	2.0178e+01 (3.5469e−01)	1.9981e+01 (1.9843e−01)	2.0876e+01 (1.7703e−01)	1.9949e+01 (1.5436e−01)	**1.5756e+01** (5.0245e−01)
	200	2.0647e+01 (1.4147e−01)	2.0632e+01 (1.2730e−01)	2.0328e+01 (6.9280e−02)	2.1022e+01 (3.6218e−02)	2.0356e+01 (1.1736e−01)	**1.7868e+01** (2.2319e−02)
F4	100	1.2162e+03 (9.2716e+01)	1.2305e+03 (1.0561e+02)	1.2232e+03 (9.7340e+01)	2.4023e+02 (3.1646e+02)	1.2898e+03 (9.6918e+01)	**6.3353e+01** (1.9021e+01)
	200	3.3073e+03 (2.2346e+02)	3.3245e+03 (2.8726e+02)	2.9726e+03 (1.6242e+02)	1.9394e+03 (3.5615e+02)	3.0148e+03 (1.6510e+02)	**5.7776e+02** (1.0140e+02)
F5	100	1.8946e+03 (1.5227e+02)	1.8636e+03 (1.9079e+02)	1.8604e+03 (1.3078e+02)	1.5629e+03 (1.3868e+02)	2.1028e+03 (5.6521e+01)	**1.2731e+03** (1.1719e+02)
	200	5.5872e+03 (3.4360e+02)	5.4966e+03 (3.4179e+02)	5.2454e+03 (1.6168e+02)	4.7900e+03 (2.7671e+02)	5.2272e+03 (1.5075e+02)	**3.9275e+03** (2.7254e+02)
F6	100	1.4083e+03 (5.2538e+01)	1.3810e+03 (3.9465e+01)	1.5407e+03 (2.4168e+01)	1.5721e+03 (7.5160e+01)	1.4852e+03 (2.6082e+01)	**1.3657e+03** (3.0867e+01)
	200	1.4162e+03 (3.4170e+01)	1.5035e+03 (3.6865e+01)	1.5045e+03 (1.5512e+01)	1.4228e+03 (2.7529e+01)	1.4972e+03 (1.6516e+01)	**1.3473e+03** (2.4665e+01)

10.2 高维优化中的多目标填充准则

SA-COSO
代码

高斯过程模型常用来辅助进化优化算法求解昂贵优化问题，得益于其能够同时提供估值及近似不确定性的优点。然而，从当前估值中种群选择个体以使用真实函数评价的策略，即填充准则，仍然是该领域的研究重点。通常，在高斯过程模型辅助的进化优化中，主要包含 3 个准则来确定一些个体以使用真实目标函数评估。第一个准则常用来选择具有全局或局部最佳近似适合度的个体,以使用真实目标函数评估。第二个准则则旨在选择估值不确定度较大的个体进行真实目标函数评价,原因主要有两方面:其一,个体的近似不确定度越大表明缺乏对该个体周围区域的探索,故真实评估这些个体以更好地辅助寻找最优解;另外,使用真实目标函数评估估值不确定性最大的个体,可最大限度地提高代理模型性能。第三个准则称为获取函数,其同时考虑了近似适应度和近似不确定性。常用的获取函数包括置信下限(Lower Confidence Bound,LCB)函数、预期改进(Expected Improvement,EI)函数和改进概率(Probability of Improvement,PoI)函数。本节将介绍一种不同于上述填充准则的多目标填充准则(Multiobjective In-fill Criterion,MIC),以选择使用真实目标函数评价的个体。特别在昂贵高维进化优化中,该 MIC 准则作为模型管理策略主要有两个优点。首先,将种群中所有个体的近似适应度值和近似不确定度作为两个目标进行非支配排序,以选择完全被支配的个体进行真实函数评估,这主要考虑了搜索空间的探索和模型质量的提高。其次,避免了 LCB 和 EI 函数中通过线性或非线性方式组合估计适应度和不确定性,以较好地平衡估值性能和其不确定性。下面将介绍基于多目标填充准则的高斯过程辅助的社会学习 PSO 算法,记作 MGP-SLPSO。

10.2.1 主要框架

图 10.3 给出了 MGP-SLPSO 算法流程,其中 SL-PSO 作为底层优化器用来搜索模型最优解,GP 模型作为代理模型来近似原问题。这里也可使用其他进化算法用作优化器,并且文献[306]指出,SL-PSO 算法[94]在代理模型辅助的高维优化中表现良好。如图 10.3 所示,在算法优化初始阶段,首先使用拉丁超立方体采样方法生成一个初始种群,并使用真实目标函数评价并将产生的所有解保存到存档 Arc 中。随后,直到满足算法终止条件,即最大真实函数评价次数,输出最优解,否则,重复以下过程。应用算法 SL-PSO 更新当前种群,以及确定计算当前种群中每个个体的适应度方法。如果存档 Arc 中数据量不超过预设阈值,那么种群中的所有个体将使用真实目标函数进行评价,否则,训练一个 GP 模型以评估个体。此外,应用多目标填充标准来选择个体以进行真实函数评价,该填充准则将在 10.2.2 节详细描述。

算法 10.7 给出了选择个体以使用真实函数评价方法的伪代码。使用代理模型近似函数时,如果数据量不足,那么训练的代理模型也不会很精确。因此,在算法 10.7 中,如果当前数据库中训练数据不充足时,将使用真实目标函数评价候选种群中的所有个体并保存至存档 Arc。否则,将使用存档 Arc 中最新的 N_t 个个体训练 GP 模型,并利用该模型评估个体,然后基于提出的多目标填充准则来选择个体以使用真实目标函数评价。然而,当训练数据不断增加时,构建 GP 模型的计算复杂度将变得非常高。正如文献[307]中指出的,现有的填充准则在高维优化中将会失效,即不同解之间的估值标准差(Estimated Standard

Deviation,ESD)将会变得相似。因此,在 GP 辅助的高维进化优化中,提出的多目标填充准则将尽可能解决 ESD 差异信息消失的困难。

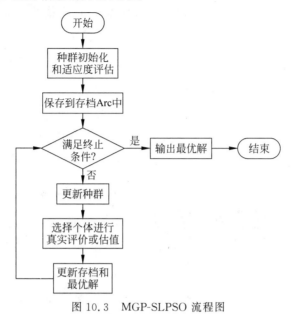

图 10.3　MGP-SLPSO 流程图

算法 10.7　个体选择和精确适应度评估的伪代码

输入: Arc: 用于保存所有真实评价过解的存档;
$P(t)$: t 代的种群;
1: if 存档 Arc 中训练数据量没有超过预设值 then
2:　　评价当前种群中的个体并保存到存档 Arc 中;
3: else
4:　　使用存档 Arc 中最近真实评价过的 N_t 个数据训练 GP 模型;
5:　　使用 GP 模型估值当前种群中每个个体的适应度;
6:　　根据多目标填充准则选择个体进行真实评估(更多细节参考算法 10.8)并保存至存档 Arc 中;
7: end if

10.2.2　多目标填充准则

大多数 GP 模型辅助的进化优化中的填充准则仅适合处理低维问题,且目前很少有研究关注填充准则对高维优化问题的有效性。图 10.4 分别展示了 100 个不同的个体在第 3 代、20 代和第 70 代在 10 维与 50 维 Rosenbrock 函数上的估值标准差。从图 10.4(a)可以看出,在算法进行 3 代优化后得到的所有个体中,其 ESD 值均很大且几乎相同,因此很难区分个体间的近似不确定性。在优化 20 代之后,且训练数据的数量增加时,100 个个体的 ESD 值也变得容易区分。然而,当搜索 70 代时,种群几乎收敛,而个体间的 ESD 值再次变得难以区分。而从图 10.4(b)中发现,当优化决策变量维度增加到 50 时,上述问题将变得更加严重,即所有个体的 ESD 值在优化 20 代之前均难以区分,只有在优化搜索 70 代左右才能区分。产生这种现象的原因是:种群中的所有个体在高维决策空间中与少量训练样本相距甚远,故个体间的 ESD 值将变得难以区分,具体来讲,个体的 ESD 值由该个体与训练样本之间的相关性决定,即由协方差函数以及解与训练样本之间的距离来决定。

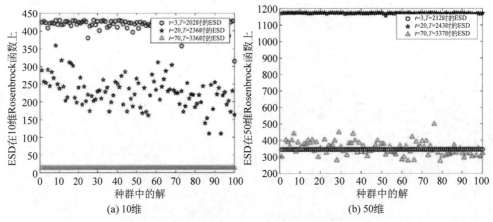

图 10.4　对于 Rosenbrock 函数的个体的 ESD 值

为了使用 ESD 值选择个体进行真实评价,提出了一种多目标填充准则,即将近似适应度和估值不确定性视为两个独立的目标,应用非支配排序代替线性或非线性方式聚合这两个值的标量值来确定对哪些个体使用真实目标函数进行评估,该多目标准则的数学模型如下:

$$\min_{x} \boldsymbol{g}(\boldsymbol{x}) = (g_1(\boldsymbol{x}), g_2(\boldsymbol{x}))$$

$$\text{s.t.} \quad \boldsymbol{x} \in S \subset \mathbf{R}^D \tag{10.14}$$

其中,$g_1(\boldsymbol{x}) = \hat{f}(\boldsymbol{x})$ 表示利用 GP 模型近似个体的适应度函数,$g_2(\boldsymbol{x}) = \sqrt{s^2(\boldsymbol{x})}$ 是指评估个体 $\boldsymbol{x}$ 的估值不确定性 ESD 函数。S 指原优化问题的决策空间。

随后,利用 GP 模型评估个体获得相应的适应度和估值不确定性后,基于文献[227]中的快速非支配排序方法将个体分类到不同的前沿层。算法 10.8 给出了该多目标填充准则的伪代码,将第一排序层中的所有解选择出来并使用真实函数评价,以提高模型的探索能力。同时,选择最后一层中的支配个体进行真实的目标函数评价,以加强探索能力。最后,所有真实评价过的个体均存储到存档 Arc 中。

算法 10.8　MIC 的伪代码

输入: $P(t)$: 具有近似适应度值和不确定性的第 t 代种群;
M_{GP}: GP 模型;
输出: 第一非支配层和最后支配层的个体
1: 针对近似适应度值和近似不确定性,应用快速非支配排序方法[227]将种群 $P(t)$ 分到不同的非支配层;
2: 使用真实函数评价第一层和最后一层中的个体;

为了更清楚地呈现根据近似适应度和近似不确定性区分个体的能力,图 10.5 和图 10.6 分别描绘了在 10 维和 50 维 Rosenbrock 问题上,通过 3 代、20 代和 70 代优化获得的个体进行非支配排序后的结果。从图 10.5 和图 10.6 中可以看到,与现有的填充准则相比,在不同情况下,MIC 均能更好地区分个体,从而更容易选择合适的个体进行真实的目标函数评价。

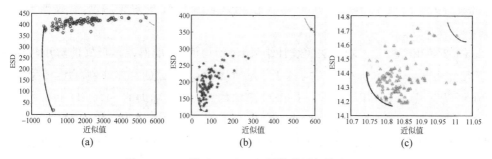

图 10.5　10 维 Rosenbrock 函数的近似值和 ESD

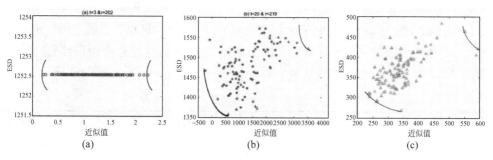

图 10.6　50 维 Rosenbrock 函数的近似值和 ESD

10.2.3　实验结果和分析

为了评估所提出的填充准则对高维昂贵优化问题的有效性,实验中在 6 个 50 维和 100 维的基准问题[206]上进行了一系列实证研究,包括 Ellipsoid(F1)、Rosenbrock(F2)、Ackley (F3)、Griewank(F4)、Shifted Rotated Rastrigin(F5)和 Rotated hybrid Composition Function(F6)函数。通过与 SL-PSO(无代理模型),以及使用不同的填充准则的 GP 辅助的 SL-PSO 的 3 种变体,即仅基于近似适应度的(简称 GP-Fit),仅基于置信下限函数的 (简称 GP-LCB)与仅基于期望改进函数的 (简称 GP-EI) GP 辅助的 SL-PSO 算法比较,以表明所提出的 MIC 具有更显著优势。此外,还与 10.1 节中介绍算法 SO-COSO 进行比较。实验中,3 个变种 GP-Fit、GP-LCB 和 GP-EI 的相关设置均与 MGP-SLPSO 一样,唯独填充准则有所不同。在 GP-Fit 中,当前种群中的粒子根据其近似适合度值进行排序,然后选择估值最好的个体使用真实的目标函数评估。

在算法 MGP-SLPSO、GP-Fit、GP-LCB 和 GP-EI 中,底层优化器 SL-PSO 的参数设置参考文献[94]中的设置。算法最大真实函数评价次数为 1000。在 GP-Fit、GP-LCB、GP-EI 和 MGP-SLPSO 中,训练数据的数量 N_t 设置为 $2N \leqslant N_t \leqslant 4N$,其中 N 是种群的大小,搜索空间的维度为 $N = 100 + \left\lfloor \dfrac{n}{10} \right\rfloor$,$2N$ 和 $4N$ 分别指训练数据的最小和最大数量。如果档案中的数据数量超过 $4N$,仅使用最近真实评价过的 $4N$ 个数据训练 GP 模型。

表 10.2 给出了所有比较算法的统计结果,包括均值(标准偏差),最好的解用粗体突出显示。在优化开始之前,所有算法均基于 $2N$ 个真实评价过的样本训练 GP 模型。从表 10.2 中可以发现,所有 GP 辅助的 SL-PSO 算法均比无 GP 辅助的 SL-PSO 获得了更好的结果,这表明代理模型确实有助于加速 SL-PSO 的收敛。与 GP-Fit 和 GP-EI 相比,除了 50 维的 F2 问题,MGP-SLPSO 在其他 50 维和 100 维基准问题上获得了更好的结果。特别地,MGP-SLPSO 在 100 维 F2 上的结果远优于 GP-LCB 和 GP-Fit 的结果。实验结果表明,所提出的 MIC 相比基于标量的填充准则在高维优化问题上更有效。从表 10.2 中还可以发现,MGP-SLPSO 在所有 6 个基准函数上都优于 SA-COSO,这表明 MGP-SLPSO 在 50 维和 100 维优化问题上具有良好的性能。然而,由于 GP 模型自身局限性,特别是在处理高维问题时,MGP-SLPSO 的求解效率有所下降。

表 10.2　50 维和 100 维问题上的比较结果

问题	维度	SL-PSO	SA-COSO	GP-Fit	GP-EI	GP-LCB	MGP-SLPSO
F1	50	1.78e+03 (2.74e+02)	4.93e+01 (1.60e+01)	7.71e−01 (2.33e+00)	4.01e−01 (9.80e−01)	4.34e−01 (1.00e+00)	**9.88e−16** (1.02e−15)
	100	1.17e+04 (9.60e+02)	9.29e+02 (2.36e+02)	2.72e+02 (1.21e+02)	3.91e+02 (2.15e+02)	4.03e+02 (3.06e+02)	**4.93e−05** (1.95e−04)
F2	50	2.37e+03 (4.02e+02)	2.49e+02 (5.43e+01)	1.07e+02 (3.40e+01)	1.21e+02 (3.66e+01)	**1.05e+02** (3.30e+01)	1.20e+02 (1.87e+01)
	100	9.16e+03 (1.12e+03)	2.41e+03 (7.99e+02)	1.28e+03 (3.81e+02)	1.96e+03 (6.48e+02)	1.92e+03 (4.66e+02)	**6.12e+02** (6.79e+01)
F3	50	1.78e+01 (4.26e−01)	9.54e+00 (1.21e+00)	1.10e+01 (2.53e+00)	9.95e+00 (2.03e+00)	1.04e+01 (2.74e+00)	**9.31e+00** (1.13e+00)
	100	1.90e+01 (2.43e−01)	1.59e+01 (7.44e−01)	1.60e+01 (7.74e−01)	1.70e+01 (7.62e−01)	1.72e+01 (6.25e−01)	**1.43e+01** (6.21e−01)
F4	50	2.86e+02 (4.04e+01)	5.54e+00 (1.04e+00)	7.56e−01 (3.03e−01)	7.42e−01 (3.36e−01)	6.48e−01 (4.38e−01)	**1.54e−01** (1.30e−01)
	100	8.74e+02 (8.76e+01)	6.90e+01 (1.50e+01)	1.70e+01 (1.26e+01)	3.34e+01 (1.51e+01)	2.97e+01 (1.47e+01)	**7.15e−01** (7.24e−01)

续表

问题	维度	SL-PSO	SA-COSO	GP-Fit	GP-EI	GP-LCB	MGP-SLPSO
F5	50	4.09e+02 (5.20e+01)	2.14e+02 (3.33e+01)	1.03e+02 (7.90e+01)	5.62e+01 (5.38e+01)	4.67e+01 (5.52e+01)	**3.30e+01** (3.61e+01)
	100	1.52e+03 (8.53e+01)	1.34e+03 (1.13e+02)	1.70e+03 (1.44e+02)	1.78e+03 (1.66e+02)	1.93e+03 (1.96e+02)	**8.85e+02** (1.17e+03)
F6	50	1.20e+03 (2.79e+01)	1.08e+03 (3.66e+01)	1.20e+03 (5.12e+01)	1.15e+03 (3.48e+01)	1.13e+03 (3.55e+01)	**1.06e+03** (2.14e+01)
	100	1.44e+03 (2.52e+01)	1.41e+03 (3.80e+01)	1.47e+03 (4.14e+01)	1.44e+03 (2.98e+01)	1.45e+03 (2.63e+01)	**1.39e+03** (4.77e+01)

10.3　针对昂贵问题的多模型多任务优化

G-MFEA
代码

MS-MTO
代码

代理模型辅助进化算法的性能取决于模型管理策略的贡献和搜索算法的效率。如果代理模型的最优解与真实昂贵问题的最优解一样,那么无论是搜索还是近似质量都是非常有效的。除了代理模型之外,为了在有限的计算资源下找到最优解,一个有效的优化算法是必不可少的。最近提出了多任务优化(Multi-Tasking Optimization,MTO)[184]来同时处理多个任务。在 MTO 中,利用隐性知识通过选型交配和选择性模仿实现不同任务间的转移。如文献[184]所示,不同任务之间的相似性将大大影响优化的效率。基于不同的样本来训练不同的代理模型以拟合原始函数。因此,尽管模型不同,但这些代理模型的最优解预期是相同的。因此,本节介绍计算昂贵问题的多模型多任务优化方法。针对原始问题训练了两个代理模型:全局模型和局部模型,并采用称为广义多因素进化算法[185]的 MFEA 变体同时优化两个代理模型。

10.3.1　多因子进化算法

一个包括 K 个单目标最小化问题的多因子优化问题可以表述如下:

$$\{\boldsymbol{x}_1^*,\boldsymbol{x}_2^*,\cdots,\boldsymbol{x}_K^*\}=\{\text{argmin } f_1(\boldsymbol{x}_1),\text{argmin } f_2(\boldsymbol{x}_2),\cdots,\text{argmin } f_K(\boldsymbol{x}_K)\}$$

$$(10.15)$$

其中,$f_k(\boldsymbol{x}_k),k=1,2,\cdots,K$ 是第 k 个优化问题。$\boldsymbol{x}_k^*=(x_{k,1}^*,x_{k,2}^*,\cdots,x_{k,n_k}^*),k=1,2,\cdots,K$ 是第 k 个优化问题的最优解,n_k 是第 k 个问题的维度。MFEA 的框架如图 10.7 所示。在图 10.7 中,初始化一个种群以同时优化多个任务。种群中的每个个体将仅根据技能因子与一项任务相关联。请注意,在进入循环之前,每个个体将评估所有任务的适应度值,并且种群将对每个任务的适应度值进行排序。然后,根据标量适应度分配每个个体的技能因子,标量适应度是等级的倒数。然后将重复以下过程,直到计算预算用尽:通过配对交配策略生成后代 O,通过垂直文化传播将技能因子分配给每个个体,并更新合并种群中每个个体的标量适应度。在多任务种群中,每个个体 x_i 的技能因子 τ_i 被定义为个体 x_i 所关联的任务的下标,例如,$\tau_i = \mathrm{argmin}_k\{r_k^i\}$,同时每个个体 x_i 的标量适应度 φ_i 被定义为 $\varphi_i = 1/\min\{r_i^k, k=1,2,\cdots,K\}$。最后,根据标量适应度升序排序,排在前面的个体将被选为下一代的父代种群。

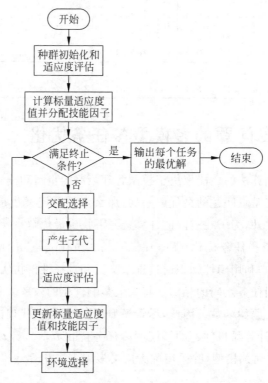

图 10.7　MFEA 的框架

10.3.2　主要框架

多任务优化比多个任务的单独优化具有更好的性能,特别是对于那些具有高度相似性的问题。通常,全局代理模型用来平滑局部最优并且帮助优化算法快速定位问题的最优解。而采用最佳位置周围的子区域上的局部代理模型来精确拟合原始问题,可以精确定位最优解。因此,全局和局部代理模型可以看作是最优解上具有高度相似性的两个任务。在 MS-MTO 中,使用所有经过真实目标函数评价的数据进行全局更新,并将其保存在存档 Arc 中。而局部代理模型的训练数据是基于适应度值进行选择的,将适应度值按照升序排序后,选择排在前面的数据进行训练,即根据它们的适应度值从好到差进行训练。全局模型和局部模型的最优解将会使用计算昂贵的真实目标函数进行评价,并用于更新全局和局部代理模型,然后再对两个代理模型进行下一轮优化。算法 10.9 给出了 MS-MTO 的伪代码。使用拉丁超立方体采样生成大量的解,并使用真实目标函数进行评价。所有经过真实评价的解都保存到存档 Arc 中,其中具有最佳适应度值的解即为最优解。重复以下步骤直到满足终止条件,即最大评价次数耗尽。两个 RBF 代理模型将被训练,一个全局模型和一个局部模型。全局代理模型,记为 M_g,使用存档 Arc 中的所有数据进行训练,对于局部代理模型,记为 M_l,使用 N_l 个最佳数据样本进行训练。将两个模型视为两个任务,并使用广义多因素进化算法来搜索这两个代理模型的最优解,然后使用昂贵的真实目标函数对其进行评价并保存到存档 Arc 中,用于在下一轮更新全局和局部代理模型。

算法 10.9 MS-MTO 算法的伪代码

1: 使用拉丁超立方体在决策空间采样,使用真实函数评价并保存到存档 Arc 中;
2: 确定最优位置;
3: while 没有满足终止条件 do
4:    分别训练全局模型和局部模型;
5:    使用多任务进化算法同时搜索全局模型和局部模型的最优解;
6:    真实评价全局模型和局部模型的最优解并存到存档 Arc 中;
7:    更新最优位置;
8: end while

10.3.3 全局和局部代理模型

使用不同样本对相同的优化问题训练代理模型具有显著的不同。因此,模型搜索的最优解有助于在有限的计算资源下为昂贵的优化问题找到一个最优解。全局代理模型 M_g 探索全部的搜索区域,而局部代理模型用来开发最优位置周围的最有希望的子区域。图 10.8 给出了一个例子,展示了在 MS-MTO 中全局模型和局部模型的作用。全局代理模型 M_g 使用第 t 代时存档 Arc 中存在的全部数据(图 10.8 中的黑点)进行训练,而局部代理模型 M_l 使用存档 Arc 中 3 个具有最好适应度值的数据进行训练。假设全局代理模型和局部代理模型发现的最优解分别是 x_1 和 x_2,那么 x_1 和 x_2 都将会使用真实的目标函数进行评价,如图 10.8 中的三角形所示。在图 10.8(a)中,在第 t 代时,全局代理模型的最优解没有比局部代理模型的最优解好。然而,当这两个最优解被添加到存档中,在下一代对全局代理模型和局部代理模型进行更新时,如图 10.8(b)所示,全局代理模型的最优解会更接近真实计算的最优解,这得益于存档中加入了上一代的局部代理模型的最优解。相反地,在这个例子中,第 t 代时找到的全局代理模型的最优解也会对局部代理模型的更新有一定的作用,这使得最优解周围子区域的局部代理模型可以更加准确地拟合原始目标函数。

10.3.4 基于全局和局部代理模型的多任务优化

寻找全局和局部代理模型的最优解,目的是在有限的评价次数下找到实际昂贵的优化问题的最优解。然而,寻找两个模型的最优解的方法非常重要。多任务优化方法已被证明

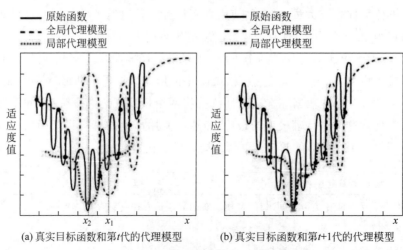

(a) 真实目标函数和第t代的代理模型   (b) 真实目标函数和第$t+1$代的代理模型

图 10.8   相邻代的全局和局部代理模型

可以提高搜索性能,特别是当不同任务的范围具有相似特征时。然而,并不总是能够确保两个模型的适应度范围总是具有高度相似性。因此,当不同任务的最优解位于不同区域时采用广义的进化多任务优化算法 G-MFEA[185],可以表现出更好的性能。算法 10.10 给出全局和局部代理模型多任务优化的伪代码。在算法 10.10 中,对种群 P 进行初始化,并分别使用全局代理模型和局部代理模型对其进行估值。请注意,存档 Arc 中的大量历史数据也包含在初始种群中,以帮助探索与当前最优解所在的不同区域。然后根据每个任务的因子等级确定每个个体的技能因子。在终止条件结束之前将重复以下步骤,即满足 G-MFEA 的最大迭代次数。种群中的每个个体将通过决策变量转换策略映射到新位置,其伪代码在算法 10.11 中给出。然后通过配对交配策略产生子代种群。子代种群中的每个个体也将使用决策变量转换策略进行转换,并通过垂直文化传播分配技能因子。之后,使用相应的模型评估子代种群中的每个个体。根据当前父代和子代的合并种群中每个个体的标量适应度值,在环境选择中选择下一代父代种群。

算法 10.10   全局代理模型和局部代理模型多任务优化的伪代码

输入:M_g:全局代理模型;

M_l:局部代理模型;

K_{max}:G-MFEA 的最大迭代次数;

μ:交叉概率;

σ:变异概率;

输出:两个模型的最优解;

1:初始化种群 P;

2:使用 M_g 和 M_l 评估个体并为每个个体分配技能因子 τ;

3:设置当前迭代次数 $k = 0$;

4:while $k \leqslant K_{max}$ do

5:　　　　根据算法 10.11 的方法转换种群 P 中每个个体的决策变量；
6:　　　　使用交配策略产生子代种群；
7:　　　　根据算法 10.11 的方法转换子代种群；
8:　　　　通过垂直文化传播分配子代种群中个体的技能因子 τ；
9:　　　　利用技能因子对应的代理模型评估子代种群中的个体；
10:　　　父子代合并，得到种群 R，并更新其中个体的适应度 ϕ；
11:　　　环境选择；
12: end while

在算法 10.11 中，t 表示当前代数，ε 和 θ 分别是开始决策变量转换策略和改变转换方向频率的阈值。每个任务的转换方向经过 θ 代会完成一次更新。当前父子代合并种群中的每个个体将根据其相关任务的转换方向和转换距离被映射到新位置。关于 G-MFEA 的更多细节可以参考文献[185]。

算法 10.11　决策变量转换策略
输入：t: 当前代；
θ: 改变转换方向的频率；
ε: 开始决策变量转换策略的阈值；
输出：转换种群
1: if $t > \varepsilon$ then
2:　　if mod(t, θ) == 0 then
3:　　　　计算每个任务的转换方向；
4:　　end if
5:　　根据对应任务的转换方向，更新当前种群中每个个体的位置；
6: end if
7: 输出转换种群；

10.3.5　实验结果和分析

对于 Ellipsoid(F1)、Rosenbrock(F2)、Ackley(F3)、Griewank(F4)、Shifted Rotated Rastrigin(F5)和 Rotated hybrid Composition Function(F6)6 个测试问题，在 100 维和 200 维上比较它们和 MS-MTO 的性能。MS-MTO 算法获得的实验结果将与针对高维计算昂贵问题提出的一些方法进行比较，包括 GORS-SLPSO[308]、SHPSO[300]、SA-COSO[306]、MGP-SLPSO[310] 和 SAMSO[311]，以评估 MS-MTO 的性能。在实验中，为了公平比较，将最大评价次数设置为 1000。在多任务优化中，种群大小设置为 100。每次运行多任务优化的最大迭代次数设置为 50。为训练全局模型和局部模型而生成的初始种群的大小设置为 $2 \times n$，其中，n 是问题的维度。交叉和变异的概率从 $1 \sim 10$ 改变，它们的值被如下公式确定：$\dfrac{\text{MTO}_{\text{calls}}}{10} + 1$，其中，$\text{MTO}_{\text{calls}}$ 是目前为止多任务优化的响应总数。请注意，存档 Arc 中的一些经过真实昂贵函数评价的历史解也包含在初始化的种群中，以便找到更好的解。被选择作为初始种群的历史解包括存档中的最优解以及从其 N 个最优解中随机选择的 $25\% \times N$ 个解。针对每个问题所有算法都进行 30 次独立运行。

表 10.3 给出了在高维(50 维、100 维和 200 维)的 F1~F6 问题上各算法的对比结果。从表 10.3 可以看出,MS-MTO 在 50 维、100 维和 200 维上都要比 SA-COSO 好。与 SAMSO 相比,MS-MTO 在 F1~F6 的测试问题上,在 18 项中有 17 个都优于其他算法。MGP-SLPSO、GORS-SSLPSO 和 SHPSO 没有测试 200 维问题的性能,但是从 50 维和 100 维的结果中,可以得出结论,MS-MTO 优于 MGP-SLPSO、GORS-SSLPSO 和 SHPSO。MGP-SLPSO 在 50 维的 F1 问题(Ellipsoid)上得到了较好的结果,这是一个单峰问题;但是,随着维度增加到 100 维,其性能开始下降。相比之下,MS-MTO 能够获得更好的结果。

表 10.3　50 维、100 维和 200 维问题的比较结果(显示为平均值(标准偏差)。最好解以粗体显示)

问题	维度	SA-COSO	MGP-SLPSO	GORS-SSLPSO	SHPSO	SAMSO	MS-MTO
F1	50	4.98e+01 (1.60e+01)	**9.88e−16** (1.02e−15)	4.91e+01 (1.48e+02)	6.92e+00 (2.57e+00)	5.27e−01 (2.59e−01)	1.49e−14 (5.18e−14)
	100	9.32e+02 (2.37e+02)	4.93e−05 (1.98e−04)	1.71e+02 (3.19e+02)	1.22e+02 (2.68e+01)	7.23e+01 (1.51e+01)	**1.44e−11** (2.59e−11)
	200	1.57e+04 (2.98e+03)	—	—	—	1.49e+03 (2.31e+02)	**1.27e−06** (1.29e−06)
F2	50	2.50e+02 (5.40e+01)	1.20e+02 (1.86e+01)	7.92e+01 (1.23e+02)	5.16e+01 (2.31e+00)	4.99e+01 (9.43e−01)	**4.64e+01** (1.77e−01)
	100	2.43e+03 (7.99e+02)	6.15e+02 (6.68e+01)	1.01e+02 (1.08e+01)	2.09e+02 (4.80e+01)	2.92e+02 (3.40e+01)	**9.69e+01** (1.98e−01)
	200	1.67e+04 (4.00e+03)	—	—	—	1.17e+03 (1.19e+02)	1.97e+02 (6.81e−02)
F3	50	9.57e+00 (1.22e+00)	9.34e+00 (1.12e+00)	3.71e+00 (9.44e−01)	2.57e+00 (3.45e−01)	1.62e+00 (4.34e−01)	**6.08e−06** (5.02e−06)
	100	1.59e+01 (7.45e−01)	1.43e+01 (6.21e−01)	9.04e+00 (1.79e+00)	5.63e+00 (6.88e−01)	6.02e+00 (2.94e−01)	**2.48e−05** (2.23e−05)
	200	2.08e+01 (1.24e−01)	—	—	—	1.20e+01 (3.21e−01)	**2.27e−02** (1.51e−02)
F4	50	5.56e+00 (1.04e+00)	1.12e−01 (3.78e−02)	2.08e−03 (4.17e−03)	9.35e−01 (7.45e−02)	6.89e−01 (9.85e−02)	**4.88e−09** (6.83e−09)
	100	6.91e+01 (1.49e+01)	7.15e−01 (9.31e−02)	9.24e+00 (2.76e+01)	1.12e+00 (4.50e−02)	1.06e+00 (2.27e−02)	**3.77e−06** (1.58e−05)
	200	5.81e+02 (9.04e+01)	—	—	—	1.01e+01 (1.92e+00)	**1.38e−03** (2.63e−03)

续表

问题	维度	SA-COSO	MGP-SLPSO	GORS-SSLPSO	SHPSO	SAMSO	MS-MTO
F5	50	2.15e+02 (3.22e+01)	3.31e+01 (3.61e+01)	−6.58e+01 (5.31e+01)	1.33e+02 (2.55e+01)	**−1.51e+02** (3.71e+01)	−8.07e+01 (6.30e+01)
	100	1.34e+03 (1.14e+02)	1.16e+03 (1.45e+02)	1.04e+03 (1.30e+02)	7.72e+02 (7.58e+01)	5.71e+02 (9.58e+01)	**3.79e+02** (1.19e+02)
	200	4.06e+03 (3.02e+02)	—	—		2.01e+03 (5.65e+01)	**1.93e+03** (1.92e+02)
F6	50	1.08e+03 (3.68e+01)	1.06e+03 (2.14e+01)	1.02e+03 (6.62e+01)	1.00e+03 (2.28e+01)	9.75e+02 (2.92e+01)	**9.10e+02** (5.17e−14)
	100	1.41e+03 (3.80e+01)	1.39e+03 (4.77e+01)	1.42e+03 (2.36e+01)	1.43e+03 (5.00e+01)	1.12e+03 (2.44e+01)	**9.10e+02** (8.30e−11)
	200	1.35e+03 (2027e+01)	—	—		1.22e+03 (1.20e+01)	**9.10e+02** (2.07e−09)

10.4 随机特征选择下代理模型辅助的大规模优化

SAEA-RFS
代码

　　代理模型辅助的进化算法在不超过 200 维的高维问题上表现出很好的性能。然而,它无法用于解决大规模的昂贵问题。本节介绍了一种随机特征选择下的代理模型辅助的进化算法,称为 SAEA-RFS。在 SAEA-RFS 中,利用随机特征选择技术从原始大规模优化问题中选择决策变量,在每一代形成多个子问题,子问题之间维度可能彼此不同。然后,通过搜索子问题代理模型的最优解实现子问题的顺序优化。最好的子问题所找到的最优解用于替换到目前为止找到的全局最优解的相应决策变量,从而生成一个新解,该解将使用真实目标函数进行评价并用于更新最优解。

10.4.1 主要框架

　　众所周知,问题的维度越高,训练模型所需的数据量就越大,这使得代理模型辅助实现大规模昂贵问题的优化是不切实际的。在 SAEA-FES 中,顺序优化一系列子问题,以期减小搜索空间,更容易在有限的训练数据下构建高质量代理模型。算法 10.12 给出了 SAEA-FES 的伪代码。使用 LHS 方法采样若干解,并使用真实的昂贵函数进行评价,这些解将被保存到存档 Arc 中并用于模型的训练。然后,初始化优化大规模昂贵问题的种群 P。在不满足终止条件(即评价次数被耗尽)的条件下,重复下列过程。首先通过复制种群 P 中所有的解产生一个临时种群,记作 pop_t。然后顺序产生 K 个子问题并优化。产生子问题 sp_k,$k=1,2,\cdots,K$(见算法 10.12 第 6 行)的方法和优化方法(见算法 10.12 第 7～9 行)将在10.4.2 节中详细给出。之后,用优化后的子问题 sp_k 的种群在子问题 sp_k 相应的决策变量上更新临时种群。当所有子问题优化完成后,临时种群 pop_t 的解被用来替换种群 P 中的解。最后,通过使用具有最好估值子问题的最优解替换到目前为止找到的最优解的相应决策变量来生成新的候选解,并使用真实昂贵的大规模优化函数进行评估。评价过的解保存到存档 Arc 中,用于更新大规模问题迄今为止找到的最优位置。

算法 10.12　SAEA-RFS 的伪代码

1: 使用拉丁超立方体采样技术对解进行采样,对这些解进行真实计算并存入存档 Arc 中;
2: 在原始决策空间中初始化种群 P;
3: while 终止条件没有满足 do
4: 　　定义临时种群 $pop_t = P$;
5: 　　for $k = 1$ 到 K do
6: 　　　　定义子问题 sp_k;
7: 　　　　从种群 pop_t 中复制子问题 sp_k 相应的决策变量;
8: 　　　　从存档 Arc 中随机选择 ND_{sp_k} 个解并使用子问题 sp_k 的相应变量为其训练一个代理模型 M_{sp_k};
9: 　　　　搜索 M_{sp_k} 的最优解,记为 $\boldsymbol{x}_b^{sp_k}$;
10: 　　　　使用优化后的子问题 sp_k 的当前种群,替换临时种群 pop_t 中相应的 sp_k 决策变量值;
11: 　　end for
12: 　　$P = pop_t$;
13: 　　基于获得最好估值子问题以及到目前为止找到的最优解的决策变量生成一个新的候选解;
14: 　　评价新的候选解并保存到存档 Arc 中;
15: 　　更新迄今为止找到的最优解;
16: end while
17: 输出最优解;

10.4.2　子问题的形成与优化

在 SAEA-RF 中定义了一系列子问题并对其依次优化。随机产生一个在 $[1, MD_{sp}]$ 范围内的整数,将其作为子问题的维度,其中 MD_{sp} 是子问题的最大维度。然后,从原始问题中随机选择决策变量的子集(见算法 10.12 第 6 行)。图 10.9 给出了一个示例用来展示如何使用随机特征选择技术形成子问题。在图 10.9 中,原始问题的维度是 10。在这个例子

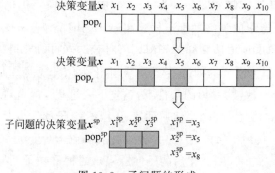

图 10.9　子问题的形成

中,假设子问题的最大维度为 5,在[1,5]范围内产生整数 3。因此,将会从原始的 10 个变量中随机选择 3 个决策变量。在这个例子中,选择 x_3、x_5 和 x_9 作为子问题 sp 的决策变量。子问题优化的种群,记作 pop_t^{sp},通过从临时种群 pop_t 中复制对应的决策变量产生,即 x_3、x_5 和 x_9。

之后,代理模型 M^{sp} 在相应决策变量上使用从存档 Arc 中选择的数据进行训练。使用种群 pop_t^{sp} 搜索代理模型的最优解,该解即是子问题迄今为止找到的最优解。图 10.10 顺延图 10.9 中的示例展示了子问题的优化过程。在图 10.10 中,从存档 Arc 中随机选择 ND^{sp} 个对应 x_3、x_5 和 x_9 的数据及其适应度值 $f(\boldsymbol{x})$。使用这些样本训练子问题 sp 的代理模型 M^{sp}。然后,使用种群 pop_t^{sp} 搜索代理模型 M^{sp}。更新后的种群 pop_t^{sp} 替换了临时种群 pop_t 中对应位置的决策变量值,如图 10.10 所示。

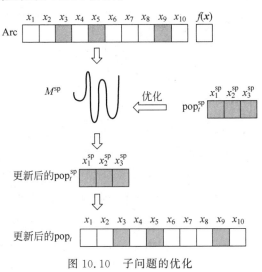

图 10.10　子问题的优化

10.4.3　全局最优位置的更新

算法 10.13 给出了实际昂贵问题全局最优位置更新方法的伪代码。所有的子问题被优化之后,到目前为止找到的最优位置将会被更新。在 SAEA-RFS 中,通过用在所有子问题中找到的具有最好适应度估值的子问题相对应的解替换到目前为止发现的最好解来产生新解。在所有子问题的最优解中假设子问题 sp_k 具有最好适应度估值,即 $k = \arg\min \{\hat{f}(\boldsymbol{x}_b^{\text{sp}_1}), \hat{f}(\boldsymbol{x}_b^{\text{sp}_2}), \cdots, \hat{f}(\boldsymbol{x}_b^{\text{sp}_k})\}$。值得注意的是,子问题 sp_k 的决策变量可能会在随后的子问题优化中被更新。因此,子问题 sp_k 的代理模型将用于临时种群 pop_t 中个体的适应度值的估计,其最终会通过子问题 sp_k 的最优解进行更新。假设种群 pop_t 中的个体 i 根据 sp_k 的最优解进行更新,模型 M^{sp_k} 对其的估值记作 $\hat{f}^{M^{\text{sp}_k}}(\boldsymbol{x}_i)$。随后,具有更小估值的解将用于替换实际昂贵问题到目前为止找到的最优解。使用实际目标函数评价新解并保存到存档 Arc 中,同时更新原始问题到目前为止找到的最优位置。

算法 10.13　更新全局最优位置的伪代码

输入:所有子问题 $sp_k, k = 1, 2, \cdots, K$ 的最优解;

代理模型 $M^{sp_k}, k = 1, 2, \cdots, K$;

大规模优化问题到目前为止找到的最优位置 xbest;

临时种群 pop_t;

输出:到目前为止找到的最优位置;

1: 在所有最优解中找出具有最好适应度估值的子问题 $k, k = \mathrm{argmin}\{\hat{f}(\boldsymbol{x}_b^{sp_1}), \hat{f}(\boldsymbol{x}_b^{sp_2}), \cdots, \hat{f}(\boldsymbol{x}_b^{sp_K})\}$.

2: 使用模型 M^{sp_k} 估计 pop_t 中被子问题 sp_k 最优解更新的解 i;

3: $\boldsymbol{x}_t^{sp_k} = \mathrm{argmin}\{\hat{f}^{sp_k}(\boldsymbol{x}_b^{sp_k}), \hat{f}^{sp_k}(\boldsymbol{x}_i^{sp_k})\}$;

4: 使用 $\boldsymbol{x}_t^{sp_k}$ 替换到目前为止找到的最好位置 xbest 上子问题 sp_k 对应的决策变量来产生新解;

5: 使用原始大规模优化问题评价新解并保存到存档 Arc 中;

6: 如果新解的适应度值优于 xbest,则更新到目前为止找到的最优位置 xbest;

10.4.4　实验结果和分析

为了评价 SAEA-RFS 的性能,分别在 CEC 2013 专题会议提出的大规模全局优化问题中 1000 维(F1~F12,F15)和 905 维(F13~F14)问题进行了实验验证[45]。根据特征,测试问题可分为 4 类:完全可分的函数(F1~F3),具有可分子组件的部分可分函数(F4~F7),没有可分子组件的部分可分函数(F8~F11),重叠函数(F12~F14)和不可分函数(F15)。

采用 RBF 模型作为代理模型。子问题的维度是[1,100]区间的随机整数,即每个子问题最大的维度 MaxD_{sp} 是 100。训练数据数是子问题维度的两倍,即 $\mathrm{ts\_num} = 2 \times D_{sp_k}$。种群大小 NP 设置为 10,每一代将会形成 $K = 20$ 个子问题,子问题优化的最大迭代次数设置为 5。使用差分进化(DE)作为每个子问题的优化器,其中 DE/best/1 和二进制交叉分别作为变异和交叉策略。交叉率 CR 设置为 1,变异比例因子 F 设置为 0.8。算法将在每个问题上独立运行 25 次,停止条件是耗尽最大适应度评估次数 $11 \times n$,其中 n 是问题的搜索维度。

表 10.4 给出了 CEC 2013 基准函数的统计结果,每行中最好的中位数结果以粗体显示。SACC-RBFN、SACC-SVR、SACC-GP 和 SACC-QPA 都是 Falco 等[312]提出的代理模型辅助的协同进化(称作 SACC)优化器,它将大规模优化问题均匀的划分为若干子问题并分别由 RBF、SVR、GP 和 QPA 代理模型辅助优化。从表 10.4 中可以看出,SAEA-RFS 在 9 个 CEC 2013 测试问题上可以胜过 SACC、CSO 和 SL-PSO。具体而言,SAEA-RFS 在 15 个问题中有 13 个问题的表现优于非分解的 CSO 和 SL-PSO。与 SACC 框架相比,SAEA-RFS 在 15 个问题中有 10 个获得了比 SACC-RBFN 好的结果,比其他算法结果好的有 11 个。特别地,从表 10.4 中还可以发现,当问题不可分时,SAEA-RFS 的性能变得更好。

表 10.4　不同算法在 CEC 2013 基准函数上获得最好适应度值的中位数和中位数绝对偏差

问题		SAEA-RFS	CSO	SL-PSO	SACC-RBFN	SACC-SVR	SACC-GP	SACC-QPA
F1	中位数	7.1040e+09	7.7588e+10	6.2529e+10	2.0809e+09	1.3459e+09	**9.5219e+08**	3.2809e+09
	中位数绝对偏差	5.5284e+08	1.6197e+09	2.3644e+09	1.1371e+08	9.4539e+07	**4.1661e+07**	2.9115e+08
F2	中位数	1.9991e+04	3.9968e+04	3.8062e+04	9.5890e+03	**7.7214e+03**	9.1251e+03	1.1407e+04
	中位数绝对偏差	4.7842e+02	4.8994e+02	5.8755e+02	1.7731e+02	**9.1652e+01**	1.5203e+02	1.7638e+02
F3	中位数	2.0923e+01	2.1627e+01	2.1632e+01	2.0591e+01	2.0580e+01	2.0576e+01	**2.0532e+01**
	中位数绝对偏差	1.1895e-02	4.3042e-03	5.5112e-03	1.1257e-02	9.9047e-03	1.2985e-02	**1.0999e-02**
F4	中位数	**1.1983e+12**	3.2850e+12	3.8134e+12	4.8469e+12	6.7659e+12	4.8422e+12	7.9752e+12
	中位数绝对偏差	**2.9443e+11**	2.9211e+11	2.8020e+11	1.3494e+12	2.2941e+12	9.5760e+11	2.5130e+12
F5	中位数	2.3937e+07	1.6367e+07	**1.4772e+07**	2.4079e+07	2.7173e+07	2.6763e+07	2.7873e+07
	中位数绝对偏差	2.3474e+06	4.6182e+05	**3.4225e+05**	2.0450e+06	2.7448e+06	3.4908e+06	1.8535e+06
F6	中位数	**1.0606e+06**	1.0662e+06	1.0675e+06	1.0666e+06	1.0659e+06	1.0665e+06	1.0690e+06
	中位数绝对偏差	**1.7974e+03**	1.0801e+03	6.2046e+02	1.3233e+03	2.1647e+03	2.4745e+03	1.6541e+03
F7	中位数	**6.9321e+09**	1.7028e+12	1.0419e+12	2.8180e+10	2.7217e+10	3.4172e+10	2.9452e+11
	中位数绝对偏差	**2.1430e+09**	3.0629e+11	3.3487e+11	9.1957e+09	5.8699e+09	1.7415e+10	1.4778e+11
F8	中位数	**1.9640e+16**	9.8246e+16	1.1896e+17	3.1381e+17	2.7842e+17	3.0519e+17	4.4840e+17
	中位数绝对偏差	**6.4764e+15**	8.7887e+15	2.6829e+16	1.1836e+17	8.5000e+16	1.0684e+17	1.6490e+17
F9	中位数	1.6062e+09	1.2756e+09	**1.1363e+09**	1.9539e+09	2.0153e+09	1.9795e+09	2.1442e+09
	中位数绝对偏差	2.3199e+08	1.5676e+07	**2.8179e+07**	1.7351e+08	2.2247e+08	2.3673e+08	2.8067e+08
F10	中位数	**9.4551e+07**	9.5200e+07	9.5407e+07	9.5867e+07	9.5968e+07	9.5985e+07	9.6228e+07
	中位数绝对偏差	**4.2776e+05**	1.0668e+05	7.7644e+04	4.2800e+05	2.4781e+05	1.6207e+05	3.5806e+05
F11	中位数	**8.8613e+11**	2.6977e+14	2.1319e+14	3.8546e+12	3.2749e+12	4.1133e+12	2.3197e+13
	中位数绝对偏差	**3.0049e+11**	4.6461e+13	3.2508e+13	8.1992e+11	1.4255e+12	1.6889e+12	1.0380e+13
F12	中位数	4.8910e+11	2.0427e+12	1.6398e+12	2.5921e+10	**8.1716e+09**	2.8418e+10	5.9437e+10
	中位数绝对偏差	2.8418e+10	2.4209e+10	3.9238e+10	1.9425e+09	**7.6608e+08**	2.1324e+09	2.4218e+09
F13	中位数	**1.0892e+11**	1.0776e+12	1.6420e+14	8.2671e+11	4.3888e+11	7.1633e+11	2.3902e+13
	中位数绝对偏差	**1.3510e+10**	1.3174e+11	3.1747e+13	1.6500e+11	1.0526e+11	1.8392e+11	1.3336e+13
F14	中位数	**1.1205e+12**	7.4289e+12	3.1356e+14	4.4563e+12	2.9075e+12	4.2607e+12	2.2505e+13
	中位数绝对偏差	**1.1850e+11**	1.0571e+12	6.6102e+13	5.8627e+11	5.7475e+11	1.1633e+12	1.0025e+13

问题		SAEA-RFS	CSO	SL-PSO	SACC-RBFN	SACC-SVR	SACC-GP	SACC-QPA
F15	中位数	**3.1404e+08**	5.8871e+14	3.8143e+14	4.0026e+09	3.4749e+09	4.0142e+09	1.1288e+10
	中位数绝对偏差	**8.1643e+07**	5.7063e+13	4.3945e+13	1.6703e+09	1.4752e+09	1.5701e+09	3.8612e+09

10.5　小结

由于搜索和建模的维度灾难,代理模型辅助的高维进化算法面临极大的挑战。指数级增长规模的搜索空间使得难以找到最优值,并且仅使用少量可用的训练数据严重限制了代理模型的质量。因此,在解决高维昂贵问题时,找到全局最优是非常困难的。

本章描述的算法中未充分讨论的一类技术是使用线性或非线性降维技术(如 PCA 和自动编码器)的降维策略。在决策变量对之间存在强相关性的情况下,降维是特别有效的。代理模型辅助中等维度的降维优化已被证明是成功的[206],但在高维优化问题中,仍需要更多的工作来检验这些算法的有效性。

第 11 章　离线大或小数据驱动的

优化及应用

　　摘要　离线数据驱动优化的前提是不允许在优化过程中对新数据进行采样,因此很难验证解和更新代理模型。另一个挑战是为最终实施选择合适的解,特别是在高维多目标或多目标优化中。然而,这并不一定意味着在离线数据驱动的进化优化中不需要代理模型管理。本章首先介绍了一种大数据驱动的离线优化算法,该算法自适应地对数据进行聚类以减少急救系统优化的计算时间。然后描述了离线小数据驱动优化的 3 种模型管理策略:第一种使用低阶多项式来捕获全局适应度景观,然后用于生成合成数据以更新局部代理;第二种管理策略采用选择性集成,由搜索过程选择的基学习器的子集组成;第三种策略构建原始系统的一个随机采样子系统作为全局模型,并将其知识迁移到局部代理模型。此外,还提出了一种选择可靠的非支配解决方案进行实施的方法。最后,提出了一种用于动态优化的离线数据驱动进化算法,其中采用数据流集成并使用多任务进化优化算法进行优化,以将知识从先前环境迁移到当前环境。

11.1　离线急救系统大数据驱动优化的自适应聚类

　　苏格兰急救系统设计问题[170]将主要急救中心(Major Trauma Center,MTC)、急救单位(Trauma Unit,TU)和当地急诊医院(Local Emergency Hospital,LEH)分配给现有的 18 个医院中心,实现经济和临床效益最优[313]。但是,目标函数和约束函数没有明确的表达式。可以根据历史紧急情况记录模拟急救系统来估计经济和临床效益,这使得该问题成为离线数据驱动的优化问题。

11.1.1　问题建模

　　给定急救系统的配置,可以根据位置和创伤程度(分类为 MTC 或 TU)将急诊患者分配到具有合适交通工具的匹配的医院中心。这种预定义的分配算法[314]可以作为评估候选配置的模拟。具体来说,分配算法可以输出患者的以下信息:分配的中心、运输方式(陆运或空运)、运送时间以及是否将重症患者送到 TU。在很长一段时间内 40 000 名患者的历史紧急记录的分配输出的统计数据(写作 $\mathcal{D}$,如图 11.1 所示)可用于评估配置的性能。因此,急救系统设计问题可以表述为一个有约束的双目标组合优化问题:

$$\min f_1(\boldsymbol{x}, \mathcal{D})$$
$$f_2(\boldsymbol{x}, \mathcal{D})$$
$$\text{s.t.} \quad g_1(\boldsymbol{x}, \mathcal{D}) > V$$
$$g_2(\boldsymbol{x}, \mathcal{D}) < H$$
$$g_3(\boldsymbol{x}) > \text{DIS} \tag{11.1}$$

其中,$f_1(\boldsymbol{x}, \mathcal{D})$ 是总行程时间;$f_2(\boldsymbol{x}, \mathcal{D})$ 是被送往 TU 的重症患者总数;$g_1(\boldsymbol{x}, \mathcal{D})$ 是被送往 MTC 的患者总数;$g_2(\boldsymbol{x}, \mathcal{D})$ 是直升机使用的总数;$g_3(\boldsymbol{x})$ 是任何 TU 之间的最小距离。此问题可以通过 NSGA-Ⅱ[227] 解决,但是由于重复调用分配算法,单次评估的成本随着 $\mathcal{D}$ 的大小增加而增加。因此,整个优化过程需要很高的计算成本。

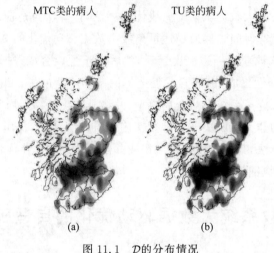

图 11.1 $\mathcal{D}$ 的分布情况

11.1.2 用于离线数据驱动优化的自适应聚类

离线数据驱动的急救系统设计优化在成本和准确性之间存在两难选择。$\mathcal{D}$ 越丰富,配置的估计性能越准确,算法需要的成本就越高。一种降低计算成本并保持有用信息的直接方法是将 $\mathcal{D}$ 分割为 K 类。带有 K 类中心和相应数量的聚类数据 $\mathcal{D}_K$ 可以是对 $\mathcal{D}$ 的近似。此外,$f_1(\boldsymbol{x}, \mathcal{D})$、$f_2(\boldsymbol{x}, \mathcal{D})$、$g_1(\boldsymbol{x}, \mathcal{D})$ 和 $g_2(\boldsymbol{x}, \mathcal{D})$ 可以近似为 $f_1(\boldsymbol{x}, \mathcal{D}_K)$、$f_2(\boldsymbol{x}, \mathcal{D}_K)$、$g_1(\boldsymbol{x}, \mathcal{D}_K)$ 和 $g_2(\boldsymbol{x}, \mathcal{D}_K)$。因此,一个评估需要调用 K 次而不是 $|\mathcal{D}|$ 次分配算法。

很明显,K 的大小控制了近似精度和计算成本。另外,一个固定的 K 不能满足整个优化过程的需要。因此,在优化过程中采用自适应聚类,需要考虑以下 3 个问题。

(1) 如何度量可接受的近似误差? 在优化过程中,种群的分布发生变化,使得可接受的近似误差发生变化。可接受的误差是不会干扰进化选择的。因此,可以根据选择操作来测量可接受的近似误差。

（2）近似误差与类数 K 的关系是什么？如果近似误差 ER 和 K 之间的关系是已知的,假设已经获得了可接受的近似误差,则可以确定类数 K。事实上,这种关系可以通过不同的类数及其估计误差进行回归。

（3）什么时候改变类数 K？当当前 K 的优化无法找到更好的解时（即优化过程陷入局部最优）,应增加 K 的大小。

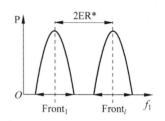

因此,所提出的自适应聚类方法被嵌入 NSGA-Ⅱ 中,其中每一代都应用了改进检测。如果经过 5 代最优解仍不变,则触发类数调整机制。

首先,可接受的近似误差是基于非支配排序[266,229]测量的。如图 11.2 所示,预测的目标值可以位于近似误差邻域内。如果两个解的可能位置区域不重叠,则比较可能是正确

图 11.2　近似误差对种群中非支配排序的影响

的。因此,最大可接受的近似误差不能使第一个前沿面中的解排在最后一个选定前沿面之后,其定义如下：

$$ER^* = \frac{1}{2}\min\{f_1^k - f_1^j\}, 1 \leqslant k \leqslant |\text{ Front}_l|, 1 \leqslant j \leqslant |\text{ Front}_1| \qquad (11.2)$$

其中,Front_l 是最后一个选定前沿面的解集。随着优化过程的进行,种群移动到一个小区域,这导致 ER^* 变小。

得到 ER^* 后,ER 和 K 之间的关系可以基于历史对 (K, ER) 通过以下函数进行回归：

$$ER = \frac{1}{\beta_1 + \beta_2 K} \qquad (11.3)$$

新的类数 K^* 可以通过输入 ER^* 由式（11.3）计算得到。因此,聚类方法将类数设置为 K^* 用于下一代 NSGA-Ⅱ,其中要将数据集更改为新的聚类数据集 $\mathcal{D}_{K^*}$ 并更改相应的目标和约束函数。

11.1.3　实验结果

为了研究自适应聚类方法在离线数据驱动优化上的性能和效率,我们在苏格兰数据集上比较了使用和不使用自适应聚类方法的 NSGA-Ⅱ 变体。两种算法都运行 20 次并以 1 小时为终止条件。IGD 值显示在表 11.1 和图 11.3 中,其中参考集来自文献[170]中的昂贵计算。通过使用 Wilcoxon 秩和检验[315],发现使用自适应聚类方法的 NSGA-Ⅱ 的 IGD 值明显优于没有使用自适应聚类方法的。因此,可以得出结论,自适应聚类方法保留了离线数据的不同级别的信息,并可以有效地应用于优化过程。

表 11.1　以 1 小时运行时间为终止条件的有和没有自适应聚类方法的 NSGA-Ⅱ 的 IGD 值

	IGD
有自适应聚类方法的 NSGA-Ⅱ	**4.31e−02±1.01e−01**
无自适应聚类方法的 NSGA-Ⅱ	9.57e−02±5.08e−02

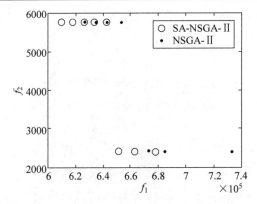

图 11.3　SA-NSGA-Ⅱ 和 NSGA-Ⅱ 运行算法 1 小时后得到的非支配解集

11.1.4　讨论

在这项工作中,解决了设计急救系统的挑战,这是一个现实世界的离线大数据驱动的进化优化问题。使用领域知识的特定模型而不是通用模型。将数据分组到多个类中建立代理模型来降低成本是一个新的思路。

为了平衡计算成本和最优解的准确性,本节的代理模型管理方案是根据优化状态自适应地调整适当的聚类数。这样的思想可以应用于许多大数据驱动的优化问题和深度学习任务中的多精度优化问题。

此外,从将系统配置作为输入、将目标和约束作为标签的数据来看,急救系统设计问题可以看作是一个小数据驱动的优化问题,因为计算成本很高。在文献[316]中,使用了随机森林近似那些昂贵的函数评估,用于解决这个急救系统设计问题。

NSGA-Ⅱ_
GP 代码

11.2　小数据驱动多目标镁炉优化

11.2.1　基于全局代理的模型管理

离线数据驱动进化优化的两个主要挑战是无法收集新的数据来进一步改进代理模型,并且被优化解的质量无法在现实世界中实施之前进行验证。一些模型管理机制用来指导搜索,而不是离线构建单个代理模型,然后对代理模型进行优化。当数据量有限而搜索空间相对较大时尤其如此,在这种情况下,代理模型可能包含几个错误的最优解。因此,在离线小数据驱动优化中实现适当形式的模型管理与在线数据驱动优化同等重要。

　　这里介绍一种依赖于粗略代理模型的模型管理方法,该方法旨在捕获原始问题的全局景观[177]。除了这个全局代理模型之外,还采用了一个精细的代理模型来学习局部特征,以帮助更有效地找到最优值。为了防止进化搜索被精细模型严重误导,可将粗糙模型用作真正的目标函数,从中可以采样新数据以管理精细代理模型。借助低阶多项式模型辅助 NSGA-Ⅱ 的高斯过程图如图 11.4 所示,称为 NSGA-Ⅱ_GP 来说明。该算法的主要结构与代理辅助的基于支配关系的 MOEA 非常相似,只是在优化开始之前构建了 m 个(m 是目标数量)二阶多项式代理模型(粗模型)。在优化中,使用模糊 C 均值聚类方法(Fuzzy C-Means algorithm,FCM)基于一组选定的训练数据构建高斯过程模型,详细信息请参见 7.3.3 节。然后,运行 NSGA-Ⅱ 以优化所有目标的预期改进。因此,这可以看作是一种进化的多目标贝叶斯优化算法。NSGA-Ⅱ 运行预先定义的代数后,可以得到一组非支配解。然后在搜索空间中使用 K 均值聚类算法对这些解进行聚类,并且将选择最接近聚类中心的解以使用粗略多项式代理进行评估。请注意,要在聚类之前删除冗余样本。由上可知,粗代理模型在该算法中起到了真实函数评估的作用,然后将评估的解加入训练数据中以更新高斯过程模型。这个过程一直持续到满足终止条件。

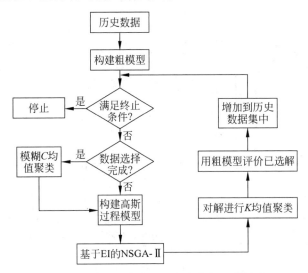

图 11.4　使用低阶多项式进行模型管理的离线高斯过程辅助 NSGA-Ⅱ 示意图

11.2.2　基准问题的验证实验

　　在 NSGA-Ⅱ_GP 应用于解决实际问题之前,它首先在基准问题上进行验证。为此,将 NSGA-Ⅱ_GP 的性能与没有代理模型辅助的 NSGA-Ⅱ 的性能进行了比较,ParEGO 在 7.2 节进行了讨论。采用超体积比较 3 种算法。在计算超体积时,参考点由 $b_j = \max_j + \delta(\max_j -$

min)，$j=1,\cdots,m$ 计算，其中，$\delta=0.01$，$\underset{j}{\max}$ 和 $\underset{j}{\min}$ 是函数的最大值和最小值，使结果具有可比性。超体积值通过将它们除以 $\prod\limits_{j=1}^{m}b_j$ 进行归一化。其他实验设置如下。

（1）在每次运行中，生成 $11n-1$ 个数据点，其中 n 是决策空间的维度。它们代表离线数据，不添加噪声。

（2）在 NSGA-Ⅱ_GP 中，对于 5 维或 6 维的测试问题，训练数据的数量限制为 80。

（3）在 NSGA-Ⅱ_GP 和 ParEGO 中，种群大小和最大代数都设置为 50。NSGA-Ⅱ 的种群大小也设置为 50。

（4）使用低阶多项式的最大函数评估次数设置为 250。

（5）每个实例进行 10 次独立运行。

5 维的 DTLZ1、ZDT3 和 6 维的 WFG2 的比较结果如图 11.5 所示。结果说明，NSGA-Ⅱ_GP 显著优于 ParEGO 和 NSGA-Ⅱ。在文献[177]中可以找到更多的模拟结果，这表明 NSGA-Ⅱ_GP 在 27 个测试实例中的 21 个上的性能明显优于另两种比较算法。请注意，测试问题的结果是使用真实目标函数进行验证的。因此，这些结果可凭经验证实，在不允许使用真实目标函数验证代理模型的离线数据驱动优化中，使用粗略、低复杂度的代理进行模型管理是有帮助的。

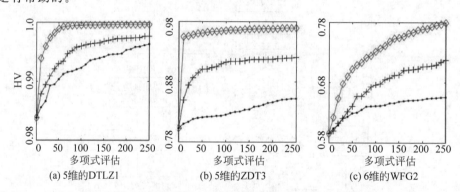

图 11.5　NSGA-Ⅱ_GP 在 3 个基准函数上获得的结果（菱形、十字和点分别表示 NSGA-Ⅱ_GP、ParEGO 和 NSGA-Ⅱ 的 HV 值，它们是 10 次独立运行的平均值）

11.2.3　电熔镁炉优化

氧化镁是一类纯化的 MgO 晶体，广泛用于化学和其他加工工业。通常，使用埋弧炉将苛性煅烧氧化镁加热至 2800℃ 以上，在自然冷却和熔体结晶后生产出最终的氧化镁产品[317]，具有两个炉子的系统如图 11.6 所示。

熔化过程大约需要 10 个小时，会消耗大量电力。镁制造过程的控制通常是基于人类启发式设定一吨氧化镁（ECT）的耗电量目标值，然后运行控制和优化系统决定电机的正负旋

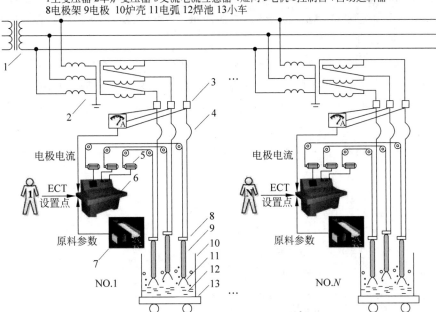

1主变压器 2单炉变压器 3交流电流互感器 4短网 5电机 6控制台 7自动送料器
8电极架 9电极 10炉壳 11电弧 12焊池 13小车

图 11.6　生产氧化镁的两个电熔炉示意图

转以调整电极的高度真实电流、ECT、材料成分和粒度。优化镁生产工艺的主要目标是最大限度地提高总产量和优质率,并通过调整炉子的 ECT 设置点来最大限度地减少电力消耗。通常,很难建立一个数学模型来描述 ECT 与性能指标之间的关系,因此,过程的优化在很大程度上依赖于从生产过程中收集的历史数据。由于进行实验非常昂贵并且进行数值模拟的可能性较小,因此电熔镁炉的性能优化是一个典型的离线数据驱动优化问题。

将第 i 炉的 ECT 设置点和性能指标表示为 r_i、y_i、q_i 和 e_i,假设总共有 N 炉,氧化镁炉优化问题可表示为

$$\min -Y, \quad \min -Q, \quad \min E$$

$$\text{s. t.} \quad Y = \sum_{i=1}^{N} y_i, \quad Q = \frac{\sum_{i=1}^{N} y_i \times q_i}{\sum_{i=1}^{N} y_i}, \quad E = \sum_{i=1}^{N} e_i$$

$$y_i = h_{1,i}(r_i), \quad q_i = h_{2,i}(r_i), \quad e_i = h_{3,i}(r_i)$$

$$r_{i,\min} \leqslant r_i \leqslant r_{i,\max}, \quad i = 1, 2, \cdots, N \tag{11.4}$$

其中,E 为总能耗;Y 为总产品;Q 为优质率;$h_{1,i}$、$h_{2,i}$ 和 $h_{3,i}$ 表示 ECT 与第 i 炉性能指标的关系。

数据取自辽宁省的一家工厂,其中 5 个炉子连接到一个变压器,即式(11.4)中的 $N =$

5。这个优化问题的数据收集非常耗时,因为在 24 小时内只能测量一组性能指标。在本实例中,收集了 5 个炉子的 60 对性能指标,包括产量、优质率、能耗和 ECT。图 11.7 绘制了一个炉子的数据,数据噪声非常大。

这里用来拟合这些数据的粗代理模型是一个二阶多项式,模型的结果如图 11.7 中的虚线所示。虽然从 5 个熔炉收集的数据应该是相同的,但由于用户干预和其他环境干扰,它们有很大的不同。因此,低阶模型的参数在 5 个炉子上取平均值,因此,式(11.4)中的优化问题可以改写如下:

$$\min - Y, \quad \min - Q, \quad \min E$$

$$\text{s.t.} \quad Y = \sum_{i=1}^{5} y_i, \quad Q = \frac{\sum_{i=1}^{5} y_i \times q_i}{\sum_{i=1}^{5} y_i}, \quad E = \sum_{i=1}^{5} e_i$$

$$y_i = -5942.1 r_i + 29521$$

$$q_i = -40.7548 r_i^2 + 170.1776 r_i - 148.1144$$

$$e_i = -17\,353 r_i^2 + 78\,201 r_i - 51\,871$$

$$1958.5 \leqslant r_i \leqslant 2569.5, \quad i = 1, 2, \cdots, 5 \tag{11.5}$$

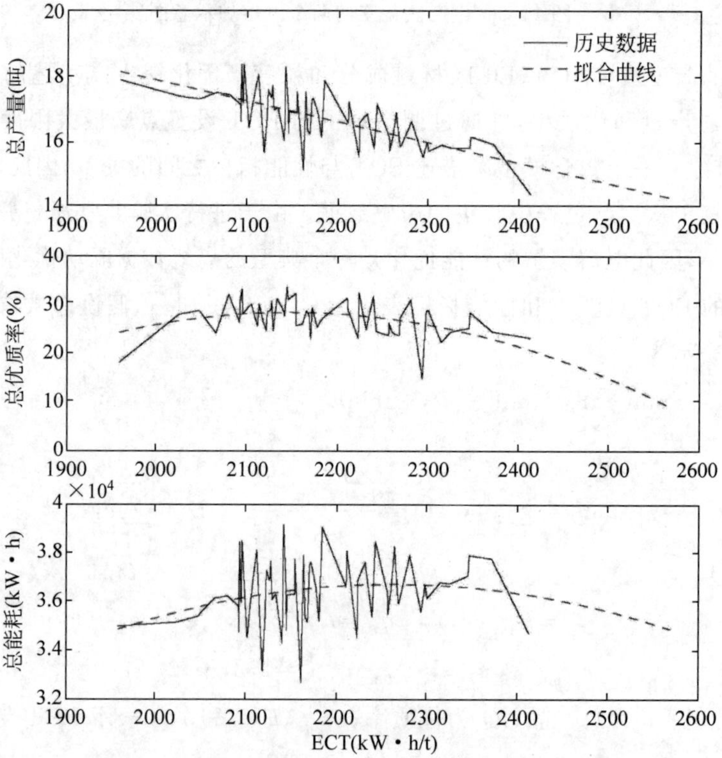

图 11.7 从一个炉子收集的数据和多项式模型近似的结果

熔炉的离线操作优化采用与基准问题相同的参数设置。模拟设置与测试问题的实验相同。图 11.8 将搜索得到的最优解(用圆圈表示)与历史数据一起用"＊"表示,"×"表示理想的最优解。需要说明的是,得到的解没有经过实际生产数据的验证。

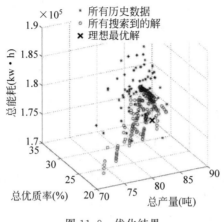

图 11.8　优化结果

11.3　面向离线翼型优化的选择性集成模型

DDEA-SE
代码

在实践中,一些翼型优化问题基于用于函数评估的计算流体动力学(Computational Fluid Dynamic,CFD)模拟。由于 CFD 模拟的计算成本很高,因此这些问题是数据驱动的小优化问题。在某些特定情况下,CFD 模拟无法为优化算法提供任何接口,可以将其建模为离线数据驱动的优化问题。

本节介绍优化的 RAE2822 翼型,这是欧洲航空研究与技术小组(GARTEUR)AG52 项目[318]中使用的测试案例,并使用 VGK 模拟器[319-320]运行 CFD 模拟以生成离线数据。

11.3.1　问题建模

翼型设计问题有 14 个决策变量来控制这个 RAE2822 翼型的形状,如图 11.9 所示。式(11.6)中的目标函数是最小化两种不同工况条件下的平均阻力升力比,这是使用 CFD 模拟计算的。

$$f_{\text{Airfoil}} = \min \frac{1}{2}\left(\frac{D_1}{L_1}\Big/ + \frac{D_2}{L_2}\Big/\right) \tag{11.6}$$

其中,考虑两种设计工况,D_i 和 L_i 是设计工况 i 下的阻力和升力系数;D_i^b 和 L_i^b 是设计工况 i 中基线设计的阻力和升力系数。目标值由图 11.9 的基线设计归一化。70 个随机几何结构是用它们的 f_{Airfoil} 值生成的离线数据 $\mathcal{D}$。在优化过程中,没有可以使用 VGK 模拟采样的新数据。

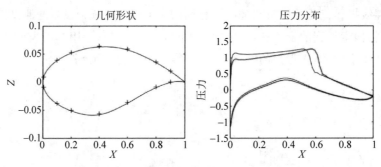

图 11.9　RAE2822 翼型的基线设计

11.3.2　离线数据驱动优化的选择性集成模型

为了解决这个离线数据驱动翼型优化问题,使用了 DDEA-SE[173],这是一个使用选择性代理集成模型[321]离线数据驱动的 EA。

集成学习使用许多基本模型并将它们组合起来创建一个强大的模型。集成模型在准确性和鲁棒性方面优于单个学习器。在集成模型中,计算成本和精度都随着基础模型的数量增加而增加,但当基础模型数量过多时,精度的提高并不显著。因此,将太多的基础模型组合起来是不经济的。选择性集成学习[321]是解决计算成本问题的有效方法,其中为集成模型选择了基学习器的子集。

如图 11.10 所示,DDEA-SE 使用 EA 的通用过程进行优化搜索,除了函数评价步骤。所有候选解都使用代理集集成模型进行评估,代理集集成模型是模型池中选定模型的组合。考虑到构建模型池的计算成本,训练 T 个 RBFN 模型基于 $\mathcal{D}$ 的 T 个子集,这些子集是使用 bootstrap 采样获得的。具体来说,每个数据点都有 50% 的概率在数据集中被选中。

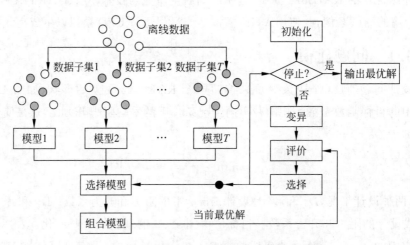

图 11.10　DDEA-SE 中选择性集成模型流程图

模型池建立后,进化优化过程开始。在每一代中,DDEA-SE 选择 Q 个 RBFN 模型组合集成模型作为近似适应度函数,即那些 Q 预测适应度的平均值就是近似适应度。当满足停止准则时,DDEA-SE 输出预测的最优值。

在每一代中,DDEA-SE 集成了在当前最好解 x_{best} 局部邻域内不同的 T 个 RBFN 模型。以图 11.11 为例,T 个 RBFN 模型根据对 x_{best} 的预测并进行排序,然后将它们分成 Q 组。每组仅随机选择一个 RBFN 模型进行模型组合。

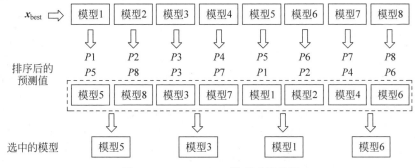

图 11.11　DDEA-SE 模型选择示例

11.3.3　对比实验结果

为了研究 DDEA-SE 在离线数据驱动翼型优化问题上的性能,采用了另外两个 DDEA-SE 变体。

(1) DDEA-E:没有模型选择步骤的 DDEA-SE;

(2) DDEA-RBFN:一种使用从 $\mathcal{D}$ 构建的单个 RBFN 模型的 EA。

DDEA-SE 和 DDEA-E 的特殊参数 T 和 Q 分别为 2000 和 100。比较算法中常见的 EA 是具有 SBX($\eta=15$)、多项式变异($\eta=15$)和锦标赛选择的实数编码遗传算法。

在将 DDEA-SE 应用于离线数据驱动翼型优化问题之前,DDEA-SE、DDEA-E 和 DDEA-RBF 在 Ellipsoid 和 Rastrigintest 问题上的比较如表 11.2 所示。在表 11.2 中,I♯ 表示离线数据的实例数,结果以均值±标准差的形式表示,结果通过 Friedman 检验和 Bergmann-Hommel post-hoc 检验(DDEA-SE 为控制方法,显著性水平为 0.05)进行分析,突出显示了每个问题的所有比较算法中的最优适应度值。从这些结果可以看到 DDEA-SE 的表现最好,其次是 DDEA-E,而 DDEA-RBF 的表现最差。换句话说,代理集成模型提高了离线数据驱动的 EA 的性能,而选择性代理集成模型可以进一步提高性能。

然后,将这 3 种比较算法应用于 RAE2822 翼型测试用例。经过 100 代后,获得的平均适应度值如表 11.3 所示。DDEA-SE 是最好的算法,DDEA-RBFN 是最差的,与表 11.2 中的结果相同。

表 11.2　DDEA-SE、DDEA-E 和 DDEA-RBFN 得到的最优解

问题	n	I#	DDEA-SE	DDEA-E	DDEA-RBFN
Ellipsoid	10	1	**1.0±0.1**	1.7±0.7	3.2±2.0
		2	**0.6±0.1**	1.2±0.6	2.7±1.6
		3	**1.5±0.1**	2.0±0.9	5.6±2.7
	30	1	**4.2±0.6**	5.4±1.1	15.8±5.5
		2	**2.8±0.2**	5.5±1.6	12.4±4.1
		3	**4.3±0.4**	7.0±1.7	16.0±4.9
	50	1	**11.6±2.0**	18.5±3.5	54.2±22.9
		2	**14.3±2.7**	20.4±2.9	52.1±20.7
		3	**12.1±2.3**	18.6±4.2	65.4±23.4
	100	1	**317.2±74.4**	371.0±89.2	2186.0±1665.8
		2	**330.8±48.8**	489.0±189.5	2593.2±897.5
		3	**294.9±36.3**	364.0±66.5	1245.5±776.5
Rastrigin	10	1	**34.0±4.6**	76.6±11.7	80.1±21.5
		2	**52.4±4.6**	93.3±16.7	76.7±33.6
		3	**57.1±1.8**	109.2±14.0	90.8±26.2
	30	1	**116.8±7.2**	208.3±29.2	286.8±39.2
		2	**90.5±4.5**	122.4±22.3	191.5±37.8
		3	**100.8±5.0**	134.5±22.4	238.7±44.2
	50	1	**189.5±16.4**	233.3±41.0	408.4±74.2
		2	**158.6±16.0**	233.7±32.8	421.4±41.0
		3	**180.0±18.1**	263.9±40.8	441.0±48.2
	100	1	**833.8±70.2**	891.8±103.3	1053.3±57.3
		2	**848.3±82.7**	949.4±75.2	1068.7±96.8
		3	**762.2±99.7**	860.6±94.9	1003.1±74.0
平均排名			1.0	2.1	2.9
调整后的 p-value			NA	**0.0002**	**0.0000**

表 11.3　由 DDEA-SE、DDEA-E 和 DDEA-RBFN 在 RAE2822 翼型测试案例上获得的精确适应度值

DDEA-SE	0.8470±0.0079
DDEA-E	0.9473±0.0358
DDEA-RBFN	3.4194±10.4958

从表 11.3 中的结果，可以得出以下结论。

(1) 代理集成模型比单个模型更稳健，因为 DDEA-E 和 DDEA-SE 都比 DDEA-RBFN 更好。

(2) 选择性代理集成模型可以描述比单个模型更多局部特征的代理组合。这就是 DDEA-SE 优于 DDEA-E 的原因。

11.4　离线数据驱动的选矿过程优化中的知识迁移

11.4.1　引言

离线数据驱动优化具有挑战性,因为在优化过程中无法更新代理模型,并且无法验证获得的最优解。前两节介绍了 NSGA-Ⅱ_GP 和 DDEA-SE 两种算法:一种使用低阶多项式作为代理模型管理的真实目标函数;另一种离线构建大量基学习器,然后自适应地选择这些基学习器的一个子集,以确保代理能够最好地近似本地适应度景观。本节的目标是更进一步解决离线数据驱动的多目标优化中的两个主要问题,在可用的历史数据非常有限的前提下。

(1) 仅使用有限历史数据设计能够正确指导进化搜索的代理模型。虽然 NSGA-Ⅱ_GP 使用一个单一的粗代理模型和一个自适应高斯过程,DDEA-SE 使用一个自适应集成,但探索自适应粗略代理和自适应精细代理的使用是很有趣的。

(2) 选择有前途的解来完成优化,其中优化的解从未在搜索过程中使用真实目标函数进行验证。应该注意的是,由于代理模型引入的近似误差,在优化结束时获得的"最优"解可能不是真正最佳的解。

下面介绍一种多代理模型方法[322],在代理模型之间迁移知识,使得代理能够可靠地指导搜索。此外,提出了一种由一组参考向量引导的最终解的方法,以提高解的可靠性。

11.4.2　多代理模型优化的知识迁移

代理模型辅助进化优化的一个主要挑战是维数灾难,因为搜索维度越高,构建合理的好的代理模型需要的数据越多,搜索空间也越大。已经提出了几种用于在线数据驱动优化的算法,如 10.1 节所述。一种想法是通过随机采样 10.4 节中使用的决策变量子集来降低优化问题的维度。在这里介绍了一个稍微不同的处理高维问题的离线数据驱动优化的方法。在每一轮优化中,通过对决策空间进行随机子采样来构建低维粗代理模型,将其视为原始问题的低精度建模。这种低维低精度代理模型有两个目的。首先,执行进化搜索以获取有关要优化的问题的知识。其次,粗搜索中获得的知识将迁移到基于近似原始问题的代理模型的精细搜索过程中。知识迁移是在原始问题的子空间中构建的粗代理模型和在原始决策空间中构建的精细代理模型共同实现的。注意,在每一轮搜索中,用于构建粗略代理的决策变量子集被重新随机抽样而无须替换,并且在精细搜索结束时找到的所有最优解都存储在存档中以供最终解选择。

该算法的整体框架称为 MS-RV(代表多代理模型辅助优化和参考向量辅助解选择),如图 11.12 所示。在粗搜索和细搜索中,任何流行的交叉和变异,如模拟二元交叉和变异都可以用于产生后代种群,而在粗搜索中可以使用精英非支配排序,即基于低维粗代理模型。精细搜索的再现过程略有不同,算法 11.1 给出了精细搜索的伪代码。

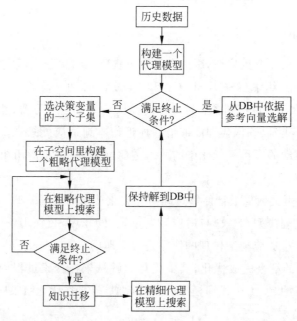

图 11.12 多代理模型辅助离线数据驱动优化和参考向量引导最终解选择的示意图

算法 11.1　精细搜索过程

输入:PF_{iter}:细搜索当前种群,P_{TL}:粗搜索最后一代种群,Dind:粗搜索中所选决策变量序号,N:种群大小,DB:存储所有解的数据集

输出:PF_{iter+1}:下一代种群

1: 设置 $PL = PF_{iter}$
2: for $i = 1 : N$ do
3: 　　设置 $PL(i, Dind) = P_{TL}(i, :)$
4: end for
5: $P = PL \bigcup PF_{iter}$
6: $P = $ 随机打乱的 P
7: $Q = $ 交叉 + 变异(P)
8: $P = Q \bigcup PF_{iter}$
9: $PF_{iter+1} = $ 环境选择(P)
10: 加 PF_{iter+1} 到 DB

11.4.3　基于参考向量的最终解选择

离线搜索完成后,选择最终群体中的非支配解并选择其中一些进行最终实施似乎是合理的。然而,这些最优解都没有经过真实目标函数的验证,这意味着这些最优解可能不是最优的。

为了确保最优解被选中,在下面提出了一个想法,即根据 8.2.1 节描述的 RVEA 中的一组参考向量从数据集中的所有解中选择最终解。没有特定的用户偏好,参考向量是均匀分布的,参考向量的数量是用户指定的参数。还可以基于用户偏好生成参考向量。与 RVEA 一样,所有目标值在聚类之前都在[0,1]区间进行归一化。

一旦数据集中的解被聚类,就会检查每个类是否包含足够数量的潜在好解。如果类中的解太少,即小于预定义的阈值,则相邻参考向量中的解将被添加到此类中。如果类中的解太多,则可以从集群中移除一些解,不对它们进行平均。通常,对于最小化问题,远离目标空间原点的解将被删除。最后,每组中的所有解都在决策空间中平均,这就是该组的最终解。

11.4.4 选矿工艺优化

为了验证使用基于多代理模型的搜索和基于参考向量的最终解选择的好处,文献[322]报告了对几套基准问题的实证研究。在实现中,NSGA-Ⅱ被用作基本搜索算法。NSGA-Ⅱ中交叉和变异的分布指数均设为 20,交叉和变异概率分别为 pc=1.0 和 pm=1/n,其中 n 为原优化问题的决策变量个数。拉丁超立方抽样方法用于生成 10n 个历史数据。种群大小设置为 50,细搜索最大运行 40 代,每代包含 15 代粗搜索。在决策空间子采样中,对原始决策变量的 30% 进行采样。在模拟中,为双目标和三目标优化选择了 100 和 150 个最终解决方案。每组所需的最小解决方案数为 20。所有结果都是 20 次运行的平均值。

为了说明 MS-RV 的性能,图 11.13 展示了它在精细搜索生成中获得的解的超立方值,以及仅使用基于精细代理模型的搜索(即从循环中删除粗搜索)的变体,从中显示出具有多代理模型搜索和知识转移具有明显优势。请注意,超立方值是基于精细代理模型计算的,还显示了使用真实目标函数验证的超立方值。这对于基准问题是可行的,但是,真正的目标函数仅用于验证,不应用于离线优化的优化过程。

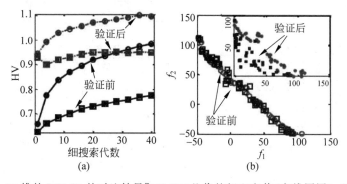

图 11.13 30 维的 DTLZ1 的对比结果[MS-RV 几代的超立方值(实线圆圈),以及没有粗搜索的变体(实线方块)。MS-RV 获得的解的超立方值及其变体经真实目标函数验证分别用虚线圆形和正方形表示]

选矿过程(见图 11.14)的操作指标优化是典型的离线数据驱动问题,由于过程中复杂的物理和化学反应,无法给出目标函数的精确数学表达式。此外,只能收集少量的历史数据。优化的主要目标是优化精矿品位(G)、精矿产量(Y)和降低能耗(E)。以下 15 个运行条件被认为是决策变量,包括进入 LMPL 和 HMPL 的原矿粒度(pl,ph)、进入 LMPL 和 HMPL 的原矿品位(gl,gh)、容量和运行竖炉焙烧时间(sc,st)、LMPL 和 HMPL(gfl,gfh)的废矿石品位(gw)和磨矿给料矿 LMPL 和 HMPL 的磨矿能力(gcl,gch)、LMPL 和 HMPL 中的磨矿运行时间(gtl,gth),以及 LMPL 和 HMPL 中的尾矿品位(tl,th)。目标以下列形式定义:

$$\min\{-G,-Y,E\}$$
$$\text{s. t.}\quad G=\Phi_1(x)$$

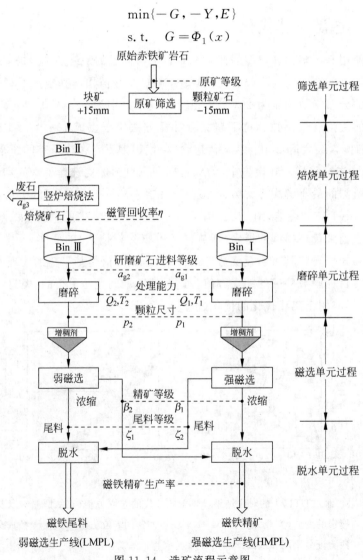

图 11.14 选矿流程示意图

$$Y = \Phi_2(x)$$

$$E = sc + 0.3st + gcl + gch + gtl + gth \qquad (11.7)$$

其中,$\Phi_1(\cdot)$和$\Phi_2(\cdot)$是操作指标优化中目标与决策变量的相关性,但理论上未知。

不幸的是,获得的解无法使用真实的目标函数进行验证。在这里,MS-RV 再次与它的变体进行比较,它没有粗搜索的支持,另外还有一种多形式优化算法[293],这是解决操作指标优化问题的最新方法。总共收集了 150 对历史数据。实验中,每个比较算法独立运行 30次,运行 40 代精搜索。图 11.15 显示了通过 3 种算法得到的各种代数下的解集的超立方值的平均值和标准偏差。结果表明,MS-RV 在比较算法中实现了最优超立方值,证实了与其他两种算法相比其具有有效的可搜索性。

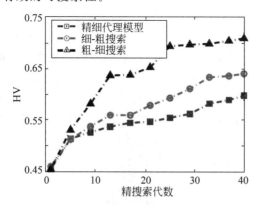

图 11.15　3 种算法在选矿过程优化问题上的对比结果

11.5　离线动态数据驱动优化中的迁移学习

11.5.1　动态数据驱动的优化

许多复杂系统可能在动态环境中运行,其中目标函数或约束中的参数随时间变化。例如,对于我们在 11.4 节中讨论的选矿过程的操作指标优化,由于需求和供应可能会改变选矿过程的必要条件,因此原矿类型或设备容量可能会随着时间的推移而改变[323]。这种目标和/或约束函数随时间变化的数据驱动优化问题是离线数据驱动动态优化问题。已经报道了大量关于动态优化的研究[24-25],其中大部分研究假设目标函数和约束函数是解析已知的。最近,提出了一种用于处理动态环境中在线数据驱动优化问题的数据驱动进化算法[324],其中在新数据可用时重新构建代理模型。代理模型辅助进化算法配备了重用先前最优解的记忆方案,以便快速跟踪动态移动的最优解。

动态进化优化算法中开发的知识重用机制主要依靠进化技术,如基于预测最优值的初始化、记忆和多种群的使用。然而,在数据驱动的优化中,总是需要基于机器学习的代理模型,并且在训练代理模型时可以实现知识转移。本节介绍了一种新的集成学习技术用于训练代理模型,该技术是在增量学习中开发的。在这种方法中,每个基学习器在选定数量的先前环境中学习目标函数。然后,采用多任务进化算法 MFEA[184]同时优化多个选择的问题,参见 10.3.1 节的介绍。这样,关于先前问题的最优解的知识可以迁移到当前问题,从而提高跟踪动态最优解的性能[23]。由于在离线数据驱动优化实施之前无法验证获得的最优解,因此使用支持向量域描述(Support Vector Domain Description,SVDD)[325]从已获得的解中选择解。

11.5.2　用于增量学习的数据流集成模型

开发增量学习是为了捕捉机器学习中数据分布的变化性质。在众多方法中,数据流集成(Data Stream Ensemble,DSE)学习[326]是一种流行且有效的非平稳环境学习方法。DSE维护了一个弱基学习器池并改变了集成的结构[326]。具体来说,采用精度更新的集成算法(AUE2)[327]在动态环境中构建代理模型。AUE2 的结构如图 11.16 所示。AUE2 由 K 个基学习器 $S_k,k=1,2,\cdots,K$ 以及用于第 t 个环境 S_t 的新基学习器组成。为了适应新环境,AUE2 创建了一个新的基学习器 S_t,并在新收集的数据 DB_t 上更新 $S_k,k=1,2,\cdots,K$。当规模太大时,AUE2 的结构也会发生变化,要么添加新的基学习器,要么删除一些过去训练过的基学习器。最后,基学习器的权重也被更新,根据它们在当前数据块上的准确性,为可能在当前环境中最准确的成员赋予更大的权重。

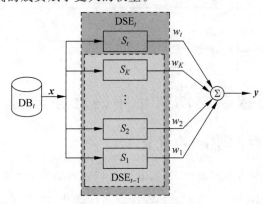

图 11.16　AUE2 的结构

给定新环境中的训练数据 DB_t,所有 K 个基学习器 $S_k,k=1,2,\cdots,K$ 都在当前数据批次 DB_t 上进行测试。因此,基学习器的均方根误差(Root Mean Square Error,RMSE)计算如下:

$$E_k = \sqrt{\frac{1}{|DB_t|} \sum_{(x_j,\,y_j^d)\in DB_t} (y_j - y_j^d)^2}, \quad k=1,2,\cdots,K \tag{11.8}$$

其中,(x_j,y_j^d) 是 DB_t 中第 j 个数据样本;y_j 是 S_k 在 x_j 上的预测;$|DB_t|$ 表示 DB_t 中的数据对数。

新的基学习器 S_t 在 DB_t 上进行训练,其 RMSE 表示为 E_t,使用留一法交叉验证计算。计算所有基学习器的误差后,$S_k(k=1,2,\cdots,K)$ 的权重更新为

$$w_k = \frac{1}{E_t + E_k}, \quad k=1,2,\cdots,K \tag{11.9}$$

$$w_t = \frac{1}{E_t} \tag{11.10}$$

如果现有基学习器的数量 K 小于预定义的最大数量 K_{max},S_t 直接添加到集成中。否则,RMSE 最大的 K 个基学习器将被 S_t 替换。K_{max} 建议设置为 10。

除了权重适应之外,AUE2 还使用自己的训练数据和 DB_t 的一部分的组合更新所有先前的基学习器。例如,第 k 个学习器 S_k 是使用 DB_k 和 DB_t 的组合更新的。同时,将 S_k 的训练数据替换为 $DB_k \bigcup DB_t$。

DSE_t 的最终输出由下式给出:

$$y_t = \sum_{k=1}^{K} w_k S_k + w_t S_t \tag{11.11}$$

11.5.3　基于集成的迁移优化

这里介绍的离线数据驱动优化算法称为具有 SVDD 强解选择的 DSE 辅助的 MFEA,简称 DSE_MFS。在多任务优化中,每个基学习器都被视为一个任务,因此总共有 $K+1$ 个任务,并将使用 MFEA 进行优化。

辅助优化第 t 个环境的代理是 DSE_t,由 $S_k(k=1,2,\cdots,K)$ 和 S_t 组成。请注意,当 $t=1$ 时,DSE_1 和 S_1 相等。与所有任务都被认为同等重要的原始 MFEA 不同,DSE_MFS 为当前优化问题分配了比以前更多的个体。对于给定的种群规模 $|P|$,$\left\lceil \frac{|P|}{2} \right\rceil$ 个个体被分配到当前任务,$\left\lceil \frac{|P|}{2K} \right\rceil$ 分配给与每个先前任务相关的个体,其中 K 是基学习者(先前任务)的数量。种群是随机初始化的,它的每个个体都通过技能因素被分配到一项任务 τ。如果个体 p_i 的技能因子 $\tau_i = k, k=1,\cdots,K$,则分配给第 k 个基学习器,否则分配给 DSE 代理模型 $\tau_i = K+1$。

在 MFEA 中,任务之间的知识迁移是通过交叉和变异来实现的。对于技能因子为 τ_i、τ_j 的一对父母 (p_i, p_j),如果将 τ_i 和 τ_j 分配到相同的任务,则通过交叉和变异创建两个后代,并将后代分配到相同的任务。如果 (p_i, p_j) 来自不同的任务,则将生成一个小于预定义随机配对概率(rmp)的随机数。DSE_MFS 自适应地计算每个任务的概率,以保持分配给它的个体数量不变。例如,如果任务 τ_i 和 τ_j 的个体数量分别是 N_i 和 N_j,那么将后代分配给 $\tau_i(\tau_{o_i})$ 的概率是 $\frac{N_i}{N_i+N_j}$,$\tau_j(\tau_{o_j})$ 的概率是 $\frac{N_j}{N_i+N_j}$。在 rmp 的概率下,其中一个父母

发生变异以创建一个后代,其任务与其父母分配的任务相同。

通过同时将先前环境中的任务(由基学习器表示)进化为当前任务,使得这些任务之间的知识可以迁移,从而提高当前任务的搜索效率。

11.5.4 用于最终解选择的支持向量域描述

如前所述,离线数据驱动优化最终获得的最优解可能不是最优的,选择有希望的解实施仍然具有挑战性。与基于参考向量选择解不同,在这里采用 SVDD 技术增强作为评价最终实现选择解的可靠性,因为它能够描述给定训练数据的底层模式并识别是否测试数据是异常值。

给定 N 个数据对 $\boldsymbol{x}=(\boldsymbol{x}_1,\cdots,\boldsymbol{x}_N)$,SVDD 在核函数的帮助下将它们投影到一个特征空间,在核函数中找到一个包含最大数量样本的超球面和最小超体积。然而,一些非常遥远的数据集将被留在超球面之外。超球面由中心 μ 和半径 R 定义,通过最小化:

$$F(R,\mu,\xi_i)=R^2+\eta\sum_i \xi_i \tag{11.12}$$

$$\text{s.t.} \quad |\boldsymbol{x}_i-\mu|\leqslant R^2+\xi_i \tag{11.13}$$

$$\xi_i \geqslant 0 \tag{11.14}$$

其中,η 是 $[0,1]$ 区间的常数,用于超球面的体积和超球面外的数据对数量之间的权衡。

上述优化问题可以通过构造拉格朗日函数来解决:

$$L=\sum_i \alpha_i(\boldsymbol{x}_i \cdot \boldsymbol{x}_i) - \sum_{i,j} \alpha_i \alpha_j(\boldsymbol{x}_i \cdot \boldsymbol{x}_j)$$

$$\text{s.t.} \quad 0\leqslant \alpha_i \leqslant \eta, \quad \sum_i \alpha_i=1, \quad \mu=\sum_i \alpha_i \boldsymbol{x}_i \tag{11.15}$$

对于给定的新样本 $\boldsymbol{x}'$,然后可以使用 SVDD 来检查它是否是训练数据的一部分。为此,使用以下等式根据其到超球面中心的距离来评估 $\boldsymbol{x}'$ 与训练数据之间的相似性:

$$d_{\boldsymbol{x}'}=(\boldsymbol{x}' \cdot \boldsymbol{x}') - 2\sum_i \alpha_i(\boldsymbol{x}' \cdot \boldsymbol{x}_i) + \sum_{i,j} \alpha_i \alpha_j(\boldsymbol{x}_i \cdot \boldsymbol{x}_j) \tag{11.16}$$

最后,得到

$$s_{\boldsymbol{x}'}=\text{sgn}(d_{\boldsymbol{x}'}-R) \tag{11.17}$$

如果 $s_{\boldsymbol{x}'}=-1$,则新样本 $\boldsymbol{x}'$ 被 SVDD 接受;否则样本被视为异常值。因此,可以使用所有离线数据训练 SVDD,然后使用训练后的 SVDD 验证所有获得的最优解,以排除所有被认为是异常值的解。

DSE_MFS 的总体框架如图 11.17 所示。

11.5.5 实验结果

为了证明 DSE_MFS 的性能,将其与 4 种离线数据驱动优化算法进行比较,两种用于静

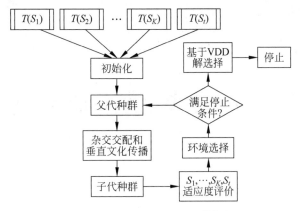

图 11.17 DSE_MFS 的总体框架

态数据驱动优化（CALSAPSO[200] 和 DDEA-SE[173]），两种用于离线数据驱动动态优化，SAEF[324] 和 GPMEM[206]，用于在线数据驱动优化对比研究是在 15 维的 F6[328] 上进行的，它是由 Sphere、Rastrigin、Weierstrass、Griewank 和 Ackley 组成的，可用数据量分别设置为 $5n$、$10n$ 和 $15n$。在实验中，环境总数设置为 60，每个环境持续 20 代。交配概率设置为 0.3，用于训练 SVDD 的所选最佳解决方案的百分比设置为 $sp=0.25$。

结果如图 11.18 所示。从这些结果可以得出结论，就环境平均跟踪误差而言 DSE_MFS 在 5 种比较算法中在跟踪移动最优值方面表现最好。

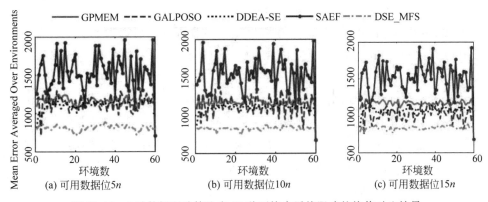

图 11.18 5 种数据驱动算法在 60 种环境中平均跟踪的均值对比结果

11.6 小结

离线数据驱动优化具有实际意义，但难以确保找到的最优解确实是最优的，或者至少优于（或在多目标优化的情况下占主导地位）最优解。尽管如此，在基准问题上取得的结果说明是有希望的。事实上，11.3 节中的选择性集成方法也已成功应用于计算量非常大的深度神经架构的进化搜索。更详细的内容将在 12.3 节中提供。

第 12 章
代理模型辅助进化神经架构搜索

摘要　随着最近深度神经网络的蓬勃发展,高效自动设计深度神经网络架构的需求不断增加。本章介绍了神经架构自动搜索的基础知识,并讨论了当前仍然存在的挑战,重点关注网络架构表示的可扩展性和灵活性、搜索策略的有效性以及性能评估中计算复杂度的降低。然后,讨论了在神经架构搜索中使用的贝叶斯优化技术。最后,描述了一种随机森林辅助神经架构搜索算法并将其应用于 CNN 设计,展示了数据驱动进化优化对深度神经架构搜索的有效性和效率。

12.1　神经网络架构搜索的挑战

近年来,深度神经网络在计算机视觉和自然语言处理等领域取得了广泛的应用。其中一部分成功可以归功于数据收集存储技术和计算硬件的快速发展,特别是计算能力强大的图形处理器。

构建深度神经网络通常包括两个步骤:设计神经架构,选择学习算法,然后训练所选架构的权重和所有其他参数。神经网络架构是影响网络性能的关键因素。但是,架构设计对机器学习和问题领域的专业知识要求很高,这使得深度神经网络的设计对初学者或从业者并不友好。因此,神经网络架构搜索(Neural Architecture Search,NAS)作为一种设计深度神经网络的自动化方法,已经引起了学术界和工业界的广泛关注[329]。

实际上,NAS 可以被看作是一个优化问题,旨在寻找一个或多个神经架构以获得最佳性能,如下所述:

$$\min f(A, \mathcal{D}) \tag{12.1}$$

其中,A 表示网络架构;$\mathcal{D}$ 表示使用网络进行学习任务的训练数据;$f(A, \mathcal{D})$ 是架构的量化黑盒指标。虽然式(12.1)非常简单,但是优化问题可以是大规模、多目标、双层或高度约束的,并且计算成本高昂,这在很大程度上取决于学习任务。

如图 12.1 所示,神经网络架构搜索过程可以看作是一个优化过程。首先,需要正确表示神经网络的架构,以便将搜索算法应用于定义的搜索空间。然后,根据候选架构的性能对其进行定量评估,从而指导搜索过程。最后,经过多次迭代,找到一个最优的架构。因此,从优化的角度来看,代表神经架构的参数(编码)是决策变量,学习性能以及网络复杂度、鲁棒性、内存消耗和可解释性(大多是其中的一个子集)是目标。神经网络架构搜索通常是一个无约束的优化问题。

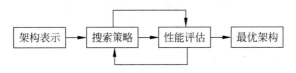

图 12.1　神经网络架构搜索流程图

下面重点讨论有关架构表示、搜索策略和性能评估方面的挑战。

12.1.1　架构表示

神经结构的编码或表示方式决定了 NAS 的搜索空间,从而严重影响 NAS 的搜索效率和最终结果的性能。在不考虑计算成本限制的情况下,搜索空间应该尽可能大,这样 NAS 算法才有可能找到新的、好的架构。然而,当计算预算成本有限时,较大的搜索空间会降低 NAS 算法的搜索效率。因此,如何设计合适的搜索空间以平衡所需性能和计算资源是一个关键问题。正如在 1.2.1 节中讨论过的,在紧凑性和灵活性、因果性和局部性以及鲁棒性和可进化性之间存在平衡[3]。

为了设计一个紧凑高效的搜索空间,最直接的方法是从现有的深度神经网络中学习特征,这需要大量的经验。

对于 CNN 的架构,最简单、最自然的表示就是基于层的链式结构。如图 12.2(a)所示,链式结构是一个具有 k 个隐层的神经网络[330],其中,L_i 的输入是 L_{i-1} 的输出。通常,设置一个固定的 k 来限制搜索空间的大小。对于每一层,需要确定其类型,例如,池化或卷积,以及相应的超参数。

在最近流行的手动设置的 CNN 中,已经提出了许多新的设计元素(如跳跃连接),并且在许多任务上表现良好。为了进一步提高链式结构的全局表示能力,在图 12.2(b)中添加了跳跃连接,这可以产生比纯链式结构更复杂的网络。

尽管这两种链式结构变体具有良好的全局表示能力,但它们的自由度非常大,使得搜索空间很大。因此,搜索策略很难有效地找到最优架构。为了增强搜索能力,可以从现有的成功网络中提取不同的单元、块或网络段,然后可以使用这些块的组合来表示新的架构[331],如图 12.2(c)所示。

与链式结构相比,块结构具有以下优点:

(1)搜索空间显著减小。

(2)基于块的架构易于迁移到其他学习任务中。

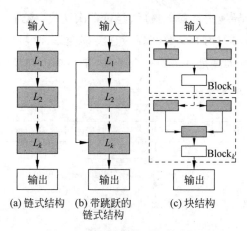

(a) 链式结构　(b) 带跳跃的　　　(c) 块结构
　　　　　　　链式结构

图 12.2　不同的神经架构表示

（3）重复使用块已被证明是一种有用的设计原则，这使得块结构更加健壮。

然而，块结构需要块设计的先验知识。因此，搜索空间决定了架构搜索的有效性和效率。到目前为止，大多数现有 NAS 工作都是基于块结构的，这已被证明是有效的[332]。因此，NAS 面临的一个挑战是如何在可接受的计算成本内突破专业知识引导搜索的瓶颈。

12.1.2　搜索策略

如前所述，NAS 是一个优化过程。因此，不同的搜索策略已被应用于 NAS 以探索搜索空间。到目前为止，强化学习、进化计算[13,333]和基于梯度的优化方法已被用作 NAS 中的搜索策略[329,169]。

基于强化学习的 NAS 将架构设计视为一个动作序列，其中架构的每一层由每个动作决定，奖励是训练好的架构的定量性能估计[334]。另一种基于强化学习的 NAS 学习一个最优策略，这个策略是对动作进行采样，进而顺序生成架构。因此，基于强化学习的 NAS 中的状态包含采样的动作，并且在最终动作之前可以获得奖励。实际上，由于昂贵的网络训练过程和巨大的动作空间，基于强化学习的 NAS 的计算成本太高。为了降低基于强化学习的 NAS 的复杂性，应用了权重共享[332]和块结构[331]。

进化算法作为一种强大的全局搜索方法，非常适合解决 NAS 这种黑盒昂贵的优化问题。基于进化算法的 NAS 首先对神经架构进行编码，并采用遗传变异操作来探索搜索空间，该操作由性能相关的适应度函数引导[335]。由于 NAS 的特性，需要重新设计变异算子（例如交叉和变异）和适应度函数。基于进化算法的 NAS 中的变异算子应该针对架构表示（编码）量身定制。此外，基于进化算法的 NAS 中的适应度函数是灵活的，多目标 NAS 中同时考虑了多个性能指标[13,336,167]。与基于强化学习的 NAS 类似，基于进化算法的 NAS 也面临着昂贵的适应度评估带来的高计算成本的问题。

基于强化学习和基于进化算法的 NAS 都面临的一个难点是它们的离散搜索空间，这会使得搜索过程不够高效。因此,在文献[337]中使用连续松弛方法,将架构搜索空间转换为连续空间,以便可以在 NAS 中使用基于梯度的方法。此外,已经使用基于梯度的方法对层超参数进行了优化[338]。

尽管这些不同的搜索策略已被证明具有在不同任务上找到良好架构的能力,但是还需要进行大量的工作来定量比较它们在各种任务上的表现。

12.1.3　性能评估

现有的 NAS 算法根据各种性能指标指导其进行搜索。最直接的方法是使用架构在训练或验证数据集上的准确率。然而,这种准确率只能在训练过程完成后获得,这使得评估单个候选架构的计算代价非常高昂[339]。评估的高计算成本已成为 NAS 面临的主要挑战之一。

为了降低架构评估的高计算复杂度,已经将不同的方法应用于 NAS。

(1) 低精度估计:使用一定数量的低精度估计方法,用近似的性能评估方法代替精确的性能评估方法。由于评估过程是基于数据集的迭代网络训练过程,因此低精度估计方法可以减少训练迭代次数[340]、数据集(大小和分辨率)[341-342],或降低架构块的复杂度[343]。

(2) 多精度估计:在低精度估计的准确性和计算成本之间存在权衡。在 NAS 的某些情况下,精度水平是可以控制的,例如,网络训练过程可以根据不同的精度水平停在不同的迭代次数上。在 NAS 过程中,可以根据优化需要采用多种精度水平,这可能会取得既有效又高效的性能。

(3) 曲线预测:在 NAS 过程中,大量表现不佳的架构会产生昂贵的评估成本。事实上,可以通过学习曲线外推来提前终止他们的训练过程[344]。此外,也可以通过学习曲线特征来加速架构的性能预测[345]。

(4) 权重继承和共享:另一种节省成本的方法是从父网络[346]或超网络[347]继承权重。这可以在一定程度上减少 NAS 中的重复训练过程。这种评估方法基于一种假设,即经过训练的过度参数化网络可用于比较架构质量。

(5) 性能预测器(代理模型):可以通过廉价的数据驱动代理模型预测昂贵的性能评估[348]。这些模型是从架构样本及其性能值的数据中训练出来的。

12.2　神经网络架构搜索中的贝叶斯优化

如 12.1 节所述,NAS 可以被视为如式(12.1)所示的黑盒优化问题,其主要挑战是计算成本高。作为一种针对昂贵问题的高效优化工具,BO[53]已被用于加速 NAS[349],其中采用概率模型作为性能预测器。NAS 的 BO 遵循图 12.3 中 BO 的主要步骤:

(1) 初始架构采样:选择一些随机架构,通过训练每个网络来评估其性能。

（2）建立概率模型：构建一个概率模型来近似式(12.1)中确切的目标函数。

（3）顺序采样：采用获取函数[350]来采样新的架构以更新概率模型。

有关 BO 的更多详细信息，请参见 5.4 节。

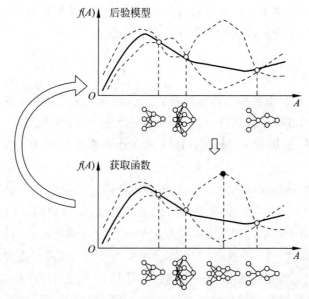

图 12.3　基于 BO 的 NAS 的基本步骤

除了替代均值预测和方差的几个集成模型[352]，NAS 贝叶斯优化中最流行的代理模型是 GP 模型[351]。如 4.2.5 节所述，GP 模型基于协方差函数或核函数来预测平均适应度和方差，这些函数测量了搜索空间中两个架构的相似性。然而，搜索空间是离散的，这导致难以选择合适的核函数。因此，现有的针对连续问题的 BO 方法不能直接用于 NAS。为了解决上述问题，贝叶斯 NAS 需要仔细设计其编码方法和核函数。

12.2.1　架构编码

网络架构是由层或块的连接组成的，这些层或块构成了一个有向无环图（Directed Acyclic Graph，DAG），该图具有多个节点和边。因此，架构的编码可以参考 DAG 的编码。

邻接矩阵作为表示两个节点是否连通的矩阵，是 DAG 的经典编码方法，适用于网络架构。因此，使用邻接矩阵的架构编码可以是 one-hot 编码，也可以是具有节点索引的分类编码。由于节点索引是任意分配的，因此可能会出现一个架构有不同编码的情况。

另一种编码方法是找到从架构的输入节点到输出节点的所有路径，然后对这些路径进行编码以表示网络。与邻接矩阵一样，使用路径进行架构编码可以使用 one-hot 编码或具有节点索引的分类编码，从而为一个架构产生唯一表示。但是，多个架构可以表示为一个相同的编码。

除了离散编码方法外,还采用自编码器将离散空间转换为连续空间[353],然后在转换后的空间中训练模型。

12.2.2　核函数

核函数用于衡量两个解的相似度,在构建概率模型中起着重要作用。但是在 NAS 中,架构以离散编码表示,这使得许多流行的核函数(例如,高斯核函数)失效。为了解决这个问题,使用了以下两种类型的核函数或距离。

(1) 完全基于架构表示的基因型核函数,由于大多数贝叶斯 NAS 采用基于 DAG 的编码方法,因此通常使用图核函数[354],例如,Weisfeiler-Lehman 核函数[355]。

(2) 表型核函数是一种不使用任何架构表示信息的核函数。它通过测量架构在行为方面的差异来计算它们之间的距离,其中行为是指在对一些采样输入进行计算后的输出结果[356]。

现有核函数的性能是有限的。因此,最近采用将多核学习方法[357]与多个核相结合的方式来提高性能。

12.2.3　讨论

虽然 BO 可以加速 NAS,但未来还有许多需要解决的问题。

(1) 近似误差:贝叶斯 NAS 中的模型无法避免近似误差,这可能会误导搜索。如何在局部有希望的区域中减小近似误差仍然具有挑战性。

(2) 核函数:NAS 的搜索空间是离散的,其空间特征与连续空间不同。架构之间的距离难以测量,这会影响 BO 中模型的准确性。因此,需要特别考虑 NAS 模型中的核函数。

(3) 搜索空间映射:为了避免上述离散搜索空间的困难,可以将原始空间映射到连续空间。然而,映射是否给优化带来了更多的优势仍然不确定。

12.3　随机森林辅助的神经架构搜索

AE-CNN+
E2EPP 代码

CNN 作为一种深度神经网络,在图像处理中得到了许多成功的应用。如图 12.4 所示,一个 CNN 由一个输入层、若干隐层和一个输出层组成。隐层包括卷积层(convolutional layer)和池化层(pool layer),后面是全连接层和归一化层,同样参考 4.5.1 节。卷积层对输入进行卷积并将其结果传递给下一层,而池化层则减少了数据的维度。有了这些隐层,单个神经元只对输入图像的一个有限区域做出响应,这受到人类和动物视觉系统中神经元之间的连接模式的启发。然而,CNN 的性能在很大程度上取决于其架构。搜索性能良好的 CNN 架构是一个典型的 NAS 问题。

如 12.2 节所述,为了避免性能预测器的精度损失,贝叶斯 NAS 需要使用适当的核函数

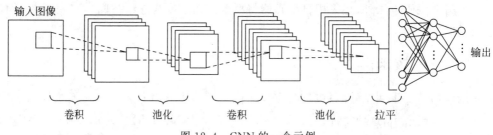

图 12.4 CNN 的一个示例

或映射方法来处理离散搜索空间。为了缓解这些问题,可以采用擅长对离散变量建模的代理模型,例如基于决策树的模型作为 NAS 中的性能预测器。在本节中,使用随机森林辅助 NAS(称为 AE-CNN＋E2EPP)[358]测试了 CNN 对象分类问题。

12.3.1 块式架构表示法

ResNet[359] 和 DenseNet[360] 是两个流行的 CNN,用于解决梯度消失问题[361]。图 12.5 展示了 ResNet 和 DenseNet 的基本结构。ResNet 块有一个卷积层链,以及一个从输入到输出的快捷连接,而 DenseNet 块的每一层都连接到所有前馈层。由于两种结构的良好性能,AE-CNN＋E2EPP 采用 ResNet 和 DenseNet 块作为其基本卷积块。

在 AE-CNN＋E2EPP 的基于块的编码中,有 3 种在现有的 CNN 中广泛使用的块。

(1) DenseNet 块由多个 DenseNet 单元组成。

(2) ResNet 块由多个 ResNet 单元组成。

(3) 池化块仅由一个池化层组成,可以是 MAX 或 MEAN。

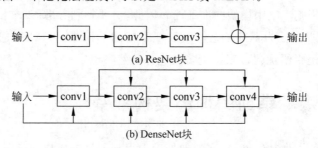

图 12.5 DenseNet 块和 ResNet 块示例

DenseNet 和 ResNet 块需要 3 个变量表示它们的结构:type、out 和 amount,分别代表块类型、输出数量和单元数量。池化块需要两个变量来表示它们的结构:type 和 position,它们分别代表池化的类型以及它们在 CNN 架构中的位置。因此,编码长度为 $3n_b＋2n_p$,其中 n_b 是最大 DenseNet 和 ResNet 块数,n_p 是池化块的最大块数。编码分为 $3n_b$ 位和 $2n_p$ 位两部分,前面 $3n_b$ 位是 ResNet 和 DenseNet 块,后面 $2n_p$ 位是池化块。为了表示可变长度架构,在代码中添加了许多空块。

对 ResNet 和 DenseNet 块进行编码,1 表示 ResNet 块类型,而递增因子 k 表示 DenseNet 块类型。在 AE-CNN+E2EPP 中,采用了 3 种类型的 DenseNet 块,即 $k=12$, 20,40。最大单元数是不同的:ResNet 块和 DenseNet 块($k=12,20$)为 10,DenseNet 块($k=40$)为 5。out 的范围是 $[39,264]$,amount 的范围是 $[1,10]$。由于有 MAX 和 MEAN 两种池化,AE-CNN+E2EPP 用 0 和 1 来分别表示这两种池化块。参数 position 表示池化块之前的 ResNet 或 DenseNet 块的索引,使其范围为 $[1,n_b]$。另外,$(0,0,0)$ 或 $(0,0)$ 表示一个空块。图 12.6 是一个架构的示例编码。

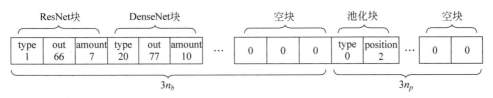

图 12.6　AE-CNN+E2EPP 编码示例

12.3.2　离线数据产生

本节使用 AE-CNN+E2EPP 搜索目标分类任务的架构。优化目标设置为训练精度。因此,离线数据 $\mathcal{D}$ 是一个数据对,包括编码的神经架构和它在权重训练后的分类误差。

在运行 AE-CNN+E2EPP 之前,随机生成编码范围内的 d 个样本。然后,d 个染色体将被解码为 d 个神经架构。每个采样神经架构通过目标分类任务的训练数据集来学习其权重,并且其相应的训练误差就是其目标函数值。当这些 d 个神经架构都完成了它们的训练过程后,就得到了离线数据 $\mathcal{D}$。

12.3.3　随机森林构建

由于 AE-CNN+E2EPP 采用了离散编码方法,因此它采用随机森林[136]作为代理模型预测候选架构的训练误差。

作为一种集成学习方法,随机森林模型包含 Q 个分类和回归树(classification and regression tree,CART)[128],它将决策空间划分为具有叶节点的矩形区域,每个叶节点的输出是每个划分区域中样本的平均输出。扩大 CART 池需要重复以下步骤 Q 次。

(1) 从 $\mathcal{D}$ 中随机选择 50% 的决策变量作为该 CART 的训练数据。

(2) 用一个根节点初始化 CART。

(3) 收集输入落在当前节点范围内的训练数据。

(4) 如果满足分裂标准,即分裂后该节点的均方误差减少量大于阈值,则该节点被分裂,否则该节点成为叶节点。

(5) 通过广度优先搜索访问下一个节点,直到没有非叶节点或达到最大深度为止。

因此,在随机森林模型中,训练了 Q 个不同的 CART。随机森林模型中 CART 的组合是所有经过训练的 CART 输出的平均值。

12.3.4 搜索方法

AE-CNN+E2EPP 是 DDEA-SE[173](见 11.3 节的介绍)的变体,其将 RBFN 模型替换为随机森林模型,用于 NAS 任务。原始的 DDEA-SE 采用大量 RBFN 模型作为代理集成,适用于连续优化问题。由于随机森林模型是一组决策树的集合,因此它自然是离散搜索空间的模型池,这也是为什么 AE-CNN+E2EPP 中使用随机森林模型的原因。

利用上述离线数据 $\mathcal{D}$,使用随机森林修改 DDEA-SE 算法来搜索最优的神经网络架构。主要步骤如下所示。

(1)初始化:生成一个由 N 个随机神经网络架构编码构成的种群,并用离线数据 $\mathcal{D}$ 训练具有 2000 个 CART 的随机森林模型。

(2)遗传变异:使用交叉和变异操作生成后代。

(3)模型选择:根据当前最佳架构的预测结果,选择 100 个不同的 CART。

(4)性能预测:通过所选的 100 个 CART 的集合对父代和子代种群进行预测。

(5)环境选择:选择最好的 N 个架构作为下一个父代种群。

(6)终止准则:如果满足终止准则,则输出预测的最优架构,否则回到"遗传变异"步骤。

12.3.5 实验结果

为了测试算法性能,选择使用 CIFAR10 和 CIFAR100 数据集,这是两个广泛使用的开放数据集,用于目标识别①。CIFAR10 数据集有 60 000 张 32×32 的彩色图像,分为 10 类(即飞机、汽车、鸟、猫、鹿、狗、青蛙、马、船和卡车),而 CIFAR100 数据集有 60 000 张 32×32 的彩色图像,分为 100 类。

在实验中,仅对 123 个随机架构进行采样作为离线数据 $\mathcal{D}$,并采用随机梯度下降法[362]来训练这些架构以获得分类误差。架构训练的详细设置如表 12.1 所示。

表 12.1　CNN 训练参数设置

参数	值
Batch 大小	128
权重衰减	5000
训练代数	350
学习率	0.01(1,151~249 代),0.1(2~150 代),0.001(251~350 代)

---

① https://www.cs.toronto.edu/kriz/cifar.html

参数	值
DenseNet 块最大数量	10
ResNet 块最大数量	10
最大 n_p	4
最大 n_b	8

在对拥有 100 个个体的种群经过 100 代的优化后,AE-CNN＋E2EPP 在 CIFAR10 和 CIFAR100 数据集上分别达到了 94.70％和 77.98％的准确率,这与现有的 NAS 算法相似。然而,AE-CNN＋E2EPP 只需要 8.5 个 GPU 天,比现有的大多数 NAS 算法耗时要短得多。很明显,AE-CNN＋E2EPP 是一种有效且高效的算法。

12.4　小结

本章讨论了 NAS 在搜索空间的定义、搜索策略的选择以及性能评估的高计算成本方面所面临的挑战。着眼于降低 NAS 的计算成本,引入了贝叶斯优化,这是一种用于昂贵黑盒优化的高效优化技术。最后,介绍了一种随机森林辅助进化的 NAS,并在 CIFAR10 和 CIFAR100 数据集上进行了实证验证。这将为使用数据驱动的进化优化来提高进化 NAS 的搜索效率提供了启示。

参 考 文 献

[1]   Kochenderfer M J,Wheeler T A. Algorithms for Optimization [M]. Cambridge，MA：MIT Press,2019.

[2]   Nocedal J,Wright S J. Numerical Optimization [M]. Berlin：Springer Science & Business Media,1999.

[3]   Yaochu Jin and Bernhard Sendhoff. A systems approach to evolutionary multiobjective structural optimization and beyond[J]. IEEE Computational Intelligence Magazine,2009,4(3)：62-76.

[4]   Yaochu Jin,Handing Wang,Tinkle Chugh,Dan Guo,and Kaisa Miettinen. Data-driven evolutionary optimization：an overview and case studies[J]. IEEE Transactions on Evolutionary Computation,2018,23(3)：442-458.

[5]   Miettinen K. Nonlinear multiobjective optimization.[M]. Berlin：Springer,1999.

[6]   Deb K,Gupta Ss. Understanding knee points in bicriteria problems and their implications as preferred solution principles[J]. Engineering Optimization,2011,43(11)：1175-1204.

[7]   Laumanns M,Thiele L,Deb K,et al. Combining convergence and diversity in evolutionary multiobjective optimization[J]. Evolutionary Computation,2002,10(3)：263-282.

[8]   Ikeda K,Kita H,Kobayashi S. Failure of pareto-based MOEAs：Does non-dominated really mean near to optimal? [C]//Congress on Evolutionary Computation,2001.

[9]   Wang H,Olhofer M,Yaochu Jin Y. Mini-review on preference modeling and articulation in multi-objective optimization：Current status and challenges[J]. Complex & Intelligent Systems,2017,3(4)：233-245.

[10]   Gembicki F W. Vector optimization for control with performance and parameter sensitivity indices [D]. Cleveland,Ohio：Western Reserve University,1974.

[11]   Brans J P,Vincke P,Mareschal B. How to select and how to rank projects：The PROMETHEE method[J]. European Journal of Operational Research,1986,24(2)：228-238.

[12]   Jin Y,Branke J. Evolutionary optimization in uncertain environments-a survey[J]. IEEE Transactions on Evolutionary Computation,9(3)：303-317,2005.

[13]   Liu J,Jin Y. Multi-objective search of robust neural architectures against multiple types of adversarial attacks[J]. Neurocomputing,2021,453：73-84.

[14]   Rakshit P,Konar A,Das S. Noisy evolutionary optimization algorithms—A comprehensive survey [J]. Swarm and Evolutionary Computation,2017,33：18-45.

[15]   Liu J,St-Pierre D L,Teytaud O. A mathematically derived number of resamplings for noisy optimization [C]//Companion Publication of the Conference on Genetic & Evolutionary Computation. ACM,2014.

[16]   Beyer H G,Sendhoff B. Robust optimization-a comprehensive survey[J]. Computer Methods in Applied Mechanics and Engineering,2007,196(33-34)：3190-3218.

[17]   Jin Y,Sendhoff B. Trade-off between performance and robustness：an evolutionary multiobjective approach[C]//International Conference on Evolutionary Multi-Criterion Optimization,2003.

[18]   Wang H,Doherty J,Jin Y. Hierarchical surrogate-assisted evolutionary multi-scenario airfoil shape optimization[C]//IEEE Congress on Evolutionary Computation. IEEE,2018.

［19］ Branke J. Evolutionary optimization in dynamic environments［M］. Springer US,2002.

［20］ Nguyen T T,Yang S,Branke J. Evolutionary dynamic optimization: A survey of the state of the art
［J］. Swarm & Evolutionary Computation,2012,6: 1-24.

［21］ Zhou A,Jin Y,Zhang Q. Apopulation prediction strategy for evolutionary dynamic multiobjective
optimization［J］. IEEE Transactions on Cybernetics,2013. DOI: 10. 1109/TCYB. 2013. 2245892.

［22］ Jiang M,Huang Z,Qiu L,et al. Transfer learning-based dynamic multiobjective optimization
algorithms［J］. IEEE Transactions on Evolutionary Computation,2017,22(4): 501-514.

［23］ Yang C,Ding J,Jin Y,et al. A data stream ensemble assisted multifactorial evolutionary algorithm
for offline data-driven dynamic optimization［J］. 2020.

［24］ Yazdani D,Cheng R,Yazdani D,et al. A survey of evolutionary continuous dynamic optimization over
two decades-part A［J］. IEEE Transactions on Evolutionary Computation,2021,25(4): 630-650.

［25］ Yazdani D,Cheng R,Yazdani D,et al. A survey of evolutionary continuous dynamic optimization over
two decades-part B［J］. IEEE Transactions on Evolutionary Computation,2021,25(4): 609-629.

［26］ Yu X,Jin Y,Tang K,et al. Robust optimization over time—A new perspective on dynamic
optimization problems［C］//Congress on Evolutionary Computation,2010.

［27］ Jin Y,Tang K,Yu X,et al. A framework for finding robust optimal solutions over time［J］. Memetic
Computing,2013,5(3): 3-18.

［28］ Huang Y,Ding Y,Hao K,et al. A multi-objective approach to robust optimization over time
considering switching cost［J］. Information Sciences,2017,394: 183-197.

［29］ Huang Y,Jin Y,Hao K. Decision-making and multi-objectivization for cost sensitive robust
optimization over time［J］. Knowlewdge-Based Systems,2020,199: 105857.

［30］ Okabe T,Jin Y,Sendhoff B. A critical survey of performance indices for multi-objective optimisation
［C］//The Congress on Evolutionary Computation,2003.

［31］ Veldhuizen D A V,Lamont G B. Evolutionary computation and convergence to a pareto front［C］//
Late Breaking Papers of the Genetic Programmming 1998 Conference,1998.

［32］ Ishibuchi H,Masuda H,Tanigaki Y,et al. Modified distance calculation in generational distance and
inverted generational distance［C］//Proceedings of the International Conference on Evolutionary
Multi-criterion Optimization,2015.

［33］ Wang H,Jin Y,YaoY. Diversity assessment in many-objectiveoptimization［J］. IEEE Transactions on
Cybernetics,2017,47(6): 1510-1522.

［34］ Tian Y, Cheng R,Zhang X,et al. Diversity assessment of multi-objective evolutionary algorithms:
Performance metric and benchmark problems［J］. IEEE Computational Intelligence Magazine,2019,
14(3): 61-74.

［35］ Derrac J,GarcĀa S,Molina D,et al. Apractical tutorial on the use of nonparametric statistical tests as
a methodology for comparing evolutionary and swarm intelligence algorithms［J］. Swarm and
Evolutionary Computation,2011,1: 3-18.

［36］ Jamil M,Yang X S. A literature survey of benchmark functions for global optimization problems［J］.
Int. Journal of Mathematical Modelling and Numerical Optimisation,2013,4(2): 150-194.

［37］ Liang J J,Mezura-Montes E,Runarsson T P,et al. Jproblem definitions and evaluation criteria for the
cec 2006,special session on constrained real-parameter optimization［J］. Technical Report,2005,5:
251-256.

［38］ Zitzler E,Deb K,Thiele L. Comparison of multiobjective evolutionary algorithms: Empirical results

[J]. Evolutionary Computation,2000,8(2):173-195.

[39] Deb K,Thiele L,Laumanns M,et al. Scalable test problems for evolutionary multiobjective optimization[J]. Evolutionary Multiobjective Optimization,2005:105-145.

[40] Okabe T,Jin Y C,Olhofer M,et al. On test functions for evolutionary multi-objective optimization [C]//8th International Conference on Parallel Problem Solving from Nature,2004.

[41] Huband S,Hingston P,Barone L,et al. A review of multiobjective test problems and a scalable test problem toolkit[J]. IEEE Transactions on Evolutionary Computation,2006,10(5):477-506.

[42] Yu G,Jin Y,Olhofer M. Benchmark problems and performance indicators for search of knee points in multiobjective optimization[J]. IEEE Transactions on Cybernetics,2019,50(8):3531-3544.

[43] Farina M,Deb K,Amato P. Dynamic multiobjective optimization problems:test cases,approximations,and applications[J]. IEEE Transactions on Evolutionary Computation,2004,8(5):425-442.

[44] Jin Y,Sendhoff B. Constructing dynamic test problems using the multiobjective optimization concept [C]//Applications of Evolutionary Computing,2004.

[45] Li X,Tang K,Omidvar M N,et al. Benchmark functions for the CEC2013 special session and competition on large-scale global optimization[R]. Australia:RMIT University,2013.

[46] Omidvar M N,Li X,Tang K. Designing benchmark problems for large-scale continuous optimization [J]. Information Sciences,2015,316:419-436.

[47] Cheng R,Jin Y,Markus Olhofer M,et al. Test problems for large scale multi-objective and many-objective optimization[J]. IEEE Transactions on Cybernetics,2017,7(12):4108-4121.

[48] Cheng R,Li M,Tian Y,et al. A benchmark test suite for evolutionary many-objective optimization [J]. Complex & Intelligent Systems,2017,3(1):67-81.

[49] Wang H,Jin Y,Doherty J. A generic test suite for evolutionary multi-fidelity optimization[J]. IEEE Transactions on Evolutionary Computation,2018,22(6):836-850.

[50] He C,Tian Y,Wang W,et al. A repository of real-world datasets for data-driven evolutionary multi-objective optimization[J]. Complex & Intelligent Systems,2020,6:189-197.

[51] Boyd S,Vandenberghe L. Numerical Optimization[M]. Cambridge:Cambridge University Press,2004.

[52] Powell M J D. A new algorithm for unconstrained optimization[C]//Proceedings of a Symposium on Nonlinear Programming,1970.

[53] Bobak Shahriari,Kevin Swersky,Ziyu Wang,Ryan P Adams,and Nando De Freitas. Taking the human out of the loop:A review of bayesian optimization[J]. Proceedings of the IEEE,2015,104 (1):148-175.

[54] John A Nelder and Roger Mead. A simplex method for function minimization[J]. The Computer Journal,1965,7(4):308-313.

[55] Iman R L,Davenport J M,Zeigler D K. Latin hypercube sampling (program user's guide)[R]. Albuquerque,NM (USA):Department of Energy,Sandia Laboratories,1980.

[56] Jones D R,Perttunen C D,Stuckman B E. Lipschitzian optimizationwithout the lipschitz constant [J]. Journal of Optimization Theory and Application,1993,79(1):157-181.

[57] Karloff H. The simplex algorithm[C]//Proceedings of a Symposium on Linear Programming,2009.

[58] Morrisona D R,Jacobsonb S H,Sauppec J J,et al. Branch-and-bound algorithms:A survey of recent advances insearching,branching,and pruning[J]. Discrete Optimization,2016,19:79-102.

[59] Delahaye D,Chaimatanan S,Mongeau M. Simulated annealing:From basics to applications[M].// Gendreau,M,Potvin,J Y. Handbook of Metaheuristics. Berlin:Springer,Cham,2018:1-35.

[60] Gendreau M. An introduction to tabu search [M]//Gendreau, M, Potvin, J Y. Handbook of Metaheuristics. Berlin: Springer,Cham,2018: 37-54.

[61] Fogel D B,Fogel L J. An introduction to evolutionary programming[C]//European Conference on Artificial Evolution: Artificial Evolution,1995.

[62] Schwefel H P. Evolution and optimum seeking[M]. New Jersey: John Wiley,1995.

[63] Goldberg D E. Genetic Algorithms in Search,Optimization,and Machine Learning[M]. Boston,MA: Addison Wesley,1989.

[64] Koza J R. Genetic programming: on the programming of computers by means of natural selection, volume 1[M]. Cambridge,MA: MIT press,1992.

[65] Rainer Storn and Kenneth Price. Minimizing the real functions of the icec'96 contest by differential evolution[C]//Proceedings of IEEE International Conference on Evolutionary Computation,1996.

[66] Th. Bäck. Evolutionary algorithms in theory and practice: evolution strategies, evolutionary programming,genetic algorithms[M]. Oxford: Oxford University Press,1996.

[67] Hansen N,Ostermeier A. Adapting arbitrary normal mutation distributions in evolution strategies: The covariance matrix adaptation[C]//Proceedings of IEEE international conference on evolutionary computation,1996.

[68] Poli R,Langdon W B,McPhee N F, et al. A field guide to genetic programming[M]. New York: Lulu. com,2008.

[69] Vladislavleva E J,Smits G F,Hertog D D. Order of nonlinearity as a complexity measure for models generated by symbolic regression via Pareto genetic programming [J]. IEEE Transactions on Evolutionary Computation,2008,13(2): 333-349.

[70] Espejo P G,Ventura S,Herrera F. A survey on the application of genetic programming to classification[J]. IEEE Transactions on Systems, Man, and Cybernetics, Part C (Applications and Reviews),2009,40(2): 121-144.

[71] Muni D P,Nikhil R Pal,and Jyotirmay Das. Genetic programming for simultaneous feature selection and classifier design [J]. IEEE Transactions on Systems, Man, and Cybernetics, Part B (Cybernetics),2006,36(1): 106-117.

[72] Comisky W,Yu J,Koza J. Automatic synthesis of a wire antenna using genetic programming[C]// Genetic and Evolutionary Computation Conference,2000.

[73] Koza J R,Bennett F H,Andre D,et al. Automated design of both the topology and sizing of analog electrical circuits using genetic programming[C]//Artificial Intelligence in Design,1996.

[74] Koza J R,Bennett F H,Andre D,et al. Automated synthesis of analog electrical circuits by means of genetic programming[J]. IEEE Transactions on Evolutionary Computation,1997,1(2): 109-128.

[75] Forrest S,Nguyen T,Westley Weimer, and Claire Le Goues. A genetic programming approach to automated software repair [C]//Proceedings of the 11th Annual Conference on Genetic and Evolutionary Computation,2009.

[76] Brameier M F,Banzhaf W. Linear Genetic Programming[M]. Berlin: Springer,2007.

[77] Hoai N X,McKay R I,Essam D. Representation and structural difficulty in genetic programming [J]. IEEE Transactions on Evolutionary Computation,2006,10(2): 157-166.

[78] Roberts S C,Howard D,Koza J R. Evolving modules in genetic programming by subtree encapsulation[C]//European Conference on Genetic Programming,2001.

[79] Zames G,Ajlouni N M,Holland J H,et al. Genetic algorithms in search, optimization and machine

learning[J]. Information Technology Journal,1981,3(1): 301-302.

[80] Dorigo M,Maniezzo V,Colorni A. Positive feedback as a search strategy. 1991.

[81] Dorigo M,Maniezzo V,Colorni A. Ant system: optimization by a colony of cooperating agents[J]. IEEE Transactions on Systems,Man,and Cybernetics,Part B (Cybernetics),1996,26(1): 29-41.

[82] Applegate D L,Bixby R E,Chvatal V,et al. The traveling salesman problem: a computational study [M]. Princeton,NJ: Princeton University Press,2006.

[83] Dorigo M,Stützle T. Ant colony optimization: overview and recent advances[M]. //Gendreau,M, Potvin,J Y. Handbook of Metaheuristics. Berlin: Springer,Cham,2018: 311-351.

[84] López-Ibáñez M,Blum C,Thiruvady D,et al. Beam-aco based on stochastic sampling for makespan optimization concerning the tsp with time windows[C]//European Conference on Evolutionary Computation in Combinatorial Optimization,2009.

[85] Maniezzo V,Carbonaro A. An ants heuristic for the frequency assignment problem[J]. Future Generation Computer Systems,2000,16(8): 927-935.

[86] Solnon C. Combining two pheromone structures for solving the car sequencing problem with ant colony optimization[J]. European Journal of Operational Research,2008,191(3): 1043-1055.

[87] Solnon C,Fenet S. A study of aco capabilities for solving the maximum clique problem[J]. Journal of Heuristics,2006,12(3): 155-180.

[88] Otero F,Freitas A A,Johnson C G. cant-miner: an ant colony classification algorithm to cope with continuous attributes [C]//International Conference on Ant Colony Optimization and Swarm Intelligence,2008.

[89] Benedettini S,Roli A,Gaspero L D. Two-level aco for haplotype inference under pure parsimony [C]//International Conference on Ant Colony Optimization and Swarm Intelligence,2008.

[90] Socha K,Dorigo M. Ant colony optimization for continuous domains. European Journal of Operational Research,2008,185(3): 1155-1173.

[91] Kennedy J,Eberhart R. Particle swarm optimization[C]//Proceedings of International Conference on Neural Networks,1995.

[92] Liang J J,Qin A K,Suganthan P N,et al. Comprehensive learning particle swarmoptimizer for global optimization of multimodal functions[J]. IEEE Transactions on Evolutionary Computation,2006,10 (3): 281-295.

[93] Cheng R,Jin Y. A competitive swarm optimizer for large scale optimization. IEEE Transactions on Cybernetics,2014,45(2): 191-204.

[94] Cheng R,Jin Y. A social learning particle swarm optimization algorithm for scalable optimization[J]. Information Sciences,2015,291: 43-60.

[95] Jin Y,Sendhoff B. Pareto-based multiobjective machine learning: An overview and case studies[J]. IEEE Transactions on Systems,Man,and Cybernetics,Part C (Applications and Reviews),2008,38 (3): 397-415.

[96] Paenke I,Kawecki T J,Sendhoff B. Balancing population-and individual-level adaptation in changing environments[J]. Artificial Life,2009,15(2): 227-245.

[97] Paenke I,Jin Y,Branke J. Balancing population-and individual-level adaptation in changing environments[J]. Adaptive Behavior,2009,17(2): 153-174.

[98] Hauschild M,Pelikan M. An introduction and survey of estimation of distribution algorithms[J]. Swarm and evolutionary computation,2011,1(3): 111-128.

［99］ Baluja S. Population-based incremental learning. a method for integrating genetic search based function optimization and competitive learning［R］. Pittsburgh：Carnegie-Mellon University,1994.

［100］ Harik G R,Lobo F G,Goldberg D E. The compact genetic algorithm［J］. IEEE Transactions on Evolutionary Computation,1999,3(4)：287-297.

［101］ Harik G R. Linkage learning via probabilistic modeling in the ECGA［R］. Urbana-Champaign：Illinois Genetic Algorithms Laboratory,1999.

［102］ Muhlenbein H,Mahnig T. Convergence theory and applications of the factorized distribution algorithm［J］. Journal of Computing and Information Technology,1999,7(1)：19-32.

［103］ Pelikan M,Goldberg D E,Cantu-Paz E. Linkage problem, distribution estimation, and bayesian networks［J］. Evolutionary Computation,8(3)：311-340,2000.

［104］ Zhang Q,Zhou A,Jin Y. Rm-meda：Aregularity model-based multiobjective estimation of distribution algorithm［J］. IEEE Transactions on Evolutionary Computation,2008,12(1)：41-63.

［105］ Wang H,Zhang Q,Jiao L,et al. Regularity model for noisy multiobjective optimization［J］. IEEE Transactions on Cybernetics,2016,46(9)：1997-2009.

［106］ Karshenas H,Santana R,Bielza C,et al. Multiobjective estimation of distribution algorithm based on joint modeling of objectives and variables［J］. IEEE Transactions on Evolutionary Computation,2013,18(4)：519-542.

［107］ Eiben A E,Hinterding R,Michalewicz Z. Parameter control in evolutionary algorithms［J］. IEEE Transactions on Evolutionary Computation,2009,3(2)：124-142.

［108］ Goldberg D E,Deb K,Korb B. Do not worry, be messy［C］//Proc. 4th Int. Conf. Genetic Algorithms,1991.

［109］ Okabe T,Jin Y,Sendhoff B. Evolutionary multi-objective optimization with a hybrid representation［C］//Proceedings of the IEEE Congress on Evolutionary Computation,2003.

［110］ Pitzer E,Affenzeller M. A comprehensive survey on fitness landscape analysis［C］//Recent Advances in Intelligent Engineering Systems,2012.

［111］ Jones T,Forrest S. Fitness distance correlation as a measure of problem difficulty for genetic algorithms［C］//ICGA,1991.

［112］ Weinberger E D. Local properties of kauffmanâs n-k model,a tuneably rugged energylandscape［J］. Phys. Rev. A,1991,44(10)：6399-6413.

［113］ Vassilev V K,Fogarty T C,Miller J F. Information characteristics and the structure of landscapes［J］. Evolutionary Computation,2000,8(1)：31-60.

［114］ Pascal Kerschke,Holger H Hoos,Frank Neumann, and Heike Trautmann. Automated algorithm selection：Survey and perspectives. Evolutionary Computation,27(1)：3-45,2019.

［115］ Ye Tian,Shichen Peng,Xingyi Zhang, Tobias Rodemann, Kay Chen Tan, and Yaochu Jin. A recommender system for metaheuristic algorithms for continuous optimization based on deep recurrent neural networks. IEEE Transactions on Artificial Intelligence,2020.

［116］ H. -P. Kriegel,P. Kröger,and A. Zimek. Clustering high-dimensional data：A survey on subspace clustering,pattern-based clustering, and correlation clustering. ACM Transactions on Knowledge Discovery from Data,3(1)：Article No. 1,1999.

［117］ George EP Box. All models are wrong, but some are useful. Robustness in Statistics,202(1979)：549,1979.

［118］ Shuo Wang and Xin Yao. Multiclass imbalance problems：Analysis and potential solutions. IEEE

Transactions on Systems, Man, and Cybernetics, Part B: Cybernetics, 42(4): 1119-1130, 2012.

[119] Norman R Draper and Harry Smith. Applied regression analysis, volume 326. John Wiley & Sons, 1998.

[120] Matt W Gardner and SR Dorling. Artificial neural networks (the multilayer perceptron)—A review of applications in the atmospheric sciences. Atmospheric environment, 32(14-15): 2627-2636, 1998.

[121] John Moody and Christian J Darken. Fast learning in networks of locally-tuned processing units. Neural Computation, 1(2): 281-294, 1989.

[122] Ingo Steinwart and Andreas Christmann. Support vector machines. Springer Science & Business Media, 2008.

[123] Chi Jin and Liwei Wang. Dimensionality dependent pac-bayes margin bound. In NIPS, volume 12, pages 1034-1042. Citeseer, 2012.

[124] Georges Matheron. Principles of geostatistics. Economic geology, 58(8): 1246-1266, 1963.

[125] Michael Emmerich. Single-and multi-objective evolutionary design optimization assisted by Gaussian random field metamodels. PhD diss., University of Dortmund, 2005.

[126] Lior Rokach and Oded Z Maimon. Data mining with decision trees: theory and applications, volume 69. World scientific, 2008.

[127] Leo Breiman, Jerome Friedman, Charles J Stone, and Richard A Olshen. Classification and regression trees. CRC press, 1984.

[128] Dan Steinberg and Phillip Colla. CART: classification and regression trees. The Top Ten Algorithms in Data Mining, 9: 179, 2009.

[129] L. A. Zadeh. Fuzzy sets. Information and Control, 8(3): 338-353, 1965.

[130] L. A. Zadeh. The concept of a linguistic variable and its application to approximate reasoningâI. Information Sciences, 8(3): 199-249, 1975.

[131] K. Michels, F. Klawonn, A. NÃOErnberger, and R. Kruse. Fuzzy Control: Fundamentals, Stability and Design of Fuzzy Controllers. Springer, 2006.

[132] J.-S. R. Jang and C.-T. Sun. Functional equivalence between radial basis functions and fuzzy inference systems. IEEE Transactions on Neural Networks, 4(1): 156-159, 1993.

[133] Y. Jin. Fuzzy modeling of high-dimensional systems: Complexity reduction and interpretability improvement. IEEE Transactions on Fuzzy Systems, 8(2): 212-221, 2000.

[134] Y. Jin. Advanced Fuzzy Systems Design and Applications. Physica/Springer, 2003.

[135] Zhi-Hua Zhou. Ensemble learning. Encyclopedia of biometrics, 1: 270-273, 2009.

[136] Andy Liaw and Matthew Wiener. Classification and regression by random forest. R News, 2(3): 18-22, 2002.

[137] David E Rumelhart, Geoffrey E Hinton, and Ronald J Williams. Learning internal representations by error propagation. Technical report, California Univ San Diego La Jolla Inst for Cognitive Science, 1985.

[138] S. Ruder. An overview of gradient descent optimization algorithms. page arXiv: 1609. 04747, 2016.

[139] Richard S. Sutton and Andrew G. Barto. Reinforcement Learning: An Introduction. MIT Press, 2016.

[140] Aron Culotta and Andrew McCallum. Reducing labeling effort for structured prediction tasks. In Proceedings of the National Conference on Artificial Intelligence (AAAI), pages 746-751. AAAI Press, 2005.

[141] T. Scheffer, C. Decomain, and S. Wrobe. Active hidden markov models for information extraction. In Proceedings of the International Conference on Advances in Intelligent Data Analysis, pages 309-318. Springer-Verlag, 2001.

[142] Ido Dagan and Sean P. Engelson. Committee-based sampling for training probabilistic classifiers. In Proceedings of the Twelfth International Conference on Machine Learning, pages 150-157. Morgan Kaufmann, 1995.

[143] A. Blum and T. Mitchell. Combining labeled and unlabeled data with co-training. In Proceedings of the 11th Annual Conference on Computational Learning Theory, ACM(1998), pages 92-100, 1998.

[144] Zhi-Hua Zhou and Ming Li. Tri-training: Exploiting unlabeled data using three classifiers. IEEE Transactions on knowledge and Data Engineering, 17(11): 1529-1541, 2005.

[145] S. Gu and Y. Jin. Multi-train: A semi-supervised heterogeneous ensemble classifiers. Neurocomputing, 249: 202-211, 2017.

[146] Y. Jin and B. Sendhoff. Knowledge incorporation into neural networks from fuzzy rules. Neural Processing Letters, 10(3): 231-242, 1999.

[147] F. Zhuang, Z. Qi, K. Duan, D. Xi, Y. Zhu, H. Zhu, H. Xiong, and Q. He. A comprehensive survey on transfer learning. Proceedings of IEEE, 109(1): 43-76, 2020.

[148] Yaochu Jin, editor. Multi-Objective Machine Learning. Springer, Heidelberg, 2006.

[149] Julia Handl and Joshua Knowles. An evolutionary approach to multiobjective clustering. IEEE Transactions on Evolutionary Computation, 11(1): 56-76, 2007.

[150] B. Xue, M. Zhang, and W. N. Browne. Particle swarm optimization for feature selection in classification: A multi-objective approach. IEEE Transactions on Cybernetics, 43(6): 1656-1671, 2012.

[151] Wissam A. Albukhanajer, Johann A. Briffa, and Yaochu Jin. Evolutionary multi-objective image feature extraction in the presence of noise. IEEE Transactions on Cybernetics, 45(9): 1757-1768, 2015.

[152] A. Kadyrov and M. Petrou. The trace transform and its applications. IEEE Trans. Pattern Anal. Mach. Intell., 23(8): 811-828, 2001.

[153] Wissam A. Albukhanajer, Johann A. Briffa, and Yaochu Jin. Classifier ensembles for image identification using multi-objective pareto features. Neurocomputing, 238: 316-327, 2017.

[154] S. Gu, R. Cheng, and Y. Jin. Multi-objective ensemble generation. WIREs Data Mining and Knowledge Discovery, 5(5): 234-245, 2015.

[155] C. Smith and Y. Jin. Evolutionary multi-objective generation of recurrent neural network ensembles for time series prediction. Neurocomputing, 143: 302-311, 2014.

[156] P. Baldi and K. Hornik. Neural networks and principal component analysis: Learning from examples without local minima. Neural Networks, 2: 53-58, 1989.

[157] M. A. Kramer. Nonlinear principal component analysis using autoassociative neural networks. AIChE Journal, 37(2): 233â243, 1991.

[158] P. Baldi. Autoencoders, unsupervised learning, and deep architectures. In I. Guyon, G. Dror, V. Lemaire, G. Taylor, and D. Silver, editors, Proceedings of ICMLWorkshop on Unsupervised and Transfer Learning, Proceedings of Machine Learning Research, volume 27, pages 37-49, 2012.

[159] Dor Bank, Noam Koenigstein, and Raja Giryes. Autoencoders. arXiv: 2003. 05991, 2020.

[160] I. J. Goodfellow, M. Mirza J. Pouget-Abadie, B. Xu, D. Warde-Farley, S. Ozairy, A. Courville, and Y.

Bengio. Generative adversarial nets. In Proceedings of the International Conference on Neural Information Processing Systems (NIPS 2014), pages 2672-2680, 2014.

[161] Abdul Jabbar, Xi Li, and Bourahla Omar. A survey on generative adversarial networks: Variants, applications, and training. arXiv: 2006. 05132, 2020.

[162] Cheng He, Shihua Huang, Ran Cheng, Kay Chen Tan, and Yaochu Jin. Evolutionary multiobjective optimization driven by generative adversarial networks. IEEE Transactions on Cybernetics, 2020.

[163] L. Bull. A brief history of learning classifier systems: from cs-1 to xcs and its variants. Evolutionary Intelligence, 8: 55-70, 2015.

[164] Bing Xue, Mengjie Zhang, Will N. Browne, and Xin Yao. A survey on evolutionary computation approaches to feature selection. IEEE Transactions on Evolutionary Computation, 20(4): 606-626, 2016.

[165] Shenkai Gu, Ran Cheng, and Yaochu Jin. Feature selection for high dimensional classification using a competitive swarm optimizer. Soft Computing, 22(3): 811-822, 2018.

[166] Shenkai Gu, Ran Cheng, and Yaochu Jin. Multi-objective ensemble generation. WIREs Data Mining and Knowledge Discovery, 5(5): 234-245, 2015.

[167] Hangyu Zhu and Yaochu Jin. Multi-objective evolutionary federated learning. IEEE Transactions on Neural Networks and Learning Systems, 31(4): 1310-1322, 2020.

[168] Yuqiao Liu, Yanan Sun, Bing Xue, Mengjie Zhang, Gary G. Yen, and Kay Chen Tan. A survey on evolutionary neural architecture search. arXiv: 2008. 10937, 2020.

[169] Hangyu Zhu, Haoyu Zhang, and Yaochu Jin. From federated learning to federated neural architecture search: a survey. Complex & Intelligent Systems, 2021.

[170] H. Wang, Y. Jin, and J. O. Janson. Data-driven surrogate-assisted multi-objective evolutionary optimization of a trauma system. IEEE Transactions on Evolutionary Computation, 20(6): 939-952, 2016.

[171] Yaochu Jin. A comprehensive survey of fitness approximation in evolutionary computation. Soft Computing, 9(1): 3-12, 2005.

[172] Yaochu Jin. Surrogate-assisted evolutionary computation: Recent advances and future challenges. Swarm and Evolutionary Computation, 1(2): 61-70, 2011.

[173] Handing Wang, Yaochu Jin, Chaoli Sun, and John Doherty. Offline data-driven evolutionary optimization using selective surrogate ensembles. IEEE Transactions on Evolutionary Computation, 23(2): 203-216, 2018.

[174] T. Chugh, N. Chakraborti, K. Sindhya, and Y. Jin. A data-driven surrogate-assisted evolutionary algorithm applied to a many-objective blast furnace optimization problem. Materials and Manufacturing Processes, 32: 1172-1178, 2017.

[175] W. S. Cleveland and C. Loader. Smoothing by Local Regression: Principles and Methods, pages 10-49. Physica-Verlag HD, 1996.

[176] Xindong Wu, Xingquan Zhu, Gong-Qing Wu, and Wei Ding. Data mining with big data. IEEE Transactions on Knowledge and Data Engineering, 26(1): 97-107, 2014.

[177] Dan Guo, Tianyou Chai, Jinliang Ding, and Yaochu Jin. Small data driven evolutionary multi-objective optimization of fused magnesium furnaces. In IEEE Symposium Series on Computational Intelligence, pages 1-8, Athens, Greece, December 2016. IEEE.

[178] Xiaojin Jerry Zhu. Semi-supervised learning literature survey. Technical report, University of

Wisconsin-Madison Department of Computer Sciences, 2005.

[179] Chaoli Sun, Yaochu Jin, and Ying Tan. Semi-supervised learning assisted particle swarm optimization of computationally expensive problems. In Proceedings of the Genetic and Evolutionary Computation Conference, pages 45-52. ACM, 2018.

[180] Pengfei Huang, Handing Wang, and Yaochu Jin. Offline data-driven evolutionary optimization based on tri-training. Swarm and Evolutionary Computation, 60: 100800, 2021.

[181] Ahsanul Habib, Hemant Kumar Singh, Tinkle Chugh, Tapabrata Ray, and Kaisa Miettinen. A multiple surrogate assisted decomposition-based evolutionary algorithm for expensive multi/many-objective optimization. IEEE Transactions on Evolutionary Computation, 23(6): 1000-1014, 2019.

[182] Handing Wang, Yaochu Jin, and John Doherty. A generic test suite for evolutionary multifidelity optimization. IEEE Transactions on Evolutionary Computation, 2018. to appear.

[183] Abhishek Gupta, Yew-Soon Ong, and Liang Feng. Insights on transfer optimization: Because experience is the best teacher. IEEE Transactions on Emerging Topics in Computational Intelligence, 2(1): 51-64, 2018.

[184] Abhishek Gupta, Yew-Soon Ong, and Liang Feng. Multifactorial evolution: toward evolutionary multitasking. IEEE Transactions on Evolutionary Computation, 20(3): 343-357, 2016.

[185] Jinliang Ding, Cuie Yang, Yaochu Jin, and Tianyou Chai. Generalized multi-tasking for evolutionary optimization of expensive problems. IEEE Transactions on Evolutionary Computation, 23: 44-58, 2017.

[186] Alan Tan Wei Min, Yew-Soon Ong, Abhishek Gupta, and Chi-Keong Goh. Multi-problem surrogates: Transfer evolutionary multiobjective optimization of computationally expensive problems. IEEE Transactions on Evolutionary Computation, 2017. to appear.

[187] Yaochu Jin, Markus Olhofer, and Bernhard Sendhoff. On evolutionary optimization with approximate fitness functions. In Proceedings of the Genetic and Evolutionary Computation Conference, pages 786-793. Morgan Kaufmann Publishers Inc. , 2000.

[188] Yaochu Jin, Markus Olhofer, and Bernhard Sendhoff. A framework for evolutionary optimization with approximate fitness functions. IEEE Transactions on Evolutionary Computation, 6(5): 481-494, 2002.

[189] Jürgen Branke and Christian Schmidt. Faster convergence by means of fitness estimation. Soft Computing, 9(1): 13-20, 2005.

[190] Lars Gräning, Yaochu Jin, and Bernhard Sendhoff. Efficient evolutionary optimization using individual-based evolution control and neural networks: A comparative study. In European Symposium on Artificial Neural Networks (ESANN'2005), pages 273-278, 2005.

[191] Shufen Qin, Chaoli Sun, Yaochu Jin, and Guochen Zhang. Bayesian approaches to surrogate assisted evolutionary multi-objective optimization: A comparative study. In IEEE Symposium Series on Computational Intelligence, 2019.

[192] Ruwang Jiao, Sanyou Zeng, Changhe Li, Yuhong Jiang, and Yaochu Jin. A complete expected improvement criterion for Gaussian process assisted highly constrained expensive optimization. Information Sciences, 471: 80-96, 2019.

[193] Rommel G Regis. Constrained optimization by radial basis function interpolation for high dimensional expensive black-box problems with infeasible initial points. Engineering Optimization, 46(2): 218-243, 2014.

[194] I. Paenke, J. Branke, and Y. Jin. Efficient search for robust solutions by means of evolutionary algorithms and fitness approximation. IEEE Transactions on Evolutionary Computation, 10(4): 405-420, 2006.

[195] Yaochu Jin and Bernhard Sendhoff. Reducing fitness evaluations using clustering techniques and neural network ensembles. In Genetic and Evolutionary Computation Conference, pages 688-699. Springer, 2004.

[196] Dudy Lim, Yaochu Jin, Yew-Soon Ong, and Bernhard Sendhoff. Generalizing surrogateassisted evolutionary computation. IEEE Transactions on Evolutionary Computation, 14(3): 329-355, 2010.

[197] Chaoli Sun, Yaochu Jin, Jianchao Zeng, and Yang Yu. A two-layer surrogate-assisted particle swarm optimization algorithm. Soft Computing, 19(6): 1461-1475, 2015.

[198] Ponnuthurai N Suganthan, Nikolaus Hansen, Jing J Liang, Kalyanmoy Deb, Ying-Ping Chen, Anne Auger, and Santosh Tiwari. Problem definitions and evaluation criteria for the cec 2005 special session on real-parameter optimization. KanGAL report, 2005005: 2005, 2005.

[199] Dan Guo, Yaochu Jin, Jinliang Ding, and Tianyou Chai. Heterogeneous ensemble-based infill criterion for evolutionary multiobjective optimization of expensive problems. IEEE Transactions on Cybernetics, 49(3): 1012-1025, 2018.

[200] Handing Wang, Yaochu Jin, and John Doherty. Committee-based active learning for surrogateassisted particle swarm optimization of expensive problems. IEEE Transactions on Cybernetics, 47(9): 2664-2677, 2017.

[201] Ricardo A Olea. Geostatistics for engineers and earth scientists. Technometrics, 42(4): 444-445, 2000.

[202] Janusz S Kowalik and Michael Robert Osborne. Methods for unconstrained optimization problems. North-Holland, 1968.

[203] Tushar Goel, Raphael T Haftka, Wei Shyy, and Nestor V Queipo. Ensemble of surrogates. Structural and Multidisciplinary Optimization, 33(3): 199-216, 2007.

[204] H Sebastian Seung, Manfred Opper, and Haim Sompolinsky. Query by committee. In Proceedings of the fifth annual workshop on Computational Learning Theory, pages 287-294. ACM, 1992.

[205] Y. Shi and R. Eberhart. A modified particle swarm optimizer. In Proceedings of the IEEE Congress on Evolutionary Computation (CEC), pages 69-73, 1998.

[206] Bo Liu, Qingfu Zhang, and Georges GE Gielen. A Gaussian process surrogate model assisted evolutionary algorithm for medium scale expensive optimization problems. IEEE Transactions on Evolutionary Computation, 18(2): 180-192, 2014.

[207] Joaquín Derrac, Salvador García, Daniel Molina, and Francisco Herrera. A practical tutorial on the use of nonparametric statistical tests as a methodology for comparing evolutionary and swarm intelligence algorithms. Swarm and Evolutionary Computation, 1(1): 3-18, 2011.

[208] Handing Wang, John Doherty, and Yaochu Jin. Hierarchical surrogate-assisted evolutionary multi-scenario airfoil shape optimization. In 2018 IEEE Congress on Evolutionary Computation (CEC), pages 1-8. IEEE, 2018.

[209] Raymond M Hicks and Preston A Henne. Wing design by numerical optimization. Journal of Aircraft, 15(7): 407-412, 1978.

[210] John J Doherty. Transonic airfoil study using sonic plateau, optimization and off-design performance maps. In 35th AIAA Applied Aerodynamics Conference, page 3056, 2017.

[211] Naomi S Altman. An introduction to kernel and nearest-neighbor nonparametric regression. The American Statistician,46(3): 175-185,1992.

[212] Nikolaus Hansen and Andreas Ostermeier. Completely derandomized self-adaptation in evolution strategies. Evolutionary Computation,9(2): 159-195,2001.

[213] M. N. Le,Y. S. Ong, S. Menzel, Y. Jin, and B. Sendhoff. Evolution by adapting surrogates. Evolutionary Computation,21(2): 313-340,2013.

[214] Yaochu Jin,Sanghoun Oh, and Moongu Jeon. Incremental approximation of nonlinear constraint functions for evolutionary constrained optimization. In Proceedings of the IEEE Congress on Evolutionary Computation (CEC),pages 2966-2973. IEEE,2010.

[215] Carlos M Fonseca and Peter J Fleming. An overview of evolutionary algorithms in multiobjective optimization. Evolutionary computation,1(3): 1-16,1995.

[216] K. Deb. Multi-Objective Optimization using Evolutionary Algorithms. Wiley,2001.

[217] Carlos A Coello Coello,Gary B Lamont,and David A Van Veldhuizen. Evolutionary algorithms for solving multi-objective problems. Springer,2002.

[218] Qingfu Zhang and Hui Li. MOEA/D: A multiobjective evolutionary algorithm based on decomposition. IEEE Transactions on Evolutionary Computation,11(6): 712-731,2007.

[219] Ioannis Giagkiozis and Peter J Fleming. Methods for multi-objective optimization: An analysis. Information Sciences,293: 338-350,2015.

[220] R. Cheng,Y. Jin,M. Olhofer,and B. Sendhoff. A reference vector guided evolutionary algorithm for many objective optimization. IEEE Transactions on Evolutionary Computation, 20 (5): 773-791,2016.

[221] Tadahiko Murata,Hisao Ishibuchi, and Hideo Tanaka. Multi-objective genetic algorithm and its applications to flowshop scheduling. Computers&Industrial Engineering,30(4): 957-968,1996.

[222] Tadahiko Murata,Hisao Ishibuchi, and Mitsuo Gen. Specification of genetic search directions in cellular multi-objective genetic algorithms. In Proceedings of the First International Conference on Evolutionary Multi-criterion Optimization,pages 82-95,2001.

[223] Yaochu Jin, Tatsuya Okabe, and Bernhard Sendhoff. Adapting weighted aggregation for multiobjective evolution strategies. In Proceedings of the First International Conference on Evolutionary Multi-criterion Optimization,pages 96-110,2001.

[224] Yaochu Jin,Tatsuya Okabe,and Bernhard Sendhoff. Dynamic weighted aggregation for evolutionary multi-objective optimization: Why does it work and how? In Genetic and Evolutionary Computation Conference,pages 1042-1049,2001.

[225] Anupam Trivedi, Dipti Srinivasan, Krishnendu Sanyal, and Abhiroop Ghosh. A survey of multiobjective evolutionary algorithms based on decomposition. IEEE Transactions on Evolutionary Computation,21(3): 440-462,2017.

[226] T. Chugh. Scalarizing functions in bayesian multiobjective optimization. arXiv: 1904.05760,2019.

[227] Kalyanmoy Deb, Amrit Pratap, Sameer Agarwal, and TAMT Meyarivan. A fast and elitist multiobjective genetic algorithm: NSGA-II. IEEE Transactions on Evolutionary Computation,6(2): 182-197,2002.

[228] X. Zhang,Y. Tian, R. Cheng, and Y. Jin. An efficient approach to non-dominated sorting for evolutionary multi-objective optimization. IEEE Transactions on Evolutionary Computation,19(6): 761-776,2015.

[229] Ye Tian, Handing Wang, Xingyi Zhang, and Yaochu Jin. Effectiveness and efficiency of non-dominated sorting for evolutionary multi-and many-objective optimization. Complex & Intelligent Systems, 3(4): 247-263, 2017.

[230] Eckart Zitzler and Simon Künzli. Indicator-based selection in multiobjective search. In Proceedings of the Parallel Problem Solving from Nature-PPSN, pages 832-842. Springer, 2004.

[231] M. P. Hansen and A. Jaszkiewicz. Evaluating the quality of approximations of the nondominated set. Technical Report M-REP-1998-7, stitute of Mathematical Modeling, Technical University of Denmark, 1998.

[232] JESÁS GUILLERMO Falcon-Cardona and Carlos A. Coello Coello. Indicator-based multiobjective evolutionary algorithms: A comprehensive survey. ACM Computing Surveys, 53(2): Article 29, 2020.

[233] Donald R Jones, Matthias Schonlau, and William J Welch. Efficient global optimization of expensive black-box functions. Journal of Global Optimization, 13(4): 455-492, 1998.

[234] BartGMHusslage, G1/4s Rennen, Edwin R Van Dam, and Dick Den Hertog. Space-filling latin hypercube designs for computer experiments. Optimization and Engineering, 12(4): 611-630, 2011.

[235] Joshua Knowles. ParEGO: A hybrid algorithm with on-line landscape approximation for expensive multiobjective optimization problems. IEEE Transactions on Evolutionary Computation, 10(1): 50-66, 2006.

[236] Ye Tian, Ran Cheng, Xingyi Zhang, and Yaochu Jin. PlatEMO: A MATLAB platform for evolutionary multi-objective optimization. IEEE Computational Intelligence Magazine, 12(4): 73-87, 2017.

[237] Qingfu Zhang, Wudong Liu, Edward Tsang, and Botond Virginas. Expensive multiobjective optimization by MOEA/D with Gaussian process model. IEEE Transactions on Evolutionary Computation, 14(3): 456-474, 2010.

[238] James C Bezdek. Pattern recognition with fuzzy objective function algorithms. Springer Science & Business Media, 2013.

[239] T. Chugh, Y. Jin, K. Miettinen, J. Hakanen, and K. Sindhya. A surrogate-assisted reference vector guided evolutionary algorithm for computationally expensive many-objective optimization. IEEE Transactions on Evolutionary Computation, 22: 129-142, 2018.

[240] L. Cervante, B. Xue, M. Zhang, and L. Shang. Binary particle swarm optimisation for feature selection: A filter based approach. In Congress on Evolutionary Computation, 2012.

[241] R. C. Purshouse and P. J. Fleming. Evolutionary many-objective optimisation: an exploratory analysis. In Proceedings of the IEEE Congress on Evolutionary Computation (CEC). IEEE, 2003.

[242] Hisao Ishibuchi, Noritaka Tsukamoto, and Yusuke Nojima. Evolutionary many-objective optimization: A short review. In Proceedings of the IEEE Congress on Evolutionary Computation (CEC). IEEE, 2008.

[243] Bingdong Li, Jinlong Li, Ke Tang, and Xin Yao. Many-objective evolutionary algorithms: A survey. ACM Computing Surveys, 48(1): Article No. 13, 2015.

[244] Peter J Fleming, Robin C Purshouse, and Robert J Lygoe. Many-objective optimization: An engineering design perspective. In International Conference on Evolutionary Multi-Criterion Optimization, pages 14-32. Springer, 2005.

[245] Robin C Purshouse and Peter J Fleming. On the evolutionary optimization of many conflicting

objectives. IEEE Transactions on Evolutionary Computation,11(6): 770-784,2007.

[246] X. Zou,Y. Chen,M. Liu,and L. Kang. A new evolutionary algorithm for solving manyobjective optimization problems. IEEE Transactions on Systems,Man,and Cybernetics-Part B,38(5): 1402-1412,2008.

[247] Y. Yuan,H. Xu,B. Wang,and X. Yao. Anewdominance relation-based evolutionary algorithm for many-objective optimization,. IEEE Transactions on Systems,Man,and Cybernetics-Part B,20(1): 16-37,2016.

[248] Ye Tian,Ran Cheng,Xingyi Zhang,Yansen Su,and Yaochu Jin. A strengthened dominance relation considering convergence and diversity for evolutionary many-objective optimization. IEEE Transactions on Evolutionary Computation,23(2): 331-345,2019.

[249] Ke Li,Kalyanmoy Deb,Qingfu Zhang,and Sam Kwong. Combining dominance and decomposition in evolutionary many-objective optimization. IEEE Transactions on Evolutionary Computation,19(5): 694-716,2015.

[250] Guo Yu,Yaochu Jin, and Markus Olhofer. References or preferences-rethinking manyobjective evolutionary optimization. In 2019 IEEE Congress on Evolutionary Computation（CEC）,pages 2410-2417. IEEE,2019.

[251] G. Yu,Y. Jin,and M. Olhofer. Benchmark problems and performance indicators for search of knee points in multiobjective optimization. IEEE Transactions on Cybernetics,50(8): 3531 -3544,2020.

[252] Jürgen Branke,Kalyanmoy Deb,Henning Dierolf,and Matthias Osswald. Finding knees in multi-objective optimization. In International Conference on Parallel Problem Solving from Nature,pages 722-731. Springer,2004.

[253] L. Rachmawati and D. Srinivasan. Multiobjective evolutionary algorithm with controllable focus on the knees of the pareto front. IEEE Transactions on Evolutionary Computation, 13（4）: 810-824,2009.

[254] G. Yu,Y. Jin,and M. Olhofer. A multi-objective evolutionary algorithm for finding knee regions using two localized dominance relationships. IEEE Transactions on Cybernetics,2020.

[255] Y. Hua,Q. Liu,K. Hao,and Y. Jin. A survey of evolutionary algorithms for multi-objective optimization problems with irregular pareto fronts. IEEE/CAA J. Autom. Sinica,8（2）: 303-318,2021.

[256] Yicun Hua,Yaochu Jin,and Kuangrong Hao. A clustering based adaptive evolutionary algorithm for multi-objective optimization with irregular pareto fronts. IEEE Transactions on Cybernetics,49(7): 2758-2770,2019.

[257] Y. Hua,Y. Jin,K. Hao,and Y. Cao. Generating multiple reference vectors for a class of many-objective optimization problems with degenerate pareto fronts. Complex & Intelligent Systems,6: 275-285,2020.

[258] Surrogate-Assisted Evolutionary Neural Architecture Search 258. Qiqi Liu,Yaochu Jin,Martin Heiderich,Tobias Rodemann,and Guo Yu. An adaptive reference vector guided evolutionary algorithm using growing neural gas for many-objective optimization of irregular problems. IEEE Transactions on Cybernetics,2020.

[259] R. Cheng,Y. Jin,K. Narukawa,and B. Sendhoff. A multiobjective evolutionary algorithm using Gaussian processbased inverse modeling. IEEE Transactions on Evolutionary Computation,19(6): 838-856,2015.

[260] John A Cornell. Experiments with mixtures: designs, models, and the analysis of mixture data, volume 403. John Wiley & Sons, 2011.

[261] Xingyi Zhang, Ye Tian, and Yaochu Jin. Aknee point driven evolutionary algorithm for manyobjective optimization. IEEE Transactions on Evolutionary Computation, 19(5): 761-776, 2015.

[262] Kata Praditwong and Xin Yao. A new multi-objective evolutionary optimisation algorithm: The two-archive algorithm. In 2006 International Conference on Computational Intelligence and Security, volume 1, pages 286-291. IEEE, 2006.

[263] Handing Wang, Licheng Jiao, and Xin Yao. Two_arch2: An improved two-archive algorithm for many-objective optimization. IEEE Transactions on Evolutionary Computation, 19(4): 524-541, 2015.

[264] Charu C Aggarwal, Alexander Hinneburg, and Daniel A Keim. On the surprising behavior of distance metrics in high dimensional space. In International Conference on Database Theory, pages 420-434. Springer, 2001.

[265] Rachael Morgan and Marcus Gallagher. Sampling techniques and distance metrics in high dimensional continuous landscape analysis: Limitations and improvements. IEEE Transactions on Evolutionary Computation, 18(3): 456-461, 2013.

[266] Handing Wang and Xin Yao. Corner sort for Pareto-based many-objective optimization. IEEE Transactions on Cybernetics, 44(1): 92-102, 2014.

[267] I. Loshchilov, M. Schoenauer, and M. Sebag. A mono surrogate for multiobjective optimization. In Proceedings of the 12th Annual Conference on Genetic and Evolutionary Computation, pages 471-478. ACM, 2010.

[268] J. Zhang, A. Zhou, and G. Zhang. Aclassification and pareto domination based multiobjective evolutionary algorithm. In 2015 IEEE Congress on Evolutionary Computation (CEC), page 2883-2890. IEEE, 2015.

[269] X. F. Lu and K. Tang. Classification-and regression-assisted differential evolution for computationally expensive problems. Journal of Computer Science and Technology, 27(5): 1024-1034, 2012.

[270] K. S. Bhattacharjee andT. Ray. Anovel constraint handling strategy for expensive optimization problems. In 11th World Congress on Structural and Multidisciplinary Optimization, 2010.

[271] Linqiang Pan, Cheng He, Ye Tian, Handing Wang, Xingyi Zhang, and Yaochu Jin. A classification-based surrogate-assisted evolutionary algorithm for expensive many-objective optimization. IEEE Transactions on Evolutionary Computation, 23(1): 74-88, 2018.

[272] C. He, Y. Tian, Y. Jin, X. Zhang, and L. Pan. A radial space division based evolutionary algorithm formany-objective optimization. Applied Soft Computing, 61: 603-621, 2017.

[273] Ye Tian, Xingyi Zhang, Ran Cheng, and Yaochu Jin. Amulti-objective evolutionary algorithm based on an enhanced inverted generational distance metric. In Congress on Evolutionary Computation. IEEE, 2016.

[274] Ye Tian, Ran Cheng, Xingyi Zhang, Fan Cheng, and Yaochu Jin. An indicator based multiobjective evolutionary algorithm with reference point adaptation for better versatility. IEEE Transactions on Evolutionary Computation, 3(4): 609-622, 2018.

[275] N. Srivastava, G. Hinton, A. Krizhevsky, I. Sutskever, and R. Salakhutdinov. Dropout: A simple way to prevent neural networks from overfitting. Journal of Machine Learning Research, 15(1): 1929-

1958,2014.

[276] Y. Gal and Z. Ghahramani. Dropout as a bayesian approximation: Representing model uncertainty in deep learning. In International Conference on Machine Learning, pages 1050-1059, 2016.

[277] Dan Guo, XiluWang, Kailai Gao, Yaochu Jin, Jinliang Ding, and Tianyou Chai. Evolutionary optimization of high-dimensional multi- and many-objective expensive problems assisted by a dropout neural network. IEEE Transactions on Systems, Man and Cybernetics: Systems, 2020.

[278] Lluvia M Ochoa-Estopier and Megan Jobson. Optimization of heat-integrated crude oil distillation systems. Part I: The distillation model. Industrial & Engineering Chemistry Research, 54(18): 4988-5000, 2015.

[279] Xiaoyan Sun, Dunwei Gong, Yaochu Jin, and Shanshan Chen. A new surrogate-assisted interactive genetic algorithm with weighted semisupervised learning. IEEE Transactions on Cybernetics, 43 (2): 685-698, 2013.

[280] M. Clerc and J. Kennedy. The particle swarm-explosion, stability, and convergence in a multidimensional complex space. IEEE Transactions on Evolutionary Computation, 6(1): 58-73, 2002.

[281] Huiting Li, Yaochu Jin, and Tianyou Chai. Evolutionary multi-objective bayesian optimization based on online transfer learning. IEEE Transactions on Cybernetics, 2021.

[282] Jafar Tahmoresnezhad and Sattar Hashemi. Visual domain adaptation via transfer feature learning. Knowledge and Information Systems, 50(2): 585-605, 2017.

[283] Jindong Wang, Yiqiang Chen, Shuji Hao, Wenjie Feng, and Zhiqi Shen. Balanced distribution adaptation for transfer learning. In 2017 IEEE International Conference on Data Mining (ICDM), pages 1129-1134. IEEE, 2017.

[284] Sinno Jialin Pan, Ivor W Tsang, James T Kwok, and Qiang Yang. Domain adaptation via transfer component analysis. IEEE Transactions on Neural Networks, 22(2): 199-210, 2010.

[285] J. Wang, Y. Chen, W. Feng, H. Yu, M. Huang, and Q. Yang. Transfer learning with dynamic distribution adaptation. ACM Transactions on Intelligent Systems and Technology, 11(1: Article No. 6), 2020.

[286] Richard Allmendinger, Julia Handl, and Joshua Knowles. Multiobjective optimization: When objectives exhibit non-uniform latencies. European Journal of Operational Research, 243(2): 497-513, 2015.

[287] Tinkle Chugh, Richard Allmendinger, Vesa Ojalehto, and Kaisa Miettinen. Surrogate-assisted evolutionary biobjective optimization for objectives with non-uniform latencies. In Proceedings of the Genetic and Evolutionary Computation Conference, pages 609-616. ACM, 2018.

[288] Xilu Wang, Yaochu Jin, Sebastian Schmitt, and Markus Olhofer. Transfer learning for gaussian process assisted evolutionary bi-objective optimization for objectives with different evaluation times. In Proceedings of the Genetic and Evolutionary Computation Conference, page 587-594. ACM, 2020.

[289] Fuzhen Zhuang, Zhiyuan Qi, Keyu Duan, Dongbo Xi, Yongchun Zhu, Hengshu Zhu, Hui Xiong, and Qing He. A comprehensive survey on transfer learning. arXiv preprint arXiv: 1911. 02685, 2019.

[290] Sinno Jialin Pan and Qiang Yang. A survey on transfer learning. IEEE Transactions on Knowledge and Data Engineering, 22(10): 1345-1359, 2010.

[291] Jianping Luo, Abhishek Gupta, Yew-Soon Ong, and Zhenkun Wang. Evolutionary optimization of expensive multiobjective problems with co-sub-pareto front Gaussian process surrogates. IEEE

Transactions on Cybernetics,49(5)：1708-1721,2018.

[292] Juergen Branke,Md Asafuddoula,Kalyan Shankar Bhattacharjee,and Tapabrata Ray. Efficient use of partially converged simulations in evolutionary optimization. IEEE Transactions on Evolutionary Computation,21(1)：52-64,2017.

[293] Cuie Yang,Jinliang Ding, Yaochu Jin, Chengzhi Wang, and Tianyou Chai. Multitasking multiobjective evolutionary operational indices optimization of beneficiation processes. IEEE Transactions on Automation Science and Engineering,16(3)：1046-1057,2019.

[294] Handing Wang,Yaochu Jin, Cuie Yang, and Licheng Jiao. Transfer stacking from low-to highfidelity：Asurrogate-assisted bi-fidelity evolutionary algorithm. Applied Soft Computing,page 106276,2020.

[295] Donald E Myers. Co-kriging-new developments. In Geostatistics for natural resources characterization,pages 295-305. Springer,1984.

[296] Loic Le Gratiet and Josselin Garnier. Recursive co-kriging model for design of computer experiments with multiple levels of fidelity. International Journal for Uncertainty Quantification,4 (5),2014.

[297] David Pardoe and Peter Stone. Boosting for regression transfer. In Proceedings of the 27th International Conference on International Conference on Machine Learning, pages 863-870. Omnipress,2010.

[298] Yew-Soon Ong and Abhishek Gupta. Evolutionary multitasking： a computer science view of cognitive multitasking. Cognitive Computation,8(2)：125-142,2016.

[299] Aaron M Cramer,Scott D Sudhoff, and Edwin L Zivi. Evolutionary algorithms for minimax problems in robust design. IEEE Transactions on Evolutionary Computation,13(2)：444-453,2009.

[300] Xin Qiu,Jian-Xin Xu,YinghaoXu,and Kay Chen Tan. Anewdifferential evolution algorithm for minimax optimization in robust design. IEEE Transactions on Cybernetics,48(5)：1355-1368,2018.

[301] Yew-Soon Ong,Prasanth B Nair,and Kai Lum. Max-min surrogate-assisted evolutionary algorithm for robust design. IEEE Transactions on Evolutionary Computation,10(4)：392-404,2006.

[302] Zongzhao Zhou,Yew Soon Ong,Prasanth B Nair, Andy J Keane, and Kai Yew Lum. Combining global and local surrogate models to accelerate evolutionary optimization. IEEE Transactions on Systems,Man,and Cybernetics,Part C：Applications and Reviews,37(1)：66-76,2007.

[303] Karl Weiss,Taghi M. Khoshgoftaar,and DingDing Wang. A survey of transfer learning. Journal of Big Data,3(9)：40,2016.

[304] M. Clerc. The swarm and the queen：towards a deterministic and adaptive particle swarm optimization. In Proceedings of the 1999 Congress on Evolutionary Computation-CEC99 (Cat. No. 99TH8406),volume 3,pages 1951-1957 Vol. 3,1999.

[305] Chaoli Sun,Jianchao Zeng, Jengshyang Pan, Songdong Xue, and Yaochu Jin. A new fitness estimation strategy for particle swarm optimization. Information Sciences,221：355-370,2013.

[306] C. Sun,Y. Jin,R. Cheng,J. Ding, and J. Zeng. Surrogate-assisted cooperative swarm optimization of high-dimensional expensive problems. IEEE Transactions on Evolutionary Computation,21(4)： 644-660,2017.

[307] Handing Wang. Uncertainty in surrogate models. In Proceedings of the Genetic and Evolutionary Computation Conference,pages 1279-1279. ACM,2016.

[308] Haibo Yu, Ying Tan,Chaoli Sun,and Jianchao Zeng. A generation-based optimal restart strategy for

surrogate-assisted social learning particle swarmoptimization. Knowledge-Based Systems,163: 14-25,2019.

[309] Haibo Yu, Ying Tan, Jianchao Zeng, Chaoli Sun, and Yaochu Jin. Surrogate-assisted hierarchical particle swarm optimization. Information Sciences,454-455: 59-72,2018.

[310] Jie Tian, Ying Tan, Jianchao Zeng, Chaoli Sun, and Yaochu Jin. Multi-objective infill criterion driven Gaussian process assisted particle swarm optimization of high-dimensional expensive problems. IEEE Transactions on Evolutionary Computation,2018. Submitted.

[311] F. Li, X. Cai, L. Gao, and W. Shen. A surrogate-assisted multiswarm optimization algorithm for high-dimensional computationally expensive problems. IEEE Transactions on Cybernetics,51(3): 1390-1402,2021.

[312] Ivanoe De Falco, Antonio Della Cioppa, and Giuseppe A. Trunfio. Investigating surrogateassisted cooperative coevolution for large-scale global optimization. Information Sciences,482: 1-26,2019.

[313] Jan O Jansen, Jonathan J Morrison, Handing Wang, Robin Lawrenson, Gerry Egan, Shan He, and Marion K Campbell. Optimizing trauma system design: the GEOS (geospatial evaluation of systems of trauma care) approach. Journal of Trauma and Acute Care Surgery,76(4): 1035-1040,2014.

[314] Jan O Jansen and Marion K Campbell. The GEOS study: Designing a geospatially optimized trauma system for scotland. The Surgeon,12(2): 61-63,2014.

[315] M. Hollander and D. A. Wolfe. Nonparametric statistical methods. Wiley-Interscience,1999.

[316] Handing Wang and Yaochu Jin. A random forest-assisted evolutionary algorithm for datadriven constrained multiobjective combinatorial optimization of trauma systems. IEEE Transactions on Cybernetics,50(2): 536-549,2018.

[317] Jie Yang and Tianyou Chai. Data-driven demand forecasting method for fused magnesium furnaces. In 12th World Congress on Intelligent Control and Automation. IEEE,2016.

[318] Esther Andres, Daniel Gonzalez, Mario Martin, Emiliano Iuliano, Davide Cinquegrana, Gerald Carrier, Jacques Peter, Didier Bailly, Olivier Amoignon, Petr Dvorak, David Funes, Per Weinerfelt, Leopoldo Carro, Sancho Salcedo, Yaochu Jin, John Doherty, and Handing Wang. GARTEUR AD/AG-52: Surrogate-based global optimization methods in preliminary aerodynamic design. In EUROGEN,pages 1-6,2017.

[319] PR Ashill, RF Wood, and DJ Weeks. An improved, semi-inverse version of the viscous garabedian and korn method (VGK). RAE TR,87002,1987.

[320] M Freestone. VGK method for two-dimensional aerofoil sections part 1: principles and results. Technical report, ESDU 96028,2004.

[321] Zhi-Hua Zhou. Ensemble Methods: Foundations and Algorithms. CRC Press,2012.

[322] Cuie Yang, Jinliang Ding, Yaochu Jin, and Tianyou Chai. Off-line data-driven multi-objective optimization: Knowledge transfer between surrogates and generation of final solutions. IEEE Transactions on Evolutionary Computation,24(3): 409-423,2020.

[323] Jinliang Ding, Tianyou Chai, Hong Wang, and Xinkai Chen. Knowledge-based global operation of mineral processing under uncertainty. IEEE Transactions on Industrial Informatics,8(4): 849-859,2012.

[324] W. Luo, R. Yi, B. Yang, and P. Xu. Surrogate-assisted evolutionary framework for data-driven dynamic optimization. IEEE Transactions on Emerging Topics in Computational Intelligence,3(2): 137-150,2018.

[325] David MJ Tax and Robert PW Duin. Support vector domain description. Pattern Recognition Letters,20(11-13):1191-1199,1999.

[326] Heitor Murilo Gomes,Jean Paul Barddal, Fabrício Enembreck, and Albert Bifet. A survey on ensemble learning for data stream classification. ACM Computing Surveys (CSUR),50(2):23,2017.

[327] Dariusz Brzezinski and Jerzy Stefanowski. Reacting to different types of concept drift: The accuracy updated ensemble algorithm. IEEE Transactions on Neural Networks and Learning Systems,25(1):81-94,2013.

[328] Changhe Li,Shengxiang Yang,TT Nguyen, E Ling Yu, Xin Yao, Yaochu Jin, HG Beyer, and PN Suganthan. Benchmark generator for cec 2009 competition on dynamic optimization. Technical report,2008.

[329] Thomas Elsken,Jan Hendrik Metzen, and Frank Hutter. Neural architecture search: A survey. Journal of Machine Learning Research,20:1-21,2019.

[330] Bowen Baker,Otkrist Gupta, Nikhil Naik, and Ramesh Raskar. Designing neural network architectures using reinforcement learning. In International Conference on Learning Representations,2017.

[331] Barret Zoph,V1/4ay Vasudevan, Jonathon Shlens, and Quoc V Le. Learning transferable architectures for scalable image recognition. In Proceedings of the IEEE conference on computer vision and pattern recognition,pages 8697-8710,2018.

[332] Hieu Pham,Melody Guan,Barret Zoph,Quoc Le,and Jeff Dean. Efficient neural architecture search via parameters sharing. In International Conference on Machine Learning,pages 4095-4104,2018.

[333] Haoyu Zhang,Yaochu Jin,Ran Cheng, and Kuangrong Hao. Efficient evolutionary search of attention convolutional networks via sampled training and node inheritance. IEEE Transactions on Evolutionary Computation,2020.

[334] Barret Zoph and Quoc V Le. Neural architecture search with reinforcement learning. arXiv preprint arXiv:1611.01578,2016.

[335] Peter J Angeline,Gregory MSaunders, and Jordan B Pollack. An evolutionary algorithm that constructs recurrent neural networks. IEEE Transactions on Neural Networks,5(1):54-65,1994.

[336] Zhichao Lu,Ian Whalen,Yashesh Dhebar,Kalyanmoy Deb, Erik Goodman, Wolfgang Banzhaf, and Vishnu Naresh Boddeti. Multi-criterion evolutionary design of deep convolutional neural networks. arXiv preprint arXiv:1912.01369,2019.

[337] Hanxiao Liu,Karen Simonyan, and Yiming Yang. Darts: Differentiable architecture search. In International Conference on Learning Representations,2018.

[338] Richard Shin,Charles Packer, and Dawn Song. Differentiable neural network architecture search. 2018.

[339] Esteban Real,Sherry Moore,Andrew Selle,Saurabh Saxena, Yutaka Leon Suematsu,Jie Tan,Quoc V Le,and Alexey Kurakin. Large-scale evolution of image classifiers. In International Conference on Machine Learning,pages 2902-2911,2017.

[340] Arber Zela,Aaron Klein, Stefan Falkner, and Frank Hutter. Towards automated deep learning: Efficient joint neural architecture and hyperparameter search. arXiv preprint arXiv:1807.06906,2018.

[341] Aaron Klein,Stefan Falkner, Simon Bartels, Philipp Hennig, and Frank Hutter. Fast Bayesian

optimization of machine learning hyperparameters on large datasets. In Artificial Intelligence and Statistics, pages 528-536, 2017.

[342] Patryk Chrabaszcz, Ilya Loshchilov, and Frank Hutter. A downsampled variant of imagenet as an alternative to the cifar datasets. arXiv preprint arXiv: 1707. 08819, 2017.

[343] Esteban Real, Alok Aggarwal, Yanping Huang, and Quoc V Le. Regularized evolution for image classifier architecture search. In Proceedings of the AAAI Conference on Artificial Intelligence, volume 33, pages 4780-4789, 2019.

[344] Tobias Domhan, Jost Tobias Springenberg, and Frank Hutter. Speeding up automatic hyperparameter optimization of deep neural networks by extrapolation of learning curves. In Twenty-Fourth International Joint Conference on Artificial Intelligence, 2015.

[345] Chenxi Liu, Barret Zoph, Maxim Neumann, Jonathon Shlens, Wei Hua, Li-Jia Li, Li Fei-Fei, Alan Yuille, Jonathan Huang, and Kevin Murphy. Progressive neural architecture search. In Proceedings of the European conference on computer vision (ECCV), pages 19-34, 2018.

[346] Tao Wei, Changhu Wang, Yong Rui, and Chang Wen Chen. Network morphism. In International Conference on Machine Learning, pages 564-572, 2016.

[347] Chris Zhang, Mengye Ren, and Raquel Urtasun. Graph hypernetworks for neural architecture search. In International Conference on Learning Representations, 2018.

[348] Yanan Sun, Bing Xue, Mengjie Zhang, and Gary G Yen. Evolving deep convolutional neural networks for image classification. IEEE Transactions on Evolutionary Computation, 24(2): 394-407, 2019.

[349] James Bergstra, Daniel Yamins, and David Cox. Making a science of model search: Hyperparameter optimization in hundreds of dimensions for vision architectures. In International Conference on Machine Learning, pages 115-123, 2013.

[350] Jonas Mockus, Vytautas Tiesis, and Antanas Zilinskas. The application of bayesian methods for seeking the extremum. Towards Global Optimization, 2(2): 117-129, 1978.

[351] Christopher KI Williams and Carl Edward Rasmussen. Gaussian processes for machine learning, volume 2. MIT Press Cambridge, MA, 2006.

[352] Heung-Il Suk, Seong-Whan Lee, Dinggang Shen, Alzheimerâs Disease Neuroimaging Initiative, et al. Deep ensemble learning of sparse regression models for brain disease diagnosis. Medical Image Analysis, 37: 101-113, 2017.

[353] Renqian Luo, Fei Tian, Tao Qin, Enhong Chen, and Tie-Yan Liu. Neural architecture optimization. In Advances in Neural Information Processing Systems, pages 7816-7827, 2018.

[354] Nils M Kriege, Fredrik D Johansson, and Christopher Morris. A survey on graph kernels. Applied Network Science, 5(1): 1-42, 2020.

[355] Binxin Ru, XingchenWan, Xiaowen Dong, and Michael Osborne. Neural architecture search using bayesian optimisation with weisfeiler-lehman kernel. arXiv preprint arXiv: 2006. 07556, 2020.

[356] Jörg Stork, Martin Zaefferer, and Thomas Bartz-Beielstein. Improving neuroevolution efficiency by surrogate model-based optimization with phenotypic distance kernels. In International Conference on the Applications of Evolutionary Computation (Part of EvoStar), pages 504-519. Springer, 2019.

[357] Mehmet Gönen and Ethem Alpaydtn. Multiple kernel learning algorithms [J]. The Journal of Machine Learning Research, 2011, 12: 2211-2268.

[358] Yanan Sun, Handing Wang, Bing Xue, Yaochu Jin, Gary G Yen, and Mengjie Zhang. Surrogate-assisted evolutionary deep learning using an end-to-end random forest-based performance predictor

[J]. IEEE Transactions on Evolutionary Computation,24(2)：350-364,2019.

[359] Kaiming He,Xiangyu Zhang, Shaoqing Ren，and Jian Sun. Deep residual learning for image recognition ［C］//Proceedings of the IEEE conference on computer vision and pattern recognition,2016.

[360] Huang G,Liu Z，Maaten L,et al. Densely connected convolutional networks［C］//Proceedings of the IEEE conference on computer vision and pattern recognition,2017.

[361] Sun Y,Xue B,Zhang M,et al. Completely automated cnn architecture design based on blocks[J]. IEEE Transactions on Neural Networks and Learning Systems,31(4)：1242-1254,2019.

[362] Léon Bottou. Stochastic gradient descent tricks. In Neural networks：Tricks of the trade,pages 421-436. Springer,2012.

[363] Simonyan K,Zisserman A. Very Deep Convolutional Networks for Large-Scale Image Recognition ［C］//International Conference on Learning Representations,2015.

[364] He K,Zhang X,Ren S,et al. Deep residual learning for image recognition[C]//Proceedings of the IEEE Conference on Computer Vision and Pattern Recognition,2016.